Determinanten und Interdependenzen Technischer Bildung
aus didaktischer und bildungsökonomischer Sicht

Europäische Hochschulschriften
Publications Universitaires Européennes
European University Studies

Reihe XI
Pädagogik

Série XI Series XI
Pédagogie
Education

Bd./Vol. 846

PETER LANG
Frankfurt am Main · Berlin · Bern · Bruxelles · New York · Oxford · Wien

Martin Fislake

Determinanten und Interdependenzen Technischer Bildung aus didaktischer und bildungsökonomischer Sicht

Analysiert am Beispiel der Technischen Dokumentation im Maschinenbau

PETER LANG
Europäischer Verlag der Wissenschaften

Die Deutsche Bibliothek - CIP-Einheitsaufnahme

Fislake, Martin :

Determinanten und Interdependenzen Technischer Bildung aus didaktischer und bildungsökonomischer Sicht : analysiert am Beispiel der Technischen Dokumentation im Maschinenbau / Martin Fislake. - Frankfurt am Main ; Berlin ; Bern ; Bruxelles ; New York ; Oxford ; Wien : Lang, 2002
(Europäische Hochschulschriften : Reihe 11, Pädagogik ; Bd. 846)
Zugl.: Koblenz, Landau, Univ., Abt. Koblenz, Diss., 2001
ISBN 3-631-38835-7

ISSN 0531-7398
ISBN 3-631-38835-7

www.peterlang.de

Meiner Familie

Inhaltsverzeichnis

1 Einleitung

Die Fragestellung einer wissenschaftlichen Arbeit setzt die Erkenntnis eines Problems voraus. Ist dieses Problem in einer angewandten Naturwissenschaft angelegt, aber nur aus geisteswissenschaftlicher Perspektive erklärbar, stellt es eine besondere Herausforderung dar.

Das Anfertigen einer fachübergreifenden Arbeit, die zudem noch zwischen den Kulturen derart gegensätzlicher Disziplinen vermitteln soll, wird zu einem Wagnis. In den beteiligten Kulturen müssen Ansprüche befriedigt werden, sind Besonderheiten und Terminologien zu beachten. Selbstverständlichkeiten der einen Kultur bedürfen der Erklärung und Rechtfertigung in den anderen und umgekehrt.

Der hier vorzustellenden Thematik geht die Einsicht in die wiederkehrende Diskussion um die Qualität der Lehre in maschinentechnischen Fächern voraus. Vergeblich wird darin seit über hundert Jahren eine dauerhafte Entwicklung in den Vermittlungsmethoden angestrebt. Während die Inhalte regelmäßig dem technologischen Fortschritt angepaßt werden, können die didaktischen und bildungsökonomischen Grundlagen nicht als ausreichend bekannt vorausgesetzt werden.

Es fehlte offensichtlich an einem grundlegenden Werk, welches das notwendige Wissen über die Abhängigkeiten der Lehre bereitstellt und exemplarisch umsetzt. Es fehlte an einer zusammenfassenden Erklärung dafür, warum das Maschinenbaustudium so ist, wie es ist und wie seine Bestimmungsfaktoren zu berücksichtigen sind.

Diese Lücke zu füllen ist eine schwierige Aufgabe und wird durch die vorliegende Arbeit übernommen. Ihr Ziel ist es nicht nur eine, sondern viele Fragen zu beantworten. Darauf aufbauend soll beispielhaft gezeigt werden, wie die Vielfalt der Bestimmungsfaktoren in die Entscheidungen um Vermittlungsformen Eingang finden können.

Mit dem Gesamtergebnis soll ein Baustein für eine Didaktik des Maschinenbaustudiums vorgestellt werden. Es soll ein Beitrag sein, der selbst nicht belehren, sondern aufklären und ein Vorschlag für eine Handlungsorientierung sein will. Er lädt ein, die Diskussion um die Qualität der Lehre nicht erlahmen zu lassen, sondern um die hier gemachten Ausführungen zu erweitern.

Zu Gunsten der Ökonomie und der Lesbarkeit wurde, im Text durchgehend von weiblichen Formulierungen abgesehen. Worauf im Schriftbild verzichtet wurde, soll hiermit also ausdrücklich eingeschlossen sein.

2 Untersuchungsgegenstand

Derzeit ist die Diskussion um die Hochschullehre von dem Gegensatz zwischen Wissenschaft und Berufsfähigkeit geprägt (vgl. Huber 1998, 1999). Es entsteht dabei ein Spannungsfeld, in dem die Bildungspolitik die Berufsausbildung als solches und die Hochschulen die Wissenschaft in den Vordergrund stellen.

Der Gegensatz findet sich auch in den unterschiedlichen Positionen zur Studienreform wieder, denn während sich die Politik mit einer Reform von oben verstärkt um die berufsorientierte Qualifikation der Absolventen bemühte und bemüht, transportiert die Reform von unten nach wie vor eher konservative Vorstellungen. Waren die Vorgaben der Reform von oben – in Form des Hochschulrahmengesetzes (HRG) – ursprünglich restriktiv, geben sie mit der Novellierung der Reform von unten eine neue Chance.

In dieser neuen Chance und in dem alten Streit um die Freiheit der Lehre und die institutionellen Vorgaben durch die Bildungspolitik kann ein eher ideeller Standard derart vermitteln, dass es in gleicher Weise um Wissenschaft und Berufsausbildung geht. Aus didaktischer und bildungsökonomischer Sicht bietet sich die Festlegung des Bildungsgehaltes als orientierender Standard an, der eine Vielzahl von Interdependenzen nach sich zieht und durch einen geeigneten Algorithmus permanent über die Angemessenheit der Lehre zu reflektieren hat. Bildungsgehalt als Maßstab vermittelt nicht nur zwischen den Extrempositionen einer reinen Wissenschaft und einer reinen Berufsausbildung, ja er muss gleichsam, um dem eigenen Anspruch an die idealistische Vorstellung einer „Bildung" gerecht werden zu können, die Intentionen beider Positionen mit all ihren Determinanten[1], Interdependenzen[2] und Implikationszusammenhängen[3] berücksichtigen und in einem kritisch konstruktiven Dialog miteinander vereinen. Ansatzweise wird dies beispielsweise in der bildungsökonomischen Auseinandersetzung um den „Dritten Faktor", also dem individuellen und volkswirtschaftlichen Wert von Bildung in Form von Investition in Humankapital, diskutiert (vgl. Tessaring 1991, Buttler/Tessaring 1993, Webler 1995).

Neben den zuvor genannten Bestimmungsfaktoren kann auch die Übertragung von Elementen und Verfahren aus der allgemeinen Didaktik in die hochschuldidaktische Anwendung nicht ohne einen inneren Diskurs auskommen. „In der Rezeption der Theoriebildung der allgemeinen Didaktik ist in diesem Sinne auch in der Hochschuldidaktik diskutiert worden, wieweit Studiengänge im Rahmen des analytischen Instrumentariums der Curriculumtheorie zu fassen und Studiengangsentwicklung als Curriculumentwicklung zu betreiben sei" (Wildt 1995, S. 312f.). Die Anwendung des Curriculumansatzes auf die Hochschule bleibt jedoch problematisch, auch wenn ein elaboriertes Curriculum die einzelnen Bereiche explizit begründen, sie in einen

[1] Determinanten sind in dem hier gemeinten Zusammenhang als unterrichtsrelevante Grundbedingungen zu verstehen.

[2] In der didaktischen Diskussion sind mit Interdependenzen die gegenseitigen Abhängigkeiten der Grundbedingungen gemeint. D.h.: Wird ein unterrichtsrelevanter Faktor geändert, so verändern sich die Grundbedingungen für mindestens einen anderen Faktor.

[3] Nach Meyer (1987a, S. 92) wird unter dem Implikationszusammenhang – vereinfacht ausgedrückt – die Wechselwirkung verstanden, unter der die Unterrichtsziele, -inhalte und -methoden stehen. Der Implikationszusammenhang wird auch im Rahmen der „Interdependenzthese" diskutiert.

systematischen Zusammenhang bringen, mit Mitteln der empirischen Begleitforschung evaluieren und nicht zuletzt in eine kommunizierbare Form bringen würde. Letztlich überlässt selbst ein Curriculum, das sich von den etabliert-traditionellen Lehr- und Lernformen unterscheidet, „die zum Zwecke des Unterrichts dargestellten Bereiche … der autonomen Gestaltungskompetenz der Hochschullehrer". Allein der Grundsatz der Lehr- und Lernfreiheit verlangt, dass „die Übertragbarkeit auf deren Einsicht, Motivation und Handlungsbedingungen beschränkt bleiben" (Wildt 1995, S. 313f.).

In diesem Sinne soll die vorliegende Arbeit schon vom Ansatz her kein weiterer Entwurf einer Curriculumrevision, eines innovativen Studienmodells oder ein neues Konzept eines abgeschlossenen Reformprojektes entwerfen. Sie soll auch kein Rezept bieten, nach dem ein vollständiges Studium final strukturiert und konstruiert werden könnte, weil dies wieder einer Curriculumdiskussion gleich käme. Sie geht vielmehr wie Zillober (1984) davon aus, dass „jeder Lehrende auch Hochschuldidaktiker ist" (Zillober 1984, S. 11)[4] und sich um die „Gestaltung seines Hochschulunterrichts bemüht" (Zillober 1984, S. 220).

In diesem Bemühen soll sie Lehrenden ein diskursives Verfahren vorstellen, mit dem das durch den Lernenden selbst zu leistende Lernen (vgl. Kath 2000, o.S.)[5] gefördert werden. Zu diesem Zweck vermittelt es in dem in Abbildung 1 (S. 15) dargestellten Beziehungsdreieck von Bildungsökonomie, Hochschuldidaktik und Hochschulunterricht. In dem eigentlichen Diskurs muss sich das was zu lehren beabsichtigt ist, immer wieder bildungsökonomisch wie didaktisch begründen und in eine methodische Struktur einbinden lassen.

Möglich werden diese Begründungen und die Einbindung in eine methodische Struktur durch die Berücksichtigung möglichst vieler lehr-, lernrelevanten: sprich studienrelevanten Determinanten, die sie verbindenden Interdependenzen und die Kombination bildungsökonomischer und didaktischer Fragestellungen in der Hochschuldidaktik. Denn erst die Hochschuldidaktik versucht zwischen Lehren und Lernen zu vermitteln, Fragen zu stellen, Antworten zu geben und Wege aus dem Dilemma aufzuzeigen, das sich bisweilen zwischen Lehren und Lernen ergibt und aus bildungsökonomischer und didaktischer Sicht häufiger zu überdenken wäre. In dieser Vermittlungsabsicht soll das Ergebnis dieser Arbeit einen Beitrag in der fachdidaktischen Diskussion der Hochschulen leisten, indem sie allgemeine und ausgewählte Parameter der Lehre in den Ingenieurwissenschaften nennt, sie zu einem neuen Bild zusammenfügt und auf dessen Erkenntnisgrundlage eine allgemeingültige Handlungsempfehlung konstruiert.

---

4 Zillober spricht hier von einer „Kompetenz durch Betroffenheit".

5 Das Zitat bezieht sich auf den Inhalt des Referates: Kath, Fritz M.: Beim Unterrichten bahnt sich ein Paradigmenwechsel an. In: International Conference of Scholars on Technology Education at the University. Tagungsband. WOCATE. Braunschweig 2000. CD-ROM. Auf der CD-ROM sind keine verbindlichen Seitenzahlen ermittelbar. Das Auffinden der zitierten Stelle wird jedoch dadurch erleichtert, dass das „ausgedruckte" Vortragsreferat eine endliche Länge hat und weil sie durch die Suchfunktion des Viewers, also der Daten-anzeigenden-Software schnell auffindbar ist.

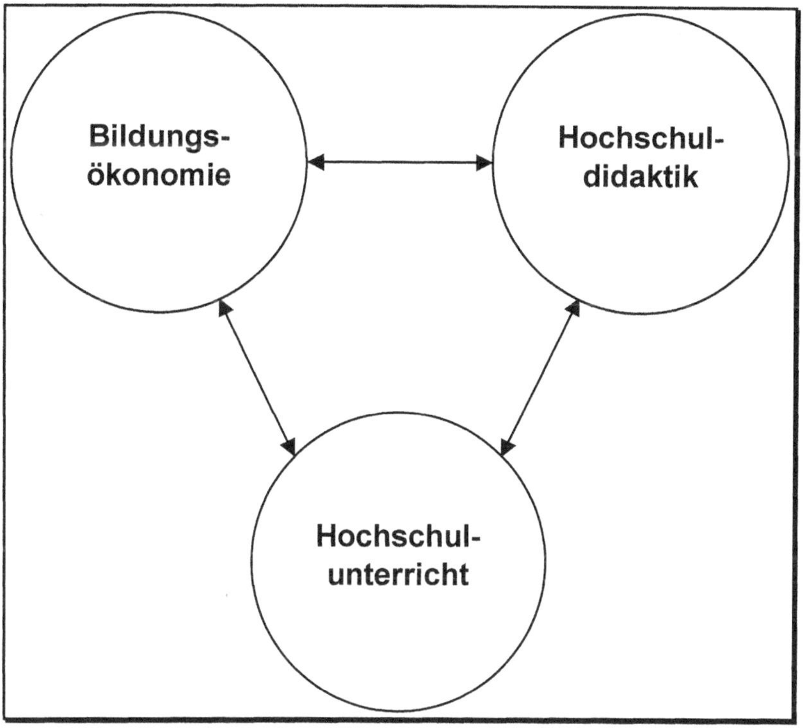

(Eigene Anfertigung)

Abbildung 1: Beziehungsdreieck Ökonomie, Didaktik und Hochschulunterricht

Regelmäßig rücken die Medien die so genannte Krise der Ingenieurwissenschaften in das Zentrum des Interesses, die abwechselnd in den Klagen über die Situation, die Qualität der Ingenieurausbildung und in geringer werdenden Studienanfängerzahlen ihren Ausdruck findet. Fast alle beschränken sich auf das Nennen von „Fakten" aus Absolventenreports oder anderen Erhebungen, die die Mängel in der Ausbildung beschreiben sollen und übersehen, dass die Krise der geringen Studienanfängerzahlen auch ein bildungstheoretisches Problem der Ausbildung ist. Eine didaktisch begründete und damit zugleich bildungsökonomisch tragfähige Basis fehlt ebenso wie ein Algorithmus zu deren Kontrolle. Nur selten lassen sich in der Literatur bildungstheoretische und wirtschaftliche Auseinandersetzungen über die derzeitige Misere finden. Ebenso selten wird ernsthaft versucht, die Ursachen und Wirkungszusammenhänge für die heutige Situation der Ingenieurausbildung zu durchleuchten. Selbst wenn dies geschieht, dann unterscheiden sich die Sichtweisen der Didaktiker und Bildungsökonomen gravierend von denen der Ingenieure.

Diese Indizien können auf ein Studium hinweisen, das nicht mehr in dem hochschulpolitisch angestrebten Maße berufsvorbereitend ist. Dann stimmen entweder die Zielsetzungen der ausbildenden Hochschulen nicht mehr mit den Qualifikationsanforderungen des Arbeitsmarktes überein oder die Zielsetzungen, werden nicht erreicht. Auf der Suche nach den möglichen Gründen für diesen Dissens sollen am Beispiel der Technischen Dokumentation[6] die Determinanten und Interdependenzen innerhalb des Maschinenbaustudiums näher untersucht und geklärt werden. Die Technische Dokumentation eignet sich insbesondere dazu, da sie

- von der immer wieder auftretenden Diskussion um eine allgemeine Verantwortung[7] der Ingenieure unberührt blieb,
- durch die Einführung neuer nationaler und internationaler Verordnungen besonders hervorgehoben wurde und
- den Vorteil eines relativ scharf abgegrenzten und eng umrissenen Themas bietet.

Die Ursachenfindung versucht zwischen der Historie des Fachgebietes, seiner Studienorganisation, dem Verhältnis zur beruflichen Praxis und einer Technischen Bildung für Ingenieure zu vermitteln, um schließlich auf die Frage Antworten zu geben, wie ein didaktisch-methodisches Verfahren gestaltet sein kann, das sich im Besonderen um die Vermittlung von Qualifikationen zur Technischen Dokumentation bemüht.

6 Die Wortpaarung „Technische Dokumentation“ ist ebenso unpassend wie gebräuchlich. Dabei wird mit „Technische Dokumentation“ zugleich die Unternehmensabteilung wie das Produkt bezeichnet, das die Abteilung zur Beschreibung und Dokumentation technischer Artefakte herstellt.

7 Als Beispiel sei hier auf die Diskussion im Rahmen der Technikfolgenabschätzung verwiesen.

3 Situation Technischer Bildung im Studiengang Maschinenbau

Die Situation in einem Studiengang ist das Ergebnis vielfältiger Abhängigkeiten und Entscheidungsprozesse. Zu diesen gehören auszugsweise rechtliche Regelungen, die Geschichte der Institution und der Disziplin; das Wissenschaftsverständnis der Beteiligten, das Berufsbild und Standesfragen des Ausbildungsberufes (vgl. Abbildung 2).

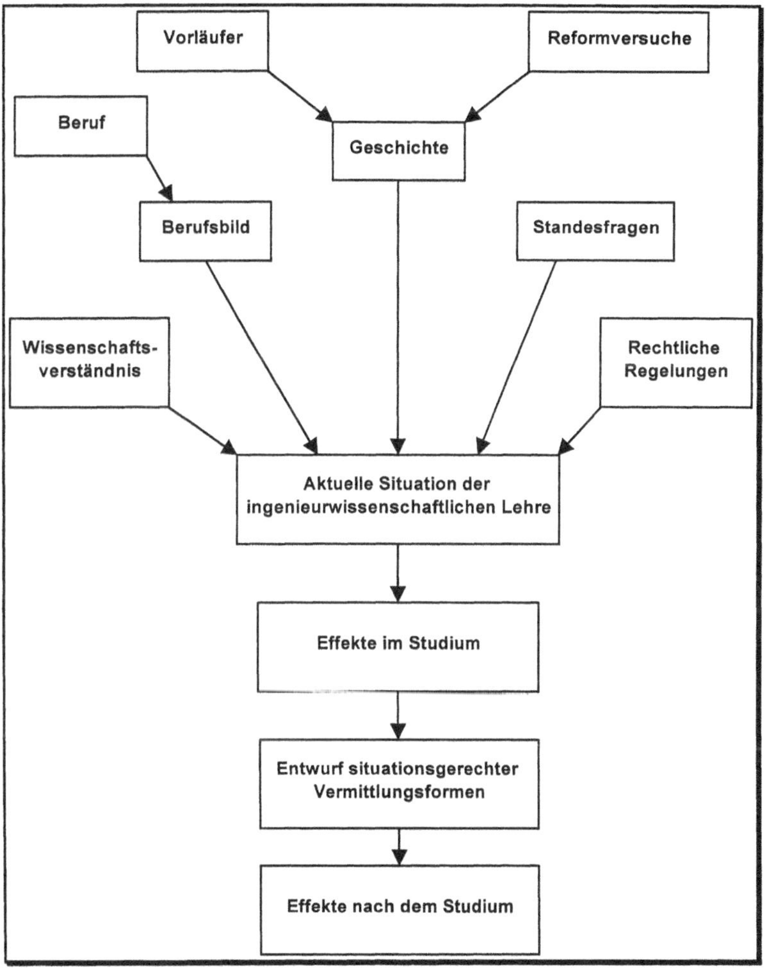

(Eigene Anfertigung)

Abbildung 2: Ausgewählte Determinanten der Vermittlung Technischer Bildung

Für einen Entwurf situationsgerechter Vermittlungsformen ist es nötig deren Abhängigkeiten und Wirkungen in Form von Effekten in und nach dem Studium zu kennen und ggf. zu berücksichtigen. Aus diesem Grund erfolgt in diesem Kapitel eine Beschreibung der Situation im Studiengang Maschinenbau.

Die Ausbildung der Maschinenbauingenieure an deutschen Hochschulen steht immer wieder im Fokus öffentlichen Interesses. In langen Zyklen wird die Situation in der ingenieurwissenschaftlichen Lehre sich z.T. wiederholend kritisiert. Politik, Industrie und Studierende bringen unterschiedliche Vorwürfe ins Gespräch, die von zu langen Studienzeiten über fachlich ungeeignete Qualifikationen bis zu verstaubten Studieninhalten reichen.

Viele der Medienberichte, die diese Verlautbarungen widerspiegeln, lassen sich nach dem Inhalt der Diskussion leicht in zwei Gruppen einteilen. Sie thematisieren entweder

- Hochschulrankings[8] oder den
- Qualifikationsbedarf.

Zu der ersten Gruppe gehören die von der Zeitschrift „Der Spiegel" seit 1989 durchgeführten Hochschulrankings[9] die z.T. jährlich und mit den verschiedensten Ansätzen Vergleichslisten aufzustellen und die „beste Uni" zu identifizieren versuchen. Auch wenn diese Rankings im Laufe der Jahre gereifter erscheinen, gilt ihnen nach wie vor harsche Kritik. Nach Himmelrath 1997 sind sie nach wie vor nichts anderes als „publizistische Heißluftverfahren", eine relative Reihenfolge, ein Meinungsbild, gewonnen aus den Urteilen von Hochschullehrenden, Studenten und/oder Personalchefs, gespickt mit den gängigen Forderungen nach mehr Geld, Personal und Räumen. Teichler/Enders/Daniel bezweifeln gar die Abhängigkeit des beruflichen Erfolges von der Wahl der Hochschule. Sie stellen damit die in den Rankings intendierte ökonomische Relevanz der Wahl des Hochschulstandortes für die Karriere, im Sinne des Ertragsratenansatzes, in Frage. Ihre Absolventen begleitende Langzeitstudie zeigt, „dass der berufliche Erfolg der Absolventen je nach Hochschule weitaus geringer variiert, als dies verbreitete Versuche, Rangordnungen von Hochschulen zu erstellen, glauben machen" (Teichler/Enders/Daniel 1997, S. 235).

Die zweite Gruppe der Medienberichte umschreibt dagegen eine inhaltliche Diskussion, die auf einer sehr breiten Basis geführt wird. In ihr wird das Ungleichgewicht zwischen Qualifikationsprofil der Absolventen und dem Anforderungsprofil der Wirtschaft beklagt, sie kommt aber nicht über die von Teichler (1995, S. 65) bemängelten Probleme der arbeits- und industriesoziologischen Qualifikationsbedarfsforschung hinaus.

Über die Existenz eines defizitorischen Ungleichgewichtes sind sich – wie aus Tafel 1 ersichtlich – alle „Anklagenden" im Grundsatz einig, wenngleich hier und da über die Anzahl und Größe der zu diskutierenden Merkmale Unterschiede auftreten. Uneinigkeit

[8] Vorläufer war eine 1984/85 vom Max-Planck-Institut für Bildungsforschung durchgeführte Studie zur Wettbewerbspolitik. Mit ihr wurde u.a. die Qualität verschiedener Universitäten erhoben. Während mit den Ergebnissen dieser Studie bewusst nur statistische Zusammenhangsanalysen und keine 'Hit-Liste' erstellt wurde, brach die Zeitschrift Der Spiegel kurze Zeit später mit dem Tabu des öffentlichen Nachweises qualitativer Unterschiede zwischen den Universitäten (vgl. Arbeitsgruppe 1994, S. 680).

[9] Weitere Rankings finden sich u.a. in Der Spiegel (1993), RCDS (1993), Stern (1993), Focus (1997).

herrscht dagegen über die Ursache eines solchen Ungleichgewichtes, das sich als „Qualifikationsdefizit" bei den Absolvierenden bemerkbar macht. „Über Anforderungen, die an Ingenieure und Ingenieurinnen gestellt werden, über einen 'neuen Ingenieurtypus' wird gerade in den letzten Jahren wieder viel diskutiert" (Neef/Pelz 1997b, S. 7).

„Die im Ingenieurberuf benötigten Kommunikationsfähigkeiten werden wahrscheinlich auf der Schule zu wenig und auf der Hochschule gar nicht gelernt".
(Morsch/Neef/Wagemann 1986, S. 128)

„In diesen Kompetenzbereichen[10] ist jeweils ein Viertel der Befragten der Auffassung, daß gravierende Mängel vorliegen".
(Konegen-Grenier/Weiss 1996, S. 61)

„Im Unternehmen werden ... ebenso soziale/kommunikative Fähigkeiten verlangt. Der Berufsanfänger ist auf dieses Anforderungsprofil kaum vorbereitet".
(Wankum 1989, S. 40)

„Industrielle Fertigung: Angestrebt wird ein beschleunigter und genauerer Austausch von Informationen unter selbständigen Unternehmen".
(Meier 1995, S. 10)

„Diese[11] bringen gerade für die ... Arbeit der Technischen Dokumentation vielfach noch zu wenig Verständnis auf".
(Kerst 1996b, S. 33)

Tafel 1: Auszüge von Äußerungen über kommunikative Defizite bei Ingenieuren

Die Hochschulen reagieren auf solche Defizit-Klagen[12] mit Schuldzuweisungen und vermuten „zu Unrecht die Gründe für Studienprobleme bei den Studenten, ihrem Arbeitsansatz, ihrem Interesse, ihrer Vorbildung und ihren Talenten" (Morsch/Neef/Wagemann 1986, S. 6). In ihren Reaktionen verweisen die Hochschulen auf die angeblich schlechte Vorbereitung durch die Schulen, die ungünstige Fächerwahl in der Oberstufe, die Faulheit der Studierenden[13] u.a. Im gleichen Atemzug versuchen die Universitäten den diagnostizierten studentischen Mängeln mit einem strengeren und härteren Studienverlauf durch zusätzliche studienregulatorische Maßnahmen in den Studien- und Prüfungsordnungen (SO/PO) zu begegnen und empfehlen den Studierenden: „Wenn Sie noch eine Freundin haben, dann sagen Sie ihr, Sie hätten keine Zeit mehr für sie, denn Sie hätten jetzt etwas Besseres zu tun: Sie sind jetzt Student der

10 Konegen-Grenier/Weiss sprechen hier von fachlicher Kompetenz sowie kommunikativen und sozialen Fähigkeiten.

11 Kerst spricht hier von Entwicklungsabteilungen.

12 Als Beispiel sei hier die 36. Entschließung zur Struktur des Studiums an Universitäten der Deutschen Kommission für Ingenieurausbildung (DKI) (vgl. VDI 1993) genannt. Vgl. auch Wagemann (1987, S. 147).

13 Hinsichtlich des Einwandes, die Studierenden seien nicht genügend auf ein wissenschaftliches Studium vorbereitet, sei auf das Kapitel „Studienfachwahlmotive und studentische Dispositionen" (S. 138) verwiesen.

Technischen Universität Hamburg-Harburg“ (Blömeke 1996) oder weniger deutlich in einer Werbebroschüre der TU Hamburg-Harburg von 1994: „Vor allem das Grundstudium stellt eine echte Bewährungsprobe für das Durchhaltevermögen dar“.

Die Bezeichnung „Universität“ für eine Institution mit gewachsener Tradition und vielfältig durchlebten Reformbemühungen nimmt noch immer die Assoziationen des Humboldtschen Bildungsideals[14] für sich in Anspruch. Gleichzeitig aber besteht, aus wissenschaftstheoretischer und gesellschaftspolitischer Sicht, Konsens darüber, „dass durch die Verwissenschaftlichung fast aller Praxisbereiche die akademisch-wissenschaftliche Berufsausbildung zu einer zentralen Aufgabe der Hochschule geworden ist“ (Sommerkorn 1980, S. 150). Hatte sich diese Ansicht bis 1945 gegenüber dem Humboldtschen Idealbild längst durchgesetzt, so ließ sich der Anspruch der Persönlichkeitsbildung – unter den nach 1945 veränderten historischen Bedingungen – „im täglichen Lehrbetrieb durchaus mit einer positivistischen Vermittlung von isolierten Informationsbeständen der etablierten Fachdisziplinen verbinden und damit die Aufgabe des normalen Studiums, die Vorbereitung des Berufseintritts, verdrängen“ (Griesbach u.a. 1995, S. 242).

Weil aber in den 60er Jahren die Bedeutung des Humankapitals zunahm und deshalb die weit verbreitete These vorherrschte, der Akademikeranteil an den Berufstätigen sei kausal mit technischem Fortschritt und Wirtschaftswachstum verbunden, brachte der wirtschaftliche Aufstieg ein neues Interesse an Studenten und Studium. Mit dieser neuen Ausrichtung wurde insgesamt eine stärkere Berufsorientierung des Studiums bewirkt, mit „der aber nicht in gleichem Umfang eine stärkere Praxisorientierung der wissenschaftlichen Disziplinen korrespondierte“, wie Griesbach u.a. (1995, S. 243) ausführen. Der positivistische Aufbau der Lehrpläne verstärkte vielmehr eine Reglementierung der Studiengänge und damit eine Einschränkung in der individuellen Studiengestaltung. Es kam zu einer Verschulung und Verberuflichung der Humboldtschen Universität, die gleichzeitig bedauert und als soziale und bildungsökonomische Verantwortung der Universitäten empfunden wird (vgl. Sommerkorn 1980, S. 150). Eine Verantwortung, einer aus Steuermitteln finanzierten Institution die „für das industriell-bürokratische Beschäftigungssystem in quantitativer und qualitativer Hinsicht ausreichend Qualifikationen zur Verfügung zu stellen hätte“ (Sommerkorn 1980, S. 150).

Bemerkenswert ist dabei, dass sich Sommerkorn auf die Situation der Universität an sich und nicht auf als „das Vorbild“ (Wagemann 1987, S. 9) deutscher Reform- und Studienorganisationsvorstellungen bezieht, denn „Ingenieure haben ihr Studium zu keiner Zeit anders verstanden als Berufsvorbereitung, und der Widerstand der klassischen Universitäten gegen die Aufnahme der Ingenieure in den Bereich der wissenschaftlichen Hochschulen begründet sich gerade von hier“ (Wagemann 1987,

[14] Als einer der führenden Vertreter des Neuhumanismus’ verstand Humboldt Bildung als universale Bildung, in die die Naturwissenschaften integriert sind. Universal bedeutet für ihn die Entfaltung aller Persönlichkeitskräfte durch die Begegnung mit der Antike in Form antiker Kunst und Literatur sowie dem Medium Sprache. Er sah in dieser allgemeinen Menschenbildung das Ideal der Menschheit. Die Wissenschaft trägt zur Entfaltung dieser Menschenbildung bei und wird als ein Prozess verstanden, in dem kein Untertanengeist herrscht; der sich in Freiheit vollzieht und an dem alle in der Einheit von Forschung und Lehre teilhaben. Die Philosophie führt die einzelnen Disziplinen zusammen.

S. 158). Die Vorstellungen der Hochschulpolitiker von einer Hochschulreform hatten „immer eine deutliche Stoßrichtung gegen die klassischen Universitätsbereiche“ (Wagemann 1987, S. 9). Die Systeme der Ingenieurschulen, die erst 1899 in den Stand der Universität gehoben wurden, wurden nun den alten etablierten Fächern zur Nachahmung vorgehalten. Verdeutlicht wird diese Umkehr an der Wertigkeit des Diploms[15] als Hochschulabschluss. Das Diplom kennzeichnete im 19. Jahrhundert den Ingenieurabschluss, der erst 1899 der ersten Staatsprüfung gleichgestellt wurde. Inzwischen wird das Verständnis von Studium und Lehre – wie es bei den Ingenieuren Tradition hat – für alle wissenschaftlichen Hochschulen verbindlich gemacht. Charakteristisch ist das streng geordnete feinmaschige Netz von studienbegleitenden und -bestimmenden Prüfungen, welches die Studiengänge verschult und unbeweglich macht. Alle Reformen, die „mit der Bedeutung ‘Erlaß und Änderungen von Ordnungen’ fest verbunden“ (Wagemann 1987, S. 179) sind, werden an diesem Verständnis von Studium wenig ändern können.

Studienordnungen und Lehrpläne sind ein Verzeichnis von zu lehrenden und mithin zu lernenden Inhalten und „unterstützen die Tendenz, den Vorgang des Lehrens und Lernens auf Stoffvermittlung zu reduzieren“ (Wagemann 1987, S. 124). Studienordnungen (SO) sollen Lehre und Studium ordnen, für die Wirksamkeit der Ausbildung sorgen und zu begrenzten Studienzeiten führen – das Gegenteil ist der Fall: „Das Studium wird länger, undurchschaubarer, ineffektiver“ (Wagemann 1987, S. 177) und vernachlässigt, ja verhindert in eklatanter Weise selbst vorgegebene Aufgaben.

Anlässlich der „THD-Werkstattgespräche zur Verbesserung der Lehre“ (Originaltitel) im November 1992 sah sich der Vertreter der Fachschaft Maschinenbau zu folgendem, die Situation verdeutlichendem Statement veranlasst: „Uns wird ein Teil der Verantwortung für unser Studium abgenommen, den wir gar nicht hergeben wollen“ (Masak 1992, S. 75). Mit ständig erzwungenen Lernkontrollen wird den Studierenden die Fähigkeit abgesprochen, auch ohne Druck lernen zu können. Der enorme Stoffumfang macht aus dem ursprünglichen Anspruch des Verstehen-Wollens ein Lernen mit dem alleinigen Ziel des Bestehens. Statt der Anhäufung von „geballtem Halbwissen“ ist „Raum für nicht berufsorientierte Bildung zu schaffen, um von vornherein dem Fachidiotentum, den sogenannten deformierten Persönlichkeiten entgegenzuwirken“ (Masak 1992, S. 75). In diesem Sinne wurde vom VDI schon „vor 10 Jahren eine Studie veröffentlicht, die die Forderung von praktisch tätigen Ingenieuren enthält, 'nichttechnischen' Qualifikationen auf Kosten der Ingenieur- und Naturwissenschaften rund 20 % der Studienzeit einzuräumen“ (vgl. Morsch/Neef/Wagemann 1986, S. 136).

Alle historisch-hermeneutischen Ansätze zur Herleitung und Erklärung der heutigen Studiensituation kommen zum gleichen Ergebnis. Um so bedauerlicher ist das Versäumnis zum historischen Übergang von der Ingenieur- „Schule“ zur Universität einen neuen Technikbegriff zu prägen und hierdurch das gespannte Verhältnis von Technik, Wissenschaft und Bildung abzuarbeiten. Noch bis Mitte der 50er Jahre waren die herrschenden Bildungstheorien weit davon entfernt, die pädagogische Bedeutsamkeit der Technik zu erkennen oder sie hinlänglich zu verstehen (vgl. Schmayl/Wilkening 1995, S. 22). Die aus der klassischen humanistischen Bildungsidee stammende Vorstellung von der Beschäftigung mit der Welt der Ideen, mit dem literarisch und künstlerischen

[15] Ursprünglich besaß das Diplom ein geringeres Ansehen als das Staatsexamen.

Gedankengut, ignorierte das praktische Handeln und die Probleme einer planmäßigen Gestaltung der realen Welt (vgl. Ropohl 1976).

Um so mehr erscheint die Forderung nach der Gleichstellung Technischer Bildung – aus der heutigen verkürzten Technik-Sicht der Ingenieure – mit Allgemeiner Bildung – aus einer ideell kritisch-emanzipatorischen Sicht – paradox. Sie wird sogar um so unverständlicher, je mehr das derzeitige Studium den Bedingungen zur Anbahnung von Bildung gegenübergestellt wird. Ein Studium, das den Studierenden die Möglichkeit einer Reflexion verwehrt ist ein imposanter Scherbenhaufen, ein systematischer Lehrgang (vgl. Arbeitskreis 1968, S. 166) und folgt einem didaktischen Konzept, bei dem der Lernprozess der Systematik des Stoffes untergeordnet wird (vgl. Arbeitskreis 1968, S. 166). Ohne die Möglichkeit der Reflexion ist dem Lernenden aber bereits die erste der zwingend notwendigen Bedingungen zum Erwerb von Bildung genommen. Die Reflexivität, die Entfaltung der eigentümlich menschlichen Fähigkeit zur Natur wie zu sich selbst in ein distanziertes, ein rückfragendes Verhältnis zu treten, ist Kern der Bildung und ermöglicht dem sich Bildenden eine gewisse Autonomie, Selbst- und Mitbestimmung gegenüber allen Anpassungsforderungen (vgl. Schulz 1988b, S. 7f.). Ohne Autonomie gibt es aber keine Mündigkeit und ohne respektvollen mündigen Dialog keine Bildung.

Im konkreten Studienablauf folgt dem 'Grundstudium' das 'Hauptstudium'. Das vorzufindende Konzept des Grundstudiums sieht im Wesentlichen ein mathematisch-physikalisches Propädeutikum vor. Das Hauptstudium ist „als dessen Anwendung mit konkretem Bezug auf die jeweils angestrebte Funktion im Betrieb – als Spezialisierung in den 70er/80er Jahren mit zahlreichen ausdifferenzierten Studienrichtungen auf die Spitze getrieben. Die Studienpläne sind weitestgehend bis ins Detail festgelegt; die Studieninhalte sind zu 95 % rein naturwissenschaftlich-technischer Natur; Wahlmöglichkeiten für die Studierenden gibt es im Grundstudium praktisch keine, im Hauptstudium kaum" (Neef/Pelz 1997b, S. 12).

Im Aufbau des Studiums bilden aber gerade die Technischen Universitäten „einen Club und definieren sich selbst als Mindeststandards" (Meyer 1999, S. 25). In kaum einem Studiengang sind die Anforderungen, die Zahl der Klausuren und die Zahl der Arbeitsstunden ähnlich hoch wie im Maschinenbaustudium (vgl. Morsch/Neef/Wagemann 1986, S. 30ff.). Selbst hochbegabte Studierende müssen „in den Technikfächern mehr als 40 Stunden pro Woche arbeiten, wenn sie Regelstudienzeiten einhalten wollen, wenn sie sich auf Berufskarrieren in leitender Position vorbereiten wollen" (Heldmann 1998, S. 307).

Dabei sind die Leistungsanforderungen im Studium „in erster Linie durch die Art der Vorstellung des Lehrstoffes geprägt" (Wankum 1989, S. 36). „Für den Zeithaushalt der Studenten gewichtiger als die Darstellung des Faches in den Vorlesungen ist aber sicherlich, wie umfangreich der Hochschullehrer die zu lernenden Gegenstände seines Faches absteckt und in welchem Maße er bestimmte Hausarbeiten für sein Fach verlangt" (Wagemann/Rinneberg 1982, S. 74). Angesichts lebenssituationsbestimmender, „komplizierter, theoretischer Gedankengänge, abstrakter Formulierungen, Begriffshuberei, Hagelschauer von Fremdwörtern und Arroganz" (Morsch/Neef/Wagemann 1986, S. 20) entsteht eine resignative Haltung vieler Studierender: „Das Studium ist eben hart, man muss da durch" (Morsch/Neef/Wagemann 1986, S. 20). Es „geht um Durchhalten, Härte, Leistung; die Sache verlangt das von allen, der Mensch mit seinen Bedürfnissen muss eben zurückstecken" (Morsch/Neef/Wagemann 1986, S. 20), wenn es um die überragende Bedeutung der Technik geht die „für jeden, der in der Technik engagiert ist, eine Verpflichtung gegenüber der Menschheit" (von Weiss 1979, S. 89) darstellt.

Im Studium geht es nicht darum, die Grenzen der Technik zu erkennen und die Technik in für die Menschheit nutzbringende Wege zu lenken. Statt dessen steht das Studium vor einem neuen Ingenieurtypus, der mit digitalen Vorstellungen ausgerüstet „dazu programmiert wurde, nur noch Befehlscodes sinnvoll aneinanderzureihen" und sich dadurch mehr und mehr von übergeordneten Gesichtspunkten entfernt. Aus diesem Grunde muss die studentische Vorbelastung durch die frühzeitige Orientierung am ingenieurwissenschaftlichen Studium – „dieses Interesse wird bei vielen Studenten der Ingenieurwissenschaften schon in der Wahl der Leistungskurse innerhalb der Oberstufe deutlich" (Wankum 1989, S. 61) – in Verbindung mit der häufig vorhandenen Voreingenommenheit oder einseitigen, weil rein fachsystematischen Sicht der Lehrenden durch Traditionsverhaftung oder zu weitgehende Vereinfachung, abgelehnt werden. Nur eine stärkere Verknüpfung der Technikvermittlung mit den Bildungswissenschaften kann vermeiden helfen, dass „schließlich technisch kompetente, geistige Barbaren als lebende Automaten" (von Weiss 1979, S. 93) ausgebildet werden. Erst durch das „Erkennen von Vernetzung, Sachzwängen und Gesamtzusammenhängen zwischen Natur, Technik und Geisteswissenschaft … wächst auch die Erkenntnis, dass der Mensch stets Teil der Natur ist und eine naturwidrige Technik sich stets auch gegen den Menschen richten muss" (Esser 1988, S. 196).

In Folge der beschriebenen Einseitigkeit, in Verbindung mit dem vorherrschenden Ideal von der fordistisch-tayloristischen Arbeitsteilung und verstärkt durch die zunehmende Elektronisierung und Verwissenschaftlichung traten gravierende Kommunikations- und Abstimmungsprobleme zwischen den innerbetrieblichen Abteilungen und den ausserbetrieblichen Kontaktpartnern auf, die sich als neue Anforderungen isolieren lassen. Zu deren Überwindung entstanden neue Berufsfelder – wie das der Technischen Dokumentation. Diese übernimmt Tätigkeiten, die der Ingenieur „früher nebenbei" (vgl. Schwender 1993) gemacht hat.

Aus der Sicht des Ingenieurstandes muss das Entstehen eines neuen Berufsfeldes aber einen Affront darstellen, denn das Weggeben von wichtigen Aufgaben, aus welchen Gründen auch immer, kommt in jedem Fall einem Verlust an Bedeutung und Marktwert, also einer Entwertung des durch Bildungsinvestition angehäuften Humankapitals gleich, wie Morsch u.a. (1974, S. 23) belegen: „Die Zuständlichkeit der Arbeitskraft und damit ihre Qualifikation macht also ihren Gebrauchswert aus". Kalkowski (1997) spricht sogar von einem „drohenden Machtverlust des Mechanikblocks" (Kalkowski 1997, S. 93). Im Gegenzug gründete der VDI einen Ausschuss „Technische Dokumentation", bietet diverse Bildungsangebote und eine VDI-Richtlinie[16] zum Thema an.

Wer aber „seinen ersten richtigen Job mit 28 Jahren antritt und vorher 22 Jahre ohne Unterbrechung in Klassenzimmern und Hörsälen mit der Anhäufung von mehr oder weniger nützlichem Wissen verbracht hat, bei demjenigen haben sich bereits viele wesentliche Persönlichkeitsmerkmale verfestigt" (Hoch 1996, S. VI/1). Zu einer Zeit,

[16] Die VDI-Richtlinie 4500 ist seit 2/95 dem VDI-Handbuch Konstruktion zugeordneten. Sie bietet ein praxisbezogenes Anforderungsprofil für die Technische Dokumentation .

in der gesetzliche Vorschriften und ökonomische Zwänge Verantwortungsbewusstsein und kommunikative Fähigkeiten einfordern, erscheint das Qualifikationsprofil der Absolventen eines Ingenieurstudiums in einigen Teilen nicht mehr zeitgemäß.

1995 formulierte der VDI „Empfehlungen für eine zukunftsorientierte Ingenieurqualifikation" mit der Forderung und Angabe prozentualer Anteile von Inhalten[17] im Studium. Begründet werden diese Forderungen mit dem grundlegenden Wandel in Technik, Wirtschaft und Gesellschaft. Im Zuge dieser Veränderungen erkennt der VDI neben dem Bedarf an fachlichen Kenntnissen und Fähigkeiten zunehmenden Bedarf an Teamfähigkeit, Methodenkompetenz, systemischem und vernetzten Arbeiten. Er erwartet Urteils- und Handlungskompetenz im Zusammenhang mit gesellschaftlichen, interkulturellen, politischen, ökonomischen und ökologischen Bedingungen sowie Folgen der Entstehung und Verwendung von Technik. Einen besonderen Wert sieht der VDI in der fachlichen Kommunikationsfähigkeit und dem kooperativen Sozialverhalten mit Führungs- und Kommunikationskompetenz und ergänzt seine Erwartungen nach mehr Durchlässigkeit zwischen Beruflicher und Allgemeiner Bildung. „So unterschiedlich diese Anforderungen an verschiedenen Arbeitsplätzen auch sein mögen, sie sind mit einer Grundqualifikation, bestehend aus dem vermittelten Wissen und den erforderlichen Fähigkeiten abzudecken. Der schnelle Wandel des Fachwissens verringert den Stellenwert von Spezialisierungen in der Grundqualifikation und damit in der Erstausbildung" (VDI 1995, o.S.).

In seinen in Abbildung 3 (S. 25) dargestellten Empfehlungen für eine zukunftsorientierte Ingenieurqualifikation schlägt der VDI eine viergliedrige Inhaltsstruktur mit 30 % mathematisch-naturwissenschaftlichen, 30 % technischen Grundlagen und jeweils 20 % in exemplarischer Vertiefung eines Anwendungsgebietes und nichttechnischen Inhalten vor. Zudem sollen die Einzeldisziplinen untereinander verzahnt und kontinuierlich an die technische und gesellschaftliche Entwicklung angepasst werden.

Die Empfehlungen sind das momentane Zwischenergebnis einer Diskussion, an der sich der VDI schon lange vor den Empfehlungen zur Integration fachübergreifender Studieninhalte in das Ingenieurstudium von 1990 beteiligte. Schon damals forderte er die kontinuierliche Anpassung der Studieninhalte an die Ergebnisse der Forschung und Praxis in einer ganzheitlichen Betrachtung von Aus- und Weiterbildung, mit einer aus heutiger Sicht notwendigen, grundlegenden Änderung der Struktur des Bildungswesens, der Auswahl der Studieninhalte und der Lernmethoden. Verstärkt sollen problem- und projektbezogene Studienformen eingeführt und technisch-fachliche wie fachübergreifende Studieninhalte integriert werden.

In ähnlicher Weise äußerte sich der Verband Deutscher Elektrotechniker (VDE) 1994 in seinen „Auswirkungen des Strukturwandels in der Elektroindustrie auf die Ingenieurausbildung". Dort heißt es u.a., dass in Abhängigkeit von der Unternehmensgröße große Unterschiede in den Anforderungselementen entstehen. Die Wirtschaft erwartet deshalb eine Grundqualifikation und vertieft die Qualifikationen in Anpassung an den Strukturwandel. Künftig sind – als fachliche Anforderung – verstärkt

[17] Der hier beschriebene Umgang mit Zahlen und Begriffen offenbart eine aus pädagogischer Sicht unhaltbare „materielle" Sicht von Qualifikationserwerb.

Qualifikationen wie Methoden- und Systemkompetenz zu vermitteln. Dazu gehören u.a. das Erkennen des Kundennutzens, Methoden der Qualitätssicherung, das Beobachten von Gesetzen, Normen und Vorschriften sowie die systematische Dokumentation von Arbeitsergebnissen. Zu den überfachlichen Anforderungen zählt der VDE u.a. Organisationswissen und Sozialkompetenz zur Stärkung der integrativen Kräfte und einer Verbesserung der Zusammenarbeit in den Unternehmen. Benötigt werden dazu z.B. Verständnis für organisatorische Zusammenhänge und Arbeitsabläufe im Unternehmen, prozessorientierte Denkweisen und die Befähigung zu Teamarbeit und zum Organisieren von Arbeitsprozessen.

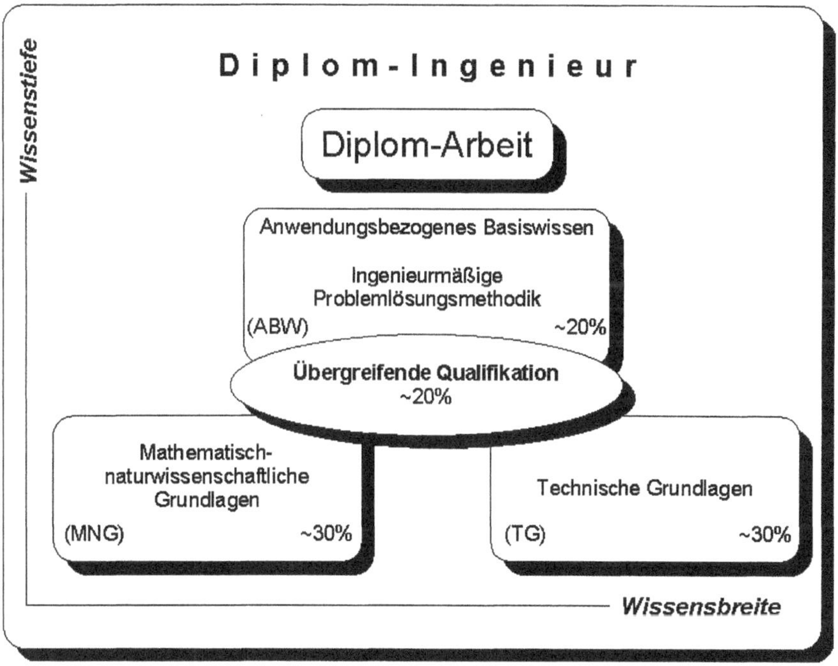

(VDI 1998b, S. 3)

Abbildung 3: Empfehlung für eine zukunftsorientierte Ingenieurausbildung

Ebenfalls zu den übergreifenden Anforderungen zählt der VDE die gesellschaftsbezogenen Qualifikationen, dem er u.a. die Fähigkeit zu allgemeinverständlicher Darstellung technischer Aufgabenstellungen und Lösungen zuordnet. Der Anteil der nichttechnischen Fächer sollte zu Lasten der Vertiefungsfächer zunächst auf 10 %, später gar auf 15 % angehoben werden. Zudem führt der VDE aus, dass übergreifende Qualifikationen auch ohne zusätzlichen Aufwand vermittelt werden könnten, wenn sie in geeigneter Weise in bestehende Fächer integriert werden. Hernaut und Nossek führen die VDE-Empfehlungen 1996 fort und benennen konkrete Lerninhalte in ihren Empfehlungen zum Elektrotechnikstudium. Auch sie sehen solide Fachkenntnisse, ausgeprägte Fähigkeit zur Kommunikation und der Zusammenarbeit im Team als notwendig an. An die Adressen der Hochschulen gerichtet, gehen ihre Vorschläge zur

Neugestaltung der Lehrveranstaltungen zur Vermittlung und Förderung von persönlichkeitsbezogener Kompetenz und Fähigkeit im Studium. „Um dieses Ziel zu erreichen, wird nicht eine grundlegende Systemänderung der deutschen Ingenieurausbildung empfohlen, sondern eine entschlossene Weiterentwicklung des bestehenden Systems" (Hernaut/Nossek 1996, S. 7). Dabei gehen sie gleichzeitig davon aus, dass bestimmte Verfahren zur Vermittlung bestimmter Kompetenzen besonders geeignet erscheinen, prinzipiell jede Kompetenz, respektive Fähigkeit, durch jede Lehrveranstaltungsform gefördert werden kann.[18] Für Huber (1998, S. 6) gehen dagegen alle Möglichkeiten, wie gerade Schlüsselqualifikationen[19] erworben werden könnten, „über traditionelle Vermittlungsformen entlang der Fachsystematik weit hinaus". Und doch ziehen Hernaut/Nossek (1996, S. 7) anschließend ein Resümee, das im Prinzip in gleicher Weise für den VDE und den VDI gilt. Es geht um die Integration fehlender Qualifikationen, ohne neue Studieninhalte einfach additiv hinzufügen zu wollen. Sie sollen in das bestehende System integriert werden, ohne dass sie über die Hintergründe der Hochschullehre und das Selbstverständnis der Lehrenden sprechen wollen.

Rückblickend bleibt das Bild eines Studiengangs, dem die Vermittlung unzureichender Qualifikationsprofile vorgeworfen und die Gleichwertigkeit seiner Bildungswirkung mit allgemeinbildenden Studiengängen verweigert wird. Das Studium ist in ein streng geregeltes Grund- und ein etwas freieres Hauptstudium gegliedert. Es orientiert sich an der Fachsystematik und eher traditionellen Vermittlungsformen.

18 Abgesehen davon, dass Hernaut/Nossek mit ihrer Position einen Widerspruch in sich transportieren, erscheint diese Vorstellung aus didaktischer Sicht völlig unverständlich, denn sie äußern ihre Ansicht, obwohl genügend Erfahrungen vorliegen, die eine solche Abhängigkeit nahelegen (vgl. Huber 1998, S. 5).

19 Schlüsselqualifikationen sind „grundsätzliche 'skills' jedes Arbeitenden für jede – oder doch für sehr viele verschiedene Arten von – Arbeit und sind Voraussetzung zur Erschließung neuer Arbeitsverfahren und Prozesse, ohne dass auf aus dem Produktionsprozess herausgelöste Nachqualifikationen zurückgegriffen werden muss. Im Zentrum der Schlüsselqualifikation steht das 'learning on the job'. Schlüsselqualifikationen sind inhaltsleer. Sie sollen es wegen ihrer angestrebten Zeitlosigkeit auch sein" (Duismann/Plickat/Sellin 1995, S. 42f.).

4 Technische Bildung aus bildungsökonomischer Sicht

Technische Bildung und ökonomische Potenz können in Aneignungsprozessen erworben werden. Wie diese aussehen, sollen die nachfolgend dargestellten bildungsökonomischen Grundlagen und deren Übertragung auf drei Anwendungsgebiete erweisen. Hierzu werden die ökonomischen Vorteile durch den Erwerb Technischer Bildung, die Ökonomie von Vermittlungsprozessen und schließlich die individuelle Entscheidungssituation behandelt.

Friedrich Edding[20] definiert die Bildungsökonomie als eine „Spezialisierung der Wirtschaftswissenschaften auf den Gegenstand Bildung, das heißt auf die inneren Zusammenhänge im Bildungsbereich und auf dessen Beziehungen zur Umwelt des gesamten gesellschaftlichen Lebens" (Edding 1995, S. 439). Die Bildungsökonomie versucht die zentrale Frage, nach welchen Kriterien Haushalte, Individuen, Vereine, Schulen u.a. ihre Allokationsentscheidungen mit Bezug auf die Verwendung von Bildungsressourcen fällen sollten, „vornehmlich mit den Denkweisen und Methoden der Wirtschaftswissenschaften zu beantworten, berücksichtigt aber auch die Ansätze und Ergebnisse anderer Disziplinen" (Edding 1995, S. 439).

Maier (1994, S. 1) sieht die Wurzeln der Bildungsökonomie in der klassischen englischen Ökonomie mit Adam Smith, William Petty und David Ricardo als drei ihrer bedeutendsten Vertreter. Im Gegensatz zur heute dominierenden Neoklassik, in der die Arbeit nur einer der möglichen Produktionsfaktoren ist, hatten sie den menschlichen Faktor in den Mittelpunkt ihrer Theorien gestellt. Dieser sei in Form eigener Interessen, so die Philosophie der englischen Klassiker, nur durch den Appell an die Selbstinteressen zu befriedigen. Da „so Leidenschaften in Interessen verwandelt werden können" (Maier 1994, S. 3), entstehen Motiv und Motivation.

Im Mittelpunkt der Werttheorie der Klassiker steht die Qualität und Quantität der menschlichen Arbeit, deren wertschöpfende Potenz von der Intensität, der Qualität und der durch Arbeitsteilung erreichten Produktivitätssteigerung der Arbeit abhängt. Bildungsökonomisch bedeutsam und trotz der noch immer nicht in allen Fragen gelösten Messprobleme ist heute die Ansicht Smith's als allgemeiner Satz gültig, nach der die Arbeitskraft durch Bildung eine höhere ökonomische Potenz erwerben kann und eine höhere Qualifikation der Arbeitskraft einen höheren Beitrag zur Wertschöpfung leistet. Das vermittelte Können und Wissen verspricht Handlungskompetenz und Innovationspotenzial. „Humankapital als personengebundenes immaterielles Kapital und Wissen als nicht personengebundenes immaterielles Kapital stellen somit zentrale Produktionsfaktoren moderner Industriegesellschaften dar. Bildungsinvestitionen bewirken nicht nur eine Höherqualifizierung des Produktionsfaktors Arbeit, sondern können darüber hinaus den technischen Fortschritt beschleunigen" (Pfeiffer/Falk 1999, S. 24).

Mit der Beseitigung der feudalen Produktionsweise Englands im 18. Jahrhundert und der Verwandlung der Arbeitskraft zu einer bloßen Ware im Manchester-Kapitalismus, der Ausgangspunkt großer sozialer Erschütterung war, belegt die klassische Politische Ökonomie die Brisanz ihrer auf Bildungsvermittlung zielenden evolutorischen und

[20] Friedrich Edding gilt als einer der bedeutendsten Begründer der modernen Bildungsökonomie.

emanzipatorischen Wirkung – eine auf das Individuum abzielende Wirkung, die in den Intentionen von Bildungsvermittlung[21] ihre Parallele findet.

Eine weitere Parallele zwischen den Intentionen der Bildungsvermittlung und der Ökonomie findet sich in der Kritik an der Politischen Ökonomie von Karl Marx. Er kritisierte die Entfremdung, die in der Arbeitsteilung der kapitalistischen Produktionsweise lag. Smith war diese Entfremdung durchaus bewusst und so schrieb er: „Jemand, der tagtäglich nur wenige einfache Handgriffe ausführt und die zudem immer das gleiche oder ein ähnliches Ergebnis haben, hat keinerlei Gelegenheit, seinen Verstand zu üben. Denn da Hindernisse nicht auftreten, braucht er sich auch über deren Beseitigung keine Gedanken zu machen. So ist es ganz natürlich, dass er verlernt, seinen Verstand zu gebrauchen und so stumpfsinnig und einfältig wird, wie ein menschliches Wesen eben nur werden kann" (Smith 1974, S. 662).

Nach Ansicht Maiers sah Marx[22] einen Punkt, der mit fortschreitender Effizienz von Produktionsprozessen erreicht werden sollte, wo derjenige, der durch die extreme Arbeitsteilung seiner eigenen Arbeit entfremdet wurde, nicht mehr in der Lage ist, „die große Produktionsmaschine des Kapitalismus zu bedienen" (Maier 1994, S. 8). Die Lösung sah er – in der Lesart Maiers – in einer allseitig entwickelten Persönlichkeit, die die Technik zu beherrschen weiß – aus heutiger Sicht einer Persönlichkeit mit einer Technik berücksichtigenden Allgemeinbildung.

Edding vertritt die Position, dass in der Bildungsökonomie vornehmlich das normative Grundkonzept der Rationalitätsforderung gilt, wonach die Verwendung knapper Ressourcen zu optimieren ist. Unter Beachtung der u.a. in Staatsverfassungen festgehaltenen allgemeinen Gesellschafts- und Bildungsziele sieht die Bildungsökonomie eines ihrer zentralen Ziele in der Sicherung der Lebensqualität (vgl. Edding 1995, S. 439). Das Präzisieren und Setzen von Prioritäten und Bildungszielen betrachtet sie, wie es auch in der dezisionistischen[23] Lernzielübernahme üblich ist, prinzipiell als Vorgaben politischer Meinungsbildungsprozesse.

---

[21] Die Intentionen der Bildungsvermittlung richten sich nach dem zu erreichenden Bildungsbegriff. Nach Klafki wird Bildung verstanden als „die Befähigung zu vernünftiger Selbstbestimmung, die die Emanzipation von Fremdbestimmung voraussetzt oder einschließt, als Befähigung zur Autonomie, zur Freiheit eigenen Denkens und eigener moralische Entscheidungen. Eben deshalb ist denn auch *Selbständigkeit* die zentrale Vollzugsform des Bildungsprozesses" (Klafki 1996, S. 19)

[22] Im Original: „Die Surplusarbeit [Surplus: Überschuß, Gewinn. Anmerkung des Verfassers] der Masse hat aufgehört Bedingung für die Entwicklung des allgemeinen Reichtums zu sein ... Die freie Entwicklung der Individualitäten, und daher nicht das Reduzieren der notwendigen Arbeitszeit, um Surplusarbeit zu ersetzen, sondern überhaupt die Reduktion der notwendigen Arbeit der Gesellschaft zu einem Minimum, der dann die künstlerische, wissenschaftliche etc. Ausbildung der Individuen durch die für sie alle freigewordenen Zeit und geschaffenen Mittel entspricht" (Marx 1953, S 593).

[23] Steindorf versteht unter einer dezisionistischen Bestimmung von Lernzielen die Übernahme der Lernziele aus politisch vorgegebenen Setzungen, deren effektive Umsetzung Aufgabe einer Wissenschaft ist (vgl. Steindorf 1995, S. 112).

Nach Auffassung von Baethge/Teichler (1995, S. 209ff.) lässt sich die Bildungsökonomie in die vier folgenden Ansätze und Konzepte unterteilen:

- Die *Humankapital-Konzepte* der neoklassischen Bildungsökonomie, deren Gegenstand die Cost-Benefit-Analyse von individuellen und gesellschaftlichen Bildungsinvestitionen ist.
- Die *arbeitsmarkttheoretischen oder Arbeitskräftebedarfsansätze* (Manpower-Approach-Ansätze). Ihr Ziel ist die Ermittlung des Bedarfs an ausgebildeten Fachkräften.
- Die *arbeits- und industriesoziologische Qualifikationsbedarfsforschung*, deren Ziel die Ermittlung zukünftiger tätigkeitsrelevanter Qualifikationstrukturen ist.
- Die *industriesoziologischen Ansätze*, die – über den Aspekt, der Sozialisation durch Arbeit hinaus – die Bildungswirksamkeit von Erwerbsarbeit thematisieren, sich also vornehmlich mit der Zeit nach dem Studium auseinandersetzen.

Die Ansätze spiegeln sich in dieser Arbeit mehrfach in den Intentionen der didaktischen Diskussion wider.

Reinisch (1995, S. 266f.) erkennt in den betriebswirtschaftlichen Diagnosen der Hochschulen – Diagnosen der Lehr-Lernprozesse[24] im Sinne der Zweck-Mittel-Relation – ein hochschuldidaktisches Interesse. Er berichtet sogar von der identischen Grundstruktur einiger didaktischer Modelle aus der Curriculumforschung und der Betriebswirtschaftslehre. Nach seiner Auffassung ist aber zwischen den inhaltlich qualitativen Aspekten der Bildungsrelevanz und den betriebswirtschaftlich orientierten, formal quantitativen Aspekten, zu unterscheiden. Da sie nicht am inhaltlichen quantitativen Kriterium der Nützlichkeit der Ausbildung für den Lernenden interessiert sind, können sie im Widerspruch zu hochschuldidaktischen und bildungspolitischen Zielvorstellungen stehen.

Die darin häufig angelegte Ähnlichkeit der Prüfschema – wie in Abbildung 4 (S. 31) dargestellt – unterscheiden sich zumeist nur in der endgültigen Prüfabsicht. Unterschiede entstehen an den Stellen, wo Inhalte und Lehr-Lernprozesse überprüft werden. Während die Bildungsökonomie die Effizienz und die Effektivität vorgegebener Lernziele überprüft und z.B. mit dem Qualifikationsbedarf vergleicht, klärt die Didaktik die Effizienz und die didaktische Bedeutsamkeit von Lernzielen und stellt sie der beabsichtigten Bildungsrelevanz gegenüber. Zur direkten Rückmeldung auf die Lehr-Lernprozesse prüft die Didaktik die qualitative Effizienz und die Bildungsökonomie die quantitative Effektivität.

24 Im Gegensatz zur Bezeichnung „Lehr- und Lernprozess" wurde hier „Lehr-Lernprozess" gewählt, da in dieser die Interdependenz des nicht trennbaren Prozesses von Lehren und Lernen stärker zum Ausdruck kommen.

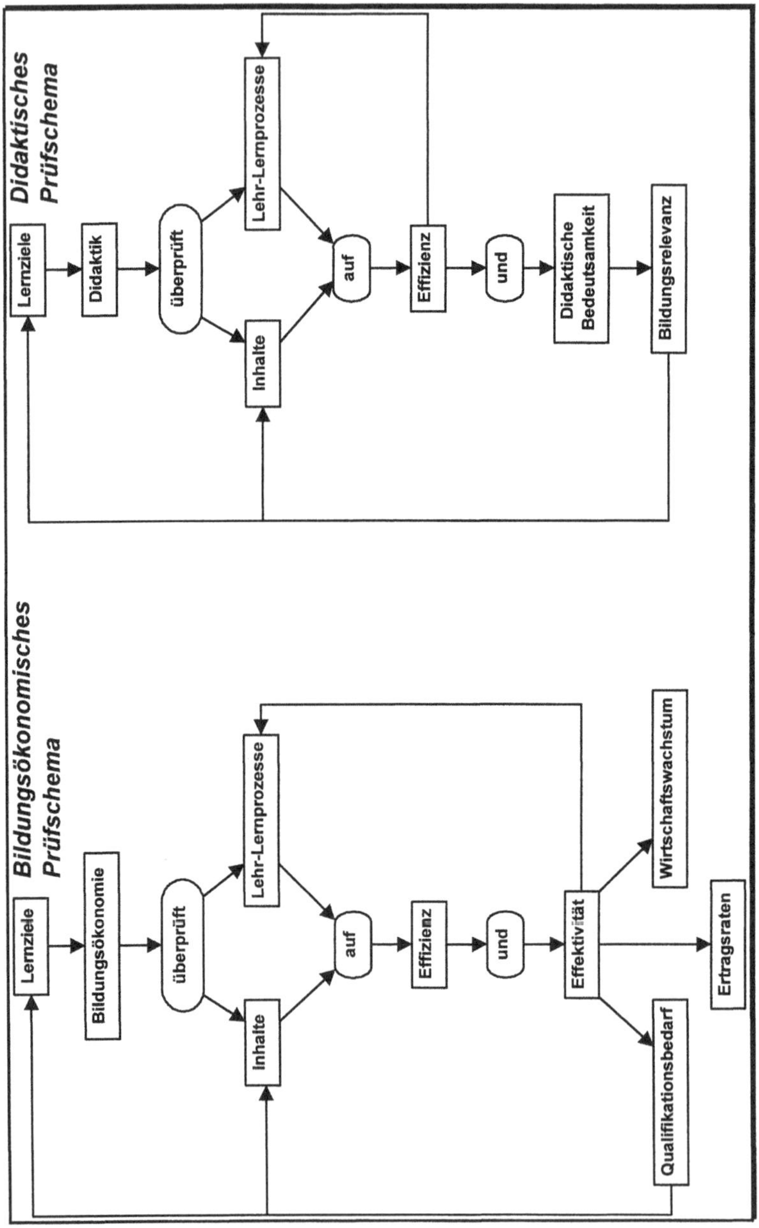

(Eigene Anfertigung)

Abbildung 4: Didaktisches und bildungsökonomisches Prüfschema

Die in dieser Arbeit angelegte thematische Einschränkung auf die Vermittlung Technischer Bildung bringt es durch den angestrebten Gleichklang zwischen didaktischen und bildungsökonomischen Fragestellungen mit sich, dass die skizzierten Ansätze und Konzepte in unterschiedlichem Maße Berücksichtigung finden werden. Aspekte wie z.B. der Sozialisation durch Arbeit werden ebenso wenig berücksichtigt wie die gesellschaftlichen Folgen der Bildungsexpansion. Letztere werden als Randbedingung gesetzt, wonach der Studiengang Maschinenbau an sich ein nationalökonomisches Erfordernis darstellt, weil Forschung und (genügend) Absolventen Innovation und Wirtschaftswachstum bedingen. „Bildung und Fortschritt ergänzen sich in hohem Maße und bilden die Grundbausteine von Prosperität und Wettbewerbsfähigkeit im Zeitalter der Automatisierung. Einerseits sind qualifizierte Menschen eine zentrale Voraussetzung für Erfindungen und deren wirtschaftliche Verwertung. Je höher andererseits das Humankapital wird, desto mehr gewinnt die Dynamik des Fortschritts an Fahrt“ (Pfeiffer/Falk 1999, S. 11).

Auch kann die Ermittlung des Fachkräftebedarfs aus dem Manpower-Approach-Ansatz nicht vertiefend verfolgt werden, wohingegen Teilaspekte der eben beschriebenen rein betriebswirtschaftlichen Betrachtung ebenso ihren Niederschlag finden wie ein häufig damit verbundener, didaktisch geprägter Qualifikationsansatz. Vor allem aber steht der individuenbezogene Ertragsratenansatz aus den Humankapital-Konzepten im Zentrum der weiteren bildungsökonomischen Betrachtung.

Aus den genannten Überlegungen lassen sich drei Ausgangspunkte formulieren. Sie klingen – wenn immer möglich – in der Beantwortung der sieben didaktischen Grundfragen mit und finden dort zum Erhalt der durch die Didaktische Analyse vorgegebenen Struktur Berücksichtigung:

- Die im Studium durch Inhalte und Formen zu erwerbenden Qualifikationen determinieren die betriebswirtschaftliche Effizienz und Effektivität der Lehr-Lernprozesse.
- Die erworbenen Qualifikationen beeinflussen die Höhe der geldwerten Ertragsrate sowie die Nützlichkeit für die Absolventen und die Betriebe.
- Ein Studium ist eine individuelle Bildungsinvestition mit dem Ziel einer höheren monetären wie nichtmonetären Ertragsrate als bei alternativen Erwerbsmöglichkeiten.

Zur Bestimmung der im letzten Punkt genannten Ertragsrate[25] sind den einkommenshöheren Erwerbsmöglichkeiten, den Nutzenvorteilen, den Standesfragen[26] u.a. die Opportunitätskosten und eine Reihe von psychologischen Faktoren (individuelle Prädisposition, Motivation vor wie im Studium u.a.) gegenüberzustellen.

Pfeiffer/Falk leiten dagegen aus den zwei ersten Ausgangspunkten ihre Forderung nach quantitativ verlässlichen Studien zur Wirksamkeit von Bildungsinvestitionen ab und resümieren: „Wenn es zu strukturellen Umbrüchen kommt und der entstehende Bedarf nach neuen Qualifikationsprofilen und Spezialisierungen zu spät erkannt wird, sind negative Folgen für die technologische Leistungsfähigkeit eines Landes, aber auch für die Abgänger aus dem Bildungssystem zu erwarten. Angesichts knapper werdender öffentlicher Haushaltsmittel wird es für die Bildungspolitik notwendig sein, Qualitäts-

[25] Siehe zur individuellen Ertragsratenprognose der Bildungsinvestition Tableau 1 und 2 (S. 39 und 40).
[26] Abbildung 33 (S. 241) zeigt das Ansehen verschiedener Berufsgruppen.

und Effizienzgesichtspunkte in den Vordergrund zu rücken“ (Pfeiffer/Falk 1999, S. 105). Da ihr Resümee aber den Lernenden ausklammert, kann es zwar die Richtigkeit der Ausgangspunkte eins und zwei bestätigen, aber keine hinreichende Basis einer bildungsökonomischen Betrachtung darstellen. Nur wenn alle drei genannten bildungsökonomischen Aspekte miteinander im Einklang stehen, kann – in einem steten Evolutionsprozess der Vermittlung Technischer Bildung – eine markt- und wettbewerbsgerechte Anzahl von Absolventen, Innovationen und damit Wirtschaftswachstum und hohe Einkommen sichern.

4.1 Ökonomische Potenz Technischer Bildung

Die Ökonomische Potenz einer Technischen Bildung wird durch die Inhalte und Formen der im Studium zu erwerbenden Qualifikationen determiniert. Diese Abhängigkeiten werden in den anschließenden Abschnitten untersucht und dargestellt.

Die Art der zu erwerbenden Qualifikationen bedingen die berufliche Verwendbarkeit und tragen dadurch im positiven Sinne einen großen Anteil der Zukunftsbedeutung in der Didaktischen Analyse. Diese Zukunftsbedeutung wächst zugleich mit der Dauer und der Höhe der betriebswirtschaftlichen Nützlichkeit für die Absolventen sowie für die Betriebe, sofern sie sich an dem „Doppelcharakter der Bildung“ (Maier 1994, S. 1) orientiert. Die Bildung wird ausgerichtet an der ökonomischen Investition in eine zukunftsoffene, weil flexible Bildung[27]. Pfeiffer/Falk stellen bestätigend fest, „dass es zwar spezifisch berufliche Spezialisierungsmuster gibt, aber andererseits auch ein beträchtliches Flexibilitätspotenzial bei den Akademikern vorhanden zu sein scheint. Umso mehr ist es notwendig, die eigentlichen Erfolgsfaktoren der Bildung, die sich nicht ausschließlich an Fachrichtungen festmachen lassen, zu quantifizieren“ (Pfeiffer/Falk 1999, S. 105).

In der Konsequenz sind Bildung und Qualifikation als grundlegende Faktoren der betrieblichen Leistungsfähigkeit und der volkswirtschaftlichen Entwicklung in einer demokratischen[28] Gesellschaft anzusehen. Da aber in Deutschland noch weitestgehend[29] davon auszugehen ist, dass die private Bildungsnachfrage – bei selbst zu tragenden Ausbildungskosten – hinter dem gesellschaftlich erwünschten Ausmaß liegen würde, greift der Staat im Gegensatz zum Prinzip der Konsumentensouveränität in das Marktgeschehen ein und bietet Hochschulbildung unentgeltlich, also als meritorisches Gut[30] an. Im Sinne einer doppelten Anwendung des Bildungstheorems bedeutet das: solange die Ertragserwartung der Nachfrager hinter den Ertragserwartungen des Staates bleibt, werden sich kostenpflichtige Bildungsangebote nur in Nischen etablieren können. Dabei unterscheiden sich die Ertragserwartungen durch das zu erwartende Einkommen auf Seiten der Privaten und die Erwartung eines mittelbaren

27 Siehe zu den Grenzen der Flexibilität die Ausführungen von Bargel/Ramm (1998b).

28 Im Gegensatz zu einer totalitären Gesellschaft, in der die hier gemeinte Art von Bildung eher unerwünscht ist.

29 Ausnahmen bilden hier wenige private Bildungsanbieter, bei denen die Studiengebühren in nicht unerheblichem Maße zu entrichten sind. Nach dem neoklassischen Bildungstheorem erwarten die Nachfrager durch die Investition einen höheren Ertrag als ohne Investition.

30 Meritorisch sind Güter, die der Staat zur Korrektur eines für „falsch“ erachteten Konsumentenverhaltens verwendet. Sie können in diesem Sinne meritorisierend (steigernd, bei z.B. Bildung) oder demeritorisierend (reduzierend, bei z.B. Tabak) auf den Konsum wirken.

Ertrages durch die positiven externen Effekte[31] auf Seiten des Staates. Während die in den externen Effekten angelegten beruflich verwertbaren Qualifikationen über den Lohn internalisiert[32] werden, bleiben die nicht beruflich verwertbaren externalisiert[33].

Vor dem Hintergrund einer ökonomischen Investition in eine zukunftsoffene, weil flexible Bildung bekommt auch der Paradigmenstreit der Jahre 1890 bis 1920, der schließlich zugunsten des naturwissenschaftlich-technischen Paradigmas ausging, ein anderes Gewicht (vgl. Aumund 1921). Denn nachdem Mitte des 19. Jahrhunderts durch die Gründung von technischen Bildungsanstalten den Forderungen der nationalen Wirtschaft nach höher qualifizierten Fachkräften Rechnung getragen worden war, gab es in dem Streit um den wahren Charakter des Maschinenbaus Bestrebungen, ihm eine grundsätzliche ökonomische Grundrichtung zuzuschreiben. Schenk (1920, S. 1) schreibt zur Begründung: „Ich erkannte die Technik selbst als Wirtschaft, sah in der Technik das Vorbild für jede andere Wirtschaftsentwicklung und in der Lehre von dieser Wirtschaft das Mittel für die Ausbildung des Ingenieurs“. „Wer Wissen kumuliert, dieses aber nicht in ziel- und ergebnisorientiertes Handeln umzusetzen versteht, kann keinen unternehmerischen Erfolg haben“, konstatiert rund achtzig Jahre später Fuchs (1999, S. 1) mit Blick auf den Standortfaktor Bildung und praxisorientierte ökonomische Bezüge in der universitären Lehre.

Schenk stützt seine schon 1912 formulierte Ansicht und die daraus folgende Mahnung[34] an die Reformer der damaligen Zeit auf Positionen, wie sie Freytag (1907, S. 140) in seiner Beschreibung maschinenbautechnischer Tätigkeiten andeutet: „Es ist für den Preis eines Gegenstandes vielfach ausschlaggebend, ob er aus Gußeisen oder Walzeisen hergestellt wird, während er aus beiden Stoffen gleich zweckentsprechend gebildet werden kann“.

Riedler (1919, S. 186) will dagegen Technik und Wirtschaft noch weiter als harmonisches Ganzes verstanden wie gelehrt haben: „Alles technische Schaffen muß der Wirtschaft dienen; eine lebendige, nicht scholastische Wirtschaftskunde[35] soll die Studien begleiten bis zum letzten Jahre. Gleichzeitig muß die Fachlehre von wirtschaftlichem Denken voll durchdrungen werden, und nicht nur im Sinne der Ertragswirtschaft, sondern auch im Sinne des Allgemeinwohls“. Seine Ziele stehen damit an der Schnittstelle der neoklassischen und der evolutorischen Bildungsökonomie. Während im Mittelpunkt der evolutorischen Bildungsökonomie hauptsächlich das

[31] Externe Effekte sind die Wirkungen, die sich durch die ökonomischen Aktivitäten eines Wirtschaftssubjektes auf die Produktions- und Konsummöglichkeiten anderer Wirtschaftssubjekte auswirken. Positiv sind die Effekte, wenn die Wirkung als deren Vorteil (z.B. bessere Luft durch Baumpflanzungen) zu werten ist.

[32] Internalisieren bedeutet in der Ökonomie, die Wirkung externer Effekte in das Preissystem einzubeziehen.

[33] Externalisieren bedeutet in der Ökonomie, die Wirkung externer Effekte nicht in das Preissystem einzubeziehen.

[34] „Deshalb technische Hochschulen meine Mahnrufe: Werdet euch über das Wesen der Technik klar! Lehret die Technik als das, was sie ist, als Wirtschaft! Erziehet zum Können in den Grundlagen auf dem Gebiete der Wirtschaft Technik! Teilet die Wirtschaft Technik nach ihrem natürlichen Aufbau“! (Schenk 1912, S. 29) Formulierungen so im Original.

[35] Riedler sah in der scholastischen Vermittlung von Inhalten das Trennende respektive das allein auf ein Fach Bezogene im Vordergrund stehen, während er, nach heutiger Lesart, einen handlungsorientierten Unterricht fördern wollte, der die Fächer miteinander verbindet.

Verhältnis von Bildungs- und Beschäftigungssystem und die höhere wertschöpfende Potenz der qualifizierten Arbeit steht, versucht die neoklassische Bildungsökonomie mit der Integration der qualitativen Komponente in ihren Produktionsfunktionen nachzuweisen, dass die Faktoren Bildung und Forschung die eigentlichen Träger des Wirtschaftswachstums sind. Die Modelle die dieses Wirtschaftswachstum zu beschreiben versuchen sind nicht unumstritten. Zu ihnen zählen:

- *Der Kitchin-Zyklus.* Er stützt sich nach Ansicht Kitchins als Lagerhaltungszyklus auf marginale Verbesserungsinnovationen und dauert etwa 3,5 Jahre.
- *Der Juglar-Zyklus.* Er wird nach den Vorstellungen Juglars als Investitionszyklus von Verbesserungsinvestitionen getragen und dauert ca. 7-11 Jahre.
- *Der Kondratieff-Zyklus.* Kondratieff spricht von einem Konjunkturzyklus, dessen Grundlage die Basisinnovation ist. Der Zyklus dauert rund 47-60 Jahre und erzeugt als einziger der genannten drei ein völlig neues technologisches Paradigma, welches neue Anforderungen an die Qualität des Sach- und Humankapitals stellt.

Maier (1994, S. 23ff.) beschreibt den momentanen Paradigmenwechsel mit dem Übergang vom 4. in den 5. Kondratieff und dem Wechsel von der fordistisch-tayloristischen Einzweck-Automatisierung zur Informations- und Kommunikationstechnik mit der Forderung nach dem allseitig disponiblen Mitarbeiter. Da dadurch der Weiterbildungsbedarf wächst, was im Falle der Technischen Dokumentation allein durch das wachsende Bildungs-Angebot des VDI sehr eindrucksvoll belegt wird, sieht er in der Qualität der akademischen Bildung eine ökonomische Notwendigkeit, die wiederum neue didaktische Konzepte und neue Formen des sozialen Lernens erfordert.

Zur Sicherung der geforderten Qualität, zum Entwurf neuer didaktischer Konzepte und neuer Formen des sozialen Lernens kann die Didaktische Analyse einen wertvollen Beitrag leisten, ohne dabei über Gebühr formalisierend oder normierend zu sein. Die darin enthaltene Absicht, aus Arbeitsmarktanalysen Anforderungen des Beschäftigungssystems an die Hochschulen zu gewinnen, geschieht dabei auf einer Ebene, die die bei Teichler (1995, S. 65) beschriebenen Schwächen des bildungsökonomischen Qualifikationsansatzes aus didaktischer Sicht umgeht. Denn die Entwertung des Wissens geschieht zugleich zeitlich und anwendungsbezogen, d.h. erworbene Qualifikationen verlieren durch Alterungsprozesse ebenso an Wert wie durch den Grad einer Spezialisierung ohne Transferpotenzial. Zur Verringerung der Diskrepanzen zwischen Bildungs- und Beschäftigungssystem und gleichzeitig zum dauerhaften Erhalt des Wertes der erworbenen Qualifikationen hat Mertens 1974 das Konzept der Schlüsselqualifikationen vorgeschlagen. Er sieht darin ein Flexibilitätsinstrument, mit dem die Erwerbsträger ihr Humankapital besser erhalten können, weil sie auf die strukturelle Dynamik des Beschäftigungssystems vorbereitet werden. Zusammengefasst heißt dies, dass die Prognoseunsicherheit mit der Qualifikationshöhe steigt und die Disponibilität der Absolventen nur durch die Vermittlung von Schlüsselqualifikationen gesichert werden kann.

Damit widerspricht Mertens zugleich dem limitationalen Charakter des Arbeitskräftebedarfsansatzes, wonach eine bestimmte Ausbildung einem bestimmten Beruf und die Hochschulabsolventen typischerweise dem Bedarf entsprechen. Defizite des Hochschulstudiums sind deshalb bestimmbar, weil sie eine größere Offenheit und Vielfalt von Qualifikationsdimensionen des Berufs vermitteln als die aktuelle, „als relativ spezialistisch orientiert" geltende Hochschulausbildung, wo Sozialqualifikationen in der Regel „nicht systematisch gefördert werden" (Teichler 1995, S. 65). Vermittelte Schlüsselqualifikationen stützen idealtypisch die Absorptions-, Flexibilitäts- und Qualifikationsansätze, wonach auch neue Qualifikationsangebote von der Wirtschaft angenommen werden, die geradezu innovationsförderlich sein können und in der Unschärfe der beruflichen Ausbildung eine hinreichende Elastizität besitzen. Zudem überwinden sie den konservativ reproduzierenden Charakter der zwangsläufig retrospektiv angelegten Qualifikationsprofile aus den Arbeitsmarktanalysen der Qualifikationsansätze und fördern die innovationsbedingenden Paradigmen- und Musterwechsel[36].

Zusammenfassend wird die bildungsökonomische Potenz der Inhalte und Qualifikationen durch deren Anwendungsbezug hinsichtlich Flexibilität und Dauerhaftigkeit bedingt. Zur Überwindung des limitationalen Charakters von retrospektiv angelegten Inhalten bietet sich das Konzept der Schlüsselqualifikationen an.

4.2 Bildungsökonomie der institutionellen Vermittlung Technischer Bildung

Die institutionelle Vermittlung Technischer Bildung kann hinsichtlich quantitativer und hinsichtlich qualitativer Aspekte betrachtet werden. Welche Bezüge dabei untereinander und zum individuellen Qualifikationserwerb entstehen zeigen die folgenden Ausführungen.

Die eher betriebswirtschaftlich angelegten Untersuchungen der Hochschulen basieren nach Reinisch (1995, S. 266) „auf der Annahme mangelnder Effizienz und damit mangelnder Kostenwirtschaftlichkeit der Leistungserstellung in der Hochschule". Da aber bereits die Übertragung der betriebswirtschaftlich üblichen Termini auf die an den Hochschulen ablaufenden Prozesse mit Problemen begleitet wird, ist auf die Komplikationen bei der Ermittlungen quantitativer und qualitativer Werte zu verweisen.

Kosten-Nutzen-Analysen, Kapazitätsanalysen, Kostenrechnungs-, Kennzahlen- und Betriebsoptimierungssysteme sollen den Hochschulleitungen und den staatlichen Entscheidungsträgern Instrumente für Zielfindungs- und Entscheidungsprozesse zur Verfügung stellen, die die mengen- und wertmäßigen Komponenten der an der Hochschule ablaufenden Prozesse erfassen (vgl. Küpper/Sinz 1998).

Da sie aber gleichzeitig auf die wertmäßige Erfassung von Kosten und Leistungen angewiesen sind, ergeben sich bei der Analyse universitärer Prozesse zentrale Definitions- und Messprobleme. Je nach Leistungsverständnis wird die Hochschule als Dienstleistungs- oder Produktionsbetrieb angesehen und je nach Messbarkeit sind geeignete Indikatoren oder wertfähige Äquivalenzen zu finden. Aus didaktischer Sicht problematisch sind die jeweils systemimmanenten Vereinfachungen, weil die Studierenden in beiden Modellen zum Objekt der Lernprozesse gemacht werden und – abgesehen von der Entscheidung für oder gegen den Besuch einer Lehrveranstaltung – keinen Einfluss haben.

Werden unter diesen Voraussetzungen z.B. Lehrveranstaltungen als erbrachte Leistung gewertet, so wird die erbrachte Leistungsmenge anhand der Stunden- und Hörerzahl ermittelt. Eine solche quantitative Bewertung kann zwar einen interuniversitären Vergleich ermöglichen, „nicht aber eine Ermittlung des Erfolges durch die Leistungs-Kosten-Differenz" (Reinisch 1995, S. 270). Selbst wenn die Absolventen der Hochschule als deren

36 Sie überwinden – vereinfacht ausgedrückt – die Barrieren, die sich durch vorherrschende Lehrmeinungen (Paradigmen) und eingefahrene, unreflektierte Handlungsabläufe verfestigt haben.

Leistung gewertet werden, beziehen sich die Angaben nur auf quantitative Größen wie die Zahl der Studienabschlüsse o.ä. und lassen die Frage nach der Qualität der Lehrleistung unangesprochen. Diese kann dagegen aus bildungsökonomischer Sicht nur subjektiv bewertet werden. Durch die unterschiedlichen Bewertungsmaßstäbe (Quantität vs. Qualität) wird ein Soll-Ist-Vergleich zwischen der Beurteilung universitärer Prozesse und dem Leistungsprogramm der Hochschule, in dem die zu erbringende Menge und Qualität der Leistung festgelegt ist, verhindert.

Wenn sich aber die Hochschulen ernsthaft der Frage nach der volkswirtschaftlichen Effizienz und Effektivität der Vermittlung Technischer Bildung stellen, dann sind die produktionstechnischen Denkweisen der Betriebswirtschaftslehre, in „der die didaktischen, sozialen und politischen Aspekte der Hochschulausbildung negiert werden" (Reinisch 1995, S. 278f.), zu überwinden und quantitative wie qualitative Gesichtspunkte interdisziplinär und in gleicher Weise zu berücksichtigen. Unter derlei ganzheitlich bildungsökonomischer Betrachtung erhalten die Vermittlungsformen, die Inhalte und die im Studium zu erwerbenden Qualifikationen einen neuen Stellenwert. Sie determinieren schließlich die betriebswirtschaftliche Effizienz und Effektivität des gesamten Studiums. Selbst Fragen, wie sie der Arbeitskräftebedarfs- und Qualifikationsansatz aufwerfen, werden dann im Rahmen von Entscheidungen der Didaktischen Analyse bzgl. der Gegenwarts-, Zukunfts- und Exemplarischen Bedeutung berücksichtigt und tragen zur Steigerung der bildungsökonomischen Effizienz und Effektivität bei.

In vielen als Leuchtturm-Projekten oder „best-practice"[37] dokumentierten Lehrbeispiele ist dieser Einfluss erkennbar. Vogel/Hinz (2000, S. 190ff.) betonen auf Grund ihrer Untersuchungsergebnisse zur Steigerung der Attraktivität des Ingenieurstudiums die Wichtigkeit methodischer Aspekte. Sie verweisen darauf, „dass in diesem begrenzten Rahmen jeweils die Studierbarkeit verbessert und eine Bestärkung der genannten zukunftsträchtigen Qualifikationen gelungen ist" (Vogel/Hinz 2000, S. 202).

Rückblickend unterliegen die Institutionen mit ihren Vermittlungsformen eher produktionstechnischen als didaktisch orientierten Untersuchungen. Eine Kombination beider Betrachtungsweisen könnte die bildungsökonomische Effektivität und Effizienz steigern.

4.3 Individuelle Ertragsraten Technischer Bildung

Nach den bisherigen Betrachtungen zur Vermittlung Technischer Bildung folgt mit dem Ertragsratenansatz ein mikroökonomischer Ansatz, mit dem die Entscheidungen eines Studierenden oder Studierwilligen aus der Sicht der Bildungsökonomie erklärt werden können.

Der Ansatz geht von drei Grundsätzen des neoklassischen Humankapitalansatzes aus:

- Die im Bildungssystem erworbenen Kenntnisse, Fertigkeiten und Fähigkeiten führen zu einer Erhöhung der wertschaffenden Potenz.
- Diese Potenz muss – nach dem neoklassischen Bildungstheorem – wesentlich größer sein „als jene, über die die Erwerbstätigen verfügt hätten, wenn sie in derselben Zeit nicht im Bildungswesen, sondern in der Wirtschaft tätig gewesen wären" (Maier 1994, S. 47).

[37] Eine inzwischen verbreitete Bezeichnung für „gute Beispiele aus der Praxis".

- Arbeitskraft ist ein Faktor wie jeder andere, auch wenn damit das theorieimmanente Dilemma der Neoklassik[38] transportiert wird (vgl. Maier 1994, S. 58).

Auf die Ertragsprognose aus der Sicht der studierenden oder studierwilligen Individuen übertragen ergibt sich daraus das klassische Entscheidungsproblem der Kapitalbindung durch Investition, wonach eine individuelle Bildungsinvestition immer nach dem Ziel einer höheren Ertragsrate als bei alternativen Erwerbsmöglichkeiten zu bewerten ist. Dabei muss der Ertrag zusätzlicher Bildungsinvestitionen höher oder gleich sein als bei alternativen Investitionen.

Das Problem individueller Ertragsprognosen wird aber über die grundsätzliche Schwierigkeit der Messbarkeit der ökonomischen Potenz von Bildung hinaus erschwert. Die Höhe des als akkumulierte Arbeit der Lehrenden und Lernenden aufzufassenden Humankapitals eines Individuums, hängt nicht nur von seiner Intelligenz und Tüchtigkeit ab, sondern auch von seiner Herkunft, seiner sozialen Stellung sowie vom kulturellen Entwicklungsniveau der Gesellschaft. Dadurch wirken sich Bildungsausgaben nicht immer in gleicher Weise auf die wertschaffende Potenz der Arbeitskräfte aus. Wo Bildung für einen Teil der Gesellschaft oftmals ein Konsumgut, eine Art „Statussymbol" (Maier 1994, S. 54) ist, ohne dass sie sich im gesellschaftlichen Reproduktionsprozess zu bewähren braucht, dient sie den Erwerbstätigen immer noch zum großen Teil „der Herausbildung von Detailfertigkeiten, die ohne Zusammenhang und oftmals sogar im Gegensatz zu ihrer allseitigen Entwicklung erfolgt" (Maier 1994, S. 54).

Tendenziell sind diese von Maier aufgezeigten Pole sowohl in den Ergebnissen der konjunkturbezogenen Studienfachwahlmotive als auch in den von Snow (1967) beschriebenen zwei Kulturen[39] wiederzufinden. Nach dieser Unterscheidungen und der sozialen Herkunft lässt sich zumindest ein unbestimmter Teil der Bildungsaufsteiger dem kühl berufsbezogen kalkulierenden Idealtypus des „homo oeconomicus" zuordnen. Entsprechend läßt sich ein anderer ebenso unbestimmter Teil der Akademikerkinder dem weniger berufsbezogen kalkulierenden, eher intrinsisch bildungsmotivierten Idealtypus (vgl. Baethge/Teichler 1995, S. 211ff.) des „homo ludens" – für den Studieren an sich schon einen Ertrag darstellt – zuordnen.

Denn wo der Ertragsratenansatz „Aufwendungen für Aus- und Weiterbildungsprozesse als Investition in die Arbeitskraft einer Wirtschaftseinheit" (Robbers 1992, S. 19) wertet und Investitionen grundsätzlich „in Erwartung einer Rendite getätigt" werden, sind zweifellos auch Fälle denkbar, bei denen auf Grund individueller Ambitionen unspezifische humankapitalwerte Bildungsaufwendungen entstehen, die aus subjektiver Einschätzung keine Wirkung auf die wertschaffende Potenz oder Ertragsrate haben. Trotzdem ist die individuelle Investition in Humankapital insgesamt „als 'reguläre' Investition interpretierbar, die keinen anderen Gesetzmäßigkeiten oder

[38] Das Dilemma kommt – verkürzt – darin zum Ausdruck, dass die Relation von Einkommen zu Kosten dann als die Günstigste gewertet werden könnte, wenn die Bildungskosten am niedrigsten sind. Dumm bleiben würde sich danach am besten verzinsen (vgl. Maier 1994, S.57f.).

[39] Das Bild von den „Zwei Kulturen" wird auf Snows „Rede Lecture" zurückgeführt. Der im Original unter dem Titel „The two Cultures and the Scientific Revolution" 1959 in Cambridge gehaltene Vortrag findet bis heute ein anhaltendes Echo. Die Ausgabe der Belegstelle stammt jedoch aus einer Deutschen Übersetzung von 1967.

Überlegungen unterliegt als jede andere Investition in Real- und Finanzkapital" (Gries 1995, S. 66).

Mit der Bildungsinvestition lassen sich Qualifikationen erwerben, die sich nach Maier (1994, S. 96) unterschiedlich auf die Disponibilität auswirken und nach Robbers (1992, S. 11) in den Humankapital-Konzepten in generelle, spezifische und unternehmensspezifische unterteilt werden. Davon sind die unternehmensspezifischen Qualifikationen nur in einem und spezifische auch in anderen Unternehmen der gleichen Branche nutzbringend. Generelle Qualifikationen sind dagegen im Falle von „perfectly general training" (Robbers 1992, S. 10) in vielen Unternehmen und in jeder Verwendungsrichtung in gleichem Maße produktiv. Da aber in dieser Betrachtung selbst objektiv ermittelte Humankapitalwerte durch die subjektive Sicht umgedeutet zur Grundlage von Studienentscheidungen gemacht werden, sind Ansätze zur Berechnung der Einstellung zum Studium auf subjektiver Basis durchaus zulässig. „Die individuelle Ebene der Humankapitalbildung ist die Grundlage für die spätere Diskussion aggregierter Humankapitalbildung" (Gries 1995, S. 56).

Als Grundlage der subjektiven Entscheidungen wurden in den Tableaus 1, 2 und 3 (S. 39, 40 und 41) Konsumptions- wie Investitionsausgaben berücksichtigt und den anzunehmenden Erträgen gegenübergestellt. Dazu gehören u.a. Ausbildungs- und Reproduktionskosten, subjektiv eingeschätzte Opportunitätskosten, die Wirkungen des Bildungswesens auf die individuelle Befindlichkeit und auf die Veranlagung bzw. Fähigkeiten des Individuums sowie ihre vermutete Wirkung auf die anzunehmende Einkommensentwicklung.

In den Tableaus 1 und 2 (S. 39 und 40) sind die abzufragenden individuellen Dispositionen gruppiert und jeweils den Kosten und Erträgen zugeteilt. Sie sind in der Regel von den in der rechten Spalte aufgezeigten Wertungen, die, als direkte und indirekte Kosten, einer unterschiedlichen subjektiven Einschätzung unterliegen abhängig. Denn während die direkten Kosten[40] aus der Alltagserfahrung des Individuums relativ abschätzbar scheinen, sind die indirekten Kosten als Opportunitätskosten[41] wegen ihrer prognostischen Unsicherheit kaum aus der Alltagserfahrung ableitbar und deshalb nur schwer vorherzusehen.

Eine solche Gegenüberstellung, bei der in einer Kosten-Ertrags-Analyse versucht wird, „die für die jeweilige Entscheidungssituation relevanten charakteristischen Kosten und Erträge zu erfassen, einander gegenüberzustellen und die vorteilhafteste Alternative zu bestimmen ... ist ein gängiges ökonomisches Instrument zur Entscheidungsfindung bei ökonomischen Wahlentscheidungen" (Rissiek 1998, S. 34).

40 Zu den „direkten Kosten gehören bei der Humankapitalbildung die Kosten für Lehrmaterialien wie Fachliteratur, Ausstattungskosten wie beispielsweise eine Computerausstattung, eventuell zu zahlende Studiengebühren sowie zusätzliche durch die Ausbildung bedingte Lebenshaltungskosten am und Transportkosten zum Ausbildungsort" (Rissiek 1998, S. 38).

41 Zu den Opportunitätskosten gehören nach Ansicht von Rissiek (1998, S. 38) „entgangene Erträge aus Beschäftigungsverhältnissen während der Zeit der Humankapitalbildung" und der „Verzicht auf gegenwärtige Ressourcennutzung für Konsumzwecke zugunsten zukünftiger Ressourcennutzung inklusive einem Renditeversprechen" (Gries 1995, S. 66).

	Vor dem Studium	
Kosten	zu erwartender Studienaufwand	- Arbeitsaufwand - Frustration - Lernmaterial
	noch zu erwartende Opportunitätskosten	- Dauer des Studiums - entgangene Freizeit - individuelle Einkommensmöglichkeiten
Erträge	innere Zuordnung zum Beruf	- vermeintliches Berufsbild
	innere Zuordnung zum Studium	- Vorstellung vom Studium - kultivierte Talente
	zu erwartendes Einkommen	- Arbeitsmarkt
	zu erwartende Standeszugehörigkeit	- soziale Herkunft - Ansehen in der Gesellschaft
	Entscheidungstableau zur Studienaufnahme	

(Eigene Anfertigung)

Tableau 1: Individuelle Ertragsratenprognose vor dem Studium

Werden diese Vorgaben auf die bereits durch den voruniversitären Selektionsmechanismus[42] vorgeprägte, individuelle Entscheidungssituation einer Studienaufnahme in einem bestimmten Fach übertragen, ergibt sich die aus Tableau 1 ersichtliche Aufstellung, die nach dem neoklassischen Bildungstheorem nur dann zur Aufnahme eines Studiums führt, wenn die individuelle Ertragsratenprognose positiv und gegenüber anderen Alternativen größer ausfällt. „Das neoklassische Bildungstheorem geht davon aus, daß nur dann in Humankapital investiert wird, wenn der interne Zinsfuß, der sich aus der Relation von zusätzlichen Humankapitalinvestitionen und den zusätzlichen Erträgen ergibt, höher oder gleich ist dem Marktzinssatz für alternative Anlagemöglichkeiten" (Maier 1994, S. 90).

Mit Tableau 1 (S. 39), bei dem die Zeit als intersubjektiver Faktor in der individuellen Betrachtung als immanent gewertet und von daher nicht als eigener Faktor berücksichtigt wird, können nacheinander auch alternative Studienmöglichkeiten gewichtet und entsprechend miteinander verglichen werden. Die Berücksichtigung des Zeitpunktes der Prognose ist dagegen zwingend und entspricht dem subjektiven Entscheidungskalkül. Demnach

- führen nicht messbare, sondern nur subjektiv interpretierbare Kosten zu verschiedenen Zeitpunkten zu unterschiedlichen Werten,
- ist der Faktor Zeitbedarf als in die Zukunft zu prognostizierender Aufwand nur schlecht kalkulierbar und von daher nur subjektiv zu gewichten.

42 Siehe dazu Abbildung 19 (S. 152).

<table>
<tr><th colspan="3">Während des Studiums</th></tr>
<tr><td rowspan="3">Kosten</td><td>tatsächlicher Studienaufwand</td><td>- Arbeitsaufwand
- Frustration
- Lernmaterial</td></tr>
<tr><td>noch zu erwartender Studienaufwand</td><td>- Arbeitsaufwand
- Frustration
- Lernmaterial</td></tr>
<tr><td>noch zu erwartende Opportunitätskosten</td><td>- Dauer des Studiums
- entgangene Freizeit
- individuelle Einkommensmöglichkeiten</td></tr>
<tr><td rowspan="6">Erträge</td><td>innere Zuordnung zum Beruf</td><td>- korrigiertes Berufsbi+C18ld</td></tr>
<tr><td>innere Zuordnung zum Studium</td><td>- Studienalltag
- kultivierte Talente</td></tr>
<tr><td>zu erwartendes Einkommen</td><td>- Arbeitsmarkt</td></tr>
<tr><td>zu erwartende Standeszugehörigkeit</td><td>- soziale Herkunft
- Ansehen in der Gesellschaft</td></tr>
<tr><td>Begeisterung</td><td>- Studienmotivation</td></tr>
<tr><td>bereits getätigte Bildungsinvestition</td><td>- Dauer des Studiums
- entgangene Freizeit
- individuelle Einkommensmöglichkeiten</td></tr>
<tr><td colspan="3">Entscheidungstableau zum Studienabbruch</td></tr>
</table>

(Eigene Anfertigung)

Tableau 2: Individuelles Kosten-Ertrags-Kalkül während des Studiums

Dieser Effekt der zeitlich variierenden Gewichtung ist insbesondere bei der Bilanzierung von Opportunitätskosten zu berücksichtigen, denn die retrospektive Bewertung eines zeitlichen Aufwandes kann durch diverse psychologische Effekte – wie dem Erinnerungsoptimismus – zu anderen Werten führen als zur Zeit der Investitionstätigkeit selbst.

In Einschränkung der oben aufgestellten Kosten aus individuell subjektiver Sicht darf nicht unerwähnt bleiben, dass zumindest ein Teil der Studienkosten nicht direkt von den Studierenden getragen wird. Demgegenüber erhöht die durch die getätigte Investition erworbene Bildung

- die soziale Sicherheit durch höhere berufliche Flexibilität,
- die Aussicht auf freiere, anspruchsvollere und eigenverantwortlichere Tätigkeiten sowie
- den sozialen Status und damit
- die Möglichkeit, persönliche Fähigkeiten stärker zu entwickeln.

Zusammengefasst entsprechen die dargestellten Positionen dem Kalkül des sich entscheidenden Individuums. Sie überwinden das in dem Versuch der Objektivierbarkeit angelegte Problem der unberücksichtigten Emotionen, die trotz aller objektiv gesehenen Vorteile zur Aufnahme eines Studienfaches und zu einer gegenteiligen Entscheidung des Individuums führen können.

Während des Studiums		
Kosten	Studienaufwand	tatsächlicher + noch zu erwartender erwarteter Arbeitsaufwand
	Opportunitätskosten	bereits getätigte + noch zu erwartende erwartete Bildungsinvestition
Erträge	innere Zuordnung zum Beruf	korrigiertes ursprünglich erwartetes Berufsbibld
	innere Zuordnung zum Studium	tatsächlicher ursprünglich erwarteter Studienalltag
	zu erwartendes Einkommen	tatsächlicher ursprünglich erwarteter Arbeitsmarkt
	zu erwartende Standeszugehörigkeit	korrigierte Vorstellung vom erwartetes Ansehen in der Gesellschaft
Konsistenztableau		

(Eigene Anfertigung)

Tableau 3: Konsistenz der Erwartungen und der tatsächlichen Situation

Im Gegensatz zu Tableau 1 (S. 39), dessen Ergebnis zu einer Entscheidung bzgl. einer Studienaufnahme[43] führt, bilanziert Tableau 2 das Kosten-Nutzen-Verhältnis während eines Studiums. Wie zuvor, sind hier in Abhängigkeit des Zeitpunktes Veränderungen in der Bewertung von Aufwänden und Erträgen zu beachten. Gerade hier werden die emotionalen Befindlichkeiten des sich entscheidenden Individuums durch das aktuelle Studiengeschehen, z.B. das Verhältnis von Lernaufwand zur Leistungsbewertung und die zeitliche Distanz, unterschiedlich determiniert. Aus bildungsökonomischer Sicht ist davon auszugehen, dass die Entscheidung, ein Studium fortzuführen, nur dann gefällt wird, wenn die individuelle Bilanzrechnung positiv und gegenüber anderen Alternativen größer ausfällt. Entsprechend sind die Kosten-Ertrags-Kalküle aus Tableau 2 in der Didaktischen Analyse in mehrfacher Hinsicht bei der Diskussion der Gegenwarts- und Zukunftsbedeutung zu berücksichtigen.

Waren die Tableaus 1 und 2 (S. 39, 40) auf eine Entscheidung nach dem neoklassischen Bildungstheorem ausgerichtet, sind in Tableau 3 Aussagen über die Konsistenz zwischen den ursprünglichen Erwartungen der Studienanfänger und ihrer Bewertung der als tatsächlich empfundenen Studiensituation angelegt. Die Konsistenz ist um so besser, je größer die Summe aus den in der rechten Spalte aufgezeigten konsistenzbestimmenden vorher-nachher Verhältnissen ist.

---

43 Sie kann invertiert auch dazu hilfreich sein, die Attraktivität eines Studienganges zu steigern.

Zur Vereinfachung der Berechnung sind alle Zähler und Nenner der rechten Tableauseite als positiv anzusehen. Weiterhin wurden die Konstanten wie z.B. die soziale Herkunft herausgekürzt, so dass die um ihre Einheiten bereinigten Variablen der Ertragsratenprognose freigestellt wurden.

Bei einem mittelmäßig motivierten Studenten könnte sich dann eine innere Zuordnung zum Beruf folgendermaßen ergeben: Auf einer Skala von 1 (kaum) bis 10 (ideal) bewertet er seine Zuordnung zum Beruf vor dem Studium mit 6 Punkten. Nach einigen Betriebspraktika, korrigiert er diese Zuordnung auf einen Wert von 3. Daraus folgt eine Konsistenz-Aussage mit einem Verhältnis von 0,5. Demgegenüber hätte ein Student eine sehr viele höhere Konsistenz, der ebenfalls die vorfindliche Situation mit 2 wertet, aber schon zu Anfang mit der Wertung 2 eine realistische Einschätzung der zu erwartenden Situation vorgenommen hat. In zweiten Fall entspricht die Realität den Erwartungen und vermeidet – zumindest in diesem Punkt – eine Enttäuschung.

Das Konsistenzergebnis kann damit zugleich als ein Indikator für die Zufriedenheit und für die Wahrscheinlichkeit des Verbleibs im Studium genutzt werden. Es kann auch als eine Rückmeldung an die Hochschule, sowie als Reflexionsinstrument bei der Lenkung von Studienentscheidungen hilfreich sein. Dieses Instrument kann dadurch dazu genutzt werden:

- Differenzen zwischen studentischen Vorstellungen von Studium und Beruf sowie deren empfundener Realität zu werten.
- Korrekturmaßnahmen zu planen und zu beurteilen, die zwischen den studentischen Vorstellungen und der empfundenen Realität vermitteln sollen.

Das damit skizzierte Verfahren öffnet zugleich den Blick auf mögliche alternative Interpretationen von Bildungsinvestitionen, die erwähnt, aber nicht weiter behandelt werden sollen, denn nach Pfeiffer/Falk (1999, S. 21) steht „in Filter- und Sortiermodellen“ nicht „der Lern- und produktivitätserhöhende Aspekt von Bildung im Vordergrund, sondern deren Auslesefunktion zur Rekrutierung von Arbeitskräften“.

Abschließend kann festgehalten werden, dass die Entscheidung zur Aufnahme eines Technischen Studiums und dem Erwerb einer damit verbundenen ökonomischen Potenz, auf Grund von individuellen Ertragsratenprognosen und Kosten-Ertrags-Kalkülen gefällt wird. Darin werden den anzunehmenden Erträgen u.a. Konsumptions- und Investitionsausgaben gegenübergestellt.

Technische Bildung besitzt ökonomische Potenz. Sie ist zugleich von Inhalten, Vermittlungsformen und individuellen Ausbildungsentscheidungen abhängig. Während die Potenz der Inhalte und Qualifikationen ein Problem der Flexibilität und Dauerhaftigkeit darstellt, unterliegen die Institutionen mit ihren Vermittlungsformen eher produktionstechnischen als didaktisch orientierten Effektivitäts- und Effizienz-Betrachtungen. Ob Technische Bildung und eine damit verbundene ökonomischen Potenz erworben werden, wird auf Grund von individuellen Ertragsratenprognosen und Kosten-Ertrags-Kalkülen entschieden.

5 Technische Bildung aus didaktischer Sicht

Ein zentrales Angebot der Didaktik ist es, unterrichtenden Individuen den Sinn ihrer Entscheidungen vor und im Unterricht erfassbar zu machen und zu erklären. Sie sollen dadurch erfahren können, worüber sie nachdenken und welche Bedingungen ihre Überlegungen und Handlungen beeinflussen. In der Erörterung verschiedener didaktischer Angebotsformen erfolgt eine Beschreibung dessen, wie die Entscheidungsgründe in der Vermittlung Technischer Bildung aussehen können. Aus diesen Darstellungen wird dann eine Begründung für die Didaktische Analyse nach Klafki abgeleitet, bevor deren Verfahren vorgestellt wird.

Zur Konstruktion von Planungsvorlagen oder Vorbereitungsschemata bieten klassische didaktische Modelle so genannte Didaktische Analysen. In diesen werden Analysen werden z.B. zentrale Kategorien[44] genutzt, um Bildungsinhalt und Bildungsgehalt in Unterrichtsinhalten zu klären.

Bei seiner Begründung für Bildung als zentrale Kategorie weist Klafki (vgl. 1996, S. 43ff.) immer wieder auf die über die Schule hinausgehende Gültigkeit seiner Ausführungen hin. Er spricht sogar ausdrücklich von der Gültigkeit in verschiedenen pädagogischen Feldern und schließt die Hochschulen mit ein. Einerseits lassen sich die zehn Charakteristika der Geisteswissenschaftlichen Didaktik auch für die Hochschulen belegen (siehe S.90) und andererseits verweisen alle Lehrinhaltsentscheidungen, die sich an einem Ziel orientieren auf eine zentrale Kategorie, die beispielsweise immer dann auf den Bildungsgehalt abzielt, wenn sie Bildung heißt. Die Ausführungen bleiben selbst dann gültig, wenn statt einer pädagogischen Zielkategorie irgend ein anderes Äquivalent, z.B. Berufsfähigkeit, gewählt wird. Für diesen Fall führt Klafki aus, „dass an seine Stelle, aber in analoger Funktion, andere Zentralbegriffe treten" (Klafki 1996, S. 44), die im Sinne oberster Lernziele oder allgemeinster Prinzipien, für die Lernzielbestimmung strukturell genau das gleiche leisten sollen, wie die Kategorie Bildung (vgl. Klafki 1996, S. 44).

Für die ingenieurwissenschaftliche Lehre bleibt die Frage zu klären, ob es überhaupt eine pädagogische Absicht gibt und was denn die zentrale Kategorie sein könne. Als eine Möglichkeit bietet sich die Untersuchung der Hochschulgesetze sowie der SO/PO an, um quasi rückwirkend eine zentrale Kategorie zu extrahieren.

Nach dem Ergebnis der Analyse (siehe S. 133) müssen Diskussionen um eine denkbare pädagogische Absicht und um eine bildungstheoretisch gestützte der ingenieurwissenschaftlichen Lehre mit der zentralen Kategorie eines beruflichen Paradigmas beginnen. Sie werden weiterhin berücksichtigen müssen, dass eine Ausbildungsabsicht, die sich auf „Formen intentionaler (zielgerichteter) [Anmerkung im Original] und systematisch vorbedachter 'Lehre'" (Klafki 1996, S. 91) bezieht, immer etwas mit Didaktik und folglich auch Pädagogik zu tun hat – und dass eine Allgemeinbildung innerhalb eines Berufes durchaus über die menschenformende Wirkung und das bildungstheoretische Interesse an Selbstaufklärung hinaus geht.

---

[44] Die zentrale Kategorie steht hier für ein Ziel- und Orientierungshilfe pädagogischer Bemühungen. Demnach kann z.B. der Bildungsbegriff eine zentrale Kategorie sein, nach der sich alle unterrichtsbezogenen Entscheidungen orientieren müssen (vgl. Klafki 1996, S. 43ff.).

Im Detail geht es in der Diskussion um Studienziele um die Auseinandersetzung mit dem beruflichen Paradigma, genauer um das Verhältnis von Technik, Bildung und Wissenschaft in deren berufspropädeutischen wie gesellschaftskonstituierenden Ausprägung und Wirkung.

Ebenso wie die Bildung im Laufe der Zeit immer wieder einem Deutungswandel unterliegt, kann sie auch im 21. Jahrhundert in ihrer Wirkung von Ort zu Ort, von Gruppe zu Gruppe und von Situation zu Situation unterschiedlich ausgedeutet werden. Im Nord-Osten Brasiliens kann Bildung bereits in Form von „Lesen lernen" im bildungsökonomischen Sinne einer wertschaffenden Potenz und im didaktischen Sinne einer kritischen Emanzipation einen viel höheren Bildungs- und Stellenwert haben als die durchaus kontrovers diskutierte „menschenformende Wirkung ingenieurwissenschaftlicher Tätigkeit ... unter dem bildungstheoretischen Interesse an Selbstaufklärung" (Raufuß 1991, S. 89).

Innerhalb der hochschuldidaktischen Schnittfläche von Bildung und Technik steht dem „vagen" Bildungsbegriff ein fast ebenso umstrittener Technikbegriff gegenüber. Raufuß (1991, S. 45) fasst verschiedene Ansichten zusammen und kommt „nicht um die Feststellung herum, die vielleicht die Exaktheit und DIN-Normen gewohnten Ingenieure verwundern wird: Es gibt keine allgemein akzeptierte Standarddefinition von Technik und Technologie".

Auch wenn die Entgegensetzung von Technik und Bildung schrittweise reduziert werden konnte, so gilt dies nur in einem beschränkten Maße für Teile der allgemeinbildenden Schulen (vgl. Huber 1997). Dabei steht die Hinführung der Auszubildenden auf die spätere Arbeits- und Wirtschaftswelt im Mittelpunkt einer zeitgemäßen Allgemeinbildung. In ihr wurde sogar eine zentrale Aufgabe zeitgemäßer Bildungstheorie und -praxis gesehen. An die Stelle der als zu eng befundenen Bildungsvorstellungen wurde ein erweitertes Verständnis von Allgemeinbildung gesetzt, in der die Technik als ein ihr zugehöriges Element gewertet wird.

Erst in der Verbindung, in der didaktische und bildungsökonomische Aspekte gemeinsame Ziele intendieren, konnte die Allgemeinbildung einer – in der Klassik als Eigenschaft der Bildung geforderten – Ganzheitlichkeit näherkommen. Nur so konnten sich der Ganzheitsanspruch im Merkmalspaar der Universalität und Totalität[45] zum Ausdruck bringen und sich Momente Technischer Bildung entwickeln. Momente einer Technischen Bildung, deren Zielsetzung der mündige, selbstbestimmte Mensch ist, der in technisch geprägter Lebenssituation sachkompetent zu handeln sowie sich verantwortungsbewusst zu entscheiden fähig ist (vgl. Wilkening 1982, S. 12) und letztendlich zur bildungsökonomischen Potenz beiträgt. Technische Bildung als Teil einer ganzheitlichen Allgemeinbildung umfasst auch das Verständnis von der Beschaffenheit und Wirkung technischer Sachsysteme, humaner und sozialer Zusammenhänge der Technik und ihre werthaft-normativen Grundlagen. „Um der Technik menschlich gewachsen zu sein, braucht es spezifischer, sozialer und moralischer Befähigung" (Schmayl/Wilkening 1995, S. 25). Wie bereits angedeutet,

[45] Nach dem Bildungskonzept Humboldts hat die Universalität eine umfassende menschliche Bildung zum Ziel. Mit der Entfaltung aller Persönlichkeitskräfte bestrebt sie die zur Totalität herausgebildete Individualität.

bezieht sich diese Sichtweise Technischer Bildung primär auf Schüler allgemeinbildender Schulen, die sich hauptsächlich als Nutzer in einer zunehmend technisierten (Um-) Welt zurechtfinden müssen. Nur ansatzweise wären diese Vorstellungen als Zielstellung auf ein wissenschaftliches Ingenieurstudium, auf die Ausbildung der Technikhersteller und -gestalter zu übertragen – und doch gleicht das Bemühen der technischen (Schul-) Bildung um eine ganzheitliche Sichtweise auffallend den Forderungen aus der Anfangszeit der ingenieurwissenschaftlichen Studiengänge und fragt nach dem Verhältnis von Bildung und Ausbildung.

Dabei geht es gemäß den zuvor gemachten Ausführungen über das historische Verhältnis von Bildung und Technik nun darüber, welchen Beitrag die ingenieurwissenschaftliche Technik zur Bildung aus bildungsökonomischer und didaktischer Sicht leisten könnte. Es geht um die Klärung der Frage, welchen Bildungsgehalt bzw. -inhalt kommunikative Kompetenz für die Ausbildung von Ingenieuren haben sollte.

Statt dem historisch mehrfach aufgetretenen Versuch, die ingenieurwissenschaftliche Technik einem Bildungsideal gleichsetzen zu wollen, statt sich die analytische Denkweise der Ingenieure eigen zu machen, die zu additiven Studienlösungen oder regulativ zu befolgenden Verhaltenskodizes[46] führt, soll nach dem Bildungsgehalt gefragt werden, der den Weg zu einem ganzheitlichen Verständnis von Bildung freigibt.

5.1 Bildungsgehalt einer Technischen Bildung

Der Bildungsgehalt ingenieurwissenschaftlicher Lehre bestimmt sich aus dem Idealbild der Bildungsvorstellung. Der Maßstab, über den sich der Bildungsgehalt messen lassen muss, wird bestimmt durch den Stand der didaktischen Diskussion, dem beruflichen Paradigma der Standesvertreter, dem vorherrschenden Meinungsbild von Bildung sowie dem Stand der soziologischen und philosophischen Diskussion. Wie dieses in die Entscheidung für ein didaktisches Verfahren umgesetzt werden kann wird nachfolgend aufgezeigt.

In Anlehnung an den Technikdidaktiker Bienhaus (1996)[47] haben Bildungsziele vor allem eine allgemeingültige Funktion. Bildungsziele können demnach als Maßstab für die allgemeinbildende Qualität eines hochschuldidaktischen Konzeptes, die SO/PO sowie die ingenieurwissenschaftliche Lehre insgesamt dienen. Obwohl sich der Auftrag der Hochschulen als einer von der Gesellschaft getragenen Institutionen nur an einer ideell-gesellschaftsrelevanten, d.h. ganzheitlich-allgemeinen Bildung orientieren kann und die immanente Notwendigkeit einer zentrale Kategorie beinhaltet, deuten sie ihren Bildungsauftrag anders als Schulen und leiten SO/PO nur unvollständig daraus ab. Im Sinne Steindorfs (1996, S. 112) ist zu hoffen, dass für die Festlegung von Lernzielen Kriterien gefunden werden, die die Entscheidung transparent und nach Möglichkeit intersubjektiv überprüfbar machen. Denn verursacht durch die eigene Schul-Sozialisation ist der Weg der Lernzielgewinnung in der Praxis der Lehre nicht selten ein intuitiver. Lehrziele werden als bildsam vermutet und mithin als begründet angesehen.

---

[46] So zu finden bei Detzer (1995).

[47] Bienhaus hatte seine Ausführungen zur allgemeinen Technischen Bildung nur auf die weiterführenden Schulen beschränken wollen, bezieht sich aber in seinen bildungstheoretischen Begründungen auf den kritisch-emanzipatorischen Ansatz Klafkis, der diese Selbstbeschränkung für sich ausdrücklich nicht vorsah.

Allenthalben ist damit der Forderung nach Standards in der Hochschulpolitik und letztendlich in der ingenieurwissenschaftlichen Lehre beizupflichten. Denn wenn es darum gehen soll, zumindest mittelfristig erfolgreich hochschulpolitisch wirken zu können, müssen benennbare Standards berücksichtigt werden. „Als die beiden wichtigsten formalen Standards können einerseits die immer fortzuführende Reflexion über die grundlegende Perspektive und den allgemeinen Interessenstandpunkt, von denen aus Hochschulpolitik entworfen und betrieben werden soll, andererseits die konzeptionelle Entwicklung eines Programms oder Plans angesehen werden, welche die Beurteilung über Erfolg oder Mißerfolg der Hochschule ermöglicht" (Kellermann 1986, S. 10). Um diese Ziele zu erreichen und in einen steten sich selbstkontrollierenden Prozess einbinden zu können, wird in neuester Zeit immer heftiger die Einführung von Evaluations- und Qualitätssicherungssystemen angedacht und diskutiert (vgl. u.a. "Projekt Qualitätssicherung" der HRK). Gestützt durch die Novellierung des HRG von 1998 sollen sich nach der geplanten Einführung von akkreditierten Zertifizierungsstellen für solche Systeme (vgl. u.a. § 16 zur Einführung von Leistungspunktesystemen) – analog zu deren Einführung in der Wirtschaft – nach und nach Standards entwickeln. Diese basieren nach den bisherigen Erfahrungen in Deutschland vornehmlich auf leicht quantifizierbare Kennzahlen (Raumgrößen, Anzahl der Studierenden, Professoren, Praktikumsplätze usw.). Sie können aber hochschuldidaktische Verfahren, also eine qualitative Betrachtung (Qualität der Lehre) keineswegs substituieren. Hochschuldidaktische Verfahren stellen vielmehr die Basis scheinbar formal überprüfbarer Lehr-Qualität und einer Steigerung der bildungsökonomischen Effektivität und Effizienz.

Ein anderer bekannter hochschuldidaktischer Versuch, durch die Anwendung eines analytischen Verfahrens das zu ermitteln, was im Ingenieurstudium zu lehren sinnvoll wäre, wurde von Morsch u.a. vorgestellt. Sie unterscheiden zunächst drei Gruppen von Studierenden nach ihrem persönlichkeitsabhängigen Arbeitsverhalten und ergänzen deren Erwartungen an das Studium sowie deren Vorstellungen vom Beruf, (Morsch u.a. 1974, S. 42ff.). In einem zweiten Schritt analysieren sie den Arbeitsprozess technisch hochqualifizierter Arbeiter und kommen zu einer Trennung kooperativer und direktiver Leistungstendenzen in verschiedenen betrieblichen Positionen. Nach der Gegenüberstellung des Ausleseprozesses der universitären Lehre mit der Eignung der drei Absolventengruppen für verschiedene Berufsrollen beschreiben sie Folgerungen für die inhaltliche und methodische Umgestaltung der Ausbildung. Sie vermeiden es aber weitestgehend studentische und institutionelle Bedingungen zu diskutieren und schließen mit der Forderung, vermehrt Fähigkeiten in die Lehre einzubinden, die den Ingenieur verstärkt für Tätigkeiten als Sachbearbeiter im kooperativen Leistungssystem qualifizieren (vgl. Morsch u.a 1974, S. 137ff.).

Dieser Versuch unterlässt es weitestgehend, – wie andere Versuche auch – übliche schuldidaktische Verfahren zur Analyse der Situation, der Umgebungsbedingungen und der Lernziele durchzuführen. Einerseits wird immer auf die „Freiheit der Lehre" als individuellen Schutzraum des Lehrenden, auf den Universitätsstatus und auf das, was damit verbunden wird, verwiesen, andererseits äußert sich in der Verneinung einer möglichen Anwendung eines schuldidaktischen Verfahrens eine statische Sichtweise, die den ureigenen Ideen und Intentionen solcher Verfahren nicht gerecht wird. Ohne umfassende Betrachtung der studentischen und hochschulischen Situation ist aber jeglicher Versuch einer didaktischen Analyse grundsätzlich zu verwerfen und abzulehnen.

Vielversprechender, weil offener, scheint da der strukturorientierte Ansatz von Binstadt (1990) zu sein, didaktische Modelle im Hinblick auf deren Anwendbarkeit im Bereich der gewerblich-technischen Bildung zu untersuchen. Er problematisiert die von Klafki vorgeschlagenen Auswahlkriterien auf Lehrinhaltsentscheidungen im gewerblich-technischen Bereich und kommt damit inhaltlich dem Ingenieurstudium und bildungstheoretisch dem Bildungsgehalt näher. Auch die IG-Metall und der DGB haben 1984 auf der Basis einer Analyse neuerer Entwicklungen im Ingenieurberuf ein Konzept für einen Modellstudiengang Maschinenbau/Elektrotechnik vorgelegt. Es erzielte Achtungserfolge, weil es nach damaliger Ansicht den neuen beruflichen Anforderungen entsprach und auf dem neuesten didaktischen Stand sei. Es blieb aber – wie die meisten Neuerungen, die einem enormen Anpassungsdruck[48] ans „Bewährte“ (vgl. Neef/Pelz 1997b, S. 12) ausgesetzt sind – folgenlos.

Einer der neuesten Beiträge in der Reformdiskussion stammt von Kohlstock (1997). Er erkennt in der Studiensituation Reformbedarf und nimmt ihn zum Anlass seiner Arbeit: „Eventuelle Mängel im Lehr-Lernprozess sind kaum Gegenstand von Diskussionen in den zuständigen Fachbereichs- und Hochschulgremien“ (Kohlstock 1997, S. 8). Sein beachtenswerter Versuch einer Curriculumrevision am Beispiel des Vermessungswesens an Fachhochschulen erscheint plausibel und dem gewählten Ansatz nach schlüssig. Der Versuch leidet jedoch unter dem gleichen Problem wie viele der Reformvorschläge, nämlich die Didaktik aus ingenieurwissenschaftlicher Sicht und damit aus rein fachsystematischer (vgl. Klüver 1995, S. 84ff.) Sicht zu adaptieren.

So orientiert sich auch Kohlstocks (1997) didaktische Grundlegung an den Ergebnissen der Lernzieldiskussion der 70er Jahre, obwohl er sie selbst als „diffuse Traditionen“ (Kohlstock 1997, S. 15) ablehnt. Auch in seiner curricularen Auseinandersetzung sind neuere Ansätze und eine tiefer gehende Betrachtung zu vermissen. Er verbleibt wiederum in den 70er Jahren und wechselt zwischen dem langfristigen situationsanalytischen Ansatz Robinsohns, dem mittelfristigen strukturanalytischen Ansatz Blankertz' und dem langfristigen Ansatz nach Hesse und Manz', um schließlich in der „Hoffnung, mit Hilfe der empirisch-analytischen Forschung das sogenannte *Technologie-Defizit* [Hervorhebung im Original] der Pädagogik zu beheben“ (Jank/Meyer 1991, S. 126) und Lernziele zu formulieren, die in von ihm vorgeschlagenen „Studieneinheiten“ zu erwerben sind.

Ein weiterer Versuch, Reformvorschläge für die Ingenieurausbildung zu entwickeln und die Diskussion von der Ebene allgemeiner Forderungen nach einem „neuen Ingenieurtypus“ auf die Ebene konkreter Studiengestaltung zu bringen, entstand anhand von neuerlichen Anforderungsanalysen und modernen didaktischen Erkenntnissen. Auf der Basis von sieben Leitbildern versuchten Neef/Pelz (1997b, S. 14), die Reform der Ingenieurausbildung als eine umfassende Aufgabe, bezogen auf Lehrinhalte, Lehrformen, Studienorganisation und Studienstruktur, zu postulieren. Zu deren Konkretisierung entwarfen sie das „Szenario“ eines kompletten Studienganges,

48 Siehe dazu auch den Anpassungsansatz im Kapitel „Erscheinungsformen verschiedener Reformansätze“ (S. 68).

das den Leitbildern entspricht und die Diskussion auf die „Alltagsebene“ der konkreten Studiengestaltung bringen soll.

Hatten Neef/Pelz ihre Erwartungen an das entworfene Szenario schon vorsichtig ausdrückt: „Eher werden sich nach den vor Ort vorhandenen Rahmenbedingungen einzelne konkrete Reformvorhaben ergeben, die sich auf einzelne Leitbilder beziehen“ (Neef/Pelz 1997b, S. 13) wurde ihre Idee zusätzlich durch das Netzwerk Innovative Ingenieurausbildung (vgl. Pelz 1997b, o.S.) kritisiert. Die formulierten Leitbilder sind nur zusammenhangslose Postulate rein technizistisch deduzierter Lernzielebenen, die sich an einer nur vage und didaktisch nicht begründeten zentralen Kategorie orientieren.

Schmiel (1978) unterscheidet bei den Konzepten fachdidaktischer Planung zwischen eindimensionalen und komplexen Planungskonzepten. Wenn die Didaktische Analyse ab Seite 183 eine zentrale Kategorie als oberstes Lernziel nutzt, so geschieht dies nicht im Sinne der übergeordneten Lernziele, wie es die Vertreter eindimensionaler Planungskonzepte taten, die sich ebenfalls an übergeordneten Lernzielen orientierten. Der Unterschied wird allein dadurch deutlich, dass in den deduktiven Verfahren eindimensionaler Konzepte Lehrende und Schüler nicht als Bestimmungsgrößen in den curricularen Entscheidungsprozess eingebracht werden und die Lernziele auf einer so hohen Abstraktionsstufe verstanden werden, „dass sie das Spezifische einer bestimmten Bildungseinrichtung oder eines bestimmten Bildungsganges, aber auch eines bestimmten Unterrichtsfaches nicht einbeziehen“ (Schmiel 1978, S. 122). Auch eine Zuordnung zu den Vertretern der komplexen Planungskonzepte, deren fachdidaktische Entscheidungen auf der Analyse von Handlungsanforderungen basieren, wird dem vorgelegten Ansatz nicht gerecht. Zwar haben deren Vertreter alle wesentlichen fachdidaktischen Entscheidungsbereiche in ihr Konzept einbezogen, lassen aber die „Frage noch unzureichend geklärt, wie man die Anforderungen der näheren Zukunft erfassen kann, auch was man tun kann, um wünschenswerte Entwicklungen zu begünstigen und unerwünschten Entwicklungen durch Bildungsmaßnahmen entgegenzuwirken“ (Schmiel 1978, S. 135).

Klafki schlägt in seinem Bemühen um Bestimmung dessen, was zu lehren wert ist, seine Didaktische Analyse vor. In den 50er Jahren entworfen, diskutierte und verbesserte er sein Verfahren zur Bildungstheorie und Didaktik bis in die 90er Jahre. Der hier vorliegende Ansatz, den relativen Bildungswert ingenieurwissenschaftlicher Ausbildungsinhalte bestimmen zu wollen, basiert auf seinen gesammelten Aufsätzen von 1996 und soll ein standardisiertes Verfahren darstellen, mit dem der Sinn von Studienzielen und Studieninhalten auf möglichst objektiver Basis diskutiert und somit gleichsam bewertet werden kann. Auch wenn das Verfahren recht aufwendig zu sein scheint bietet es dennoch den Vorteil, Studieninhalte nach einem Algorithmus bewerten und in Beziehung zu dessen Bestimmungsfaktoren setzen zu können.

Angesichts der Erfahrungen aus der schulischen Curriculumdiskussion (vgl. Steindorf 1995, S. 113ff.) und der Studienreformdebatte (vgl. Winkler 1998, S. 203ff.) der 70er Jahre in den Hochschulen könnte dieses Vorhaben einen Eindruck von Naivität erzeugen. Und dennoch: es ist geeignet, die Stärken und vor allem die Schwächen der etablierten Hochschullehre aufzuzeigen und Kriterien zu finden, die die Entscheidung für die Festlegung von Lernzielen transparent und nach Möglichkeit intersubjektiv überprüfbar machen. Zudem befördert es den einzigen erfolgversprechenden Weg einer Studienreform, einer Reform, die sich unter Umgehung vieler hemmender und verkrusteter

Bestimmungsfaktoren im Schutze der garantierten Freiheit von Forschung und Lehre auf die Einsicht einer notwendigen Veränderung bei den Lehrenden stützt und gleichsam rückwirkende Reformkräfte für das Ganze entwickelt.

In ihr gehen in einer für das Maschinenbau-Studium modifizierten Form neben den Ergebnissen aus der Didaktischen Analyse auch Fragen nach den Determinanten ingenieurwissenschaftlicher Lehre, also Fragen nach den strukturellen Aufgaben der Hochschule, den studentischen Voraussetzungen und andere mehr ein. Selbst wenn diese Vorgehensweise im Grundansatz kein unbedingt neues Verfahren darstellt, so ist doch die konsequente Anwendung auf die Situation des Maschinenbau-Studiums neu und zeigt einen denkbaren Weg der Analyse auf, der sich zu einem Standard in der Hochschullehre entwickeln kann.

Es belegt des Weiteren, dass ein schuldidaktisches Analyse-Verfahren durchaus dazu geeignet sein kann, in der Hochschullehre Anwendung zu finden, sofern es darauf ausgelegt ist, alle im Lehr-Lernprozess relevanten Faktoren zu berücksichtigen, zu durchleuchten und entsprechend zu bewerten. Anhand der Technischen Dokumentation – die nicht erst durch den europäischen Einigungsprozess, den Wandel der innerbetrieblichen Betriebe und durch die Wertsteigerung für das Marketing an Bedeutung gewann[49] – wird der Vorgang einer beispielhaft durchgeführten Analyse beschrieben. Natürlich sind Modifikationen gegenüber dem schulischen Verfahren nötig, müssen spezifische Unterschiedlichkeiten – sie selbst müssen Ergebnisse einer gründlichen Analyse sein – berücksichtigt werden, aber es wird gezeigt, wie zu diskutieren und zu identifizieren ist, was zu lehren wert ist.

Nach den voran gegangenen Aussagen empfiehlt die momentane Vorstellung von bildungswirksamen Vermittlungsprozessen die Anwendung der Didaktischen Analyse zu deren Planung und Vorbereitung. Es ist ein standardisiertes Verfahren, in dem zugleich fachwissenschaftliche und allgemeine Ziele berücksichtigt und Entscheidungen begründet werden können.

5.2 Didaktische Analyse einer Technischen Bildung

Mit der Didaktischen Analyse wurde von Klafki ein Verfahren vorgeschlagen, das mit dem bildungstheoretischen Ansatz korrespondiert. Das Modell soll als eine Anregung zur kritischen Reflexion des Lehrenden bei der Planung und Durchführung von Lernsituationen verstanden werden. Wegen der in Kapitel 8 vorgesehenen Modifikation der Didaktischen Analyse soll an dieser Stelle eine kurze Darstellung reichen.

Aus der Sicht Klafkis (1996) ist es die zentrale Aufgabe der Didaktik „mit wissenschaftlichen Methoden den Sinn didaktischer Entscheidungen, Entwicklungen, Diskussionen, Einrichtungen, die darin oft verborgenen historischen Momente, Zukunftsvorstellungen und philosophischen Implikationen herauszuarbeiten, sie intersubjektiv überprüfbar zu machen und eben damit den didaktisch Handelnden und Entscheidenden – also z.B. den Curriculumplanern und den Lehrern aber auch den Schülern – dabei zu helfen, sich bewusst zu machen, was sie eigentlich tun, worüber und unter welchen historischen Bedingungen sie entscheiden und handeln, was eigentlich *in* ihren und *hinter* [Hervorhebungen im Original] ihren Entscheidungen,

[49] Vgl. Kapitel „Determinanten und Interdependenzen durch die Technische Dokumentation" (S. 155).

Überlegungen und Handlungen steckt“ (Klafki 1996, S. 100). Er bezieht seine Ausführungen im Speziellen auf die Friedensproblematik, lässt aber mit dem Hinweis auf die moralische und politische Verantwortung, die Entscheidungs- und Handlungsfähigkeit und die Öffnung die Erweiterung in andere, auch berufliche Lebensfelder offen.

Getreu seines „Primats der Zielentscheidungen“ (Klafki 1996, S. 118) ist in der didaktischen Analyse das Verhältnis der Zieldimensionen zum Unterrichtsthema zu klären. Das Verfahren darf keinesfalls deduktionistisch[50] ausgedeutet werden, sondern muss die „methodische Leitfrage“ (Klafki 1996, S. 119) als die Frage nach der thematischen Konstituierung in der Didaktischen Analyse implementiert haben. Inhaltlichkeit und „damit auch Zielsetzungen wie Selbst- und Mitbestimmungsfähigkeit, Kritik- und Kommunikationsfähigkeit usw.“ (Klafki 1996, S. 120) stecken schon in den zu analysierenden Situationen und sind „immer nur in bestimmten inhaltlichen, historisch-gesellschaftlichen Zusammenhängen auslegbar“ (Klafki 1996, S. 120).

Das eigentliche Verfahren der Didaktischen Analyse konstituiert sich aus insgesamt sieben Grundfragen, die sich, wie in Abbildung 5 (S. 51) gezeigt, drei Fragenkomplexen zuordnen lassen. Sie geben der Analyse Struktur und erleichtern dem Lehrenden die Entscheidungsfindung und Planung. Der erste ist als der Fragenkomplex nach dem Begründungszusammenhang, der zweite als der nach der Thematischen Struktur bekannt. Der dritte Fragenkomplex kann als der Fragenkomplex nach der didaktischen Entscheidung bezeichnet werden.

Der zweite Fragenkomplex umfasst die Fragen nach der Strukturierung der im ersten Fragenkomplex begründeten Thematik, der Klärung sich daraus ergebender, notwendiger und möglicher Teillernziele sowie der Formen der Erweisbarkeit und Überprüfbarkeit des im Lernprozess Angeeigneten. Die sechste und siebte Grundfrage sind dem dritten Fragenkomplex, dem Bereich der didaktischen Entscheidung zuzuordnen und richten sich mit der sechsten Hauptfrage auf das Problem der Darstellbarkeit und der Zugänglichkeit der im ersten Fragenkomplex begründeten Thematik für eine Lerngruppe. Die siebte Frage zielt schließlich auf die Möglichkeiten, die Ergebnisse aus den Fragen eins bis sechs in einen Lehr-Lern-Prozess übersetzen zu können ab.

Zusammengefasst ist das bildungstheoretische Analyse-Modell eine Anregung zur kritischen Reflexion des Lehrenden bei der Planung und Durchführung von Lernsituationen; die Durchdringung mit konkreten Situations- und Problemfeldern muss er jedoch immer wieder selbst leisten. Es ist einschränkend nicht in seiner reinen Form in die Praxis übertragbar und steht vor der Notwendigkeit einer geeigneten praxisbezogenen Modifikation. Klafki selbst erlaubt diese Modifikation, die Ausdruck seiner Haltung ist, mit der er sich immer gegen die Erstarrung des Denkens durch Schemata gewandt hat und bestärkt dies mit seiner Aussage, dass sein didaktisches Modell kein verbindliches Handlungsrezept sein soll, sondern eine Reflexions- und Problematisierungshilfe für Lehrende (vgl. Jank/Meyer 1991, S. 134). Entsprechend lassen sich in der Literatur Modifikationen[51] finden.

---

50 Steindorf versteht unter Deduktionismus den Versuch, die Entscheidung über Lernziele aus einem übergeordneten System abzuleiten. Dabei können die Lernziele einmal aus den Fachwissenschaften, zum anderen aus Analysen des gesellschaftlichen Bedarfs deduziert werden. (vgl. Steindorf 1995, 112).

51 Z.B. bei Krawitz/Kurz (1997).

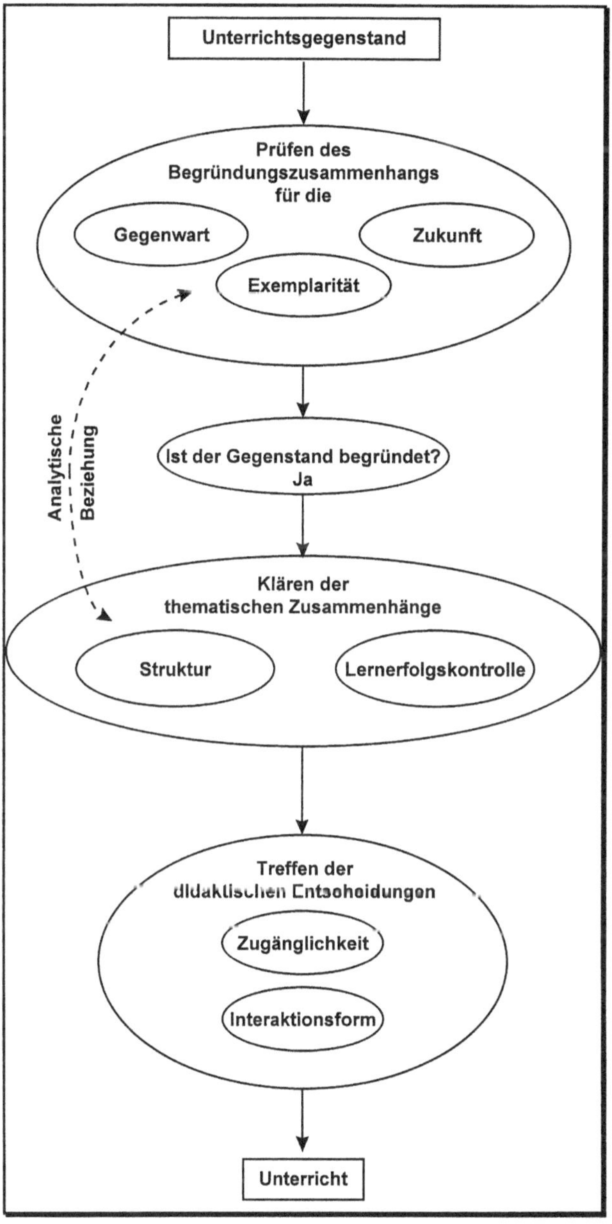

(Eigene Anfertigung)

Abbildung 5: Schematische Darstellung der Didaktischen Analyse

Die ab Seite 183 durchgeführte Modifikation soll eine auf die spezifische Situation des Maschinenbaustudiums abgestimmte, konzeptionelle Vorbereitungs- und Planungshilfe darstellen, „mit deren Hilfe die Komplexität und Interdependenz von Intentionen, Inhalten, Methoden und Medien mit den individuellen Besonderheiten jeweiliger Lernender durch Planung in einen sinnvollen Zusammenhang gebracht und dadurch in der realen Interaktionssituation 'Unterricht' professionell angemessen durchgeführt werden kann" (vgl. Krawitz/Kurz 1997, S. 92). Weiterhin soll die modifizierte Form die Anwendbarkeit und Anwendung eines schuldidaktischen Verfahrens auf die Hochschullehre aufzeigen, die bisher weitestgehend als unangemessen abgelehnt wird.

Klafki selbst greift die Diskussion um die bezugsgruppenspezifische Bildung in seiner zweiten Studie zur Bildungstheorie und Didaktik mit der Frage „ist der Bildungsbegriff heute noch als pädagogische Grundkategorie haltbar?" (Klafki 1996, S. 43) auf. Er führt damit den Begriff der Kategorie ein und beantwortet die Frage mit dem begründeten Hinweis auf die Notwendigkeit einer zentralen Kategorie bzw. eines Äquivalents, wenn „die pädagogischen Bemühungen um die nachwachsende Generation und der heute unabdingbar gewordene Anspruch an unser aller, also auch der Erwachsenen 'lebenslanges Lernen' nicht in ein unverbundenes Nebeneinander oder gar Gegeneinander von zahllosen Einzelaktivitäten auseinanderfallen soll" (Klafki 1996, S. 44).

Zusammenfassend empfehlen momentane Vorstellung zur Planung und Vorbereitung von bildungswirksamen Vermittlungsprozessen die Anwendung der Didaktischen Analyse. Es ist ein standardisiertes Verfahren, in dem zugleich fachwissenschaftliche und allgemeine Ziele berücksichtigt und vermittlungstechnische Entscheidungen begründet werden können. Unterrichtende Individuen können dadurch erfahren, worüber sie nachdenken und welche Bedingungen ihre Überlegungen und Handlungen beeinflussen.

6 Determinanten und Interdependenzen ingenieurwissenschaftlicher Lehre

Bei der Planung und Durchführung von Vermittlungsprozessen wird die Kenntnis und Berücksichtigung von relevanten Determinanten und Interdependenzen vorausgesetzt. Um diese für die geplante Interpretation und Strukturierung verfügbar zu machen, werden sie in den nachfolgenden Abschnitten analysiert. Untersucht werden die Geschichte der Technischen Hochschulen, Reformbemühungen und didaktische Positionen. Ebenso wird die Abhängigkeit der Lehre von Paradigmen und den verwaltungstechnischen Vorgaben behandelt. Schließlich werden die Dispositionen der Studienanfänger und Studierenden ebenso betrachtet wie studienbegleitende Effekte.

In der nachfolgenden Analyse musste zunächst davon ausgegangen werden, dass es keine einheitlichen oder untereinander vergleichbaren Kriterien zur Einteilung und Beschreibung der ingenieurwissenschaftlichen Tätigkeiten gibt. Ähnliches gilt für die Beschreibung einzelner Lehr-Lernprozesse. So ist für Hermann (2000, o.S.)[52] allein der Teilbereich des Lernens im Elektronik-Labor ein undurchsichtiger Komplex, „weil bis heute (2000) keine allgemein anerkannten Merkmale für die Beschreibung von Laborarbeit im Ingenieurstudium vorliegen, weil weder konkrete Formulierungen zu den Tätigkeitsanforderungen, noch formalisierte Ziele existieren".

Schließlich indiziert ein Vergleich der Diskussionsbeiträge zur Hochschulreform eine weitere mögliche Ursache für die Situation der Hochschulentwicklung: es fehlt eine gemeinsame Sprachbasis. Es fehlt eine Terminologie, die in der Lage wäre, zwischen den einzelnen Interessengruppen zu korrespondieren und einen gemeinsamen Code zu erzeugen, bei der es um die Klärung und Abstimmung von Aufgaben, Intentionen und Vorstellungen geht. Verstärkt werden die sprachlichen und inhaltlichen Defizite in der Diskussion um eine universitäre Lehre durch den oft fehlenden Grundkonsens über Bildung selbst. Das Verhältnis von Bildung zu Wissenschaft und Beruf macht Vergleiche und Gegenüberstellungen schwierig bis unmöglich. Da es sich aber in der Zielsetzung der maschinenbautechnischen Bildungsanstalten immer wieder um das berufliche Tätigkeitsfeld und dessen erforderliche Qualifikationen dreht, kann hier die Systematik der Didaktischen Analysen, die sich inhaltlich mit dem zu lehrenden Gegenstand, und gleichzeitig mit dessen Bildungsgehalt auseinandersetzt, klären.

Kritiker werden anmerken, dass die Hochschule keine Schule ist und demnach ein schuldidaktisches Vorgehen nicht angebracht ist. Um dem zu entgegnen sollen in der Auseinandersetzung mit den Bestimmungsfaktoren ingenieurwissenschaftlicher Lehre zunächst entwicklungsgeschichtliche Aspekte behandelt werden, bevor in der Analyse der lehrkonstituierenden Paradigmen die theoretischen Zusammenhänge von Universität und Schule für das Maschinenbaustudium dargestellt werden. Die anschließende Abhandlung über das Verhältnis von Ausbildung, Bildung und Technischer Bildung aus der Sicht des Maschinenbaus rundet neben einigen weiteren Bestimmungsfaktoren die Ausführungen über die Umgebungsbedingungen ab, ohne damit vollständig sein zu können. Auch wenn sich die Faktoren in der Intensität der Berücksichtigung unterscheiden mögen, ist eine solche Betrachtung nur ganzheitlich sinnvoll und für die vorgesehene didaktische Analyse von substantieller Bedeutung.

---

52 Vgl. auch Strübe (2000, o.S.)

6.1 Geschichte der maschinentechnischen Lehranstalten

Die Geschichte der maschinentechnischen Lehranstalten gehört zu den vermittlungsrelevanten Determinanten und Interdependenzen und ist bei der Planung und Durchführung von Vermittlungsprozessen zu berücksichtigen. Sie gibt vielfältigen Aufschluss über die Gründe heutiger Bestimmungsfaktoren und trägt so zum Gesamtverständnis der Situation ingenieurwissenschaftlicher Lehre bei. Der Rückblick beginnt bei den technischen Lehranstalten Mitte des 19.Jahrhunderts und führt über die Ingenieurschulen bis heute.

Die Geschichte ist angefüllt von dem Bemühen um Anerkennung. In diesem Bestreben ging es um die Gleichbehandlung einer von der Praxis kommenden ingenieurwissenschaftlichen Lehre mit den klassischen bildenden Wissenschaften. Der historische Rückblick erhält zudem ein besonderes Gewicht, wenn er mit den hochschuldidaktischen Betrachtungen verknüpft wird, die sich mit dem Verhältnis von Bildung und Ausbildung in den Ingenieurwissenschaften und dem Werdegang von Technischer Bildung beschäftigen.

So ist inzwischen die Anzahl der Begriffe, die Bezüge zu Bildung herstellen wollen, fast unüberschaubar. Es ist gleich, ob es sich um Ausbildung, Bildung, Technische oder Berufliche Bildung handelt, alle Begriffe kommen um eine Betrachtung der Vorstellungen über Bildung früher und heute nicht herum, wenn deren Verhältnisse und Interdependenzen untereinander geklärt werden sollen.

Eine Betrachtung aus der alleinigen Perspektive des Maschinenbaus macht eine solche Betrachtung nicht einfacher. Ein historischer Zugang erlaubt jedoch eine Einsicht in die Entstehung des Bildungsbegriffes und seiner ursprünglichen Ideale. Aus der Entstehungsgeschichte sind heutige Bezüge zu anderen, bildungsnahen Begriffen verständlich zu machen, kann ein Verständnis der heutigen Verhältnisse zwischen Ausbildung, Bildung, Technischer und Beruflicher Bildung angebahnt werden. Kunert (1974, S. 50) bemühte gleich mehrere Ansätze, um das mit Bildung Gemeinte begrifflich zu fassen und schränkte ein, dass ein Begriff, in den so viele Bedeutungsnuancen und geschichtliche Unterschiede eingegangen sind, nicht mehr eindeutig benutzen werden kann. Bildung ist vielleicht der unklarste Begriff im gegenwärtigen pädagogischen Sprachgebrauch (vgl. Kunert 1974, S. 50).

Noch heute wirken die Veränderungen aus dem letzten Drittel des 15. Jahrhunderts, als das scholastische Lehr- und Bildungsprinzip der mittelalterlichen Kooperationen durch frühneuzeitliche Landeshochschulen mit einem humanistischen Lebens- und Bildungsprinzip abgelöst wurden. Der Humanismus war vornehmlich eine literarische Bewegung, die der Rhetorik und der Grammatik, aber auch der praktischen Philosophie im Sinne einer sozial -kulturellen, aktiven und normativen Bewegung huldigte. Das Ideal des Humanismus war die Wiederbelebung der antiken Literatur, Kunst und Philosophie; das Bildungsideal der gebildete Humanist, ein gebildeter Literat bzw. Rhetoriker. Mit den veränderten Vorstellungen von den Bedingungen, die eine gebildete Person[53] ausmachten, ging zwar ein Wandel der Lehrinhalte einher, aber die scholastische Tradition der Vermittlung blieb: „Obwohl der Humanismus die

[53] Im 16./17. Jahrhundert war es der Gelehrte und im späten 17. und 18. Jahrhundert der „galant homme“ mit einer Ausbildung in Französisch, Italienisch, Geschichte, Geographie, Architektur und Mechanik sowie in den Kavaliersfächern Jagen, Reiten, Tanzen und Fechten.

Lehrinhalte der deutschen Universitäten erheblich beeinflusste, bewirkte er keine grundsätzliche Reform, sondern eine 'Umstrukturierung', mehr 'fachwissenschaftliche Differenzierung'. ... Die mittelalterlichen Lehr- und Unterrichtsformen wurden weiterhin in Ehren gehalten. Vorlesung, Disputation und Repetition existierten fort; ebenso blieben das Diktieren und Interpretieren des vorgeschriebenen Lehrstoffes bzw. der autorisierten Lehrbücher akademischer Usus" (Müller 1990, S. 50).

Nachdem die Zeiten der Reformation mit seiner Kritik an den Universitäten und des Rationalismus mit seinen Fragen nach der Nützlichkeit weitere Veränderungen in den Hochschulen bewirkt hatten, setzten sich am Ende des 18. Jahrhunderts die Reformgedanken der Aufklärung durch. Sie hatte „ihre Wurzeln im Rationalismus, in der idealistischen Philososphie und in einer neuhumanistischen Bildungsidee" (Müller 1990, S. 67) und schrieb der Universität die Vermittlung der 'Idee der Wissenschaft' als pädagogischen Auftrag zu. Es war die Geburt der „klassischen Universität", aufgebaut auf den alten institutionellen Formen, ausgestattet mit einem neuen Verständnis von Wissenschaft, die schließlich mit der Universität Berlin Realität wurde.

Innerhalb dieser neuen Universität bekam die Philosophie einen sehr hohen Stellenwert. Erst der philosophisch ausgebildete Jungakademiker sollte das Recht haben, sich den Fachstudien zuzuwenden. Und so wurde und blieb die moderne klassische deutsche Universität bis zur Mitte des 19. Jahrhunderts ein Kompromiss zwischen neuhumanistisch geprägter Bildungsinstitution zur Entfaltung des Individuums und des spezifischen Berufs- und Fachstudiums.

Müller (1990, S. 82ff.) beschreibt die Veränderungen der Hochschule in der zweiten Hälfte des 19. Jahrhunderts in Analogie zur Industrialisierung. Die Entwicklung der Universität von der Humboldtschen Universität hin zum „Großbetrieb der Wissenschaft" mit dem „Postulat der wissenschaftlichen-forscherlichen >Ausbildung< [Hervorhebung im Original]" (Müller 1990, S. 82) stellte die Hochschulstruktur ebenso in Frage wie deren Selbstverständnis als Vermittlerin akademisch-humanistischer Bildung. Eine der Ursachen für den Wandel waren das „Fortschreiten der wissenschaftlichen Spezialisierung im Allgemeinen und der Verwissenschaftlichung der entstehenden Industriegesellschaft" (Müller 1990, S. 82). Genau in dieser Phase der Veränderungen, oder genauer im letzten Drittel des 19. Jahrhunderts, wurde auch das Technische Hochschulwesen von einer starken, ökonomisch begründbaren Aufwärtsentwicklung erfasst, an deren Ende die formale Gleichstellung der Technischen Hochschulen mit den Universitäten und ein Ende vieler struktureller, inhaltlicher und ideeller Veränderungen mit dem Verlust eines echten eigenständigen Profils stand.

Die heutigen Klagen über das Ingenieursstudium leiten die Gedanken von der Gegenwart in die Vergangenheit, von den Forderungen konkreter Qualifikationen bis zu dem Bedauern Goethes[54], der in Hinblick auf die zunehmende Technisierung und dem damit verbundenen Zeitstrudel, in dem „junge Leute 'viel zu früh aufgeregt und dann im Zeitstrudel fortgerissen' werden", meinte: „Laß uns soviel als möglich an der Gesinnung halten, in der wir herankamen; wir werden, mit vielleicht noch wenigen, die letzten sein einer Epoche, die sobald nicht wiederkehrt".

54 Zitiert nach Schnabel (1934, S. 452).

In einer chronologischen Betrachtung wird u.a. deutlich, wie sich das Denken um und über das Wesen des Maschinenbaustudiums gewandelt hat. Die ursprüngliche Ausbildung durch die Zunft war zwar unwissenschaftlich, aber sie hat die Möglichkeit geboten „den Charakter und den ganzen Menschen zu bilden" (Schnabel 1934, S. 448). Mitte des 19. Jahrhunderts führte der in Karlsruhe lehrende Redtenbacher (1809-1863) eine Art Meisterlehre ein. Das besondere daran war, dass er den persönlichen Umgang mit seinen Studierenden pflegte und es für nötig hielt, den jungen Ingenieuren als Ergänzung und Gegengewicht zu ihrer Berufsausbildung Gelegenheit zu humanistischen Studien zu geben (vgl. Schnabel 1934, S. 449). In der Gegenwart wird das Studium jedoch als Berufsausbildung gelebt wie verstanden und befindet sich in der Diskussion um die Gleichwertigkeit „beruflicher" und „allgemeiner" Bildung.

Während der Vor- und Frühzeit des Maschinenbaustudiums ging es immer um den ganzen Menschen und seine umfassende Bildung, dabei wurde er noch durch die Traditionen der alten Zünfte geprägt: „Um deinen Lebensberuf zu erfüllen, bedarfst du nicht allein der Geschicklichkeit der Hände, der Aufmerksamkeit des Geistes, sondern auch der Tugenden der Seele" schrieb Fischer (1894, S. 8). Mit Geschicklichkeit, Aufmerksamkeit, Überlegung sollten Hand, Auge und Geist die besten Eigenschaften zur Arbeit hergeben, während Gehorsam, Fleiß, Bescheidenheit, Treue, Ehrlichkeit, Höflichkeit, Wahrhaftigkeit, Ordnungsliebe und andere gute Sitten als unerlässliche Bedingungen einer guten Berufsarbeit den besten Kräften der Seele entspringen sollten. „Ohne diese Tugenden kannst du kein nützliches Mitglied deines Standes und der menschlichen Gesellschaft werden" formulierte Fischer (1894, S. 8) weiter und ergänzt: „auch wenn du meisterlich dein Werkzeug zu handhaben verständest. Deine geschäftliche Zukunft stände aufs Ungewisse, denn ein guter Arbeiter soll auch zugleich ein guter Mensch sein".

Mit dieser zünftisch begründeten ganzheitlichen Sichtweise wurde immer auf ein Studium verwiesen, dass nicht „nur mit Gedächtnis und Fleiß Lehrsätze auswendig lernt, zu einem Forschen, das den Menschen mit seinem ganzen Verständnis und seinem ganzen inneren Fühlen mächtig zum Schauen der tiefsten Geheimnisse der Natur zieht. Schafft er dann aus diesem auf Verständnis – nicht auf oberflächlichen Kenntnissen – begründeten Fühlen heraus, so schafft er Kunstwerke; und auch Maschinen sind Kunstwerke, sobald sie einen gewissen Grad der Vollkommenheit erreicht haben. Selbst das mit den bescheidenen Mitteln zusammengebaute Maschinenmodell kann in seiner Art vollkommen und als eigenes Schaffensprodukt seines Erbauers ein Kunstwerk sein" (Schnetzler 1909, S. IV).[55]

Implizit drücken diese Autoren die Ziele des erst im späten 18. Jahrhundert auftretenden Bildungsbegriffes aus. In seiner Unterscheidung zum Erziehungsbegriff bezieht dieser sich auf die reflexiv bestimmten Aktivitäten zur Kultivierung von Geist und Seele. War Bildung in der frühbürgerlichen Gesellschaft noch vollends Privileg des Klerus, erlangte sie später zunehmend Bedeutung gegenüber der erzieherischen Unterdrückung der Menschen. In dieser damals revolutionären Entscheidung für die Menschlichkeit liegt die kritische Potenz von Bildung. Sie drückt darin ihren Aufklärungs- und Veränderungswillen zu einer größeren Freiheit und Humanität gegenüber der jeweils

[55] Schnetzler hängte zur Ergänzung an das Ende dieser Ausführungen den 2. Absatz aus Friedrich Schillers: „Das Lied von der Glocke". Der genaue Wortlaut ist aus Tafel 6 (S. 246) zu ersehen.

existierenden Gesellschaft aus. Kunert (1974, S. 51) bringt es auf eine einfache Formel: „der Bildungsgedanke beinhaltet das Moment der Emanzipation des Menschen“.

Aus der universellen Sicht, dass Bildung nur als Prozess beschreibbar ist (vgl. Otto/Sauer 1988, S. 5), der den steten Wandel der Geschichte und der Gesellschaft in Rechnung stellen und analysieren muss und daher nicht als feststehendes Ziel bestimmbar ist, muss die Geschichte des Verhältnisses des Maschinenbaustudiums zum Bildungsbegriff betrachtet werden. Statt durch den Abbau des Warencharakters schulischer und beruflicher Bildung jene kommunikative Handlungsfähigkeit vorzubereiten, „die den Menschen aus jeglicher Form funktioneller Abrichtung zu sich selbst befreit“ (Kunert 1974, S. 53), wird Bildung von den sie tragenden gesamtgesellschaftlichen Interessen abstrahiert und auf einen Freiraum reiner Geistigkeit begrenzt. „Neben die scheinbar interessenlose Zuwendung zum Menschen (>Bildung<) [Hervorhebung im Original] tritt die Berufsausbildung als eine Art notwendiges Übel mit eigenen Gesetzen. Was Bildung an kritischer Potenz gegen unmenschliche Berufs- und Arbeitsansprüche aktualisieren könnte, ist durch die diskriminierende Trennung von Bildung und Ausbildung allerdings verspielt. Denn die völlige Preisgabe der Qualifizierungsaufgaben (Ausbildung) und der scheindemokratische Rückzug auf die Innerlichkeit (Bildung) lässt Bildung zur Ideologie gerinnen und fördert die gesellschaftliche Rückbildung“ (Kunert 1974, S. 53).

Entsprechend ist die Situation der Hochschulen in der Zeit vor 1860 zu bewerten, in der Bildung vornehmlich zur Wahrung von Standesfragen instrumentalisiert wurde: „In Deutschland dominierte die Hochbewertung von humanistischer ‘Menschenbildung’, die in der Regel ... auf der Universität erlangt und für die Karriere in staatlichen Diensten vorausgesetzt wurde. Sie ließ den Naturwissenschaften und der eher schulmäßigen Organisation technischer Bildung und Erziehung kaum Anerkennungsmöglichkeiten“ (Weber 1990, S. 113f.). Mit dem Ziel einer gleichwertigen Behandlung ihrer selbst und ihrer Absolventen verlangten die Technischen Hochschulen „von den Studienanfängern eine höhere schulische Vorbildung, seit den achtziger Jahren tendenziell das Abitur, das über seine kognitiven Inhalte hinaus auch die Eintrittskarte in das Deutsche Bildungsbürgertum bedeutete“ (König 1990, S. 393).

Als Ferdinand Redtenbacher Mitte des 19. Jahrhunderts die technischen Hochschulen reformierte, auf eine wissenschaftliche Grundlage stellte und das Fach Maschinenbau einführte, ging die zünftische Charakter- und Menschenbildung verloren. Ihm war das Problem der verlorengegangenen Menschenbildung bewusst und er versuchte dem mit einer eigenen Meisterlehre entgegen zu wirken. Doch schon kurz nach seinem Tod wurde aus der Bildungsfrage ein Kampf um die soziale und dienstliche Gleichstellung der Ingenieure mit anderen akademischen Berufen.

In dem Dichteringenieur[56] Max Maria von Weber[57], war die Überzeugung von der Verantwortlichkeit von der Technik gegenüber dem sittlichen Leben wachgeblieben. Er sagte: „zum Klar- und Weitblick, zum berechtigten Urteile, ja selbst zum kräftigen praktischen Wirken in einem Fache gehört nicht bloß das Wissen und Können in

56 So bezeichnet, weil er sich mit der Technik zugleich als Dichter und Ingenieur auseinandersetzte. Trotz seiner Künstlernatur hatte er einen technischen Beruf. Er erörterte das Bildungsproblem der Technik und gestaltete technische Probleme dichterisch. Vgl. Schnabel 1934, S. 450)

57 Zitiert nach Schnabel (1934, S. 451).

diesem, sondern eine umfassende universale Bildung, die dazu befähigt, bei Lösungen so großer fachlicher Aufgaben wie die Errichtung einer Verkehrsanstalt den gesamten Bereich der Wechselwirkungen, in denen sie zu Staat und Leben steht, kritisch, ethisch und volkswirtschaftlich in Betracht zu ziehen".

Das Bemühen Redtenbachers, und noch stärker das seines Nachfolgers Grashof (1826-1893) im Amte des Leiters der Maschinenbauschule an der Polytechnischen Schule Karlsruhe, den Maschinenbau auf eigene wissenschaftliche Füße zu stellen (vgl. Mauel 1988, S. 172ff.), fiel zwar zeitlich mit der allgemeinen Verwissenschaftlichung der Universitäten zusammen, fand aber nur bedingt Anerkennung. Statt dessen erfolgte seit der Mitte des Jahrhunderts eine Erhöhung des Leistungs-Niveaus in den technischen Bildungsanstalten und eine „Anlehnung der Technischen Hochschulen an die Universitäten und die Universitätswissenschaften" mit der Folge, dass man sich um Verallgemeinerung und Abstraktion technischer Aussagen bemühte, und „dass man technische Vorgänge durch mathematisierte, aus naturwissenschaftlichen Gesetzen abgeleitete Modelle abzubilden suchte. Solche Modelle verfehlten allerdings nur zu häufig die Komplexität der technischen Wirklichkeit" (König 1990, S. 409). Der Versuch, Technik in einer derart verkürzten Sicht als angewandte Naturwissenschaft zu verstehen, war an der praktisch ganzheitlichen Realität gescheitert, stellt aber nach wie vor ein zentrales Paradigma bei der Vermittlung Technischer Bildung in der ingenieurwissenschaftlichen Lehre dar.

Redtenbacher „erkannte die Wichtigkeit der wissenschaftlichen Prinzipien; aber er wußte auch, wie vieles von dem Ingenieur nach Erfahrung oder nach dem Gefühle anzuordnen war. Er fand das Wesen des technischen Menschen in dem Gleichgewicht von exakter Methode und freiem Schaffen" (Schnabel 1934, S. 324f.). Sogleich war er um Ausgleich bemüht. In seinem Anliegen, „den jungen Ingenieur von einseitiger wissenschaftlicher Richtung fernzuhalten und alle Kräfte zu entwickeln, die der Beruf des Konstrukteurs von ihm verlangte" (Schnabel 1934, S. 325), kommt dies zum Ausdruck. In ihm lebte noch das starke Kulturbewusstsein einer Generation, die noch mit dem humanistischen Erbe in Verbindung stand. „Er wollte, dass den jungen Leuten eine Lebensanschauung gegeben werde, dass sie einen Blick tun sollten in jene andere Welt der moralischen Mächte, in der nicht die Kausalität herrscht, sondern die Freiheit" (Schnabel 1934, S. 449). Er, der dem Maschinenbau in seinem insgesamt 40-jährigen Wirken so viel gab, war es aber auch, der erstmalig eine Trennung zwischen Maschinenbau und Elementen Allgemeiner Bildung herbeiführte. Er versuchte noch in dem Miteinander von Berufsbildung und Allgemeiner Bildung Menschenbildung zu erreichen und führte das Maschinenbauhandwerk zu einer Maschinenbaukunst. Doch kurz nach seinem Tod setzte sich in Karlsruhe mit dem stärker an der Theorie orientierten Franz Grashof – wie bereits vorher im Schulwesen – ein Realismus durch, der „sich mit der technischen, praktisch-materialistisch, abgekürzten Behandlung der Dinge begnügte" (Schnabel 1934, S. 321) und damit eine Unterscheidung zwischen Bildung im Sinne einer Allgemeinbildung und Ausbildung im Sinne einer wissenschaftlichen Berufsausbildung endgültig manifestierte.

Die eben beschriebene Trennung wird auch mit den Forderungen des deutschen Ausschusses für technisches Schulwesen (DATSCH) aufgegriffen und zu überwinden versucht: „die Hochschule soll die Berufsfähigkeit, nicht die Berufstüchtigkeit schaffen". „Das Hauptaugenmerk des Hochschulunterrichtes muss auf die Erziehung selbständig denkender und arbeitender Persönlichkeiten gerichtet bleiben. Aus diesem Grunde ist möglichste Freiheit des Studiums beizubehalten und eine Schematisierung durch zuweitgehenden Ausbau des Prüfungswesens zu verhindern ... Es kann nicht die Aufgabe der Technischen Hochschule sein, ... Spezialtechniker zu bilden. Die Hochschule soll sich nicht damit begnügen, tüchtige einseitige Fachleute zu erziehen, sondern es ist ihre Aufgabe, Männer in die Praxis zu schicken, die mit einer gründlichen umfassenden Fachbildung den Blick für die allgemeinen ... Bedingungen besitzen“ (vgl. Böhme 1980, S. 19).

Die Forderungen des DATSCH von 1912 und von 1914 wurden kaum ein halbes Jahrhundert nach Redtenbacher und 13 bzw. 15 Jahre nach der Konversion der damaligen Ingenieurschulen zu statusmäßig den Universitäten gleichgestellten Lehranstalten geäußert.

Die Ingenieurschulen erlebten bis 1899 eine Zeit des Realismus. Er orientierte sich wissenschaftlich, aber eng an der praktischen Anwendung der Technik in der auferstehenden Industrie und an den praktischen Bedürfnissen der Technik. Um aber das Promotionsrecht zu erhalten, mussten sie eine Entwicklung durchmachen, nach der die Beschäftigung mit der Technik nicht nur als praktisch nützlich, sondern auch aus anderer Sicht als wissenschaftlich anerkannt wurde. Geradezu zwangsläufig wurde das Kriterium der Wissenschaftlichkeit nicht mehr mit der mittelbaren Ausrichtung auf die Ingenieurpraxis, sondern mit dem Anteil von Naturwissenschaften und Mathematik im Studium verbunden, die zu diesem Zeitpunkt bereits längere Universitätstradition hatten und als anerkannte Wissenschaften etabliert waren. Unbestritten ist die Förderung der Technik durch die Mathematik und die Naturwissenschaften. In diesem Fall ging es aber vornehmlich darum, mit den Anteilen der mathematischen und naturwissenschaftlichen Fächer den Nachweis einer Wissenschaftlichkeit abzusichern. Ohne die gleichzeitig tradierten Bildungsvorstellungen zu wahren oder zu übernehmen, trug dies jedoch zu einer inhaltlich und strukturell streng an der Fachsystematik ausgerichteten Lehre bei.

Als Präsident der TH Darmstadt, fasste Helmut Böhme in seiner Eröffnungsansprache zum 2. Internationalen Kongress für Ingenieurausbildung (IKIA 2) Aussagen zusammen, die noch von den Eindrücken des 1. Weltkrieges geprägt waren: er berief sich dabei u.a. auf ein Forum des VDI zur Reform der technischen Hochschulen von 1919: „Wir sehen den kennzeichnenden Mangel des gegenwärtigen technischen Studiums in der spezialistischen Fachbeschränkung, die durch die zeitweilig dogmatische Machtstellung einseitiger Lehrgrundsätze ... noch ... verstärkt wurde. Wir haben verabsäumt, dem werdenden Jünger des Ingenieurberufs das Bewusstsein dafür zu eröffnen, dass diese Funktion der Technik noch von vielen anderen, oft viel maßgebenderen Variablen abhängig sein kann“ (Böhme 1980, S. 16f.). In dem gleichen Sinne zitierte Böhme eine 1930 von Max Muss geäußerte Warnung: „Die Eigenart des technischen Denkens und Schaffens (vermag) seinen Träger auszufüllen, aber auch zu isolieren“ (Böhme 1980, S. 17). Diesem Zitat fügte Böhme unmittelbar den Hinweis an, dass dieser Satz auch heute noch gültig ist (vgl. Böhme 1980, S. 17).

1968 beschrieb der Arbeitskreis „Didaktik des Ingenieurstudiums“ der Assistentenschaft der TU Berlin das gleiche Problem. Danach beklagten sie den fast vollständigen Mangel in der Vermittlung außerfachlicher Grundlagen wie die Wirkung der Technik, die Wirkungs- und Entfaltungsmöglichkeiten des Ingenieurs innerhalb der Gesellschaft. Sie sprachen zwar von einer vorhandenen fachlichen Bezogenheit, bemängelten aber: „Von einer ausreichenden allgemeinen Berufsbezogenheit (kann) auf keinen Fall gesprochen werden". Eine der daraus resultierenden Folgen sei u.a., dass der Techniker bei den geschichtlich und gesellschaftlichen Prozessen abseits stehe, die durch seine schöpferische Tätigkeit ins Rollen gebracht wurden. Nur konsequent, dass es im Schlusssatz heißt: „Die Beschwörung allgemein gültigen Grundlagenwissens für die Technik ist unsachlich, jedes Wissen hat für jeden Studenten je nach seinem Studienziel eine andere Bedeutung" (Arbeitskreis 1968 S. 181).

Ursache für die Neuorientierung an mathematisch-naturwissenschaftlichen Methoden waren folglich weniger fachliche oder industrielle Bedürfnisse als die Bestrebungen, das gesellschaftliche Ansehen der technischen Schulen und damit das der Ingenieure und der Technik zu heben, um damit auch den Zugang zu den begehrten Beamtenrängen zu erhalten. „Der VDI nahm sogar in Kauf, dass ...- um einer Orientierung an den Bildungsansprüchen des Wirtschaftsbürgertums willen – die eigenständige mittlere, das heißt aus der Berufspraxis herauswachsende technische Ausbildung, eingestellt wurde" (Weber 1990, S. 118).

Strukturell und organisatorisch blieben die Technischen Hochschulen aber unverändert Schulen. Inhaltlich hatten sie sich jedoch zwecks gesellschaftlicher Anerkennung opportunisiert und eine Vielzahl für das Fach nachteiliger Veränderungen in Kauf genommen. „Die mathematische und naturwissenschaftliche Formalisierung der technischen Wissenschaften verfehlte ... häufig die eigentliche ingenieurwissenschaftliche Aufgabe, technische Phänomene abzubilden" (König 1990, S. 393). Zugleich entfiel der bisher relativ freie soziale Zugang zu technischer Bildung. Technisch Interessierte mussten nun durch das Nadelöhr von Bildung und Besitz. Sie mussten an den allgemeinbildenden Schulen viele Grundlagen aus der Physik, der Chemie und der Mathematik lernen und das Abitur erwerben. In der Folge blieb der Industrie aber eine ganz wesentliche Gruppe, nämlich die technisch vorgebildeten Facharbeiter aus.

Die Folge war ein dreifacher Profil-Verlust des Maschinenbaustudiums. Seit der Abkehr von einem eigenen Berufsverständnis vollzog sich der vollständige Verlust einer ganzheitlichen Bildungsorientierung. Am Anfang stand der Übergang aus einer umfassenden beruflichen Bildung in der Tradition der Meisterlehre zu einer Anwendung technik-wissenschaftlicher Methoden mit der allmählichen Vernachlässigung allgemeinbildender Elemente. Gefolgt von dem Verlust praktischer Elemente und der zwanghaften Orientierung an den alten Universitäten, die ihrerseits vom neuhumanistischen Idealbild zu Großbetrieben der Wissenschaft geworden waren, wurde das Maschinenbaustudium zu einem Theorie-Studium, einem Studium der angewandten Naturwissenschaften.

Es verlor die Orientierung an den praktischen Erfordernissen der Industrie und provozierte schließlich aus der gleichen bildungsökonomischen Notwendigkeit, die zu ihrer eigenen Gründung führte, die Entstehung der zumindest damals stärker praktisch ausgerichteten Fachhochschulen – das deutsche Spezifikum einer beruflichen Zweigliedrigkeit, die selbst wiederum um die gleiche Anerkennung kämpfen wie die Technischen Hochschulen kurz zuvor (vgl. Schulz 1988, S. 249).[58] Daran konnte auch die zu Lasten der theoretischen Fächer – vor allem der Mathematik – erfolgte Berücksichtigung von beispielsweise wirtschaftswissenschaftlichen Elementen und die nach und nach wieder eingerichteten

[58] Diesen Trend bestätigt u.a. Mahler (1999, S. 49).

maschinenbautechnischen Labore nichts mehr ändern. In den Laboren wurde per Experiment versucht, die kumulierten Erfahrungen industrieller Praxis in die theoretischen, wenig zutreffenden Modelle zu integrieren und zu nutzen. „Erst die Zusammenführung aus naturwissenschaftlichen Gesetzen abgeleiteter technischer Regeln mit Ergebnissen aus systematischen Experimenten unter Berücksichtigung der in der industriellen Praxis angewachsenen Erfahrung brachte den Technikwissenschaften ihre methodische Eigenständigkeit und emanzipierte sie damit von dem naturwissenschaftlichen Leitbild" (König 1990, S. 409).

Und doch ist in der Beschreibung des heutigen Maschinenbaustudiums keine Rückbesinnung auf ursprüngliche Berufsbildungsideale festzustellen, obwohl das Bedürfnis, Technik als gesellschaftliches Gesamtphänomen zu betrachten, beispielsweise durch das neuerliche Aufkommen technikethischer Fragen oder die Gründung von Instituten zur Technikfolgenabschätzung belegt wird. „Betrachtet man das heutige Studienangebot, so zeigt sich, dass die Technischen Hochschulen einem ganz bestimmten ... Konzept folgen ... Das Studium wird mit Mathematik, Mechanik, Physik, Chemie begonnen ... als weitere Grundlagen (werden) Einführung in die Soziologie, die Volkswirtschaft und die Rechtswissenschaft gebracht. ... nach dem Vorexamen werden gelehrt: Die eulersche Turbinengleichung, die Gasgesetze ... also wieder Grundlagen. Dann folgen ... der große Entwurf ... und die Diplomarbeit (mit der) Aufforderung: Nun wende alle Kenntnisse, die wir Dir vorgetragen haben, einmal an zur Lösung eines technischen Problems" (Arbeitskreis 1968, S. 166).[59]

Rückschauend hat eine bedenkenswerte Entwicklung stattgefunden. Während die Äußerungen über die Ingenieurausbildung zu Beginn der Hochschulära noch die Ganzheit des Ingenieurs und dessen Tätigkeit betraf, werden die Feststellungen über die Mängel in der (Aus-) Bildung zunehmend konkreter, bis hin zu dem Versuch, ganz bestimmte Qualifikationen einzufordern. Um so überdenkenswürdiger erscheint dies zu einer Zeit, in der sich die Hochschulen anschicken, das Studium unter dem Bemühen um Studienzeitverkürzung, besserer studentischer Selbstkontrolle u.a. noch stärker zu reglementieren.

Nach dem heutigen Stand der Erkenntnisse über die Studienrealität ist zu erwarten, dass die Absicht, mit noch engeren Vorgaben – in den SO und bei neuen Studienrichtungen – der Zunahme von Studiendauer sowie der berufspraktischen und fachlichen Breite begegnen zu wollen, unangebracht ist. Einer geringen positiven Wirkung – z.B. Verstärkung des bereits vorhandenen Selektionsmechanismus' oder größere Transparenz im Studienablauf – würde eine große Verstärkung der negativen Effekte – z.B. erhöhte Verschulung, erhöhte vor- und inneruniversitäre negative Selektion, Verlust von Situationen zum Erwerb von außer- und überfachlichen Kompetenzen – gegenüberstehen.

59 Siehe hierzu das typische Studienprogramm (Dipl.-Ing.) an einer TH/TU bei Wittig (1998, S. 517).

6.2 Geschichte und Ansätze der Reformbemühungen

Bemühungen um eine Hochschulreform setzen die Kenntnis bereits erfolgter Reformversuche voraus. Ohne dieses Wissen kann nicht aus den vorhandenen Erfahrungen gelernt oder eine Prognose über die Reformwirkung von Lehr-Lernprozessen abgegeben werden. Die Darstellung beginnt mit einer historischen Einteilung und endet mit einer Differenzierung idealtypischer Erscheinungsformen.

Als Bemühung um eine Hochschulreform ist dabei jedwede Maßnahme zu werten, die die Hochschule in ihren Prozessen und das Verhältnis der an diesen Prozessen Beteiligten positiv verändern soll.[60] Dabei zählt allein die Absicht, nicht der Erfolg, um die Maßnahme als Reformansatz zu kennzeichnen. Die Wirkung des Ansatzes kann als Veränderungspotenz bezeichnet werden. Sie hat sich – als zentrales Erfolgskriterium – an seinem positiven Beitrag zur Erfüllung der in § 2 HRG formulierten Aufgaben der Hochschulen[61] wie an seinem positiven Beitrag zur Erfüllung des in § 7 formulierten Ziels des Studiums[62] zu bewähren.

6.2.1 Geschichtliche Abfolge der Reformbemühungen

Die Reformbemühungen trugen und tragen, den unterschiedlichsten Motivationen folgend, nicht immer Züge einer erstrebenswerten und sinnvollen Reform, wie die folgenden Beispiele zeigen:[63]

- Die Problematik 'Studienreform' wurde durch die Banalisierung auf organisatorische - verwaltungsmäßige Probleme bewältigt (vgl. Nuissl/Rendtorff/Webler 1973, S. 163).
- Eine gänzliche Neuordnung des Studiums im Sinne einer Studienreform ist bisher nicht gelungen; es blieb im organisatorischen Bereich (vgl. Arbeitsgruppe 1979, S. 210-231).[64]
- „Bei den meisten Fächern wurde nur der Name geändert“ (Frischkorn 1993, o.S.).

Mitte des 19. Jahrhunderts begannen auch in der Ausbildung von Maschinenbauingenieuren die Bemühungen, das Studium in seinen Inhalten und seinen Methoden, seinen Intentionen und Implikationen sowie in seinen personellen Beziehungen nach innen und nach außen zu reformieren. Seit den Tagen Redtenbachers und Althoffs (1839-1908) werden Reformen der ingenieurwissenschaftlichen Lehre von den verschiedensten gesellschaftlichen Kräften getragen und diskutiert. Sie wurden und werden immer dann aktuell, wenn beispielsweise, wie beim Sputnik-Schock in den 60er Jahren, die nationale Gefahr besteht, auf den Weltmärkten technologisch abgehängt zu werden, oder wenn der ingenieurwissenschaftliche Nachwuchs, wie z.B. nach 1945 oder seit Anfang der 90er Jahre, unerwartet länger ausbleibt.

---

60 § 8 HRG „Studienreform“, bot insbesondere in der Fassung vor der Novellierung vom August 1998 mehr Handlungsorientierung. Zum genauen Wortlaut der Fassung vom 24.08.1998 siehe Tafel 8 (S. 246).

61 Zum genauen Wortlaut des § 2 HRG in der Fassung vom 24.08.1998 siehe Tafel 9 (S. 247).

62 Zum genauen Wortlaut des § 7 HRG in der Fassung vom 24.08.1998 siehe Tafel 7 (S. 246).

63 Zur aktuellen Diskussion siehe DAAD (1998). Hier enthält der Fragenkatalog von Kohnhäuser (S. 101) zur Arbeitsgruppe Maschinenbau ausschließlich Fragen zu organisatorisch-verwaltungsmäßigen Problemen.

64 Dazu zählen beispielsweise die Einführung von Zwischenprüfungen oder die Vorschrift bestimmter Kurse im Grundstudium (Arbeitsgruppe 1979, S. 210).

Das Ergebnis der Diskussionen war und ist stets umstritten, denn es stand in der Vergangenheit allzu häufig unter dem Einfluss subjektiver und einseitiger Faktoren[65] wie

- den Statusinteressen der Ingenieure,
- den Forderungen der Industrie,
- den politischen Zielvorgaben,
- der kontrovers geführten öffentlichen Diskussion über Technik und ihre Folgen; aber auch
- der „Reformfeindlichkeit“ (Nuissl/Rendtorff/Webler 1973, S. 153) und
- dem „disziplinären Eigensinn“ (Vogel 1997, S. 203).

Die Reformbemühungen der Technischen Hochschulen unterscheiden sich in einigen Details von denen der alten, etablierten Universitäten. Die momentane Diskussion über Studienreform wird unter einem sehr engen Blickwinkel geführt und reproduziert in ihrer Konsequenz überwiegend eine didaktisch eindimensionale technologische Sicht. Die Auseinandersetzung bezieht sich entweder „lediglich auf Formalien (z.B. Studienzeiten) und ignoriert damit die Bedeutung der Lehrinhalte und -formen nicht nur hinsichtlich des Ziels der Ingenieurausbildung, sondern auch hinsichtlich ihrer Wirkung auf die Studienzeiten. Oder Studienreform wird als die Einführung von einzelnen speziellen Lehrveranstaltungen begriffen, die sich auf neueste technische Entwicklungen beziehen“ (Neef/Pelz 1997b, S. 13).

Bis auf den heutigen Tag mangelt es weitestgehend an Reformvorschlägen, die die Komplexität der Determinanten und Interdependenzen Technischer Bildung in der ingenieurwissenschaftlichen Lehre aus didaktischer und bildungsökonomischer Sicht berücksichtigen. Alle bisherigen Reformen, Reformansätze, -initiativen und -vorhaben der maschinenbautechnischen Lehranstalten sind zwangsläufig eng mit ihrer Geschichte verknüpft und lassen sich rückblickend in folgende acht Phasen unterteilen:

Phase 1: Genese
Von den Anfängen der Ingenieurausbildung bis zum Übergang vom 19. ins 20. Jahrhundert ist die Reformbewegung durch die Anpassung der im Entstehungs- und Findungsprozess begriffenen eigenständigen Ingenieurwissenschaften an die – wissenschaftlich etablierten – Standards der Universitäten gekennzeichnet. Die technischen Wissenschaften hatten keinen Platz in dem sorgsam gehüteten Monopol der „universitas litterarum“[66] und mussten sich ihre wissenschaftliche Gleichrangigkeit erst mühsam erstreiten. Sie versuchten, anerkannte Disziplinen und allgemeinbildende geisteswissenschaftliche Fächer einzubeziehen, um den Ingenieuren mehr gesellschaftliche Anerkennung zu verschaffen.

Phase 2: Konsolidierung
Nach langen Kämpfen erhielten die Technischen Hochschulen 1899 das Promotionsrecht. Gegen den Preis einer „permanenten Reformbedürftigkeit“ und gegen den Verlust „praktischen Bedürfnissen der Technik gerecht zu werden“ (vgl. Neef 1982, S. 225) wurden sie den Universitäten gleichgestellt. Dennoch blieb der Streit um das zentrale

[65] Zu diesen vielfach beschriebenen und unbestrittenen Umständen der Geschichte der Technischen Hochschulen siehe beispielhaft Neef (1982), Weber (1990), König (1990).
[66] In ihr sollte die Teilhabe am „Urwissen“ via Philosophie erreicht werden (vgl. Müller 1990, S 68).

ingenieurwissenschaftliche Paradigma[67] ungeklärt. Parallel dazu folgen bis Anfang der dreißiger Jahre wiederholte Forderungen zur Übernahme von additiv angelegten wirtschaftswissenschaftlichen und juristischen Fächern in das Maschinenbaustudium, um den Studierenden fachübergreifende berufsrelevante Kenntnisse zu vermitteln.

Phase 3: Funktionalismus
Die Jahre der nationalsozialistischen Machtausübung blieben nicht ohne Wirkung auf die maschinenbautechnischen Lehranstalten. Im Nachhinein wurde ihnen häufig das Bild des hierarchisch funktionierenden, wissenschaftlichen Erfüllungsgehilfen[68] und eine enge Verbindung mit der Kriegstechnologie[69] zugeschrieben.

Phase 4: Nichtreform
Die Zeit nach dem Zweiten Weltkrieg ist in der Hauptsache durch Wiederaufbau und Vereinheitlichung gekennzeichnet. Bis zu den 60er Jahren wurden die Studiengänge vor allem der Entwicklung der Disziplinen angepasst, restriktivere Leistungskriterien und Zwischenprüfungen eingeführt. In dieser Zeit wurde die Hochschulreform „als Dauerreform institutionalisiert und so gleichermaßen aufgeschoben wie aufgehoben" (Nuissl/Rendtorff/Webler 1973, S. 10). In den Technischen Hochschulen dominierten die Versuche, humanistische Bildungsfächer durch ein Studium generale einzuführen, und 1947 auf dem Ersten Internationalen Kongress für Ingenieurausbildung (IKIA 1) machte das Konzept von der „Humanisierung der Technik" Karriere (vgl. Böhme 1980b, S. 10). Damit sollte die politische und gesellschaftliche Verantwortungsfähigkeit der Ingenieure herangebildet werden, die in der Zeit davor zu fehlen schien. Für den Rest des deutschen Bildungswesens müssen die Jahre bis 1966, trotz der wirtschafts- und sozialpolitisch begründeten Reforminitiativen in den Jahren 1957-1967[70] und der Diskussion um die Hochschulreform (vgl. Nuissl/Rendtorff/Webler 1973), als „zwei Jahrzehnte der Nichtreform" (Robinsohn 1967, S. 311-330) bezeichnet werden.

Phase 5: Hochschulreform und Curriculum
Mitte der 60er und Anfang der 70er Jahre erhielt die Bildungsökonomie u.a. durch „Die deutsche Bildungskatastrophe" Pichts[71] von 1964 (vgl. Griesbach u.a. 1995, S. 220f.) „eine besondere Brisanz" (Paape 2000, S. 3). In der Folge gelangte der ökonomische Faktor Ausbildung zu einer sehr viel größeren volkswirtschaftlichen Berücksichtigung und der, als bildungspolitische Konsequenz anzusehende, „Öffnungsbeschluss" führte zur Massenuniversität. Bildungsplan und Bildungsreform, Bildungsexpansion und Föderalismusdenken bestimmten die Reformen. Es ist das Ende der „gemächlich-traditionsbewussten Reformen" (Peisert/Framhein 1997, S. 8), die Zeit der Hochschulreform und des „Curriculums". Die Hochschulen erhalten neue

67 Vereinfacht: Wirtschaft oder Technik. Siehe dazu Kapitel „Ökonomische Potenz Technischer Bildung" (S. 32).
68 Bezeichnenderweise lautet der Titel eines Buches über ein bisher wenig erforschtes Kapitel deutscher Geschichte: „Ich diente nur der Technik". Es beschreibt darin die Karrieren von sieben Technikern und Ingenieuren in der Zeit von 1940 bis 1950 (Museum für Verkehr und Technik Berlin 1995).
69 Stellvertretend für diese inzwischen weit verbreitete Ansicht: Arbeitsgruppe (1979), Neef (1982).
70 Siehe dazu die ausführlichen Beschreibungen von: Arbeitsgruppe (1979, 1984 und 1994).
71 Picht (1913-1982) gilt wegen seiner Kritik am deutschen Bildungswesen als einer der Wegbereiter der Bildungsreform.

gesetzliche Rahmenbedingungen durch neue Grundordnungen und neue Ländergesetze (vgl. Arbeitsgruppe 1984, S. 238ff.); der kooperative Kulturförderalismus entsteht und das HRG wird verabschiedet. In den Technischen Hochschulen werden nichttechnische, auf Technik bezogene Lehrveranstaltungen angeboten, um das Verständnis der Studierenden für die Zusammenhänge von Technik und Gesellschaft wecken und vertiefen zu können. Gleichzeitig werden teils allgemeinpolitische, teils hochschulpolitische und wissenschaftskritische Argumente und Forderungen vertreten wie durchgesetzt (vgl. Arbeitsgruppe 1984, S. 236ff.). Verkrustete Hochschulstrukturen werden reformiert, neue Studiengänge erprobt und eingeführt, Studienziele, -gänge, -ordnungen und Prüfungsordnungen überprüft, neu geordnet und weiterentwickelt. Es entsteht eine hochschuldidaktische Diskussion über die Studienberatung in den Technischen Hochschulen und die Qualität der Lehre. Hochschuldidaktische Verbände, wie die Internationale Gesellschaft für Ingenieurpädagogik (IGIP) oder die Arbeitsgemeinschaft für Hochschuldidaktik (AHD), werden gegründet[72] und nehmen ihre Arbeit auf.

Phase 6: Stagnation
Danach folgen weitere 20 Jahre der „Nichtreform“, in denen zwar immer wieder das HRG, der „Öffnungsbeschluss“ mit seiner „Überlast“ und viele andere Vorschläge, Empfehlungen usw. diskutiert wurden, aber außer den Instrumenten[73] des HRG keine größeren Reformkräfte aktiv sind. Lediglich die Studienreformkommission brachte 1989 mit ihren neuen Empfehlungen für die Rahmenordnungen der Studienpläne und PO Bewegung in die Curriculumdiskussion der ingenieurwissenschaftlichen Studiengänge.

Phase 7: Ingenieurdialog
Nachdem die Anfängerzahlen Mitte der 90er Jahre, also nach einer Zeit, in der inhaltliche Reformen unnötig schienen, rapide abnahmen, offenbarte sich ein besonders in Elektrotechnik und Maschinenbau ausgeprägter Mangel an Studenten. Die Angst um die ausbleibenden Studienanfänger wuchs und der damalige Bundesminister für Bildung, Wissenschaft, Forschung und Technologie, Rüttgers, reagierte mit einem Gesprächskreis, dem so genannten „Ingenieurdialog“. Eingeladen wurden dazu Interessenvertreter aus Industrie, Berufsverbänden und Hochschulen; Vertreter der Bund-Länder-Kommission für Bildungsplanung und Forschungsförderung (BLK); der HRK und der Konferenz der Kultusminister der Länder in der Bundesrepublik Deutschland (KMK). Auf der Grundlage verschiedener, in die Diskussion eingebrachter, Ursachensvermutungen, die von der studentischen Kritik an der Ausbildung, über den Einfluss des Arbeitsmarktes bis zum Ansehen der Technik in der Gesellschaft reichte, wurden Vorschläge zum weiteren Vorgehen erarbeitet. Sie schließen mehrere, z.T. bereits angelaufene Einzelmaßnahmen ein und reichen über die Zuständigkeitsgrenzen der Länder hinaus. Zusammenfassend ist der „Ingenieurdialog“ eine konzertierte Aktion der o.g. Gruppierungen, die im Wesentlichen ohne reformerische Wirkung auf das Studium bleibt. Was bleibt, sind lediglich die auf Hochschule und Gesellschaft ausgerichteten

---

72 „Werner Thieme hatte Mitte der 60er mit finanzieller Unterstützung der Stiftung Volkswagenwerk den ‘Arbeitskreis für Hochschuldidaktik’ gegründet und damit eine institutionalisierte hochschuldidaktische Arbeit wieder begonnen – die Arbeit der ‘Hochschulpädagogik’ in den Jahren vor und nach 1900 war in Zwischenzeit vergessen“ (Wagemann 1987, S. 3). Detaillierter bei Webler (1995).

73 Zu den Instrumenten wird insbesondere die Studienstrukturkommission gezählt.

meinungsbildenden Maßnahmen sowie die im Übergang zur Phase 8 erfolgte administrative Einflussnahme zur Förderung von Bachelor- und Master-Abschlüssen.

Phase 8: Qualitätsmanagement, Credit-Point-Systeme, Bachelor und Master
Am Ende der 90er Jahre zeichnete sich der Beginn eines möglicherweise tiefgreifenderen und nachhaltigeren Strukturwandels in den Hochschulen ab. Getragen durch eine intensive Diskussion zur Steigerung der Attraktivität des Hochschulstandortes Deutschland, durch einen Generationenwechsel in den Hochschulen und die Novellierung des HRG soll die Einführung von Qualitätsmanagementsystemen (QMS)[74], Credit-Point-Systemen sowie Bachelor- und Master- Abschlüssen gefördert werden (vgl. DAAD 1998). Mit dem Wunsch nach mehr Effizienz, mehr Flexibilität, mehr Vergleichbarkeit und mehr Transparenz liegen die Hoffnungen auf den Instrumenten des Marktes, die zu einer Strukturreform und möglicherweise auch zu mehr Qualität in der Lehre führen.

Zielten die Bemühungen der ingenieurtechnischen Studiengänge am Anfang ihrer Geschichte auf die Gleichstellung mit den etablierten Wissenschaften und nach 1945 auf die Reputation der Ingenieurwissenschaften ab, so wird am Beginn des neuen Jahrtausends sehr angestrengt und mit relativ großem Aufwand[75] um den ausgebliebenen Nachwuchs, zur Aufnahme eines maschinenbautechnischen Studiums, geworben. Mit dem Wandel der Zielsetzungen nahm die Komplexität der Hochschule, die Implikationen der Lehre und die Breite der reformbegründenden Probleme zu. Änderten sich im Laufe der Zeit viele dieser angestrebten Zielsetzungen, erfuhren und erfahren andere, aus unterschiedlichen Gründen, bis heute immer wieder eine Renaissance. Dazu gehören die berufsethischen Ansätze[76], aber auch die Bestrebungen um gesellschaftliche Anerkennung – verbunden mit dem Ansehen und dem Bild des Ingenieurs[77] in der Gesellschaft.

In Kenntnis der Reformlage der Technischen Hochschulen sind in einigen Studiengängen trotz der Aufgabe einer ständigen Reform durch § 8 HRG[78] verschiedene Verteidigungshaltungen[79] zu bemerken, denn es „dominieren disziplinäre Widerstände innerhalb des Wissenschaftssystems sowie Aushandlungsprozesse innerhalb der Hochschulen und zwischen den beteiligten Hochschulakteuren“ (Vogel 1993, S. 195).

---

[74] Ein QMS ist eine System- und keine Produktnorm, die Aussagen über die Güte eines Produktes macht. Ziel eines QMS ist eine gleichbleibende Güte und die kontinuierlich Verbesserung von Produktionsprozessen.

[75] Siehe dazu Abbildungen 35 und 36 (S. 242 und 243). Damit warben die FH-Koblenz im August 1999 und der VDMA im Sommer 2000 um mehr Studierende. Warb der VDMA u.a. in den VDI-Nachrichten (vgl. Abbildung 43, S. 242), so warb die FH-Koblenz sogar in der Lebensmittelbeilage der Lebensmitteleinzelhandelskette GLOBUS (vgl. Abbildung 36, S. 243). Siehe dazu auch die Beispiele im Attraktivitätsansatz, des Kapitels „Erscheinungsformen verschiedener Reformansätze“ (S.68).

[76] Siehe dazu „Das Bekenntnis des Ingenieurs“ Tafel 11 (S. 248).

[77] „Als eines bloß technisch-praktischen Berufsmenschen“ (vgl. Bargel/Ramm 1997, S. 135), mitverursacht durch eine „gewisse Distanz Kulturellem und Politischem gegenüber“. Siehe auch Abbildung 33, S. 241.

[78] § 8 HRG wurde durch die Novellierung im Wortlaut deutlich verändert. Obwohl mit dem Ziel der Deregulierung alle detaillierten Passagen zur hochschuldidaktischen Praxis in der Studienreform gestrichen wurden, blieb die Verpflichtung zur Studienreform. Siehe zum genauen Wortlaut Tafel 8 (S. 246).

[79] Demnach heißt es beispielsweise: „Die Deutsche Hochschule ist in ihrem Kern gesund“ (Nuissl/Rendtorff/Webler 1973, S. 9) oder „Die Ingenieurausbildung an deutschen Hochschulen genießt, auch international, ein hohes Ansehen“ (Hernaut/Nossek 1996, S. 7)[79]

Vor einer Reform steht aber grundsätzlich die Einsicht der Beteiligten in deren didaktische und bildungsökonomische Notwendigkeit, und selbst dann bedarf es noch zusätzlich der Kenntnis der Reformzusammenhänge und der motivierten Überzeugung, um einen hochschuldidaktischen Grundkonsens herbeizuführen, der weiter geht als die Diskussion um die Einführung von Qualitätsmanagementsystemen (QMS). Withauer (1997, S. 22) schreibt dazu: „Die wichtigste Voraussetzung für Veränderung und Studienreform ist eine veränderungsfreundliche Grundeinstellung, die sinnvolle Anpassung sowie auch Antizipation von Veränderungen fördert". Das Wertgefüge und die Kultur eines Fachbereiches „können sich für das notwendige gemeinsame Interesse an der Qualitätssicherung als derart hemmend erweisen, dass notwendige Innovationen unterbleiben und ausdrückliche Anregungen als störend empfunden oder gar nicht registriert werden".

So muss neben der eigentlichen Reform ein Mechanismus existieren, um auf das Petitum für Reform und Korrektur des bestehenden Hochschulsystems und die Reaktionen von insbesondere Großbetrieben auf veränderte Anforderungen zu reagieren, denn neben tradierten Berufsbildern werden neue kreiert, für die breitere, weniger spezialisierte Kenntnisse und Vorbildung eine gute Ausgangsbasis sind (vgl. Brackmann 1996, S. 579). Erst wenn diese von Brackmann und Withauer aufgestellten Voraussetzungen erfüllt sind, findet auch der Streit um die in den Habilitationsordnungen einzufordernden hochschuldidaktischen Qualifikationen ihr Ende und es kann, unter Einbeziehung bildungsökonomischer Aspekte, wieder um Bildung, um Bildung für Lernende und letztendlich um den bildungsanbahnenden Prozess in der Hochschule gehen.

Bis zur allgemeinen Anerkennung dieser Bedingungen mangelt es nicht an Empfehlungen zur Studienreform, wie beispielsweise die des Verbandes Deutscher Maschinen- und Anlagenbau e.V. (VDMA), des DGB, der IG-Metall, des Stifterverbandes für die Deutsche Wissenschaft (1994a, 1994b) u.a. Allein Sinn (1993b) fasst sechs weitere Konzepte zur Studienreform in den ingenieurwissenschaftlichen Studiengängen im VDI Report 20 (1993) zusammen. Dazu gehören neben seinem eigenen Vorschlag, der der Kommission für Ingenieurausbildung (DKI), der des Bundesministers für Bildung und Wissenschaft (BMBW), der der HRK, der des Deutschen Industrie- und Handelstages (DIHT) und der des VDI.

Anfang der 90er Jahre wurde durch die Hans-Böckler-Stiftung ein Projekt initiiert, um innovative Konzepte zur Reform der Ingenieurausbildung zu entwickeln und vorzuschlagen. In dessen Folge entstand das „Netzwerk Ingenieurwissenschaften", in dem erneut die Krise der Ingenieurwissenschaften und die Reformbemühungen zu deren Überwindung diskutiert werden. Obwohl es mit den Ingenieurpädagogischen Tagungen um Melezinek seit den 70er Jahren ähnliche Versuche gibt,[80] sind in dem neuen Ansatz um Neef/Pelz (1997b) kaum Fortschritte zu erkennen. All zu ähnlich sind sich Charakter, Struktur und Inhalt der Tagungen und Tagungsbände – in loser Reihenfolge wird von Reformprojekten und Modellversuchen berichtet, werden Strukturierungsversuche unternommen und immer wieder über die gleichen defizitären Erscheinungen in der ingenieurwissenschaftlichen Ausbildung geklagt.

80 Siehe dazu die Tagungsbände der IGIP. Z.B. Melezinek (1974, 1979a, 1979b, 1997).

In unterschiedlicher Weise werden dabei der aktuelle Rückgang der Studienanfängerzahlen und die ununterbrochene Kritik an der Studienorganisation und den Studieninhalten thematisiert. Während die Studienanfängerzahlen vordergründig und nur in Bezug auf einen bestimmten Teil der „klassischen Ingenieurstudenten" vom Arbeitsmarkt und somit von konjunkturellen Zyklen abzuhängen scheinen, versuchen Vertreter unterschiedlichster Gruppen Studienorganisation und Studieninhalte für ihre Zwecke zu instrumentalisieren. Häufig entsteht dabei der Eindruck, dass auch die neuen Maßnahmen die Komplexität des Ursache-Wirkungsgeflechtes nicht berücksichtigen, wenn z.B. Werbung statt Reform betrieben wird oder inhaltlich neue, vermeintlich berufsorientiertere Studiengänge eingeführt werden.

Rückblickend lassen sich die Reformbestrebungen der maschinentechnischen Lehranstalten in acht Phasen einteilen. Waren sie anfangs durch den Entstehungs- und Findungsprozess gekennzeichnet, wurden sie später durch den Erhalt des Promotionsrechtes, den zweiten Weltkrieg und den Öffnungsbeschluss geprägt. Der „Ingenieurdialog" und die Diskussion um Qualität, Credit-Point-Systeme sowie Bachelor und Master bestimmen schließlich die derzeit letzten Phasen.

6.2.2 Erscheinungsformen verschiedener Reformansätze

Die Planung reformwirksamer Vermittlungsprozesse setzt die Kenntnis bekannter Reformansätze voraus. Dieses Wissen trägt zum Gesamtverständnis der Situation ingenieurwissenschaftlicher Lehre bei und gibt vielfältigen Aufschluss über die Gründe heutiger Bestimmungsfaktoren. Es hilft aus den gemachten Erfahrungen zu lernen und Prognosen über die Veränderungspotenz geplanter Ansätze abzugeben.

Da sich in der Diskussion um Situation und Reform in den Ingenieurwissenschaften die unterschiedlichsten Reformansätze[81] identifizieren lassen, wurden sie zuerst nach der Art der Wirkungsziele in Gruppen zusammengefasst. Die gemeinsamen Wirkungsziele der Gruppen orientieren sich wie die Reformansätze selbst an dem zentralen Erfolgskriterium – positive Wirkung auf die Erfüllung der §§ 2 und 7 HRG –, unterscheiden sich aber durch die Internalisierung, mit der die §§ 2 und 7 HRG überhaupt erfüllt werden können.[82] Dadurch ergibt sich eine in Abbildung 6 (S. 69) dargestellte relative Abhängigkeit der Veränderungspotenz von der Internalisierung und Zuordnung der Gruppen zueinander.

---

81 Die Aufzählung der Ansätze mit ihren Wirkungen erscheint zu vielfältig, ist aber zugleich die einzige Möglichkeit die Veränderungspotenz didaktischer Ansätze zu begründen.

82 Internalisierung kann hier auch mit der grundsätzlichen Nähe zum didaktischen Ort umschrieben werden. So kann z.B. ein neuer Anstrich im Seminarraum die Motivation verstärken oder das Lernklima verbessern, er ist aber nicht so nah an den Wirkstellen oder wirkungsvoll in den Lern- und Aneignungsprozesses (weniger internalisiert) wie z.B. kleine Übungs- und Seminargruppen. Internalisierung wird folglich in dieser Arbeit in einem anderen Zusammenhang gebraucht, als es in der Volkswirtschaftslehre üblich ist.

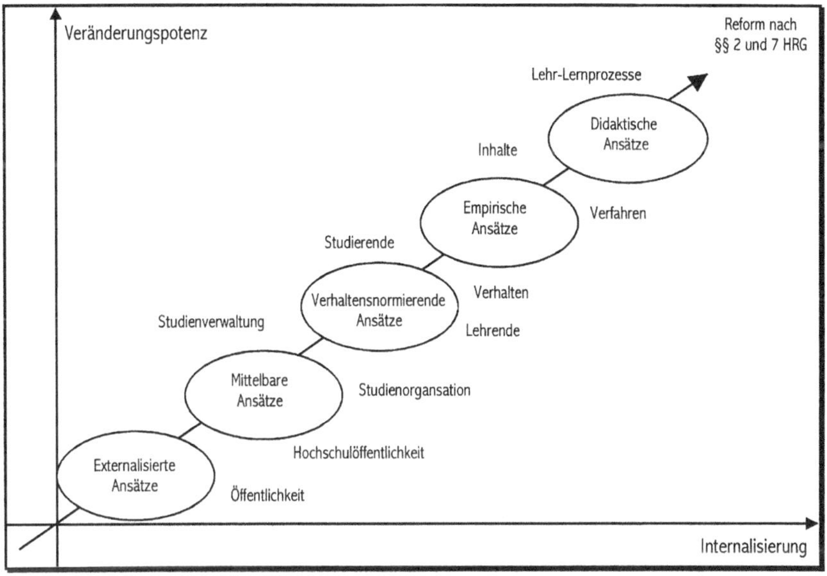

(Eigene Anfertigung)

Abbildung 6: Veränderungspotenz unterschiedlicher Reformansätze

In den Gruppen selbst wurden die Reformansätze zur Verdeutlichung und besseren Differenzierung in ihren idealtypischen Erscheinungsformen dargestellt, mit einem Beispiel belegt sowie hinsichtlich ihrer Veränderungspotenzen beurteilt und eingeteilt. Da ihre Wirkungen um so größer und nachhaltiger sind, um so mehr sie auf die Gesamtheit, Studienorganisation und -verwaltung, Lehr- und Lernformen des studentischen Aneignungsprozesses von Qualifikationen einwirken, hängen auch ihre Veränderungspotenzen vom Grad der Internalisierung ab. Der Grad der Internalisierung bestimmt somit zugleich die Reihenfolge der Gruppen und die in den Gruppen dargestellte Reihenfolge der verschiedenen Ansätze, ohne Schnittmengen ausschließen zu wollen und zu können. Die beschreibenden Darstellungen sind zum Zwecke der deutlicheren Differenzierung in ihren merkmalscharakterisierenden Eigentümlichkeiten überhöht, treten selten in dieser reinen Form – eher in Kombinationen – auf.

6.2.2.1 Externalisierte Reformansätze

Die externalisierten Ansätze zielen in der Hauptsache auf Wirkungen außerhalb der hochschulinternen Prozesse und der daran Beteiligten. Ihre Wirkung zeigt sich deshalb auch meistens vor oder außerhalb des Studiums. Die Ansätze sollen positiv auf das Image von Hochschule, Studium und Beruf wirken und die Motivation der Studierenden und Studieninteressierten steigern. Wie Abbildung 7 zeigt, nutzen sie dazu z.B. Marketing. Die Reformwirkung der insgesamt zehn Ansätze steigt vom Anpassungsansatz bis zum studentischen Ansatz leicht an, kann aber in keinem der aufgezählten Ansätze zu einer dauerhaften Hochschulreform im Sinne §§ 2 und 7 HRG führen.

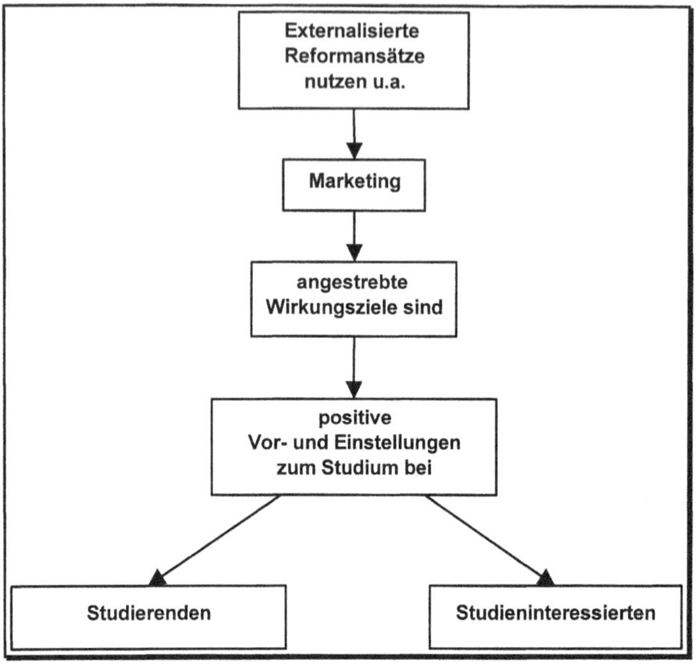

(Eigene Anfertigung)

Abbildung 7: Wirkungsschema externalisierter Reformansätze

Der Anerkennungsansatz
ist bestrebt, den jeweils gängigen Bildungsbegriff auf die Ingenieurwissenschaften der gleichen Zeit auszuweiten. Er findet seinen Ausdruck in dem schon historischen Streit um die Anerkennung der gesellschaftlichen Gleichwertigkeit der Ingenieurwissenschaften gegenüber den klassisch-etablierten Wissenschaften und könnte mit der äußerlichen Namensänderung der „Technischen Hochschule" in „Technische Universität" oder gar „Universität" seinen vorläufigen Abschluss gefunden haben (vgl. Vogel 1993, Weber 1990). Der Anerkennungsansatz hat und bestrebt keine Reformwirkung im Sinne der §§ 2 und 7 HRG. Er beschränkt sich auf Äußerlichkeiten.

Der Anpassungsansatz
versucht die Ingenieurwissenschaften an den jeweils gängigen Bildungsbegriff der gleichen Zeit anzupassen. Besonders deutlich wird der Anpassungsansatz immer dann, wenn sich die ehemals Polytechnischen Schulen durch die Übernahme von Inhalten und Wissenschaftsverständnis aus anerkannten Wissenschaften an die etablierten Universitäten anzugleichen versuchten (vgl. König 1990, Vogel 1993). Der Ansatz tauscht Inhalt gegen Inhalt, bleibt aber ohne Wirkung auf eine didaktische und bildungsökonomische Reform des Studiums. Er übt vielmehr einen reaktionären Anpassungsdruck auf Reformprojekte aus.

Der bildungspolitische Ansatz
beruft sich auf die ursprüngliche Rechtslage, wonach der Hochschule bestimmte Aufgaben hinsichtlich Bildung und Wissenschaft innerhalb der Gesellschaft zugeordnet sind.[83] Der Ansatz wird zumeist von gesellschaftlichen Kräften verwendet, um den Hochschulen bestimmte Funktionen zuzuweisen. Das klassisch Beispiel ist dabei der „Sprung von einem elitären Universitätssystem zu einem relativ offenen Hochschulsystem“ (vgl. Peisert/Framhein 1997, S. 3ff.), der sich in dem Dissenz zwischen dem neuhumanistischen Prinzip „Bildung durch Wissenschaft“ und dem bildungsökonomisch begründeten Bürgerrecht auf Bildung[84] ausdrückt. Die Wirkung des Ansatzes verbleibt in der politischen Diskussion oder in der Studienorganisation. Er hat, bis auf die Folgen einer veränderten Anzahl von Hörer im Hörsaal, keine verändernde Wirkung.

Der Beratungsansatz
zielt auf eine öffentlich geförderte[85] oder mittels kommerzieller Beratungsliteratur verbesserte Berufs- und Studienberatung, sowie eine verbesserte Studienlaufbahnberatung und Berufsplanung ab.[86] Der Ansatz zielt kaum auf eine Veränderungen in der Hochschule – durch die Gestaltung der Lehr-Lernprozesse, der Studienangebote und der Studienorganisation – und kann damit keine reformerische Wirkung entfalten.

Der verbandspolitische Ansatz
geht von einer grundsätzlich „guten“ Lehre[87] und häufig von zunehmend schlechteren Studienanfängern aus. Er versucht Bedingungen wie Probleme im Um- bzw. Vorfeld der Hochschulen zu verändern und findet seinen Ausdruck in der Forderung nach besserer schulischer Vorbereitung vor allem in Naturwissenschaften (überwiegend Mathematik und Physik) sowie einem Fach Technik in der Schule (vgl. BMBF 1996, VDI 1998b). Mit den nach aussen gerichteten Forderungen können keine Änderungen in den Hochschulen in Gang gesetzt werden, eine Reformwirkung bleibt aus.

---

83 Problematisch wird der Ansatz, wenn er im Rückgriff auf die originären Aufgaben durch den Bezug auf den vermittelnden Bildungsbegriff geschieht, denn ein zeitloser Bildungsbegriff ist nicht statisch, sondern Iterationsergebnis eines ständigen Vermittlungsprozesses zwischen jeweils zu bestimmenden Parametern. Innerhalb der Ingenieurwissenschaft gehören zu diesen Parametern das klassische Bildungsideal und das jeweils aktuelle berufliche Paradigma. Siehe auch das Kapitel „Technische Bildung aus didaktischer Sicht“ (S. 43).

84 Zu „Bildung ist Bürgerrecht“ siehe Dahrendorf (1965).

85 Z.B. durch die Bundesanstalt für Arbeit (BfA) oder das Hochschulsonderprogramm III (HSP III).

86 Hintergrund ist hier z.B. die Klage über die als Ursache für lange Studienzeiten vermutete mangelnde Transparenz und Information/Beratung innerhalb der und über die Studiengänge/Hochschulen. Der privatwirtschaftliche Teil des Ansatzes diskutiert zudem die Zielsetzung der Hochschulen zwischen Bildung und Ausbildung sowie die Zusammenhänge zwischen den Voraussetzungen der Studienanfänger und der Berufswahlentscheidung recht frei. Siehe dazu die Beratungsliteratur von z.B. Heldmann (1998), Heldmann/Finkenstaedt (1998), Henning/Staufenbiel (1999), Hesse/Schrader (1998).

87 „In der jetzigen Form ist das Ingenieurstudium aus der Sicht der Ingenieure ein durchaus erfolgreicher 'Selbstläufer'“ (Vogel 1993, S. 117) oder „Das Ansehen der deutschen Hochschulen für Ingenieurausbildung steht bislang noch immer auf Platz 1“ (Blümer 1993, S. 151).

Der Rankingansatz
will über das Aufstellen von Ranglisten eine Vergleichsmöglichkeit zwischen den Hochschulen und Studiengängen schaffen. Die Verfahren und Ergebnisse der meist populistischen Urheber (Mahler 1999, S. 26)[88] werden dabei häufig selbst kritisiert. Ihre Erhebungen leiden häufig unter diversen Verfahrensfehlern und reproduzieren so z.B. statistisches Material – wie die Anzahl der Rechnerplätze – oder vorgefasste Meinungsbilder. Die Ergebnisse sollen Vergleichsmöglichkeiten schaffen und den Wettbewerb unter den Hochschulen stärken, haben aber (noch?[89]) keine verändernde Wirkung auf die Lehr-Lernprozesse selbst.

Der Attraktivitätsansatz
beabsichtigt die „Attraktivität" des Ingenieurstudiums, des Ingenieurs und seiner Tätigkeit an sich, auch unter Berücksichtigung neuerer attraktiver Anforderungen, zu stärken. Der Ansatz findet seinen Ausdruck u.a. in massiven Werbemaßnahmen für die Aufnahme eines Ingenieurstudiums (vgl. Mahler 1999, S. 199). Er soll den klassischen Maschinenbaustudenten zurückgewinnen, aber auch neue Gruppen – wie z.B. Frauen (vgl. Schwarze/Webler 1998) – für die Aufnahme eines Maschinenbaustudiums umwerben. Er betreibt im Wesentlichen Imagepflege und wird am nachhaltigsten von den unternehmens- und berufspolitischen Verbänden wie dem VDMA und dem VDI – neuerdings auch von den Hochschulen selbst[90] – verfolgt. Beispiel dafür sind Maßnahmen wie das BMBF-Programm FUTOUR (Förderung und Unterstützung technologieorientierter Unternehmensgründungen) oder die Ingenieur-Offensive der Fachhochschule Koblenz. Unterstützt werden sie durch Messepräsenzen wie z.B. den jährlich stattfindenden VDI-Kongressen zur Hannovermesse, einer Vielzahl von Informationsschriften und vielfältigsten Dialogen mit politischen Gremien.[91] Da sich die genannten Maßnahmen auf voruniversitäre Äußerlichkeiten beschränken, bleibt die Wirkung des Ansatzes ohne reformerische Potenz.

Der Beschäftigungsansatz
stützt sich zumeist auf Ergebnisse aus der Hochschulforschung, beispielsweise auf den Befund, dass sich der „klassische Maschinenbaustudent" als typischer Bildungsaufsteiger extrem an den Einstellungschancen orientiert hat. Er versucht dem Rückgang des Interesses zur Aufnahme eines ingenieurwissenschaftlichen Studiums durch das Angebot

---

88 Mahler bezieht sich dabei auf die Veröffentlichungen von Zeitschriften wie Der Spiegel, Stern, Focus u.a.

89 D.h., dass sich die Rankingansätze ähnlich wie die studentischen Ansätze auf die Dauer in institutionalisierte Evaluationen außerhalb (vgl. Daniel 1998) und innerhalb der Qualitätsbewertung (HRK 1998) integrieren lassen können. Sie können dadurch an Bedeutung gewinnen, aber zugleich ihre Eigenständigkeit verlieren.

90 Siehe dazu Abbildung 36 (S. 243).

91 Weitere Beispiele dafür sind das „ThinkIng" des VDI und VDMA (Abbildung 35, S. 242), das „makIng.future" des Verbandes der Metallindustriellen Niedersachsen, das „Frauen geben Technik neue Impulse" des BMBF, der BfA und der Deutschen Telekom AG, das „Technik hat mich schon immer interessiert, Frauen auf dem Weg zum Ingenieurberuf" – Video des Südwestfunks, das „Ping" (Praxis integrierter naturwissenschaftlicher Bildung) der Bund-Länder-Kommission oder regional stattfindende Projekte wie „Mädchen-Technik-Tage" und das „Ada-Lovelace-Projekt" (Neuhäuser-Metternich 1998) in Rheinland-Pfalz. Belege und noch mehr Beispiele für diesen besonders intensiv gepflegten Ansatz finden sich z.B. bei BfA (1996), BMBF (1996, 1998c), Gloger (1999), VDI (1997, 1998a).

besserer Einstellungschancen entgegen zu wirken. Neben den verbalen Bedarfs-Bekundungen der Industrie sollen die in den Medien (z.B. FAZ 1999) verbreiteten Zahlen der offenen Stellen, Integrationsprogramme (vgl. Konegen-Grenier/Weiss 1996), Praktikanten- und Jobbörsen (z.B. VDI-Nachrichten 1999) wieder für mehr Interesse sorgen. Da sich der Ansatz wie der Attraktivitätsansatz auf voruniversitäre Äußerlichkeiten beschränkt, bleibt die Wirkung des Ansatzes ohne reformerische Potenz.

Der Privat-Public-Partnership-Ansatz
wird üblicherweise von privaten Institution betrieben und soll die jeweilige Institution aus den Regeln und Pflichten des öffentlichen Auftrages befreien, ohne die Rechte und Privilegien der Universität zu verlieren. Mit dem Versprechen idealer Studienbedingungen u.a. hinsichtlich Betreuung, Auslandsaufenthalt und optimaler, meist vermittelter Einstellungschancen kann es, als ein konservatives, extrem restriktives, regulatives und kostenpflichtiges Studium (vgl. Rall 1998), hochschulpolitisch brisant sein und einen hochschuldidaktischen Rückschritt darstellen, in dem eine echte Reform der Lehre nicht stattfindet.

Der studentische Ansatz
führt Aktionen wie Streiks und studentische Lehrevaluationen durch, um Aufmerksamkeit zu erlangen und darüber Einfluss auf die Veränderung der Qualität der Lehre auszuüben.[92] Sie verblieben in ihren Anfangsjahren z.T. in rührender Hilflosigkeit und könnten in Zukunft durch institutionalisierte Evaluationen außerhalb (vgl. Daniel 1998) und innerhalb der Qualitätsbewertung[93] von Hochschulen noch weiter an Bedeutung verlieren.

Trotz der geringen Wirkung sind die Externalisierten Reformansätze nicht ungebräuchlich, was auch durch die hohe Zahl der Ansätze unterstrichen wird. Noch mehr Ansätze weist da nur die Gruppe der folgenden mittelbaren Reformansätze auf.

6.2.2.2 Mittelbare Reformansätze

Zu der Gruppe der mittelbaren Ansätze gehören all die Ansätze, die auf eine positive Veränderung in der Studienverwaltung und/oder Studienorganisation abzielen. Es ist die größte Gruppe und ihre Ansätze sind hinsichtlich ihrer reformierenden Potenz in der Regel wirkungsvoller als die der externalisierten Ansätze. Mit Ausnahme des administrativen Ansatzes ist ihnen die angedachte Vorbildfunktion und die geringe Potenz einer echten Reformwirkung gemein. Wie Abbildung 8 zeigt, üben sie dazu z.B. über erprobte Beispiele oder organisatorische Veränderungen – das können z.B. additive Ergänzungen im Lehrplan sein – mittelbaren Einfluss auf die angestrebten Veränderungen aus. Es sind insgesamt zwölf Ansätze identifizierbar, die nachfolgend in der Reihenfolge zunehmender Wirkung dargestellt sind. Sie sind allgemein bekannt oder wurden z.T. in Beispielen realisiert.

92 Siehe hierzu z.B. „Prüf den Prof" des RCDS (1993).
93 Siehe dazu das Projekt Q der HRK (vgl. HRK 1998).

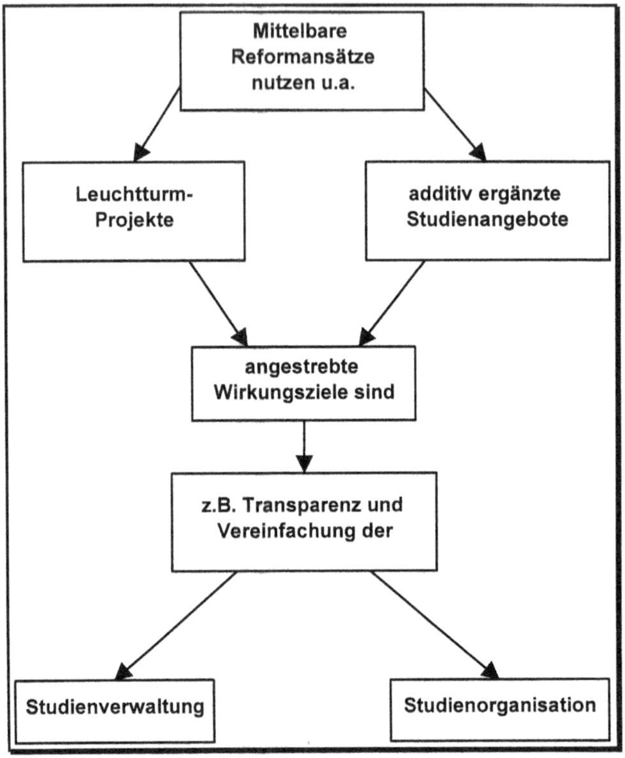

(Eigene Anfertigung)

Abbildung 8: Wirkungsschema mittelbarer Reformansätze

Der additive Ansatz
hängt neue Studienrichtungen oder neue Veranstaltungen mit neuen Inhalten an den klassischen Studienaufbau mit den klassischen Studieninhalten der ingenieurwissenschaftlichen Studiengänge an.[94] Typisch für diesen Ansatz sind die „fachübergreifenden Veranstaltungen" wie z.B. Öffentliches Recht oder das Fach „Kulturkunde", das mit der Maßgabe, „das nur Fachliche der Ingenieurausbildung über sich selbst zu heben" (vgl. Rimbach 1977, S. 49), eingeführt wurde. Eine innere, methodisch wie inhaltliche Verbindung mit dem vorhandenen Angebot findet nicht statt. Fachübergreifende Veranstaltungen besitzen die gleiche reformerische Wirkung wie die Kurse im studium generale und erzeugen in der Konsequenz angepassten Studierverhaltens einen rein auf Scheinerwerb reduzierten und damit eher gegenteiligen Effekt als angestrebt.[95]

94 Siehe dazu beispielsweise die Ausführungen von Riedler (1898, 1918, 1921). Aktueller bei Neef, Pelz (1997) und mit mehr Beispielen zum, wie er es nennt additiven Modell, bei Vogel (1993).

95 Siehe dazu die Ausführungen im Kapitel „Vorschriften in Lehre und Studienorganisation" (S. 119).

Der Normansatz
könnte auch als „Nicht-, Passiv- oder Defensivansatz“ bezeichnet werden. Es ist der Ansatz, der bis zur Einführung von Bachelor- und Master-Studiengängen als normierend für alle thematisch ähnlichen Studiengänge angesehen werden kann.[96] Er erkennt Defizite in der Lehre, verschiebt die Kompensation aber grundsätzlich in die berufliche Fort- und Weiterbildung und belässt das Studium in seiner momentanen Form.[97] Eine Veränderung der Studiensituation ist nicht beabsichtigt.

Der Curriculumansatz
nutzt Vorschläge zur Neugewichtung und Umverteilung von Studieninhalten in den bereits vorhandenen Studienrichtungen, um dadurch eine Reform zu bewirken. Die Maßnahmen sind häufig ohne Konsequenzen reversibel. Nach diesem Ansatz wird z.B. die unveränderte Vorlesung „Grundlagen der Chemie“ vom ersten ins zweite Fachsemester verschoben und mit einer vier statt zweistündigen Klausur abgeprüft. Die Vorschläge sind vom Ansatz her auf eine reine Deduktion von Inhalten abgelegt und unterscheiden sich aus didaktischer Sicht nicht vom bisher Üblichen.[98]

Der Leuchtturm - Ansatz
versucht über die Sammlung und Vor- bzw. Bereitstellung von Berichten über einzelne alternative Studienprojekte einen Wandel in der Lehre zu erreichen. Aktuelle Beispiele dafür sind die Programme TUTOR und LEAD an der TU München (vgl. Freyer 1998). [99] Die Teilnahme der Studierenden an diesen Angeboten ist häufig freiwillig und deshalb nicht unbedingt als Leistungsnachweis nutzbar. Leuchtturm-Projekte haben meistens eine befristete Laufzeit und geraten üblicherweise nach einer öffentlichen Vorstellung in Vergessenheit.

Der Anreizansatz
ist bestrebt, über den Weg der positiven Motivationsverstärkung mehr Qualität in die Lehre zu bringen. Unter Titeln wie „Mehr Ehre für die Lehre“ (Modellprogramm des BMBW), „Programm zur Verbesserung der Lehre“ (Hessen) oder dem Bielefelder „Karl-Peter-Grotemeyer-Preis“ für exzellente Lehre (Huber 1998, S. 7) wird die eklatante Schieflage in der Anerkennung von Forschungs- und Lehrleistungen tangiert (vgl. Böhme 1993 S. 27, Pelsert/Framhein 1997, S. 73). Dieser Ansatz korrespondiert mit dem Leuchtturm-Ansatz. Die Ergebnisse geraten üblicherweise ohne oder nach einer öffentlichen Vorstellung in Vergessenheit.

Der Modellversuchsansatz
wird häufig durch öffentliche Mittel – z.B. dem HSP III oder den Landesprogrammen zur Verbesserung der Lehre – gefördert. Modellversuche und Aktionsprogramme wie der „Studienreform-Profilbildung-Wettbewerb“ des Stifterverbandes für die Deutsche

[96] Vgl. Kapitel „Juristische Verflechtungen der Technischen Dokumentation“ (S. 168).
[97] Vgl. Staehle (1978), Christmann (1997), Freund (1997).
[98] Siehe dazu beispielsweise die Leitlinien, Empfehlungen, Stoffverteilungspläne und Kommentare des VDI (1983, 1990, 1993, 1995) oder des VDMA (1979, 1980).
[99] Weiter Beispiele finden sich bei Longmuss (1998), Schwarze/Webler (1998), BMBF (1999), das Projekt NetzIng, Tagungen der IGIP, der HIS, der AHD u.a.

Wissenschaft (1996) [100] sollen neue Erkenntnisse über unübliche Formen und Methoden der Hochschullehre ergeben, die dann zu einer Reform der Inhalte und einer qualitätssteigernden Wirkung in der Lehre führen sollen. Der Ansatz korrespondiert mit dem Leuchtturm-Ansatz und unterscheidet sich nur durch den Wettbewerbscharakter. Die Wettbewerbe haben in der Regel eine befristete Laufzeit und geraten üblicherweise nach einer öffentlichen Vorstellung in Vergessenheit.

Der Szenarioansatz
subsumiert eine ganze Reihe von theoretisch angedachten und vorgestellten Modellen zur Reform der Universitätsverwaltung und der Organisation von Lehre. Als zukunftsbezogene Denkansätze tragen die konstruierten Visionen meistens ihren Teil zur Diskussion bei, bleiben aber bisher in der Theorie und ohne praktische Umsetzung für die Reform der Lehre zunächst wirkungslos.[101] Je nach Ausführung kann er auch zu den Didaktischen Ansätzen gezählt werden.

Der Selbstverwaltungsansatz
stützt sich auf die Verpflichtungen zur ständigen Studienreform durch den § 8 des HRG und die Hochschulautonomie. Er versucht mit den Mitteln der Selbstverwaltung eine Reform von innen und könnte eine große Reformwirkung haben. Beispiel dafür ist der Versuch süddeutscher Maschinenbauprofessoren, eine Standardvorlesung allein durch den Einsatz neuer Medien reformieren zu wollen. Selten entstehen konstruktive Dialoge wie die „THD-Werkstattgespräche zur Verbesserung der Lehre“ (THD 1993). Da er aber in den meisten Fällen zu einem eindimensionalen, weil auf reiner Fachsystematik basierenden Ansatz oder anderen eindimensionalen Maßnahmen mit geringer Reichweite führt. Der Ansatz korrespondiert mit dem Curriculumansatz und ist wie dieser vom Ansatz her auf eine reine Deduktion von Inhalten abgelegt. Er unterscheidet sich aus didaktischer Sicht nicht vom bisher Üblichen .

Der Studienberatungsansatz
wird derzeit vor allem von der KMK und der HRK in deren Erklärung „Umsetzung der Studienstrukturreform“ (1993) transportiert. Er versucht durch eine größere Transparenz der Institution sowie einer besseren Studien- und Berufsberatung die Studienzeiten zu verkürzen und die Qualität des ansonsten unveränderten Studiums zu erhöhen. Die Maßnahme wird auch vom §14 HRG aufgegriffen und zielt auf die Erkenntnis, dass dadurch die Studiendauer verkürzt werden könnte.[102] Der Ansatz korrespondiert mit dem Beratungsansatz, ist aber ihm gegenüber durch die Lehrenden zu leisten. Er könnte aber, durch die Reflexion der Aushandlungsprozesse zwischen Beratendem und Beratenem, auf die Dauer eine reformerische Potenz entwickeln.

[100] Weitere Beispiele sind Tutoren- und Mentorenprogramme (Freyer 1998, BMBF 1998c), die sechs Verbundmodellversuche (Horstkotte 1998), das BLK-Modell „Entwicklung und Erprobung von interdisziplinären, fächerintegrierten Lehrbausteinen im Bereich Umwelt und Ökologie in den Ingenieur- und Naturwissenschaften“. Siehe dazu auch DGB (1984), Neef/Pelz (1997).

[101] Beispiele für den Szenarioansatz sind zu finden bei: Küpper/Sinz (1998) oder Pelz (1997).

[102] Vgl. hierzu Peisert/Framhein (1997, S. 92ff.). Sie berichten von dem aktuellen und historischen Streit um die „Ausnahme“ von einer Planstudienzeit von „4 plus“. Dort wurden bis zu 12 Semestern als Regelstudienzeit gefordert.

Der administrative Ansatz
nutzt den Weg der administrativen und institutionellen Vorgaben und Rahmenbedingungen zur Hochschulreform. Dazu gehören SO/PO, Rahmenprüfungsordnungen, Landeshochschulgesetze und das seit 1976 bestehende und seither mehrfach geänderte HRG. Dabei werden richtunggebende Grundlagen geschaffen, die einerseits den bildungspolitischen und -ökonomischen und andererseits den verwaltungstechnischen Zeitgeist[103] transportieren, aber nicht aktiv in das Reformgeschehen eingreifen. Auch mit den neuesten Änderungen des HRG wurden nur neue respektive andere Rahmenbedingungen für eine Reform geschaffen.[104]

Der Prädikatsansatz
versucht über die Verleihung eines Prädikats oder Titels einen didaktischen Standard zu schaffen, um die Qualität der Lehre in Fächern mit technischen Inhalten zu verbessern. Üblicherweise haben die angebotenen Prädikate wie z.B. der 'ING-PAED IGIP'[105] einen geringen Bekanntheitsgrad und gegenüber der bildungsökonomisch wichtigeren wissenschaftlichen Profilierung eine geringe Attraktivität. Er kann in der praktischen Umsetzung zu einem didaktischen Ansatz werden, hängt aber von der didaktischen Grundposition und der Verbreitung ab. Zur Zeit kommt er nur in Einzelfällen zur Anwendung und besitzt deshalb eine geringe Reformwirkung.

Der Qualitätsansatz
versucht über die Mechanismen der ursprünglich von den Militärs in Form der AQAP[106] entwickelten, später in der betrieblichen Qualitätssicherung angewendeten Kontrollsysteme „organische" Algorithmen zu etablieren, um die Start-Ziel-Ökonomie zu erhöhen und einen kontinuierlichen Verbesserungsprozess in Gang zu setzen. Dieser Ansatz wird u.a. als „Projekt Qualitätssicherung" von der HRK im Auftrag der Bund-Länder-Kommission für Bildungsplanung und Forschungsförderung verfolgt sowie durch die Novellierung des HRG und die Einrichtung eines länderübergreifenden Akkreditierungsrates flankierend unterstützt. Möglicherweise liegt hier längerfristig die Chance einer Struktur- und Inhaltsreform, wie die seit etwa 1998 auf breiterer Basis geführten Diskussionen erwarten lassen.[107]

Die mittelbaren Reformansätze besitzen gegenüber den externalisierten Ansätzen ein echtes Veränderungspotenzial, weil sie sich einzeln und in der Summe um eine Verbesserung der Studiensituation im Sinne der §§ 2 und 7 HRG bemühen. Dennoch dringen auch sie nicht bis in die Lehr-Lernprozesse vor.

---

103 Am deutlichsten ersichtlich in der Neufassung der §§ 5 Evaluation und 15 Leistungspunktesysteme HRG.

104 Siehe hierzu BMBF (1998a-d) und das HRG in der Fassung vom 24.8.1998.

105 Der 'ING-PAED IGIP' ist ein Titel, der von der Internationalen Gesellschaft für Ingenieurpädagogik – IGIP (vgl. Melezinek 1995, S. 41) – für pädagogisch besonders geeignete Ingenieure vergeben wird. Seine europäische Variante der FEANI (Europäischer Verband nationaler Ingenieurvereinigungen) trägt die Bezeichnung EUR-ING. Zum Erwerb der Titel sind z.B. bestimmte Qualifikationen nachzuweisen, die durch den Besuch vorgeschriebener Kurse erworben werden können.

106 Abkürzung für „Allied Quality Assurance Publications". NATO-Forderungen an ein industrielles Prüfsystem. Maßnahmen zur Sicherstellung der Qualität seiner Leistungen (amerikanisch-militärischer Vorläufer der heutigen Qualitätssystemnorm DIN EN ISO 9000).

107 Zur aktuellen Diskussion siehe HRK (06/1998, 07/1998, 11/1998 und 01/1999).

6.2.2.3 Verhaltensnormierende Reformansätze

Die verhaltensnormierenden Ansätze versuchen ähnlich wie die mittelbaren Reformansätze eine Veränderung über eine Zuhilfenahme von Mitteln (hier: Verhaltensregeln) zu erreichen. Die in diesen Ansätzen enthaltenen verhaltensbestimmenden Regeln oder Empfehlungen[108] zielen aber – wie in Abbildung 9 gezeigt – insgesamt weniger auf eine Studienreform als auf eine Verhaltensänderung bei Lehrenden und/oder Lernenden. Ihre Wirkung, die dadurch auch eine Wirkungen auf eine Reform im Sinne der §§ 2 und 7 HRG haben kann, soll sich während und/oder nach dem Studium zeigen. Es ist mit zwei Ansätzen die kleinste Gruppe.

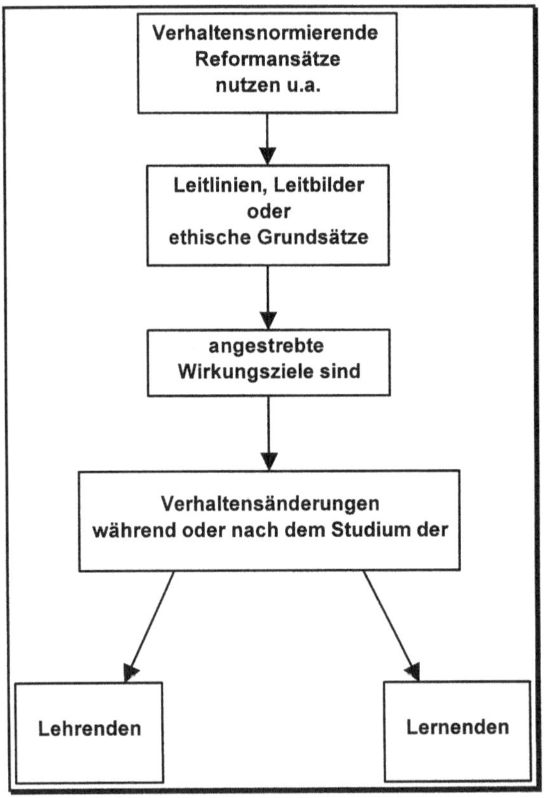

(Eigene Anfertigung)

Abbildung 9: Wirkungsschema verhaltensnormierender Reformansätze

108 Siehe als Beispiel „Das Bekenntnis des Ingenieurs" Tafel 11 (S. 248).

Der Leitlinien- oder Leitbildansatz
versucht durch die Apostrophierung neuer Zielsetzungen neue Orientierungen innerhalb der angedachten Bildungsstruktur zu geben. Dabei zielen die Leitbilder je nach Zielgruppe mal auf das gesamte (Berufs-) Bildungssystem (vgl. Sachverständigenrat 1998) oder auf einen einzelnen Studiengang (vgl. Neef 1997a, HIS 1998). Als theoretische Vorschlagsmodelle transportieren sie sehr unterschiedliche, aus didaktischer Sicht jedoch meistens die üblichen technizistischen Positionen. Da sie aber auf eine Umsetzung angewiesen sind, verbleiben sie in der Regel als Empfehlungen in der Literatur.

Der Ethikansatz
hat seit den Anfängen des Maschinenbaus immer wieder Renaissance. Er versucht weniger die Ingenieurausbildung zu reformieren, als den Ingenieur z.B. durch die Formulierung einzuhaltender ethischer Grundsätze zu verantwortlichem Handeln zu bewegen.[109] Da sein Spektrum jedoch nur von allgemein gehaltenen Appellen bis zur konkreten Handlungsanleitung in Konfliktsituationen reicht, greifen sie, meist normativ, als Lösungsinstrumente der reformbedingenden Probleme zu kurz. Verständnisorientiert sind sie wirkungsvoller, bleiben aber als reine Ethikkodizes ebenso reformfern.[110]

Das besondere an diesen Ansätze ist, dass sie auch von Gruppierungen aufgestellt werden können, die nur entfernt etwas mit den Kerninhalten der Ingenieurwissenschaften zu tun haben. Ein Beispiel dafür sind Religionsgemeinschaften, Umwelt- oder Friedensinitiativen, die sich als Nutzer oder Betroffene von technischen Artefakten mit den Folgen und Problemen von Technik auseinandersetzen. Die Ansätze sind appellativ und besitzen deshalb nicht einmal die positivistische Beweiskraft der nachfolgend beschriebenen empirischen Ansätze.

6.2.2.4 Empirische Reformansätze

Die empirischen Reformansätze greifen auf die Forschungsergebnisse unterschiedlichster wissenschaftlicher Disziplinen zurück und versuchen damit Veränderungsprozesse in Gang zu setzen und zu leiten. Wie Abbildung 10 zeigt, wirken sie dabei insbesondere auf die Inhalte und Vermittlungsverfahren. Zu diesen Ansätzen zählt die Bildungsökonomie mit ihrer arbeits- und industriesoziologischen Qualifikationsbedarfsforschung, aber auch mit ihren betriebswirtschaftlichen Modellen, die den Grundstrukturen didaktischer Modelle ähnlich sein können. Die dargestellte Reihenfolge zeigt die insgesamt fünf Ansätze mit steigender Reformpotenz.

---

109 Siehe als Beispiel „Das Bekenntnis des Ingenieurs“ Tafel 11 (S. 248).

110 Beispiele für die genannten Kodizes finden sich bei Detzer (1995), Rinneberg (1995), Lenk/Ropohl (1987), VDI-Richtlinie 3780.

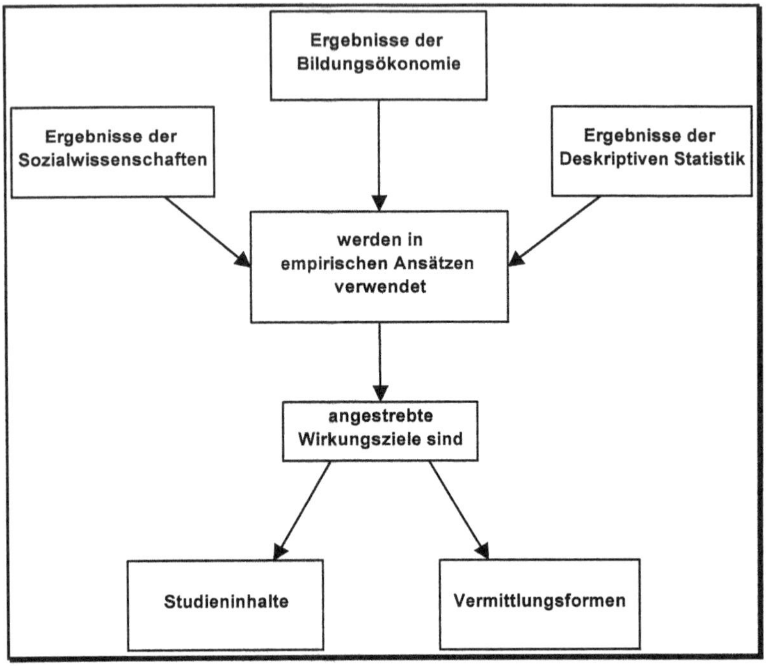

(Eigene Anfertigung)

Abbildung 10: Wirkungsschema empirischer Reformansätze

Der Anforderungsansatz
verwendet z.B. Ergebnisse aus Befragungen um einen Wandel der Qualifikationsanforderungen der Berufs- und Arbeitswelt an die Absolventen zu beschreiben und darüber eine Studienreform zu betreiben. Selbst wenn die Ergebnisse veränderte Anforderungen an die Absolventen bzw. Berufsanfänger" belegen, verlieren sie doch an Bedeutung, indem sie unter einem Mangel an Validität und einer zu geringen Vergleichbarkeit hinsichtlich Systematik, Nomenklatur und Struktur untereinander leiden.[111] Der Ansatz ist aber ohne eine geeignete Identifikation mit den Bildungsinhalten didaktisch eindimensional.[112] Bildungsökonomisch ist er nicht dazu geeignet, die Schwächen der Berufs- und Qualifikationsanalysen des Qualifikationsansatzes zu überwinden.[113]

Der statistisch deskriptive Ansatz
versucht über die Identifikation korrelierender Parameter im Umfeld der Hochschule Ursachen für Reformbedarf zur analysieren und Reformen zu synthetisieren. Beispiele

111 Beispiele für die geringe Übereinstimmung der Einteilungskriterien beruflicher Tätigkeiten finden sich u.a. durch die Gegenüberstellung von Henning/Staufenbiel (1999), Konegen-Grenier/Weiss (1996), Stifterverband (1993), VDMA (1994, 1996).

112 Siehe zum Begriff der Eindimensionalität Steindorf (1995), Schmiel (1978).

113 Eine ausführliche Beschreibung der Schwächen findet sich bei Teichler (1995, S. 65).

dafür sind die Forschungen zu den Veränderungen in der Berufs- und Arbeitswelt, den Berufs- und Studienwahlmotiven sowie deren Abhängigkeiten von Berufsaussichten[114] u.a. Der Ansatz liefert Informationen über Veränderungsbedarf, ist aber auf geeignete Berücksichtigung in der Umsetzung angewiesen. Seine reformerische Potenz liegt allein in der Kraft der Beweise.

Der sozialwissenschaftliche Ansatz
erhebt mit den Mechanismen der empirischen Sozialforschung Sichtweisen, Reaktionen und Wünsche der Studierenden, um dadurch die Zusammenhänge von Ursachen und Wirkungen in Studiengängen zu erklären. Eines der bedeutendsten Beispiele für solche Studierendenbefragungen stellt der Studierendensurvey der Arbeitsgruppe Hochschulforschung an der Universität Konstanz dar.[115] Trotz relativ großer Verbreitung finden die kausalen Zusammenhänge der Ergebnisse kaum Beachtung in der praktischen Umsetzung und können dadurch ihre Beweiskraft nicht in reformerische Potenz umsetzen.

Der Reflexionsansatz
erzeugt mit empirischen Erhebungen wie Absolventenreports und Absolventenstudien eine gesicherte Datenbasis, um damit Reformen zu begründen.[116] Er leidet wie der sozialwissenschaftliche Ansatz trotz großer Beweiskraft unter einer zu geringen Beachtung, die für eine reformerische Potenz vorauszusetzen ist.

Der Transparenzansatz
nutzt überwiegend betriebswirtschaftliche Instrumente und zielt eher auf die statistisch belegbaren Grundlagen der Hochschulen, um sie vor dem Hintergrund einer besseren Planbarkeit transparenter zu machen. Die Einführung von Lehrberichten sowie statistischen Planungshilfen wie Raum- und Kapazitätsbüchern, Personalbemessungskonzepten u.a. zielen zwar auf ökonomisch begründete organisatorische Veränderungen, erhalten ihre reformerische Potenz aber erst durch die Berücksichtigung didaktischer Aspekte zur Steigerung der Effizienz der Lehre.

Da viele der empirischen Erhebungen nicht zum alleinigen Zweck einer Reform durchgeführt werden, sind Ergebnisse auch ohne Konsequenzen in der ingenieurwissenschaftlichen Lehre aus- und verwertbar. Dadurch werden die Ergebnisse nicht per se hinfällig, aber der Anwendungsdruck entfällt. Dabei könnte gerade die Verbindung von empirischen und didaktischen Reformansätzen langfristig eine Basis für die Einführung von permanenten Evaluationsverfahren darstellen, mit denen Aussagen über die Qualität der didaktischen Ansätze gewonnen werden können.

6.2.2.5 Didaktische Reformansätze

Die didaktischen Ansätze fußen auf theoretischen Modellen und Konzepten aus den einzelnen Teildisziplinen der didaktischen Forschung. Sie verwenden häufig Begründungsschemata und unterliegen dabei einem erkenntnis- und fortschritts-

---

114 Vgl. hierzu Bargel/Ramm (1997, 1998), BMBF (1996), Lange (1978), Peisert (1981), Schaumann (1997), VDI (1996).

115 Siehe Bargel, Ramm (1997), Bargel u.a. (1998), Bargel, Ramm (1998a), Bargel, Ramm (1998b).

116 Siehe Ederleh (1998), Minks (1993), Schomburg/Teichler (1998), Udris/Rimann (1994a, b) und Winkler (1998).

bedingten Wandel. Ihre Veränderungspotenz im Sinne der §§ 2 und 7 HRG beruht u.a. darauf, dass sie die einzigen Ansätze sind, die die Lehre als eigenständige Disziplin professionalisieren und deshalb direkt in der Studienorganisation und im Lehr-Lernprozess – hier dargestellt in der Trennung von Inhalten und Vermittlungsmethoden – wirksam sein können. Wie Abbildung 11 (S. 82) zeigt, berücksichtigen sie dabei den Auftrag der Hochschulen und die Dispositionen der Lernenden bzw. der Lehrenden. Die Reihenfolge der Ansätze basiert auf dem Grad der fachlichen Allgemeinheit.

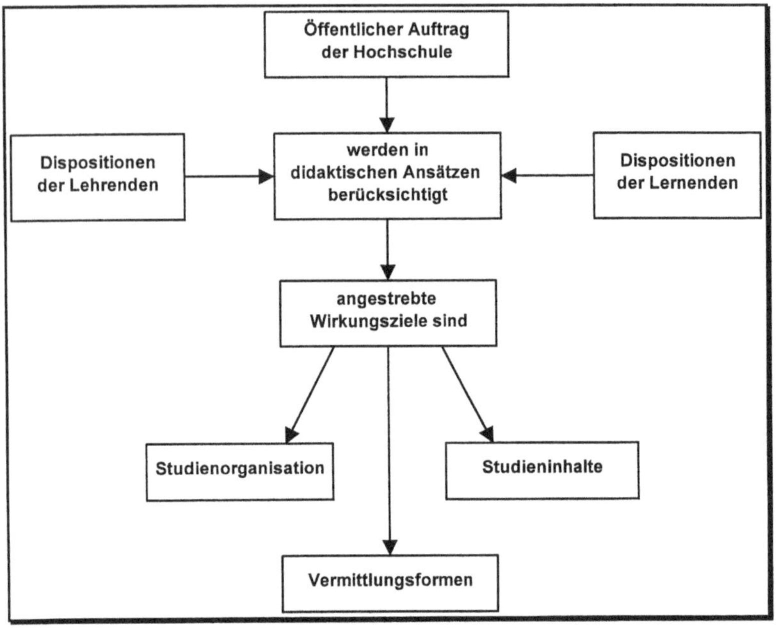

(Eigene Anfertigung)

Abbildung 11: Wirkungsschema didaktischer Ansätze

Der allgemeindidaktische Ansatz
stammt aus der allgemeinen Schuldidaktik und liefert wissenschaftliche Grundlagen und allgemeingültige Modelle vom Lehr-Lernprozess zur Förderung der Lehrqualität. Der Ansatz lässt sich, bedingt durch seine Allgemeingültigkeit, nur durch einen lehrparameterbestimmenden und -berücksichtigenden Transferprozess in einzelnen Fächern und in der Hochschule anwenden.[117] Seine reformerische Potenz liegt in der allgemeingültigen handlungsorientierenden Wirkung und der didaktischen Grundlegung praktischer Ansätze .

117 Zu diesen Ansätzen gehören u.a. die Bildungstheoretische, die Kritisch-konstruktive, die Kommunikative, die Lern- bzw. Lehrtheoretische, die Lernzielorientierte und die Informationstheoretisch-kybernetische Didaktik. Meyer (1991) und Memmert (1991) bieten Übersichten zu der Vielzahl der unterschiedlichen Ansätze.

Der fachdidaktische Ansatz[118]
versucht die Erkenntnisse der Fachdidaktiken auf die Ausgestaltung des wissenschaftlichen Studiums abzubilden. Er kann sich an die Theorien und Modelle der Allgemeinen Didaktik anlehnen und wird wie sie, fast ausschließlich der allgemeinbildenden Schule zugeordnet. Der fachdidaktische Ansatz kann ebenfalls erst nach der Bestimmung und Berücksichtigung der „unterrichtlichen" Voraussetzungen in der wissenschaftlichen Lehre Anwendung finden und seine Veränderungspotenz entfalten.

Der berufspädagogische Ansatz[119]
überträgt die Erkenntnisse der Berufsbildungsforschung und die berufspädagogischen Ansätze auf die Ausgestaltung des wissenschaftlichen Studiums. Der Ansatz ist der fachbezogenen Hochschuldidaktik noch am ähnlichsten und diskutiert am weitesten die Zusammenhänge von Ausbildung und Beruf, Wissenschaft und Bildung. Im Übrigen wird der Ansatz fast ausschließlich den Berufsbildenden Schulen und der betrieblichen Ausbildung zugeordnet. In der praktischen Umsetzung lassen sich einzelne Praxis-Beispiele[120] nachweisen, die durch ihre Realisierung dem Leuchtturm-Ansatz zuzuordnen sind. Reformpotenz erhält der Ansatz durch die Berücksichtigung maßgeblicher Unterrichtsbedingungen.

Der hochschuldidaktische Ansatz
verfolgt, je nach Ansatz, zwei unterschiedliche Funktionen:

- *Die instrumentelle Funktion der Hochschuldidaktik.* Sie wird in der Hochschuldidaktik als (Aus-)Bildungsfunktion und Teil einer sozialwissenschaftlich-interdisziplinär orientierten Erziehungswissenschaft verstanden. Die Hochschule ist dabei Abnehmer von hochschuldidaktischen Kursen, deren Themen von der Schriftgröße an der Tafel bis hin zur Beratung in der Evaluation reichen.
- *Die Forschungsfunktion der Hochschuldidaktik.* Sie wird einerseits als Teil der Wissenschaftsforschung und andererseits als historische Sozialisationsforschung propagiert und verstanden.

Die Hochschuldidaktischen Institutionen leisten sozialwissenschaftliche Forschung und stellen insgesamt ein Forum zur Reform der Lehre dar. Ein Einfluss auf Reformen wird allerdings, in beiden Funktionen, von Seiten der Hochschule nur rudimentär zugelassen (vgl. Huber 1995).

118 Zu den fachdidaktischen Ansätzen siehe die Zusammenfassung von Hill (1996), aber auch Henseler/Höpken (1996) oder Schmayl/Wilkening (1995).

119 Zu den berufspädagogischen Ansätzen gehören u.a. die Didaktik der Technologie (Nölker 1980) und die von Lipsmeier genannten, technikdidaktischen Grundkonzeptionen wie die der Integrativ-ganzheitlichen, der Wissenschaftsorientierten, der Strukturtheoretischen, der Problemlösungsorientierten und der Systemtheoretischen Didaktik. Sie waren nie als geschlossene Konzepte wirksam, wurden bzw. werden aber dennoch praktiziert. (vgl. Lipsmeier 1995, S. 238ff.)

120 Sie haben meistens befristete Laufzeiten und werden häufig als „best-practice" veröffentlicht.

Der fachgebundene hochschuldidaktische Ansatz
kombiniert den fach- und den hochschuldidaktischen Ansatz, indem er seine Wirkung im Speziellen auf die Besonderheiten eines einzelnen Studienganges und seiner Lehr-Lernparameter ausrichtet. Er ist Theorie und Basis eines ganzheitlichen ingenieurwissenschaftlichen Studiums, in dem der Charakter der wissenschaftlichen Ausbildung ohne Vernachlässigung des immanenten Bildungsauftrages betont wird. Es ist ein Ansatz zu dessen theoretischen Grundlagen bisher nur vereinzelte Hinweise[121] vorliegen. Beispiele für diesen Ansatz sind häufiger in der Theorie als in der Praxis zu finden: So hatte ihn Ropohl 1980 theoretisch angedacht, als er seminaristische Veranstaltungsformen zur Berücksichtigung human- und sozialwissenschaftlicher Aspekte empfahl (Ropohl 1980, S. 428). Fleischmann, Lorbeer und Tröster praktizieren den fachgebundenen hochschuldidaktischen Ansatz dagegen erfolgreich in der Veranstaltung Maschinenelemente an der FH-Heilbronn (Fleischmann/Lorbeer/Tröster 2000). Auch die Forstwirtschaftliche Fakultät der Universität Freiburg hat die „Einsicht, dass neue Berufsanforderungen auch neue Lehrformen bedingen“ (Leffers 2000, S. 11), konsequent umgesetzt.[122] Und die Universität Aalborg hat nach Nielsen[123] das Projektstudium zur Grundlage aller Studienaktivitäten gemacht. Die Reformwirkung des fachgebundenen hochschuldidaktischen Ansatzes liegt in der didaktisch fundierten Vermittlung zwischen den bisherigen scheinbaren Gegensätzen von Bildung und Ausbildung, Wissenschaft und beruflicher Praxis sowie der Anwendung eines klassischen Theorieunterrichts wie neuer Lehr- und Lernformen.

Rückblickend versprechen die didaktischen Ansätze und insbesondere der fachgebundene hochschuldidaktische Ansatz den größten positiven Effekt auf die durch die §§ 2, 7 und 8 HRG aufgestellten Aufgaben. Dabei kann die Kombination mit weiteren Maßnahmen wie z.B. mit dem Evaluations- oder dem Qualitätsansatz die positiven Wirkungen verstärken.

---

121 Einen Hinweis liefert Frank (1995, S. 31): „In der Wissenschaft kommt es eben nicht zu allererst darauf an, wahre Sätze zu produzieren, sondern darauf, mit der Unterscheidung ‘wahr – unwahr’ umgehen zu können. In der wissenschaftlichen Ausbildung kommt es dann darauf an, Unterscheidungsfähigkeit zu erwerben. Wenn sich daraus im Verlaufe des Studiums eine Qualifikation entwickeln soll, die auch außerhalb der Wissenschaften zählt, dann muß es zumindest die Idee geben, daß das in diesem Teilsystem ausgebildete Unterscheidungsvermögen von einer Art ist, die transferfähig ist. Damit dies gelingen kann, bedarf es erstens der Kommunikation und zweitens der Einsicht, daß Kommunikation nicht etwas Hinzugekommenes, sondern Teil des Erkenntnisprozesses selbst ist. Solange aber hinter universitären Mauern Sehen (Erkenntnis) und Zeigen (Kommunikation) als zwei voneinander unabhängige Aktivitäten verstanden werden, braucht sich niemand über öffentliche Verlautbarungen zu wundern, in denen die kommunikative Kompetenz, euphemistisch ausgedrückt, bemängelt wird.“ Einen weiteren Hinweis gibt Binstadt (1990 S. 98), der Wagenscheins Gedanken zum exemplarischen Lernen als Aufruf zum methodischen Vorgehen im Unterricht versteht.

122 Laut Leffers (2000, S. 11) wurden „vor fünf Jahren alle Vorlesungen auf einen Schlag abgeschafft und durch Kleingruppenarbeit in Themenblöcken ersetzt“.

123 So berichtet am 14.12.2000 in Bochum im Workshop Berufsfähigkeit im Ingenieurstudium. Nielsen ist Professor im Departement of Production und zählt sich zu den Vätern des Projektstudiums an der damals neu gegründeten Aalborg University, Dänemark.

Wurde bisher in dieser Richtung nur sehr wenig Hochschulforschung[124] betrieben und die vorhandenen Ergebnisse kaum berücksichtigt (Teichler/Enders/Daniel vgl. 1998, S. 226), zeichnet sich seit Mitte der 90er Jahre ein erster Ansatz für einen Wandel in den Ingenieurwissenschaften ab. Er findet seinen Ausdruck insbesondere in der VDI-Studie Ingenieurbedarf (1996) und in dem „Ingenieurdialog" des Bundesministeriums für Bildung, Wissenschaft, Forschung und Technologie (BMBF).[125] Die Ergebnisse beider Initiativen enthalten eine Reihe von Empfehlungen, in denen sich einige der aufgezählten idealtypischen Reformansätze widerspiegeln. Die Empfehlungen reichen in ihrer Vielfalt und in gänzlich unterschiedlicher Konkretisierung von reinem Aktionismus ohne echte reformerische Wirkung, bis hin zu Vorhaben grundlegender Veränderung. Es kommt aber zu wenig Reformwirkung im Sinne der §§ 2 und 7. Die Absicht einer echten Struktur- und Studienreform ist aber darin nicht erkennbar, und weil eine Reform ohne didaktischen Hintergrund keine echte Struktur- und Studienreform unter Berücksichtigung inhaltlicher Erneuerung sein kann, findet sie nicht statt. Nur didaktisch begründet kann sie eine mehrperspektivische, umfassende Klammer bilden, die die Bildungswirkung und damit zugleich die bildungsökonomische Potenz der ingenieurwissenschaftlichen Lehre stärkt.

Auch wenn die Arbeiten von Schilling (1981), Kohlstock (1997) u.a. die Problematik einer solchen Arbeit verdeutlichen, hat der Vorschlag eines neuen hochschuldidaktischen Verfahrens zur Förderung der Lehrqualität die theoretischen Voraussetzungen für den Erfolg zu klären und sich didaktisch wie bildungsökonomisch begründen zu lassen. Dazu sind

- die theoretisch-abstrakten wie realisierten Vorläufer kennen zu lernen,
- die Bedingungen der bisherigen Verfahren hochschulischer Lehre zu klären und
- die Erscheinungsformen, Ursachen und Interdependenzen der bekannten Probleme zu berücksichtigen.

Um so deutlicher wird dadurch die Notwendigkeit einer stärker systematisierten hochschuldidaktischen Forschung, inklusive Berufsfeldanalysen, Absolventenstudien, Forschungen zum Hochschullehrerberuf und über die Hochschule an sich.[126]

Ein solcher allgemeingültiger Vorschlag hat, wenn er von oben initialisiert sein soll, zunächst eine einheitliche Nomenklatur zu schaffen. In dieser sind die wissenschaftlich-beruflichen Tätigkeitsfelder zu beschreiben und Begriffe wie Kompetenzen, Fähigkeiten und Fertigkeiten usw. zu klären. Erst in der Folge können sich dann die am Lernprozess beteiligten Interaktionspartner unmissverständlich über gemeinsame Zielvereinbarungen verständigen. Ebenso wichtig ist die regelmäßige Überprüfung und Reflexion im Reformprozess hinsichtlich der Erfüllung der Studienzielvorgaben. Denn angesichts der vielfachen Veränderungen in der beruflichen Tätigkeit der Ingenieure sowie der sich verändernden Aufgabenbereiche erscheint dies notwendig, um die juristische Vorgabe „berufspraktische Ausbildung" zu erreichen.

---

124 Die hochschuldidaktische Grundlagenforschung kann in ihrer Breite als ein Teil davon angesehen werden.

125 Beide Initiativen entspringen der Absicht, den bildungsökonomischen Bedarf zu decken. Auf der Seite der Hochschulen fehlen die Studienanfänger und auf Seiten der Industrie der Ingenieurnachwuchs.

126 Zur vertiefenden Begründung siehe den Aufsatz von Teichler/Enders/Daniel (1997).

Gegen eine vereinfachte zeitliche Momentaufnahme der Arbeitsplatzsituation im Sinne der bildungsökonomischen Qualifikationsansätze äußerten Morsch u.a. schon 1974 ihre Bedenken. Sie sind damit der heute allgemein üblichen Kritik an den Arbeitsplatzanalysen bildungsökonomischer Qualifikationsansätze zuvorgekommen. Nach ihrer Ansicht wäre eine Qualifikationsermittlung für den Ingenieurbedarf denkbar. Eine grundsätzliche Prognose von Veränderungen und damit eine Voraussage von künftig nötigen Qualifikationen sei aber prinzipiell unmöglich, obwohl die Erzählforschung zu „ableitbaren Folgerungen für das Ingenieurstudium" (Winkler 1998, S. 294f.) kam. Sinnvoller erscheint es deshalb, den Weg über einen zeitgeistintegrierenden Standard zu wählen, wie ihn die bildungstheoretische Didaktik verspricht.

Der Bildungsgehalt bietet sich als ein solcher Standard an, denn er berücksichtigt schon von sich aus eine Vielzahl didaktisch relevanter Einflussfaktoren aus gestellter Zielsetzung, Gesellschaft, Politik, Beruf, Zielgruppe u.v.a.m.

Abschließend kann festgehalten werden, dass trotz der großen Zahl an identifizierten Reformversuchen echte Veränderungen in Studium und Lehre ausgeblieben sind. Die Ursachen liegen häufig in den verfehlten Wirkungszielen. Wirkliche Veränderungspotenz ist fast ausschließlich den didaktischen Ansätzen zuzuschreiben, da diese als einzige vermittlungsrelevante Bestimmungsfaktoren berücksichtigen und zugleich auf die Vermittlungsmethoden, die Studieninhalte und -organisation abzielen.

6.3 Orientierungshilfe didaktischer Positionen

Gedanken über die universitäre Lehre müssen immer zwischen den Positionen der Didaktik, der Hochschuldidaktik und der Fachdidaktik vermitteln. Wie dies im Bezug zur ingenieurwissenschaftlichen Lehre ausgestaltet sein kann, wird im Folgenden beschrieben.

Die einzelnen Positionen stellen je für sich eigene wissenschaftliche Forschungsfelder dar und lassen sich nicht deduktiv von der Allgemeinen Didaktik ableiten. Sie stehen untereinander in einer durch die gemeinsamen Grundlagen begründeten implikativen Wechselbeziehung und sind durch die Bezugnahme auf unterschiedlich konkretisierte didaktische Handlungsfelder gekennzeichnet. Zu diesen Handlungsfeldern gehören z.B. die Hochschule und die Fächer. „Prima facie zielt der Begriff Hochschuldidaktik ab auf die Lehr- und Lernwirklichkeit mit ihren 'Randbedingungen' (Grundlagen, Voraussetzungen auf verschiedenen Ebenen sowie entsprechende Konsequenzen), insofern sie sich an einer wissenschaftlichen Hochschule ereignet, und zwar sowohl unter dem Aspekt der Theorie wie unter dem der Praxis" (Zillober 1984, S. 10f.).

Alle didaktischen Ansätze universitärer Lehre[127] sind damit prinzipiell auf die Kenntnis didaktisch relevanter Rahmenbedingungen, also der Determinanten und ihrer Interdependenzen angewiesen, wenngleich zur Gewinnung und Rechtfertigung übergeordneter Lernziele je nach Autor und didaktischem Modell unterschiedliche Grundannahmen gemacht werden. Sie stehen jedoch alle vor dem Problem eines fehlenden einheitlichen hochschuldidaktischen Theoriemodells und einer einheitlichen Terminologie. Es fehlt eine erziehungswissenschaftliche Heimat (vgl. Huber 1999, S. 26f.) sowie eine kontinuierliche und systematische hochschuldidaktische Forschung, die durch flankierende aber ebenso systematische Forschungen wie Absolventenanalysen,

127 Eine Zusammenstellung verschiedener Ansätze ist zu finden in Zillober (1984).

Berufsfeldforschungen, Auswertung von Stellenanzeigen, Forschungen über die Beziehungen zwischen Hochschule und Beruf, allgemeine und spezielle Forschungen über Hochschule und Gesellschaft, aber auch Analysen der Studienorganisation gestützt wird (vgl. Teichler/Enders/Daniel 1998). Teichler/Enders/Daniel (vgl. 1998, S. 226) sehen das Fehlen einer systematischen Hochschulforschung in der Heterogenität der Forschenden begründet.

Systematische oder gar institutionalisierte Diskussionen über die Hochschuldidaktik finden jedoch erst in jüngerer Zeit statt, wie die 25-jährigen Jubiläen der Hochschuldidaktischen Tagungen der Internationalen Gesellschaft für Ingenieurpädagogik (IGIP) und der Arbeitsgemeinschaft für Hochschuldidaktik (AHD) zeigen. Ziel und Gegenstand ihrer Betrachtung waren u.a. Fragen der didaktischen Weiterentwicklung der Institution Hochschule, der Aus- und Fortbildung der Lehrenden und die Auseinandersetzung mit inhaltlichen wie methodischen Fragestellungen und Krisen der Universitäten.

Die Ingenieurwissenschaften befinden sich derzeit in einer solchen Krise, die vermeintlich „nie eine Krise der Ingenieurfakultäten" (Wagemann 1987, S. 7) war. Sie drückt sich jedoch symptomatisch in den geringen Studienanfängerzahlen aus und wird von den Ingenieurfakultäten auf die bekannten zyklischen Schwankungen (vgl. VDI 1996) reduziert, obwohl die Zahlen der Studienanfänger in den 90er Jahren deutlich hinter den Erwartungen der wieder steigenden Zahlen zurück geblieben sind. Einige der Ursachen für diese Krise, in deren Folge die Hochschulen in der Kritik stehen, ihren Auftrag nicht oder nur unzureichend zu erfüllen, sind didaktischen Ursprungs. Falsche Vorstellungen von guter Lehre drücken sich in einer vermeintlich guten Qualifizierung und Befähigung für die Lehre (vgl. Enders/Teichler 1995, S. 40)[128] aus. Fehlende hochschul- und fachdidaktische Grundlagen schlagen sich in einem mangelhaft didaktisch begründeten Lehrverhalten sowie einer falschen[129] zentralen Kategorie nieder. Sie führten zu einer „Grundlagenideologie"[130] (Morsch/Neef/Wagemann 1986, S. 3), systemorientierten Lernumgebungen (Hermann 2000, o.S.) und einem ausgeprägten Lernen auf Vorrat; dem Primat des „Belehrens statt Lehrens", und einem annehmlich als fachdidaktisch bezeichneten, aber rein an der Fachsystematik des Faches orientierten Curriculum (vgl. Klüver 1995, S. 84).

Wie die Zitate in Tafel 2 belegen gehörte die Belehrung zu den üblichen Vermittlungsmethoden. Auch heute stellt sie die überwiegende Unterrichtsform in der Lehre dar, obwohl deren Vermittlungspotenz begrenzt ist. „Es geht einfach um Vermittlung bestimmter Unterrichtsgegenstände, um Aufnehmen und Speichern dessen, was eben die Grundlagen sind" (Heger 1986, S. 2).

---

128 „Unter den Professoren und Mittelbauangehörigen an Universitäten fühlt sich ein größerer Teil für die Lehre besser qualifiziert bzw. besser ausgebildet als für die Forschung. Auch auf die weitere Frage, wie sie ihre Befähigung als Lehrende und Forschende einschätzen, gelangten mehr Universitätsprofessoren zu einer positiven Einschätzung ihrer Lehr- (83%) als ihrer Forschungsbefähigung (73%)" (Enders/Teichler 1995, S. 40).

129 Wie z.B. die Arbeit von Kohlstock (1997). Sie versucht mit dem gleichen didaktischen Ansatz, den sie eigentlich zu überwinden hofft, alternative Lösungen zu entwickeln.

130 „... die Unterteilung des Studiums in Grundlagen- und Fachwissen und die gewählte Reihenfolge – erst Grundlagen dann Fach – gehören zu den Glaubenssätzen der Hochschullehre bei den Ingenieuren" (Morsch/Neef/Wagemann 1986, S. 3).

„... dass das Buch möglichst vielen jungen Maschinenbauern nicht nur zur Unterhaltung und Belehrung diene, ...“
(Schnetzler 1909, S. IV).

„Wenn bisher die Heimat zum Gegenstand der Belehrung gemacht wurde, ...“
(Guenther 1921, S. 257).

„... Liebig hatte an ... der Ecole Polytechnique reiche Belehrung empfangen ...“
(Schnabel 1934, S. 324).

„Gerade Ingenieure können sich nur vorstellen, dass man Studenten belehrt oder dass man sie alleine lässt.“
(Wagemann 1987, S. 176).

Tafel 2: Zitate zur Belehrung als methodischer Vermittlungsform

In diesem Sinne wird kaum zwischen den zu vermittelnden Kompetenzen, Qualifikationen und Inhalten; Fertigkeiten und Fähigkeiten unterschieden. Didaktisch übliche oder geeignete Differenzierung sind in der Literatur über die ingenieurwissenschaftliche Lehre selten. Auch sind Hinweise auf die notwendigen Unterschiede in den Formen zur Vermittlung von Inhalts- und Personalfaktoren kaum zu bemerken. Fast zwingend ist, dass der Grundtenor auch zu Vermittlung von Kompetenzen auf Inhalte gelegt wurde und an keiner Stelle nach den grundsätzlichen Lehr-Lern- oder gar Bildungszielen gefragt wurde. Im Vordergrund steht ein funktionelles Verständnis von Lehren im Sinne einer reinen Vermittlungsfunktion. Die Betrachtung hochschuldidaktisch historischer Hintergründe und Zusammenhänge im Hochschulsystem fehlt völlig, wie die Frage nach dem Selbstverständnis und dem Selbstbild der Hochschulen zu Bildung und Ausbildung. Angesichts dieser Sichtweise erscheint die Haltung vieler Lehrenden gegenüber den hochschuldidaktischen Arbeitsstellen konsequent: „Die Reaktion der Universität[131] ... war rundherum ablehnend“ (Wagemann 1987, S. 2). Statt die hochschuldidaktischen Institute zur Bearbeitung der Probleme der Universitäten heranzuziehen, sollten sie sich damit beschäftigen, „wie man mit Tafel und Kreide umgeht“ (Wagemann 1987, S. 2). Entsprechend entstanden Kurse und Ratgeber, in denen es z.B. um die Größe der Buchstaben an der Tafel oder in denen es bei Speier (1979) um Veranstaltungsorganisation und Vermittlungstechniken innerhalb des bestehenden Lehrsystems ging. Unterricht wird dabei lediglich als Regelkreis, bei dem „die Lernziele als Sollwert von außen her in das System eingehen“ (Memmert 1991, S. 125)[132] betrachtet und die „Unterrichtsmethode als Art und Weise der Stoffvermittlung“ (Meyer 1987a, S. 189) empfunden.

Ausdruck des stark auf systemtheoretische und kybernetische Konzeptionen ausgeprägten didaktischen Verständnisses und einer mangelnden Grundlegung sind u.a. die überwiegend systemorientierten Lernumgebungen mit der Folge, dass die Studierenden ihre eigenen Ideen aus „Angst vor Sanktionen durch den Lehrenden“

131 Gemeint ist die Reaktion auf die Arbeit des neu gegründeten Instituts für Hochschuldidaktik an der TU Berlin im Jahr 1970.

132 Schwerer wiegt nach Ansicht Memmerts (1991, S. 125), dass damit kybernetische Konzeption in der vorliegenden Form eine veraltete, polare Vorstellung vom schulischen Lernen zu Grunde legt und zementiert, in der es den belehrenden Lehrer und den belehrten Schüler gibt.

(Hermann 2000, o.S.) nicht kundtun wollen. „Sie kommunizieren nur das Nötigste mit dem Lehrenden und glauben nicht an die Möglichkeit einer Mitgestaltung der Lernumgebung. In ihrem Arbeitsverhältnis empfinden sie Ohnmacht, vermeiden Fehler und versuchen den Vorstellungen der Lehrenden gerecht zu werden ... Die Studierenden nehmen eine passive Grundhaltung ein. Sie verschließen sich ihrer Umgebung", fasst Hermann (2000, o.S.) Ergebnisse seiner Untersuchungen systemorientierter Lernumgebungen zusammen.

In der Folge entsteht ein Problem, für das Kursangebote mit Titeln wie „Aktivierende Lehrformen" oder „Das Schweigen der Studierenden" symptomatisch sind (vgl. Wagemann 1998, S. 9). Mit „Was ist denn ihr Problem in der Lehre?" beschreibt Wagemann (1998, S. 9) eine übliche Eingangsfrage in solchen Kursen und ergänzt eine häufig gegebene Antwort: „Wie motiviere ich meine Studenten dazu, dass zu tun, was Sie wollen" (Wagemann 1998, S. 9)?

Durch dieses Verständnis wird der Lehre jedoch die von Klafki geforderte didaktische Rechtfertigung der „vorgegebenen" Lehrziele genommen. Dagegen wird die veraltete, polare Vorstellung zementiert, in der es den belehrenden Lehrer und den belehrten Schüler gibt. Dabei „geht es nicht mehr darum, Menschen etwas einzutrichtern, ihnen etwas zu vermitteln, sie zu lehren, denn wir wissen heute, dass das für das Lernen wenig bringt. Jeder Mensch konstruiert sich sein Wissen, seine Erkenntnis, ja, seine Welt, selbst. Schon seit den 30er Jahren versuchte PIAGET davon zu überzeugen" (Kath 2000, o.S.).

„Dass Schüler mitplanen, mitsteuern und sich selbst kontrollieren können, liegt außerhalb des kybernetischen Horizontes" (Memmert 1991, S. 125). In der ingenieurwissenschaftlichen Lehre wird unter Lehren Belehren und unter Didaktik vor allem die Lerntheoretische Didaktik der Berliner Schule nach dem Vorbild Heimann/Otto/Schulz (1965) und die lernzielorientierte Didaktik nach den Vorbildern Mager (1965), (1973), Möller (1973) und Peterßen (1974) verstanden, weil sie der eigenen deduktiven, fachsystematisch intuitiven Vorgehensweise in der Lernzielermittlung am nächsten liegen.

Ältere wie neuere hochschuldidaktische Arbeiten[133] belegen dieses didaktische Grundverständnis und die nach wie vor existierende Verhaftung in einer streng hierarchisch aufgebauten Lernzielstruktur nach dem Stand der Curriculumdiskussion der 70er Jahre. Obwohl sie die Bedenken derer diskutieren die diese Hierarchien aufgestellt haben und weil sie gleichzeitig neuere Positionen gegen das Konzept der Lernzielorientierung ignorieren, leiten sie Lernziele fast ausschließlich technizistisch, deduktiv ab. Daran ändert auch der Hinweis Kohlstocks (1997, S. 15) nichts, dass es sich bei seiner vorgeschlagenen Vorgehensweise zur Curriculumkonstruktion um ein „konzeptuelles System", „um den 'Rahmen permanenter Revision'" handele, die mit der Überwindung traditioneller Didaktik einhergehen müsse.

Kohlstock (1997, S 13ff.) beschreibt symptomatisch beliebte und gängige Ansätze zur Curriculumrevision in den Ingenieurwissenschaften. Sie orientieren sich entsprechend ihrer didaktischen Ausgangslage vornehmlich an mechanistischen Methoden und den dort üblichen Quellen der Lernzielermittlung. In Bezug auf die Curriculumforschung

133 Vgl. hierzu auszugsweise Ulbricht (1979), Kohlstock (1997), Neef (1997).

benennt er folgende klassische Quellen der Curriculumentwicklung: Arbeitsplatz- und Berufsfeldanalysen, Gesellschaftsanalysen, Analyse der Forschungslage, Lernvoraussetzungen und Interessen der Lernenden, SO/PO, Expertenbefragungen und Literaturauswertungen. Steindorf (1995, S. 112) bemerkt zu den Methoden der Lernzielfindung, dass man die Entscheidungen über Lernziele bei fast allen Ansätzen zur Curriculumrevision als vorgegebene politische Setzungen begreift oder sie verwissenschaftlichen möchte, um wie im zweiten Fall die Lernziele aus übergeordneten Lernzielen abzuleiten. Die Herleitung von Grobzielen aus Richtzielen sowie die Ableitung von Feinzielen aus Grobzielen hat aber „bisher zu keinem befriedigenden Ergebnis geführt (etwa der folgerichtige Schluß von der allgemeinen Zieldefinition 'Emanzipation' auf Einzellernziele in den Fächern)" (Steindorf 1995, S. 112). Meyer schreibt daher von dem „ungelösten Deduktionsproblem in der Curriculumforschung" (Meyer 1971, S. 106). „Das Konzept der Lernzielorientierung liefert ein formales Modell zur zweckrationalen Steuerung curricularer Entscheidungsprozesse. Es ist keine ausreichende Grundlage für die Analyse und Planung von Unterricht" (Jank/Meyer 1991, S. 301).

Entsprechend fiel die akademische Diskussion um die Lernzielorientierte Didaktik bereits in den 70er Jahren hinter den Stand der didaktischen Diskussion, die sich von den empirisch-analytischen Ansätzen in Richtung hermeneutischer sowie materialistischer und dialektischer Ansätze orientierte: „Alle wichtigen Bücher zum Lernzielorientierten Unterricht sind in den 60er und 70er Jahren erschienen. In den 80er Jahren hat es, wenn man von einigen auf einzelne Fachdidaktiken begrenzten Diskussionsbeiträgen absieht (insbesondere im berufsbildenden Bereich, der angesichts seiner spezifischen Bildungsaufgabe offensichtlich eine besondere Nähe zum Lernzielansatz aufweist), so gut wie keine neuen Impulse zur Lernzielorientierung gegeben" (Jank/Meyer 1991, S. 300). Sie fand schließlich ein schnelles Ende, weil sie „eigentlich gar keine 'Didaktik', sondern eine einseitige Strategie zur Rationalisierung eines Teilaspektes didaktischen Denkens" ist. Im Mittelpunkt des Interesses stehen formale Techniken zur Lernzielanalyse, nach der sich fachbezogene Lernziele vermeintlich leichter ermitteln lassen (vgl. Steindorf 1995, S. 112) und unterschlägt „die Wechselwirkungen von Ziel-, Inhalts-, Methoden- und Organisationsentscheidungen" (Jank/Meyer 1991, S. 300f.).

Klüver postulierte 1995, dass sich Hochschuldidaktik fundamental als Wissenschaftsdidaktik verstehen muss und eine Übertragung der relevanten erziehungswissenschaftlichen Begriffe, Theorien und kategorialen Ansätze alleine zu einseitig sei. Hochschuldidaktik sei, bedingt durch die „Primärfunktion der systematischen und kontinuierlichen Wissensproduktion" (Klüver 1995, S. 81), vielmehr Schnittpunkt zwischen Wissenschaftsforschung und den Erziehungswissenschaften. Dabei lassen sich gerade in den Ingenieurwissenschaften die Charakteristika der Geisteswissenschaftlichen Didaktik (vgl. Klafki 1996, S. 87) belegen, weshalb sie durch den Nachweis ihrer merkmalscharakterisierenden Eigenschaften als das ausgewiesen werden, was sie historisch bedingt sind: Schulen.

Die zehn Charakteristika der Geisteswissenschaftlichen Didaktik, die selbst wiederum als Teil der Bildungstheoretischen Didaktik zu verstehen sind, lassen sich u.a. in den SO/PO des Studienganges Maschinenbau nachweisen. Sie belegen damit die (u.U. unbeabsichtigten) direkten Bezüge zu Schule, zur Allgemeinen Didaktik und zur Pädagogik sowie die letztendliche Zulässigkeit „schuldidaktischer" Übertragungen.

Das erste Charakteristikum setzt eine generelle Zielentscheidung bzw. einen Begriff von Bildung voraus. Er wird im Falle der Zielentscheidung durch die gesetzlichen Vorgaben der Hochschulgesetze verlangt und in den SO/PO ausformuliert. Bildung als Ziel muss, durch die Historie des Maschinenbaus bedingt, mit dieser Zielvorgabe in einem Implikationszusammenhang stehen. Das zweite Charakteristikum beschreibt die Variabilität der Lehrziele und die Abhängigkeit der Zielentscheidungen von den geschichtlichen Rahmenbedingungen. Die Variabilität von Zielentscheidungen ist in den Hochschulen in mehrfacher Hinsicht gegeben, denn einerseits ist die Freiheit von Forschung und Lehre garantiert und andererseits besteht keine Einigkeit hinsichtlich der Zielvorstellung des beruflichen Paradigmas, das zwischen den Polen des berufsbezogenen und des klassischen, historisch bedingten Paradigmas variiert.

Auch das dritte Charakteristikum bezieht sich auf die Einflüsse von Zielen und Inhalten der Lehre und findet in der vergangenen und aktuellen Auseinandersetzung um die Krise der Ingenieurwissenschaften seine Entsprechung. Ein Träger von Richtlinien, der seine regulierende Funktion im Sinne der Befähigung zur Mündigkeit einsetzt, wird von dem vierten, auf Weniger[134] zurückgehenden Charakteristikum beschrieben. Im Falle der Hochschulen gilt dies ebenso wie für die Schulen, wenn auch in einem anderen rechtlichen Rahmen. Werden den Schulen bis auf die untersten Lernzielebenen Vorgaben gemacht, wie ihr Auftrag zu erfüllen sei, so werden den Hochschulen nur rechtliche Rahmenbedingungen geschaffen. Innerhalb des fünften Charakteristikums findet Schleiermachers Prinzip seinen Niederschlag, nach dem die gegenwärtigen Ansprüche des jungen Menschen ebenso befriedigt werden müssen wie die der Zukunft. Erfüllt wird dieses Charakteristikum durch das Bemühen um die Steigerung der Qualität der Lehre, durch die Auswahl der Inhalte und durch die didaktischen Aufbereitung. Das bedeutet, dass die Lernförderlichkeit der Inhalte, die Teilnehmermotivation usw. viel entscheidender sind, als das „Herumbasteln an den Strukturen“ (Ludwig 1997, o.S.).[135] Es wird auch durch die Absicht angestrebt, den jungen Menschen auf seine berufliche Zukunft vorbereiten zu wollen, was jedoch ohne geeignete Instrumente zur Überprüfung des Erfolges und der Prognose unerfüllt bleiben muss.

Ähnlich stellt sich die Situation des sechsten Charakteristikums dar, wenn es um die didaktische Forschung und Theorie als Entscheidungshilfen der Lehrenden geht, denn es gibt didaktische Forschungen innerhalb des Hochschulwesens. Sie finden aber bis auf die genannten Vermittlungshilfen kaum Beachtung oder leiden gar selbst an einem eingeschränkten didaktisch-methodischen Verständnis. Und so findet der Kern des siebten Charakteristikums, der viel diskutierte Satz vom Primat der Didaktik als Ziel- und Inhaltsentscheidung, seine Entsprechung in reinster Form immer dann, wenn es,

---

[134] Erich Weniger (1894-1961) gehört zu den Vertretern der Geisteswissenschaftlichen Pädagogik. Meyer fasst eine seiner Positionen so zusammen: „Die subjektive Wahrnehmung der methodischen Gestalt des Unterrichts bleibt also, ob sich der Lehrer und seine Schüler dessen bewußt sind oder nicht, auf einen *objektiven Sinnzusammenhang des Unterrichts* [Hervorhebung im Original] bezogen, der die Freiheit zur vernünftigen Verständigung des Lehrers und der Schüler fordert und zugleich unterstellt“ (Meyer 1987b, S. 228).

[135] Das Zitat bezieht sich auf den Inhalt des Berichtes: Poy, Andrea: Frankfurt für zwei Tage im Zentrum der Reformdiskussion um die Ingenieurausbildung. Ein Bericht zum Workshop Ingenieure und Ingenieurinnen für die Zukunft. FH-Frankfurt. Frankfurt 1997. http://www.fh-frankfurt.de/wwwfb40/FB40-VER1.HTM.

wie in der Diskussion um die Hochschuldidaktik, vornehmlich um die Inhalte und selten um die Methode geht. In dem achten Charakteristikum gibt Klafki die Entsprechungen selbst, in dem er davon schreibt, dass die allgemein-didaktischen Prinzipien der ersten sieben Charakteristika für alle Didaktiken gelten und diese Gültigkeit explizit auf alle lehrenden Institutionen bezieht. Damit sind die Hochschulen ausdrücklich in den Gültigkeitsumfang eingeschlossen, wenngleich inzwischen eine Hochschuldidaktik (vgl. Zillober 1984) aber noch keine Fachdidaktik Maschinenbau bekannt ist, und die Hochschulgesetze die ehemals deutliche Verpflichtung der Hochschulen zur Beteiligung an hochschuldidaktischer Arbeit zu Gunsten von nicht weiter spezifizierten Lehrevaluationen stark revidiert haben.

Die Charakteristika neun und zehn gehen davon aus, dass die Didaktik eine Wissenschaft von der Praxis für die Praxis ist, mit dem Ziel, „pädagogische Entscheidungssituationen aufzuklären, bewusste und begründbare pädagogische Entscheidungen zu ermöglichen, aber auch zu fordern“ (Klafki 1996, S. 89). Eben dies geschieht mit dieser Arbeit, deren Ziel es ist, unentdeckte Implikationszusammenhänge innerhalb des Maschinenbaustudiums aufzudecken, didaktisch sinnvolle Veränderungen einzufordern und so ein Baustein für eine Didaktik des Maschinenbaustudiums zu sein.

Die vorangegangene Auseinandersetzung mit didaktischen Bezügen zur ingenieurwissenschaftlichen Lehre ist gekennzeichnet durch die Konkurrenz der Konzeptionen. Vorherrschend sind jedoch kybernetische und systemtheoretische Konzeptionen, die mit ihrer Orientierung an die streng hierarchisch aufgebauten Lernzielstrukturen während der Curriculumdiskussion der 70er Jahre erinnern.

6.4 Paradigmen als Entscheidungshintergründe

In der Auseinandersetzung mit den Determinanten und Interdependenzen Technischer Bildung sind die Paradigmen der Hochschulen und deren Mitglieder in weiten Teilen konstituierend. Dies trifft zum einen auf die Ausdeutung des gesellschaftlichen Auftrages, aber auch auf die Ausgestaltung der Lehre zu. Innerhalb der nachfolgend genannten Paradigmen werden u.a. die vorfindlichen, merkmalscharakteristischen Konkretisierungen vom Berufsbild der Ingenieure, der wissenschaftlichen Berufsausbildung, dem Selbstbild der Lehrenden vorgestellt.

Die institutionalisierten Determinanten und Interdependenzen kommen u.a. in den gesetzlichen Vorgaben der Hochschulgesetze und in deren Entstehungsprozess zum Ausdruck. Die sonstigen Determinanten, Interdependenzen und Effekte beinhalten dagegen u.a. die Auseinandersetzung mit den Studieneingangsbedingungen der Studienanfänger, der Selektion innerhalb des Studiums und dem Habituserwerb. Dabei findet die hermeneutische Einschätzung der Bedeutung analytisch-empirischer Bestimmungsfaktoren in der ersten Ebene nicht nur im Rückgriff auf bestehendes Datenmaterial statt, sondern durchaus auch unter Verwendung und/oder Kombination mit eigens dafür erhobenen Sachverhalten, wie z.B. in der analytisch-differenzierenden Betrachtung der Reformbemühungen oder einer Auswertung relevanter SO/PO.

Letztendlich sind intentionale Bestimmungsfaktoren zu nennen, die sich aus den Aktivitäten (Tagungen, Veröffentlichungen, Projekten, Untersuchungen u.a.) verschiedenster gesellschaftlicher Interessengruppen wie Gewerkschaften,

Arbeitgeberverbänden und sonstiger Gruppierungen herauslesen lassen, die aber in der Konsequenz bisher nur zu flankierenden Wirkungen geführt haben.

6.4.1 Tätigkeitsformen als Basis der Qualifikationsermittlung

Der Beruf als die zentrale Ausdrucksform ingenieurwissenschaftlichen Handelns stellt mit seinen unterschiedlichen Paradigmen eine Basis didaktischer Entscheidungen ingenieurwissenschaftlicher Lehre dar. Welche Probleme auftreten, ihn in seiner komplexen Gesamtheit und mit seinen vielfältigen Betätigungsfeldern zu erfassen zeigen die folgenden Ausführungen.

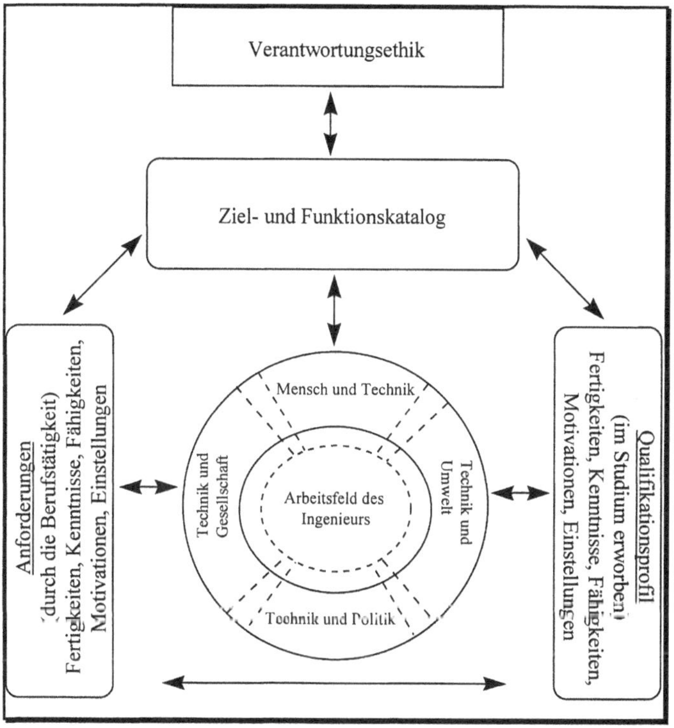

(Rimbach 1997, S. 216)

Abbildung 12: Vielgestaltigkeit der Ingenieurtätigkeit

Wenn aber trotz dieser Probleme eine den Anforderungen entsprechende, Tätigkeitsbeschreibung oder ein Katalog der Qualifikationen für das Ingenieurstudium erarbeitet werden soll, sind Paradigmenwechsel wie bestehende Ausbildungsdefizite zu berücksichtigen und die bekannten Schwächen der bildungsökonomischen Qualifikationsansätze (vgl. Teichler 1995, S. 65) ebenso zu überwinden wie die Schwierigkeiten, die sich zusätzlich durch fehlende, didaktisch Forschungen ergeben. Mag sich die Forschungssituation in den letzten 20 Jahren verbessert haben, gleicht sie nach wie vor eher einem lose geknüpften Flickenteppich systematischer

Berufsfeldforschung – so dass Rimbach (1997, S. 217) zugestimmt werden muss, nach dem es praktisch keine systematische Berufsfeldforschung gibt.

Die Forschung über die Ingenieurtätigkeit sieht Rimbach in dem in Abbildung 12 (S. 93) dargestellten System von Zielen, Problemfeldern und Anforderungen, als auch in der Wechselbeziehung mit dem Qualifikationsprofil gebunden. Den Versuch, das Qualifikationsprofil universitärer Ausbildung eng an spezifische Berufsanforderungen anzulehnen, hält er jedoch nur für bedingt möglich und zweckmäßig, denn

- es fehlt an Ergebnissen einer systematischen Berufsfeldforschung;
- ein Qualifikationsprofil muss weitgehend unbekannte und ungewisse zukünftige Anforderungen antizipieren;
- eine enge Anpassung der Qualifikation an die spätere Berufstätigkeit verbietet sich, weil diese nicht bekannt ist und sich oft von den gewählten Studienschwerpunkten wesentlich unterscheidet;
- die Berufstätigkeit und damit die Anforderungen ändern sich meistens im Laufe des Berufslebens mehrfach;
- die Vielgestaltigkeit der Ingenieurtätigkeit;[136]
- die Unmöglichkeit, das Studienangebot im gleichen Maße zu differenzieren wie die Berufstätigkeit;
- die beruflichen Anforderungen können im Studium nur unzulänglich simuliert werden. (vgl. Rimbach 1997, S. 217)

Versuchten in der Vergangenheit verschiedene Autoren die berufliche Tätigkeit von Ingenieuren zum Zwecke der Curriculumkonstruktion zu rekonstruieren, so gibt es heute einige wenn auch noch immer unzulängliche Versuche, das Tätigkeitsfeld empirisch-analytisch zu untersuchen und zu beschreiben. Dabei kommen gleiche oder ähnliche Fragestellungen wie am Beispiel der Ergebnisse zum Habituserwerb nachweisbar (vgl. Portele/Huber 1983 und Wankum 1989) trotz unterschiedlicher Bezüge und Forschungsansätze zu ganz ähnlichen Ergebnissen und machen den noch anhaltenden Wandel der beruflichen Tätigkeiten deutlich.

Bisher verbleibt die deutsche Literatur bei den Versuchen, die berufspraktische Tätigkeit des Maschinenbauingenieurs zu gliedern und in Qualifikationsprofilen wie Berufs- und Tätigkeitsfeldern zu beschreiben, in einer eklatanten terminologischen und strukturellen Uneinheitlichkeit, die häufig eine Vergleichbarkeit der Ergebnisse unmöglich macht. Bedingt durch unterschiedliche Zuordnungsmuster auf Grund verschiedenster strukturgliedernder Merkmale leiden sie alle unter starken strukturell-inhaltlichen Unschärfen. Einmal werden z.B. Forschung und Entwicklung (F+E) zusammengefasst, ein anderes Mal getrennt genannt. Dann wiederum werden Tätigkeiten, wie Ausbildung und Öffentlichkeitsarbeit in der Beschreibung der Tätigkeitsstruktur genannt, ein anderes Mal vernachlässigt.

Eine bekannte Darstellung zur Einteilung berufspraktischer Qualifikation von Ingenieuren ist die Einteilung nach Minks (1996). Wie Tabelle 1 zeigt, gliedert er

136 Siehe dazu Abbildung 12 (S. 93).

zunächst in fünf Dimensionen wie disziplinäre und außerfachliche Kenntnisse und unterteilt weiter in Qualifikationsmerkmale wie fachübergreifendes Denken, Organisationsfähigkeit usw.

Fünf Dimensionen Ingenieurwissenschaftlicher Qualifikationen
Dimension 1 Disziplinäre Kenntnisse - Kenntnisse in EDV - breites Grundwissen - spezielles Fachwissen
Dimension 2 Integratives Wissen - fachübergreifendes Denken - Praxis-/Berufserfahrung - Auslandsstudium - Wissen über Auswirkungen der Arbeit auf Natur und Gesellschaft
Dimension 3 Außerfachliche Kenntnisse - Fremdsprachen - Durchsetzungsvermögen - Wirtschaftskenntnisse - Rechtskenntnisse
Dimension 4 Kommunikative Kompetenz - Kommunikationsfähigkeit - Kooperationsfähigkeit - Verhandlungsgeschick - Führungsqualitäten
Dimension 5 Arbeitsorganisation - Organisationsfähigkeit - Fähigkeit konzentriert und diszipliniert zu arbeiten

(Minks 1996)

Tabelle 1: Fünf Dimensionen ingenieurwissenschaftlicher Qualifikationen

Eine ebenso bekannte Gliederung ist die des VDMA (1980) und des VDI (1993a). Wie Tabelle 2 zeigt, gliedert sie das Anforderungsprofil des Maschinenbauingenieurs zunächst in sechs übergeordnete Kategorien wie z.B. ingenieurwissenschaftliche Grundlagen, die jeweils für sich in Festigkeitslehre, Werkstofftechnik u.a. unterteilt werden.

Einteilung der Anforderungsprofile für Ingenieure im Maschinenbau
Ingenieurwissenschaftliche Grundlagen - z.B. Technische Mechanik - Festigkeitslehre - Werkstofftechnik
Mathematisch-naturwissenschaftliche Kenntnisse - z.B. Physik - angewandte Mathematik - höhere Mathematik - darstellende Geometrie
Konstruktionstechnische Kenntnisse - z.B. Konstruktionslehre - Maschinenelemente - Maschinendynamik
Produktionstechnische Kenntnisse - z.B. Fertigungsverfahren - Schweißtechnik - Qualitätskontrolle
Maschinen- und anlagentechnische Kenntnisse - z.B. Antriebstechnik - Hydraulik und Pneumatik - Strömungsmaschinen - Kolbenmaschinen
Allgemeinwissenschaftliche Kenntnisse - z.B. Fremdsprachen - Personalwesen - Arbeitswissenschaft - Betriebswissenschaft

(VDMA 1993)

Tabelle 2: Einteilung der Anforderungsprofile für Ingenieure im Maschinenbau

Berufsfeldgliedernde Versuche finden sich auch bei der BfA (vgl. BfA 1995, S. 4-11) und ihrer Zentralstelle für Arbeitsvermittlung, kurz ZAV (vgl. Henniger 1996). Während die BfA die Tätigkeiten des Maschinenbauingenieurs gemäß der Studien- und Vertiefungsrichtungen nur in methoden-, anlagen-, verfahrens- oder andere Orientierung unterteilt, die sich wiederum in allgemeinen Maschinenbau, Energietechnik usw. gliedern, nennt die ZfA, wie aus der Tabelle 3 hervorgeht, acht Tätigkeitsfelder – wie Konstruktion, Projektierung, Management u.a. –, die sich in vier Kategorien – Produktion von Technik und Transfer der Technik zum Kunden usw. – gliedern.[137]

Einteilung der Ingenieurtätigkeit in 8 Tätigkeitsfelder

Kategorie 1: Produktion und Entwicklung
1 Forschung und Entwicklung
2 Konstruktion
3 Produktion und Fertigung (mit Qualitätssicherung)

Kategorie 2: Transfer der Technik zum Kunden
4 Marketing und Vertrieb
5 Projektierung
6 Montage und Inbetriebnahme (mit Service)

Kategorie 3: Verwaltung, Management
7 Management

Kategorie 4: Anderes
8 Andere

(Henniger 1996)

Tabelle 3: Einteilung der Ingenieurtätigkeit in 8 Tätigkeitsfelder

Eine besondere Nuance erhalten die deutschen Gliederungs- und Strukturversuche jedoch dann, wenn sie nach Möglichkeit mit den Strukturen und Zielen der SO/PO in Deckung gebracht werden. Hieraus lassen sich Qualifikationsvergleiche zwischen den von Hochschulen, Studenten und verschiedenen Tätigkeitsbereichen angestrebten Qualifikationsprofilen anstellen. Dabei fällt auf, dass die Hochschulen ein sehr viel engeres, vor allem wissenschaftliches Qualifikationsprofil anstreben, während von den Studierenden und der Praxis häufig ein mehr generalistisches, ein sehr viel breiteres, praxisorientierteres und weniger wissenschaftliches Qualifikationsprofil gewünscht wird.

137 Weitere Tätigkeitsgliederungen finden sich u.a. bei Hesse/Schrader (1998), EMC (1997), VDMA (1996), Schilling (1981), Stifterverband für die deutsche Wissenschaft (1992) und in verschiedenen VDI-Schriften, wie in dem Buch „Hochschulbildung und Ingenieurberuf" von 1993 sowie in den Broschüren „Empfehlungen zur Integration fächerübergreifender Studieninhalte" (1990) und „Ingenieure für die Zukunft" (1995).

Ingenieure der alten Länder mit Universitätsdiplom empfinden die Qualifikationsmerkmale der Hochschulausbildung für:			1989		1993		1989		1993		
			wichtig und...	nützlich oder wichtig und...	wichtig und...	nützlich oder wichtig und...	wichtig	nützlich oder wichtig.	wichtig	nützlich oder wichtig	
			Hochschulen sollen mehr leisten				hinsichtlich des beruflichen Bedarfs				
Platz	Den 5 Dimensionen nach Minks (Tabelle 1, S. 95) zugeordnet										Ø
1	2	fachübergreifendes Denken	60	70	64	81	77	99	73	98	**78**
2	4	Kommunikationsfähigkeit	44	53	64	76	67	99	80	99	**73**
3	4	Kooperationsfähigkeit	38	45	47	55	68	99	74	99	**66**
4	5	Organisationsfähigkeit	42	51	42	52	59	96	65	98	**63**
5	1	breites Grundlagenwissen	23	29	36	45	76	100	65	99	**59**
6	3	Fremdsprachen	35	59	40	62	44	92	49	91	**59**
7	1	Kenntnisse in EDV	29	43	40	48	51	96	62	99	**59**
8	2	Praxis-/Berufserfahrung	27	38	48	57	49	90	64	93	**58**
9	5	Fähigkeit konzentriert und diszipliniert zu arbeiten	22	26	21	23	70	99	71	99	**54**
10	4	Führungsqualitäten	31	43	26	41	50	91	42	90	**52**
11	3	Durchsetzungsvermögen	25	31	21	25	52	98	50	95	**50**
12	4	Verhandlungsgeschick	24	40	30	44	37	85	43	89	**49**
13	2	Wissen über Auswirkungen der Arbeit auf Natur und Gesellschaft	28	48	18	39	31	74	22	65	**41**
14	2	Allgemeinbildung	12	28	15	26	29	86	24	89	**39**
15	1	spezielles Fachwissen	5	8	8	10	34	91	26	86	**34**
16	3	Rechtskenntnisse	11	32	8	24	15	75	9	55	**29**
17	3	Wirtschaftskenntnisse	-	-	17	48	-	-	20	80	**21**
18	2	Auslandsstudium	-	-	19	44	-	-	23	70	**20**
Reihenfolge der Plätze nach Durchschnitt			Alle Angaben in Prozent.								

(vgl. Minks 1996, S. 94, 100)

Tabelle 4: Qualifikationsmerkmale der Hochschulausbildung

Die drastischste Aussage diesbezüglich zeigt die Darstellung der gemittelten HIS-Ergebnisse (letzte Spalte Tabelle 4, S. 98). Sie basiert auf einer Befragung in den Jahren 1989 und 1993 unter Absolventen der Elektrotechnik und des Maschinenbaus der Universitäten aus den alten und neuen Bundesländern. In einem retrospektiven Verfahren wurden sie nach Defiziten und berufsbefähigenden Qualifikationsmerkmalen befragt, die sie nach ihrem Übergang in den Beruf für nützlich oder wichtig hielten und nach solchen, bei denen die Hochschulen mehr leisten sollten. Tabelle 4 (S. 98) zeigt auf den Plätzen eins bis vier: fachübergreifendes Denken, Kommunikations- und Kooperationsfähigkeit sowie Organisationsfähigkeit. Sie sind den Lernzieldimensionen Integratives Wissen, Kommunikative Kompetenz und Arbeitsorganisation zuzuordnen und wurden in den SO/PO nur selten oder gar nicht genannt.[138] Disziplinäre Kenntnisse folgen erst an fünfter Stelle.

Mag der HIS-Absolventenreport (vgl. Minks 1996) gleichzeitig nur einen Hinweis auf die Dynamik der zeitlichen Veränderungen in der beruflichen Tätigkeit geben, so wird dies u.a. durch die Auswertung aktueller Stellenausschreibungen gestützt. Nannten 1989 (vgl. Minks 1996, S. 72) noch 32 % der befragten Ingenieure F+E als ihre Funktion im Betrieb, so ging dieser in den Ausbildungszielen der Hochschulen hauptsächlich berücksichtigte Tätigkeitsbereich[139] bis 1993 um 23 Prozentpunkte auf nur noch 9 % zurück. Der Anteil der Stellenausschreibungen für F+E wies im Durchschnitt der Jahre 1995-1997 sogar nur noch 4 % auf, während er z.B. im Bereich Einkauf, Vertrieb und Marketing ca. 30 % betrug (vgl. EMC 1998).[140] Die Anzahl der Stellenausschreibungen in F+E stieg zwar konjunkturbedingt zum Jahreswechsel 1998/99 wieder um über 60 % an, relativiert sich aber vor dem Hintergrund einer über 75%igen Zunahme[141] aller Stellenanzeigen für Maschinenbauer (vgl. Gloger 1999, S. 9), so dass F+E – im Durchschnitt aller Industriebranchen – einen Anteil von lediglich 4 % (vgl. UNI 1999, S. 57)[142] hält.

Der „Club of Rome" versuchte bereits 1979 in einer Studie nachzuweisen, dass ein Wandel in der Berufspraxis stattfindet. Er prognostizierte, dass 70 % der in den folgenden 20 Jahren gebrauchten Berufsfelder zur Zeit der Untersuchung noch gar nicht bestanden und folgerte, „dass ständig neue Anforderungen gerade im technisch-wissenschaftlichen Bereich gestellt werden" (Biedenkopf 1993, S. 108).

1997 thematisiert die Europäische Gesellschaft für Technische Bildung (EGTB) den eingetretenen Paradigmenwechsel und die veränderten Tätigkeitsprofile. Auch Neef/Pelz konstatieren, dass sich ein neues Paradigma der Technikentwicklung abzeichnet. „Es schält sich bei aller Relativierung 'modischer' Aussagen über eine grundlegende Umwälzung der Ingenieurtätigkeit und -qualifikationen doch ein 'Neuer Ingenieurtypus' heraus", der „mit nichttechnischen Anforderungen konfrontiert" wird

138 Einschränkend muss angemerkt werden, dass die HIS-Tabelle nur sehr wenige der in den Studien- und Prüfungsordnungen explizit genannten Studienziele enthält.

139 Vgl. dazu das angestrebte Absolventenprofil der Studien- und Prüfungsordnungen in Tafel 3 (S. 133).

140 Die Zahlen beruhen auf den in einzelnen Blättern vorliegenden Auswertungen von: Medienservice Mittelholzer, Hamburg. Die Gesamtdaten sind zum gewerblichen Vertrieb gedacht und deshalb unveröffentlicht. Die Zahlen des Uni-Magazins beruhen auf den gleichen Daten.

141 Von 9400 Inseraten 1997 auf 16700 Inserate in 1998 (vgl. Uni 1999, S. 9).

142 Einschließlich des aus den Hochschulen und Forschungseinrichtungen kommenden Anzeigen-Anteils, der selbst um über 62% zunahm (vgl. UNI 1999, S. 57).

und ohne „Nischen, in denen man mit rein technischer Tätigkeit überwintern kann", auskommen muss. „Sie sind zwar primär technische Fachleute, müssen aber auch die sozial-kommunikativen und organisatorischen Rollen spielen, die früher die Vorgesetzten übernommen haben" (Neef/Pelz 1997b, S. 8f.).

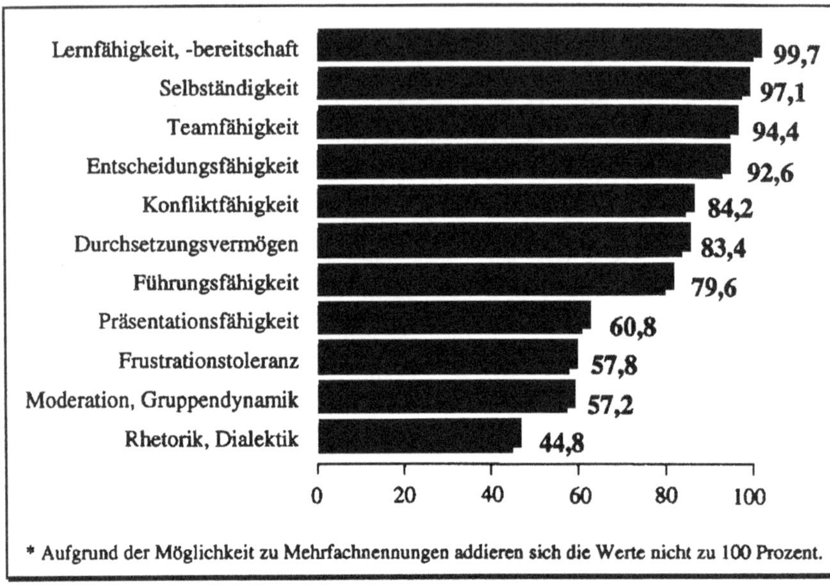

(Konegen-Grenier/Weiss 1996, S. 55), Angaben in Prozent

Abbildung 13: Wichtigkeit von Schlüsselqualifikationen bei Jungingenieuren

Nach Aussagen der Industrie scheinen Produktionsprozesse und die Unternehmensorganisation optimierende Qualifikationen im verstärkten Interesse der Unternehmen zu stehen. „Furthermore, the role of the engineer is not just about engineering – at least not in the traditional way", schreibt Duggan (1995, o.S.) aus britischer Sicht darüber und ergänzt: „Engineering is for people; it is creative, involves judgement, scientific understanding, taking risk, working in teams and facing exciting challenges" (Duggan 1995, o.S.).

Wie die Häufigkeiten der genannten wichtigen Schlüsselqualifikation bei Jungingenieuren in Abbildung 13 zeigt, stehen diese im Vordergrund der Unternehmensorganisation. Neu hinzugekommen ist die Betonung der Kundenorientierung, um neben der besseren unternehmerischen Strukturierung der internen Organisation und Kommunikation auch eine effektivere und effizientere Gestaltung der Kommunikation mit Kooperationspartnern und Kunden zu erreichen. Statt des klassischen Berufsbildes eines Konstrukteurs und technischen Erfinders sieht die BfA (vgl. Henniger 1996)[143] im künftigen Ingenieur einen „Problemlösungsmanager", der nicht mehr alleine das „technische Optimum", Ursache vieler „over engineered" Produkte, zu erreichen sucht, sondern mit konsequenter Kunden- und Marktorientierung Lösungen konzipiert.

143 So auch der VDMA (vgl. VDMA 1994, 1996b) und Konegen-Grenier/Weiss (1996).

„Im Gegensatz zur klassischen Vorstellung vom ingenieurmäßig berechenbaren 'one best way' vollziehen sich technische Entwicklungen heute in Aushandlungsprozessen mit mehreren möglichen Variationen und Szenarien. Um hier bestehen zu können, brauchen Ingenieurinnen und Ingenieure Vermittlungsfähigkeit und Konfliktfähigkeit" (Neef/Pelz 1997b, S. 11). Die Aufnahme „der 'neuen' Qualifikationen in den Kern des professionellen Selbstverständnisses" gewinnt zunehmend an Bedeutung, wodurch „die bisherige Struktur und die überkommenen Lehr-/Lernformen der Ingenieurausbildung zur Disposition gestellt" werden (Neef/Pelz 1997b, S. 11). Selbst das Bild des in Einsamkeit und Freiheit forschenden Wissenschaftlers, das sich u.a. in der Vorstellung, „dass als wissenschaftliche Berufsvorbereitung nur die Ausbildung zum selbständigen Forscher verstanden wird" (Kohlstock 1997, S. 95) ausdrückt, ist längst überholt. Auch er kann nur noch fast ausschließlich im Team erfolgreich arbeiten, wie Neuweiler für die Hochschulen und Wiedeking für die Wirtschaft berichten: „Auch die Forschungspraxis hat in diesem Jahrhundert eine Evolution durchlaufen ... die Komplexität der heutigen Forschungsgegenstände ... kann nur noch von kleinen Teams verschiedenartiger Spezialisten bewältigt werden" (Neuweiler 1997, S. 198). „Einsame Erfolge gibt es für mich nicht, dazu gehört immer ein Team" (Wiedeking 1998, S. 8).

Entsprechend spiegelt sich die Veränderung der beruflichen Tätigkeit auch in der Einstellungspraxis wider, wonach Personalchefs inzwischen vielfach lieber Mitarbeiter einstellen, die in das Team passen und so die funktionierende Teamarbeit dem tayloristischem Organisationsgefüge (vgl. Neef 1997a, S. 215) vorziehen. Genau dieser Wandel findet aber trotz der vielen Klagen über Ausbildungsdefizite hinsichtlich dieser Qualifikationen nur in wenigen SO/PO und noch weniger in der Studienrealität Berücksichtigung.

Holt (1996, o.S.) wählte zur Beschreibung des darin angelegten „particular dilemma for engineering education" eine in Abbildung 14 (S. 102) dargestellte Überlagerung der in Abbildung 34 (S. 241) abgebildeten „key characteristics of the four learning styles" – convergent, divergent, assimilative, accomodative – mit der Unterteilung ingenieurberuflicher Realität in vier „distinct images of engineering work". Mit seiner Unterscheidung in „engineering as specialised problem solving", „engineering as physical science", „engineering as technical business management" und „engineering as design and invention" erreicht er eine Differenzierung ingenieurwissenschaftlicher Tätigkeiten, die weiterführend in der o.g. Kombination mit den durch Kolb formulierten „key characteristics of the four learning styles" darauf angelegt ist, „to gain some insight into the directions engineering education will take in the future" (Holt 1996, o.S.).

Nach der erfolgten charakterbezogenen Zuordnung von Kolb's Lernstilcharakterisierungen zu seinen vier „distinct images of engineering work" reduziert er die so gewonnene Darstellung auf den „essential intellectual character of the place engineering education has come to" in Abbildung 15 (S. 103). Unter Beachtung, dass „two of the four images of engineering dominate contemporary education", kommt er darin zu der Aussage: „Engineering education needs to shift its epistomological centre of gravity" und folgert: „An educational philosophy that ignores or undervalues what they offer, can not adequately prepare for engineering work. The foundations of engineering education need to be reshaped".

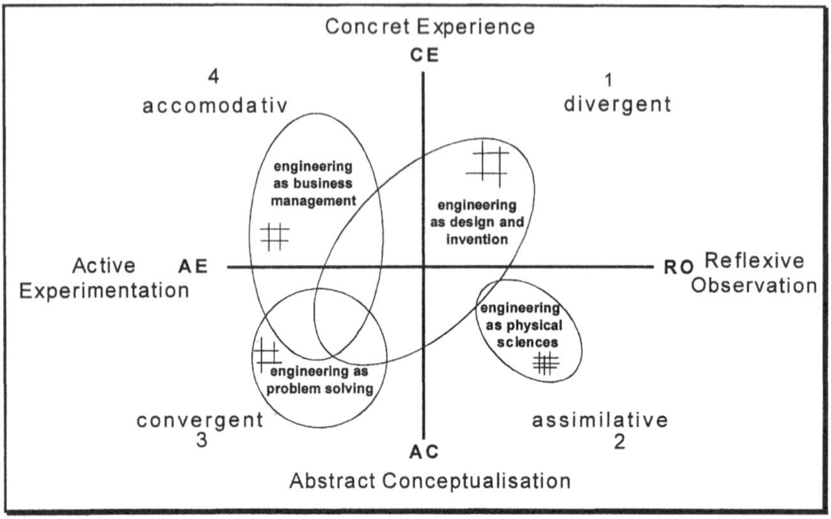

(Holt 1996, o.S)

Abbildung 14: Images of engineering work mapped on four learning styles

Holt (1996, o.S.) führt weiter aus, dass „reparation for practice then needs to be about enabling and empowering in contrast to filling up a vessel with facts. With this orientation in mind the first level of support for practice is competence“. Sollte sein beachtenswerter, in Abbildung 37 (S. 243) dargestellter Vorschlag einer „reshaped foundation for engineering education“ zunächst nur einen „signpost pointing the way along a road less travelled“ darstellen, sind konzeptionelle Ähnlichkeiten mit der Idee der Schlüsselqualifikationen und den daraus abzuleitenden Lernzielebenen[144] erkennbar.

Deutsche „Versuche, Anforderungen des Beschäftigungssystems an die Hochschulen aus Arbeitsmarktanalysen zu gewinnen“ oder um daraus „Defizite des Hochschulstudiums zu bestimmen“ (Teichler 1995, S. 65) bleiben zumeist in fachsystematisch begründeten, rein verbalen Gegenüberstellungen stecken oder scheitern an den bekannten Schwächen der bildungsökonomischen Qualifikationsansätze. Holt (1996, o.S.) gelingt dagegen mit seinem Ergebnis eine auch auf deutsche Verhältnisse übertragbare weiterführende Situationsbeschreibung und zugleich die didaktisch bedeutsame Identifikation der dadurch systemimmanent bevorzugten und benachteiligten Lerntypen.

144 Siehe dazu auch Abbildung 28 (S. 204).

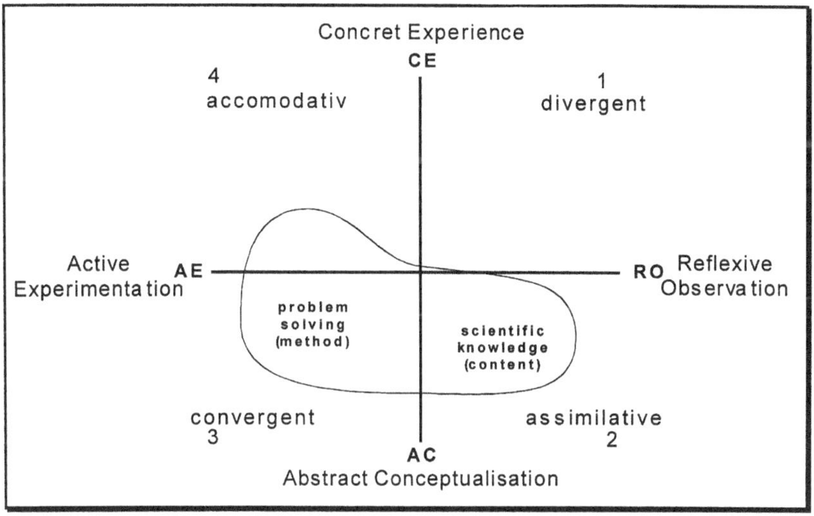

(Holt 1996, o.S.)

Abbildung 15: Educational transformation of images of engineering work

Es kann festgehalten werden, dass sich übliche Beschreibungen der beruflichen Qualifikationsprofile nur bedingt als Basis didaktischer Entscheidungen eignen. Sie sind kaum dazu geeignet den Beruf als die zentrale Ausdrucksform ingenieurwissenschaftlichen Handelns zu konkretisieren, da sie den Beruf in seiner komplexen Gesamtheit und mit seinen vielfältigen Betätigungsfeldern kaum oder nicht hinreichend erfassen. Die Beschreibungsversuche bleiben überwiegend in fachsystematischen Zuordnungen stecken oder scheitern an den bekannten Schwächen der bildungsökonomischen Qualifikationsansätze. Besser geeignet erscheinen Einteilungen der Tätigkeitsprofile nach den Lerntypen.

6.4.2 Öffentlicher Auftrag und Selbstverständnis der Institutionen

Die Übernahme eines Paradigmas, das sich entweder mehr an Schule, Hochschule oder eher an einer Berufsschule orientiert, führt zu einer unterschiedlichen Ausgestaltung der Lehre. Dieser Einfluss wird um so deutlicher, um so mehr die merkmalsprägenden Charakteristika der drei Modelle gegenübergestellt werden.

Das Schul- und das Berufsschulmodell unterscheiden sich vereinfacht durch die unterschiedlichen inhaltlichen, aber immer weniger durch methodisch-didaktische Zielsetzungen. Während das Schulmodell inhaltlich mit seiner eher allgemeinbildenden Funktion im Allgemeinen verbleibt, das im Gymnasium bis zur Übernahme von studienpropädeutischen Funktionen führt, steht im Berufsschulmodell[145] mehr die theoretische Vermittlung berufsspezifischen Wissens im Vordergrund.

[145] Bedingt durch das arbeitsteilige duale Berufsbildungssystem zwischen Betrieb und Schule.

Die Diskussion um Inhalt und Erfüllung des universitären Auftrages verweist dagegen immer wieder auf die institutionellen Unterschiede des Schul- und Universitätsmodells, schwankt aber auf der Ebene abstrakter Lernzielformulierungen zwischen diesen. Ist der institutionelle Unterschied zwischen den Modellen nach wie vor gegeben, so erscheint die Differenz abstrakter Lernzielformulierungen geringer als üblich diskutiert. Dies gibt Anlass für eine Konvergenzthese.

Nach dieser Konvergenzthese entwickeln sich alle drei Modelle zueinander hin. Unterscheiden sich die drei Modelle dauerhaft durch die Spezifikationen und die Niveaus der Inhalte, wird die Konvergenzthese durch die aktuellen Entwicklungen in den Schulen und Hochschulen gestützt, wonach sich gerade die Lehrformen der drei Modelle in vielen konstituierenden Punkten ähnlicher sind als je zuvor. Ursächlich sind hier die Veränderungen in den Rahmenbedingungen der Lehre, die gemeinsame beabsichtigte Vorbereitung auf das, was nach der Institution kommt, die Vermittlung von Schlüsselqualifikationen, Handlungsfähigkeiten usw.

Das Schulmodell wird gekennzeichnet durch den Lehrkörper, den Bildungsauftrag, eine Curriculumdiskussion und eine begrenzte unterrichtstechnische Autonomie. Dabei ist die pädagogische Freiheit des Lehrkörpers durch die Vorgabe eingeschränkt, dass sein Handeln und das der Schüler dem Bildungsprozess nützt. Es ist sein Auftrag, die Schüler zur Selbsttätigkeit zu führen. Außerdem trägt er die Verantwortung für deren Lernerfolg.

Auch die Curriculum-Diskussion trägt ihren Teil zur Erfüllung des Bildungsauftrages bei. Sie fördert die Diskussion um Bildungskonzepte und die Fortentwicklung der Vorstellungen um das, was den Bildungsauftrag ausmacht. Dadurch sorgt sie dafür, dass unterrichtlich geforscht, experimentiert und neue Lehrinhalte, -methoden und -materialien entwickelt werden. Das dritte Kennzeichen, die beschränkte unterrichtliche Autonomie, betrifft die Vorgaben durch die Lehrpläne. Schulische Lehrpläne und die in ihnen kodifizierten Inhalte sind nach Ansicht Meyers (1987a, S. 76) „Ergebnis des Kampfes der gesellschaftlichen Mächte um die Einflussnahme auf die heranwachsende Generation" und kann nicht unterrichtsmethodisch wegrationalisiert werden. Der öffentliche Einfluss und die Absicht einer geregelten Grundlage der Unterrichtsinhalte bindet die Schule politisch und moralisch an das Curriculum und unterwirft es einem zeitlichen Wandel.

Während es die Schulen nach der Ansicht v. Humboldts „nur mit fertigen und abgemachten Kenntnissen zu tun hat" (Neumeier 1997), betrachten die wissenschaftlichen Anstalten die Wissenschaft immer als ein nicht ganz gelöstes Problem. Deshalb erscheint die garantierte Freiheit in der Forschung für die Fragestellung, die Grundsätze der Methodik und der Bewertung der Ergebnisse ebenso sinnvoll wie die garantierte Freiheit der Lehre für die inhaltliche und methodische Abhaltung von Lehrveranstaltungen und das Recht auf Äußerung wissenschaftlicher und künstlerischer Lehrmeinungen. Entsprechend unterscheidet sich das Universitätsmodell gegenüber dem Schulmodell durch die Elemente Wissenschaft und Lehre und deren garantierten Freiheit. Während dem wissenschaftlichen Bereich die heeren Begriffe Forschung, Entwicklung und Traditionspflege zugeordnet werden, kommt die Lehre allein mit dem Begriff Studium aus.

Nach der o.g. Konvergenzthese werden sich Schulen und Hochschulen aus didaktischer Sicht in der inhaltlichen wie methodischen Entscheidungsfreiheit immer ähnlicher. Möglicherweise überholt die Freiheit der schulischen Lehre sogar die der Universität in einzelnen Nuancen, denn während sich die Schulen auf dem Weg zu neuen, offenen und handlungsorientierten Unterrichtsformen befinden, werden inhaltliche und methodisch-didaktische Entscheidungen in den Universitäten zusehends eingeschränkt. Die Schulen erhalten zur Ausgestaltung schulischer Wirklichkeit mehr und mehr Freiheiten, während eben diese in der universitären Lehre zunehmend reduziert werden. Fächer verlieren, wie das Beispiel der Dualen Oberschule in Rheinland-Pfalz zeigt,[146] ihren ehemals trennenden Charakter und werden durch handlungsorientierende Leitfäden, die dem Lehrenden die Freiheit zu lernfördernden Maßnahmen geben, ersetzt. Die Hochschulen schränken dagegen die organisatorische Freiheit der Lehre und die studentische Wahlfreiheit durch weitgehend vorbestimmte Studienordnungen und -pläne ein. Immer restriktivere Vorgaben bestimmen den Gang des Studiums und erlauben die freie Wahl der Veranstaltung nur noch in engen Grenzen (vgl. HmbHG 1991, § 44)[147].

Hatte Wagemann (1987, S. 148) noch apostrophiert, der Hochschule fehle eine planmäßige curriculare Diskussion, um sie mit der Institution Schule vergleichen zu können, verliert das Argument angesichts der schulischen und hochschulischen Curriculumgeschichte an Bedeutung. Gab es in der Schule nicht immer nur planmäßige und schulnahe Diskussionen, so belegt die ständige fachsystematisch immanente Suche nach finalen Lernzielformulierungen in den SO/PO sowie einer Vielzahl veröffentlichter Diskussionsbeiträge zu Modellversuchen und curricularen Themen in den Ingenieurwissenschaften eine rege Curriculumdiskussion in den Hochschulen. Die ingenieurwissenschaftliche Curriculumdiskussion weist, gegenüber der durch die föderalistische Schulverwaltung geprägten, kaum noch als geplant zu bezeichnenden schulischen Curriculumdiskussion lediglich strategische Differenzen auf.

Trotz der Kenntnis über die Notwendigkeit einer permanenten Curriculumrevision und prozessualen Lernzielformulierung (vgl. Kohlstock 1997) orientiert sich das heutige Idealbild der Universitätslehre u.a. am Idealbild vom Hain der Akademie des Plato[148] und transportiert einen Widerspruch. Wenn die Hochschulgesetzgebung zu Regularien zwingt, garantiert die Idee der Deutschen Hochschule gleichzeitig Freiheiten. Demnach ist der Lehrende an der Hochschule nicht der den Lernprozess verantwortende Erzieher und der Student nicht der Zögling. Unter der zweckmäßig geführten Leitung der Geistesentwicklung hat der lernende Student das Lernen selbst zu leisten.[149] Professoren und Studenten lernen im Gespräch und in der Diskussion gleichermaßen. Für die fortwährende Lebendigkeit sorgt die Forschung und die Pflege der Wissenschaft, denn nach einer These von Hentigs' „ist die Bedingung, für die Möglichkeit der Existenz von Wissenschaft, dass sie gelehrt und auch gelernt, also verstanden wird“ (Wagemann 1987, S. 143).

Nach Schelsky entsteht aus der „Einsamkeit der Freiheit“, aus dem „ungezwungenen und absichtslosen Zusammenwirken“ ein Studium ohne verordneten Bezug, aber mit

---

146 Siehe dazu z.B. die Vorgaben für die Duale Oberschule. Statt enger inhaltlicher Vorgaben durch einen Lehr- oder Stoffverteilungsplans werden die Unterrichtenden unter Anwendung eines Begründungs- und Entscheidungsmodells zu neuen, offeneren und fachübergreifenden Unterrichtsmodellen angehalten. Hier sollen Handlungsorientierungen Stoffkataloge ersetzen. Bisher noch unzureichend dokumentiert (siehe z.B. Ott 1997), beruht diese Aussage auf eigenen Erfahrungen aus dem Eingebundensein in die Entwicklung der Dualen Oberschule.

147 Hamburger Hochschulgesetz. Siehe dazu Tafel 10 (S. 248).

148 Siehe zu diesem Vergleich Wagemann (1987, S. 143).

149 Stellvertretend für diese inzwischen weit verbreitete Ansicht: Wagemann (1982), Kath (2000).

der Entwicklung der Fähigkeiten, die sie als „Staatsdiener" eher brauchen als eine „pragmatisch angesetzte Berufsausbildung" (Schelsky 1969, S. 69). „Studenten, die 'vor allem an Fragen, Beispielen und Fallstudien aus der Praxis interessiert' sind, sollten sich an berufsbildenden Fachschulen und vielleicht auch Fachhochschulen wenden", schreibt Zimmer (1998, S. 38). Weiterhin führt er aus: „Der einzige Beruf, zu dem ein wissenschaftliches Studium ausbilden kann, ist der des Wissenschaftlers" (Zimmer 1998, S. 38). Zimmer impliziert mit seinen Aussagen einen Gegensatz von Praxis und Wissenschaft, der nur als seine Sicht der Realität[150] interpretiert werden kann. Denn obwohl u.a. das HRG, die Landeshochschulgesetze (LHG) und die SO eindeutig die Vorbereitung der Studierenden auf ein berufliches Tätigkeitsfeld mit entsprechendem Praxisbezug festschreiben, wird diese Aufgabe mit dem Hinweis auf die Praxis/Theorie Zuordnung der Hochschulen für die Universitäten abgelehnt und an die Fachhochschulen verwiesen. Sändig beschreibt (vgl. Poy 1997, o.S.) diesen Sachverhalt sehr plastisch für die Ingenieurausbildung an den Universitäten in der ehemaligen DDR: „Um sich ausreichend von den Fachhochschulen abgrenzen zu können, wurde den Verantwortlichen ... anempfohlen, die traditionellen Praxiselemente systematisch abzuschaffen: 'Wenn ihr Uni bleiben wollt, müßt ihr zuerst euer praxisorientiertes Profil verändern'".[151]

Historisch lässt sich dieses Konstrukt des wissenschaftlichen Ingenieurs auf die Zeit zurückführen, als sich die berufspraktisch orientierten Ingenieurschulen um den Zugang in die höhere Beamtenlaufbahn bemühten. Als Schlüssel zur gleichwertigen Anerkennung mit anderen Studiengängen galt das, was damals „anerkannte" Bildung war.

Trotz Auftrag und Absicht einer Vorbereitung auf ein berufliches Tätigkeitsfeld verlor die eigenständige Bildung von da an für eine ingenieurwissenschaftliche Tätigkeit im Sinne Redtenbachers (vgl. Schnabel 1934, S. 448ff.) an Bedeutung. In der Folge entstand ein bildungsökonomisches Ungleichgewicht zwischen Bildungswesen und Beschäftigungssystem, das durch die Nachfrage nach mehr berufspraktisch orientierten Ingenieuren zur Gründung der Fachhochschulen führte.

Ein solches Ungleichgewicht ist als misslungene Erneuerung des Verhältnisses zwischen Bildungswesen und Beschäftigungssystem zu deuten (vgl. Maier 1994, S. 96), das bei permanentem Fortbestand zu einem Verlust an Ressourcen sowohl für die Wohlfahrt des Einzelnen als auch für die Gesellschaft führt.

Und so werden bei Vorhandensein traditioneller Vorstellungen die zur Jahrhundertwende entstandenen Ideologien reproduziert (vgl. Mahler 1999, S. 21), an den Universitäten herrsche ein 'Theoriebezug' vor, an den Fachhochschulen dagegen ein 'Anwendungsbezug' der Curricula (vgl. Neef 1997b, S. 7). Dabei sind sich nicht nur die Labore der Universitäten und der Fachhochschulen dem äußeren Anschein nach längst gleichwertig und verfolgen die gleichen Forschungstrends (vgl. Vogel/Frerichs 1999, S. 17ff.). Kohlstock resümiert nach einer Untersuchung

---

150 Letztere Auffassung kommt auch in Alois Riedlers Buch „Wirklichkeitsblinde in Wissenschaft und Technik" (Riedler 1919) zum Ausdruck.

151 Neef (1997b) berichtet ähnliches von den Reformuniversitäten Kassel und Bremen, die „unter dem Druck endlich Anerkennung zu finden, ab Ende der 70er und in den 80er Jahren genau die neuen Ansätze zurückgefahren haben, die heute gefragt sind: Projekt- und Problemorientierung ebenso wie Interdisziplinarität in der Ausbildung".

aller SO/PO des Ingenieurstudienganges Vermessungswesen[152] an FH und Universitäten: „Die inhaltlichen und strukturellen Änderungen des Studienganges an den Ingenieur- bzw. Fachhochschulen waren in erheblichem Maße berufs- und standespolitisch motiviert und führten zu einem gegenüber dem universitären immer schwerer abgrenzbaren Berufsbild“ (Kohlstock 1997, S. 225). Er schreibt in Anlehnung an Birkhölzer (1976, S. 123) weiter, dass „die ursprüngliche Trennung in akademisch gebildete ‘wissenschaftliche’ und ‘praktische’ Ingenieure bei fortschreitender wirtschaftlicher Konzentration und Arbeitsteilung nicht mehr angemessen“ (Kohlstock 1997, S. 50) sei und belegt dies mit der Analyse zahlreicher Stellenanzeigen seit 1945 sowie mit seiner ‘Konvergenzthese’. Danach haben sich „Vorbildung, Ausbildung und beruflicher Einsatz von graduierten und diplomierten Ingenieuren“ soweit angeglichen, „dass die Rechtfertigung einer pauschalen Trennung zunehmend schwieriger werde“. „Ein Unterschied bestehe nur in der Studiendauer und -organisation sowie in ‘einigen mathematischen Höhenflügen, die ... für das Studium der Ingenieurfächer keine weitere Bedeutung haben“ (Kohlstock 1997, S. 51).

Rückblickend erscheint die Hochschule lediglich als Schule ohne verbindlichen Lehrplan (vgl. Wagemann 1987, S. 135ff.). Ihre inhaltliche und auftragserfüllende Ausrichtung ist so unscharf, wie das Ergebnis einer Übersetzung von „student“ in einem eindeutig von Schule handelndem angelsächsischen Text ins deutsche (vgl. Arbeitsgruppe 1979, S. 206). Dabei gibt es sehr wohl die Möglichkeit einer relativ genauen Zuordnung. Mitten durch die von Humboldt herkommende Universität verläuft eine Trennungslinie (vgl. Schelsky 1969). Die Zuordnung Schulmodell gilt für Studenten und die Institution, das Universitätsmodell gilt für die Postgraduierten und Professoren. Im Ergebnis heißt dies aber „Die Universität ist im Grundstudium eine Schule ohne Lehrer“ (Morsch/Neef/Wagemann 1986, S. 131). Sie ist gekennzeichnet von der Lehrfreiheit der Universität und den Lern- und Prüfungsplänen der Schule.

Es kann festgehalten werden, dass in der Auseinandersetzung mit den Bestimmungsfaktoren Technischer Bildung das Selbstverständnis der Institutionen und deren Vorstellungen vom öffentlichen Auftrag in weiten Teilen konstituierend ist. Dabei führen vor allem die merkmalsüberhöhten Vorstellungen von Schule, Hochschule und Berufsschule zu unterschiedlichen Ausprägungen der Lehre. Darin werden schulart-trennende Aspekte betont, gemeinsame und verbindende dagegen vernachlässigt.

6.4.3 Öffentlicher Auftrag und Zielvorgabe der Institutionen

Das Selbstbild der Technischen Hochschulen und Universitäten steht in einem immanenten Spannungsverhältnis zu der begrifflichen Trias Bildung, Ausbildung und Berufsausbildung. Auftrag, Absicht und Erfüllung derselben sind für die jeweiligen Paradigmen konstituierend und für die Ausgestaltung universitärer Lehre bestimmend. Welche Vorstellungen von den Intentionen des Auftrages und die Wege zu dessen Erfüllung vorherrschen, wird aus den folgenden Abschnitten ersichtlich.

Mit Blick auf die Auseinandersetzung um den Bildungsauftrag der Universitäten berichtet Winkler (1998, S. 199) von einer aufgeheizten Diskussion, die sich erst durch die rechtliche Okkupation des Begriffes Hochschulbildung durch das

[152] Er ist in der historischen Entwicklung dem Maschinenbau sehr ähnlich.

Hochschulrahmengesetz entspannt hat. Nach seiner Auffassung hat sich der Bildungsauftrag von einem „bildungstheoretisch fundierten Grundsatz einer berufsunspezifischen universellen Bildung in Richtung auf eine berufliche Ausbildung entwickelt“ (Winkler 1998, S. 199). Dabei wurde z.B. durch die Ständige Kommission „genau das im Einzelnen ausgeführt, was Auftrag des Hochschulrahmengesetzes war, nämlich eine wissenschaftliche Berufsausbildung zu konzipieren“ (Heger 1986, S. 2). Auch Meyer (1999, S. 21) beschreibt den Konflikt zwischen Bildung und Ausbildung in Bezug auf die Geisteswissenschaften besonders deutlich: „Ich habe immer wieder eine Schrecksekunde erlebt, wenn ich meinen verehrten Kolleginnen und Kollegen von den Geisteswissenschaften sage, dass die Vorschrift, Studiengänge sollen berufsbefähigend sein, im Gesetz festgelegt ist, und zwar nicht nur als ein Einzelfall im sächsischen Hochschulgesetz, sondern auch im Hochschulrahmengesetz ... Berufsbefähigung ist sicherlich eine unverzichtbare Anforderung neben der Befähigung zu wissenschaftlichem Arbeiten, und dieses Spannungsfeld muss gemeistert werden“.

Doch selbst wenn sich heute noch einzelne neuhumanistische Bildungsideale in den wissenschaftlichen Hochschulen wiederfinden, so entspricht das Studium an einer Universität durch eine Reihe von Indizien untermauert de jure und de facto einer wissenschaftlichen Berufsausbildung. Abgesehen von einzelnen wenigen grundsätzlich generalistisch ausgerichteten Fachbereichen, die sich an eher offenen Berufsvorstellungen wie z.B. Geisteswissenschaften oder Naturwissenschaftlern orientieren müssen, stellt das Studium in Berufsfeldern, in denen ein sehr viel engeres Berufsbild vorherrscht, eine spezifische Berufsvorbereitung dar. Lehrer, Ingenieure, Juristen und Mediziner verstehen die Wissenschaft schon immer als ein notwendiges Mittel in der Ausbildung von Generalisten oder Generalisten mit Vertiefungsrichtung(-en) innerhalb ihres Berufsfeldes. „Die Universität hat faktisch die Funktion (übernommen) [Hervorhebung im Original], soziale Chancen in der Form von Berufslaufbahnen zu verteilen“ (Zillober 1984, S. 39).

Für die Absolventen der genannten Fachrichtungen sind die Universitäten „vornehmlich Stätten der beruflichen Erstausbildung“ (Peisert/Framhein 1997, S. 103) und folglich aus deren Sicht nur als eine höhere Berufsschule zu werten. „Studierende an deutschen Hochschulen, auch an Universitäten, erwarten von Lehre und Studium in ihrer weit überwiegenden Zahl eine hochqualifizierte Berufsausbildung, die nicht auf ‘Wissenschaft als Beruf’ zielt. Für Wissenschaft als Beruf wirkt die Universität berufsqualifizierend durch Graduierten- oder Doktorandenstudien, Dissertationen und Promotion“ (Lange 1998, S. 62). Der klassische Maschinenbaustudent – der FH-Student ist ausdrücklich mit einzubeziehen – unterstreicht die These der wissenschaftlichen Berufsausbildung mit seinem Studienfachwahlverhalten. Als typischer Bildungsaufsteiger orientiert er sich im Gegensatz zu den in den Studienfachwahlentscheidungen eher konstanten Akademikerkindern in seiner Entscheidung für ein Studium ausgesprochen deutlich an den beruflichen Einstellungschancen, und nicht an akademischen Weihen.

Weitere Belege einer zumindest beabsichtigten Arbeitsmarktorientierung lassen sich in den Hochschulgesetzen und deren Entstehungsverfahren finden. So wurde u.a. die Zentrale Studienreformkommission als Instrument des HRG in den 70er Jahren unter Beteiligung von Vertretern der Berufspraxis aufgebaut, zahlreiche Studiengänge den veränderten wissenschaftlichen und beruflichen Anforderungen angepasst und Rahmenprüfungsordnungen, zumindest zeitweise auch den Berufsverbänden vorgelegt (vgl. Nuissl/Rendtorff/Webler 1973, S. 155). Die Hochschulgesetze – auszugsweise Hamburg (vgl. HmbHG 1991, § 3) und Niedersachsen (vgl. NHG 1994, § 11) – nennen ohne Ausnahme[153] den Erwerb eines berufsqualifizierenden Abschlusses als ein Ziel des Studiums. Weiterhin korreliert die Anzahl der Promotionsstudenten an den Hochschulen umgekehrt mit der Abnahme freier Stellen auf dem Arbeitsmarkt; dem bildungsökonomischen Gleichgewichtstheorem der Neoklassik folgend soll die – durch den Erwerb zusätzlicher Qualifikationen – erfolgte Investition in Humankapital, die wertschaffende Potenz der Arbeitskraft vergrößern und sichern. „Die Studenten suchen in der Universität – nicht zuletzt auf Grund der Einübung ganz anderer, unselbständiger Verhaltensweisen in der Schule – eine Bildungs- und Ausbildungsstätte, die ihnen in möglichst kompakter Form eine Ausbildung und mit dem Abschluss einen möglichst hohen Sozialstatus und die Berechtigung zum Eintritt in eine 'lohnende' Berufslaufbahn zuweist" (Nuissl/Rendtorff/Webler 1973, S. 33).

Die Rolle der Wissenschaft wird dabei ambivalent: einerseits ist und bleibt sie Mittel zur Bildung im neuhumanistischen Sinne. Andererseits ist sie Mittel zur Anhäufung von Humankapital und gleichzeitig Werkzeug des Erkenntnisfortschrittes der Lehrenden und Werkzeug der Lernenden in ihrer späteren beruflichen Tätigkeit. Sie ist kaum Selbstzweck, sondern vielmehr ein Teil der Voraussetzungen zu einer späteren professionellen Berufsausübung. In diesem Zusammenhang kann der Spezialist als weniger professionell gedeutet werden als jener, der eine wissenschaftliche Berufsausbildung durchlaufen hat, die sich an einem universellen Berufsbild orientiert.

Bildung wird bildungsökonomisch als generalistische Berufsausbildung innerhalb eines Berufsfeldes zum „Dritten Faktor"[154] und erhält als Humankapital Bedeutung für das Wirtschaftswachstum (vgl. Griesbach u.a. 1995, S. 220, Webler 1995, S. 175). Eine derart als „gute" Bildungsinvestition verstandene Bildung ist ökonomisch und kann nur ganzheitlich erreicht werden. Sie steht einer tayloristisch geprägten Berufsausbildung entgegen, die durch die Auswahl und Addition einzelner Bereiche eine höhere Effizienz zu erreichen versucht. Die dadurch auftretenden Mängel müssen additiv durch den tertiären Bildungsbereich kompensiert werden und verursachen damit „beträchtliche Bildungsinvestitionen im Weiterbildungssektor" (Maier 1994, S. 260).[155] Durch die zur Zeit vorherrschenden additive Organisation verlieren Bildungsbestrebungen ihren direkten Bezug auf das Ganze. Aus didaktischer Sicht können sie kaum mehr eine derart bildungsökonomische Potenz entfalten wie eine am Berufsfeld orientierte ganzheitliche und damit nachhaltige, berufliche Erstausbildung.[156]

Bahlke (1997) greift das bildungsökonomische Konzept der produktivitätssteigernden Wirkung berufsorientierter Bildung auf und stellt eine dementsprechende Struktur der Zusammenhänge von Technischer und Allgemeiner Bildung auf. Er distanziert sich von

---

[153] Siehe dazu das Kapitel „Vorschriften in Lehre und Studienorganisation" (S. 119).

[154] Neben Kapital und Arbeit (vgl. Webler 1995, S. 175).

[155] Nach Maier (1994, S. 260) wurden seit 1975 beträchtliche Bildungsinvestitionen im Weiterbildungssektor getätigt. „Man rechnet gegenwärtig in Deutschland mit diesbezüglichen Ausgaben von 50 Mrd. DM pro Jahr, davon allein ca. 39 Mrd. DM in Unternehmen. Allerdings spielt der Weiterbildungssektor gegenwärtig zu großen Teilen die Rolle eines 'Reparatur-Betriebs', da das traditionelle Bildungssystem zu spät auf den Paradigmenwechsel reagiert hat und somit in Gefahr gekommen ist, am Beschäftigungssystem vorbei auszubilden".

[156] Zusammenfaßt: „Die Summe aller Elemente ist dem Ganzen ungleich".

einer traditionell-ingenieurwissenschaftlichen Technik-Sicht, die sich ausgehend vom Zweck auf Funktion und Struktur und ausgehend von Prozessen auf Informations-, Energie- und Stoffflüsse beschränkt. Nach seiner Ansicht hat erst eine Technische Bildung, die technische Objekte und Prozesse ganzheitlich und in seiner Komplexität betrachtet, eine produktivitätssteigernde Wirkung. Basis seiner Vorstellungen einer Technischen Bildung sind eine Reihe von Kompetenzen, wie Abbildung 38 (S. 244) verdeutlicht.

Es geht nicht allein um die Frage, worin die jeweiligen Unterschiede liegen, sondern auch darum, mit welchen Inhalten jeder einzelne Begriff zu füllen ist. Einigungen über Aufgaben der Hochschule und Studienziele zwischen Hochschule, Gesellschaft und Wirtschaft sind auf eine einheitlich verwendete Nomenklatur angewiesen. Diese kann auf einer Beschreibung der Tätigkeitsfelder mit den erforderlichen Qualifikationsanforderungen basieren, denen eine kontinuierliche und grundlegende Berufsfeldforschung vorausgeht. Dabei muss es unbedingt über die von Brackmann (1996, S. 579) geforderte „bessere Abstimmung zwischen Bildungs- und Beschäftigungssystem" hinausgehen, auch wenn dort sehr sorgfältig geprüft werden soll, „welche Studieninhalte, Methodenkenntnisse und Schlüsselqualifikationen zusammengeführt werden können, um dem Bedarf auf dem Arbeitsmarkt zu entsprechen" (Brackmann 1996, S. 579).

Aus den vorangegangenen Abschnitten wurde ersichtlich, wie wenig Konsens über die Intentionen des Auftrages und die Wege zu dessen Erfüllung herrscht. In der Trias Bildung, Ausbildung und Berufsausbildung werden überwiegend trennende Aspekte betont. Dagegen wird die bildungsökonomische Wirkung von Bildung als generalistische Berufsausbildung vernachlässigt.

6.4.4 Selbstverständnis der Lehrenden als Basis von Forschung und Lehre

Das Selbstverständnis der Lehrenden stellt die Basis von Forschung und Lehre. Beide Tätigkeiten beeinflussen sich gegenseitig und bedingen die Vermittlungsformen technischer Bildung. In den folgenden Abschnitten sollen die wesentlichsten Abhängigkeiten untersucht und dargestellt werden.

Lehrenden wissenschaftlicher Einrichtungen wird in Art. 5 Abs. 3 des Grundgesetzes und in den Landesverfassungen die Freiheit von Forschung und wissenschaftlicher Lehre garantiert. Durch diese als Abwehrrecht formulierte Garantie sind sie vor unberechtigten Einflüssen der Obrigkeit geschützt und können daraus eine akademische Freizügigkeit und eine relative Zwanglosigkeit in der Gestaltung des akademischen Unterrichts ableiten. Laut Hochschulgesetzgebung besteht ihre Aufgabe lediglich darin, „das jeweilige Fachgebiet im Lichte der neuesten Entwicklung in Vorlesungen und gegebenenfalls in Lehrbüchern darzustellen" (Wagemann/Rinneberg 1982, S. 12). Jeder Versuch, mit regulativen Maßnahmen Lernerfolge überprüfen, Lernmethoden zu verbessern, Studieninhalte und -ziele festlegen zu wollen, verstößt gegen den Geist der klassischen Universität.

Den Vätern der Freiheit von Forschung und Lehre ging es im 18. Jahrhundert, in der Zeit der Aufklärung, um ein *Atrium libertatis,* [Hervorhebung im Original] ein Haus der Freiheit, wo die Freiheit von Lehre und Schrift garantiert war. Es sollte den vorherrschenden Universitätsbetrieb ablösen und stand damit konträr zum Autoritätsprinzip, wonach die Hochschulen durch die Territorialstaaten in die Pflicht genommen wurden, wo Landesbehörden verwalteten, die Oberaufsicht über die Hochschulen führten und in die Lehrpläne wie in das Berufungswesen eingriffen.

Die 1737 erlassenen Statuten der Philosophischen Fakultät an der Göttinger „Aufklärungsuniversität" definierten: „Alle Professoren sollen sich einer verantwortungsbewussten Freiheit von Forschung und Lehre ... und der Überzeugung erfreuen, sofern sie Abstand halten von Lehren, die die Religion, den Staat und die guten Sitten verletzen; es soll ihnen freistehen, die Lehrbücher und Schriftsteller auszuwählen, die sie in den Vorlesungen erläutern wollen" (Müller 1990, S. 63). Deutlich ist in dieser Form der Freiheitsgarantie eine Einschränkung zu bemerken, denn abgesehen von den residualen Zugeständnissen an Staat und Klerus, wird von einer verantwortungsbewussten Freiheit gesprochen. Nach Ansicht von Klüver (1995, S. 79ff.) ist es aber gerade die in dieser verantworteten Freiheit angelegte Motivation und das Selbstverständnis der Lehrenden, die eine notwendige Reform der Curricula ermöglichen oder verhindern.

Deutsche Hochschullehrer „bilden unter den Befragten aller Länder den Extremfall", denn sie fühlen sich im internationalen Vergleich fast ausschließlich mit der Disziplin verbunden und fallen entsprechend durch ihre deutlich geringere Verbundenheit mit dem Fachbereich oder der Hochschule auf (vgl. Enders/Teichler 1995, S. 58). Sie empfinden eher eine Verdrängung der Forschung durch die Lehre und müssen nicht selten die für Lehraufgaben fehlende Grundausstattung durch Drittmittelaquisitionen querfinanzieren (vgl. Schimank 1995, S. 57 ff.). „Die Funktion der Wissenschaftsproduktion und -erhaltung wird dabei deutlich – vor allem von vielen an der Hochschule Lehrenden – als die primäre betrachtet". Die Ausbildungsfunktion verliert demgegenüber an Bedeutung und ist in ihrer Ausprägung nur zu verstehen, wenn sie „weitgehend determiniert durch die jeweiligen Wissenschaftsdisziplinen begriffen wird" (Klüver 1995, S. 79). Curricula werden in diesem Verständnis sehr häufig damit begründet, dass sich die einzelnen Inhalte aus der logischen Systematik des Faches ergäben (vgl. Klüver 1995, S. 84) und werden nicht, wie Kohlstock (1997, S. 16) feststellt, unter der Berücksichtigung von Gesellschafts- und Arbeitsmarktanalysen und Expertenbefragungen als „permanent revisionsbedürftig" angesehen. Sie sind nur dann zu kritisieren, wenn sie offenkundig dem Forschungs- und Reflexionsstand nicht mehr entsprechen (vgl. Klüver 1995, S. 84). Die Wissenschaftlichkeit des Curriculums und der Ausbildung kann nach dieser Ansicht nur durch die Isomorphie mit der Logik des Faches, der Fachsystematik, gewährleistet werden.

Die kritisch konstruktive Didaktik durchbricht mit der Didaktischen Analyse die maßgebende Orientierung an relativ statischen Curricula, ohne selbst zeitlich oder inhaltlich zu vereinheitlichen. Ihr Begründungsverfahren muss zugleich als Standard und in seiner Wirkung als Reform von unten verstanden werden. Sie stellt dem lehrenden Individuum vielmehr verfahrensimmanent die fortwährende Frage nach dem didaktisch und bildungsökonomisch begründeten Zusammenhang und bietet mit der Orientierung am Bildungsgehalt eines Lehrgegenstandes eine sinnvolle zentrale Kategorie.

In der permanenten Auseinandersetzung mit dem Bildungsgehalt eines zu lehrenden Gegenstandes wird sogleich die von Klüver (1995, S. 81) beklagte gewöhnliche Suggestion überwunden, die Hochschuldidaktik sei nur eine „Übertragung der relevanten erziehungswissenschaftlichen Begriffe, Theorien und kategorialen Ansätze auf den Hochschulbereich", deren Ergebnisse „analog zur Schuldidaktik" praktisch umzusetzen seien. An die Stelle der häufig konjunkturell abhängigen erziehungssoziologischen Begriffsmuster wie Sozialisation, Qualifikation und Selektion sowie den erziehungswissenschaftlichen Schlüsselbegriffen wie Curriculum oder Lernziel, tritt die von Klüver (1995, S. 79) geforderte Analyse von Ausbildungsinstitutionen unter der Berücksichtigung gesamtgesellschaftlicher Reflexion, institutionentheoretischer Analysen und pädagogischer Handlungsmodelle.

Anders, als von ihm gefordert, muss die Didaktik als „Wissenschaftsdidaktik" dann nicht über das erweitert werden, „was traditionellerweise als Erziehungswissenschaften verstanden wird", sondern nur in ihrer letzten Konsequenz zu Ende gedacht werden. In dieser Konsequenz beinhaltet Didaktik bereits die kritische Analyse der Hochschulausbildung, der ihr zu Grunde liegenden Wissenschaften und des Wissenschaftssystems, die für die Lehre, die Isomorphie von Curriculum und Fachsystematik durchbricht. Eine moderne konstruktive Didaktik mit dem Leitbild vom „Haus des Lernens" schafft vielmehr mit der Theorie von der Hochschullehre eine Entsprechung zum rein an der Forschung orientierten Wissenschaftssystem. Einem Wissenschaftssystem, hinter dem ein sehr enges Technikverständnis steht, das betroffene Randgebiete wie z.B. ethisch-moralische Fragen oder Technikfolgenabschätzungen ausklammert und sich im Reproduktionsverlauf unreflektiert verstärkt. Die deutschen Hochschulen könnten dann schnell wieder an dem Punkt sein, den sie auf ewig überwunden zu haben hoffen. „Aus den bitteren Erfahrungen des Weltkrieges ist die beschämende Erkenntnis gekommen, dass unsere gesamte Erziehung bis hinauf zur Hochschule ihre sozialpolitische Aufgabe nicht nur nicht erfüllt, sondern überhaupt im buchstäblichen Sinne vergessen hat" (Böhme 1980, S. 16).[157]

Das Wissenschaftssystem bleibt aber für das lehrende Hochschulpersonal karrierebestimmend und negiert über den bildungsökonomischen Ertragsratenansatz Motivation und Motiv zur Steigerung der Lehrqualität. Die Beschäftigung mit Studienreformproblemen bedeutet „in den meisten Wissenschaften einen Zeitverlust, der sich nachteilig auf die Konkurrenzsituation auswirkt; Karriere an der Hochschule wird nun einmal über wissenschaftliche Publikationen gemacht" (Klüver 1995, S. 90) und transportiert damit seine eigenen bildungsökonomischen Gesetze.

Die Bestimmung des Bildungsgehaltes bewirkt in ihrer Umsetzung eine Reflexion der Lehre und letztendlich eine Reform von unten. Die Bestimmung findet auf der Basis einer fortgeschrittenen objektiven Analyse unter Berücksichtigung der o.g. Determinanten und Interdependenzen statt. Zugleich leistet sie durch die analytisch-objektive Kritik am Selbstverständnis der Hochschullehrenden Überzeugungsarbeit innerhalb der von Wildt (1995, S. 313) beschriebenen „autonomen Gestaltungskompetenz der Hochschullehrer". Sie ist die dauerhafte und wirkungsvollste Chance einer Veränderung, denn sie kann sich die gleichen Argumente und die gleichen Instrumente zu eigen machen, an denen bisher jegliche Reformbemühungen scheiterten. Die Freiheit von Forschung und Lehre – einst als Sicherung gegen staatlichen Einfluss gedacht und zur Abwehr einer Reform von oben angewendet – kann so zum Schutzraum einer nonkonformen Reform von unten werden. Unter der Anerkennung des Bildungsgehaltes als die zentrale Kategorie didaktischer und bildungsökonomischer Zielsetzungen werden normative Vorgaben nicht mehr an der Grenze der Freiheit von Forschung und Lehre abgelehnt, sondern gleichsam durch die didaktische und

[157] Böhme bezieht sich mit diesem Zitat auf Formulierungen, die 1919 auf dem Forum des VDI zur Reform der Technischen Hochschulen von den Rektoren der Technischen Hochschule Darmstadt und der Technischen Hochschule Dresden vorgetragen wurden.

bildungsökonomische Analyse gefiltert in den Begründungszusammenhang der eigenen Lehre übernommen.

Rückblickend bleibt das Wissenschaftssystem für das lehrende Hochschulpersonal karrierebestimmend. Es negiert über den bildungsökonomischen Ertragsratenansatz Motivation und Motiv zur Steigerung der Lehrqualität. Die in diesem Rahmen entstandenen Curricula orientieren sich ausschließlich an der Fachsystematik und sind nur dann revisionsbedürftig, wenn sie dem Forschungs- und Reflexionsstand nicht mehr entsprechen. Die kritisch konstruktive Didaktik durchbricht diese Orientierung und bietet mit dem Bildungsgehalt eines Lehrgegenstandes eine didaktisch begründete Planungshilfe an.

6.5 Institutionalisierte Determinanten und Interdependenzen

Die institutionalisierten Determinanten und Interdependenzen der ingenieurwissenschaftlichen Lehre umfassen neben den formalisierten auch die weniger formalisierten. Während die Strukturen und Abhängigkeiten der universitären Lehre von der Bildungs- und Hochschulpolitik zu den formalisierten Determinanten und Interdependenzen gehören, werden die intentionalen Einflussmöglichkeiten weiterer Institutionen wie z.B. den Interessenverbänden zu den weniger formalisierten gezählt.

Viele der damit verbundenen Strukturen sind erst in den 60er Jahren und danach entstanden und weisen noch immer Unterschiede zwischen den Technischen Hochschulen und den übrigen Universitäten auf. In den nachfolgenden Erläuterungen wird es um die Darstellung dieser institutionalisierten strukturellen Abhängigkeiten, um deren Niederschlag in Gesetzen und Vorschriften sowie um die Schnittstellen gehen, an denen die verschiedenen Interessenverbände zusätzlich ihren Einfluss geltend machen können.[158]

6.5.1 Entstehungsstrukturen von Vorschriften für Lehre und Studienorganisation

Die heutigen bildungs- und hochschulpolitischen Beteiligungs- und Entscheidungsstrukturen sind Ergebnisse eines Prozesses, der Ende der 50er Jahre begann. Wie diese in Form von Meinungsbildungs- und Entstehungsstrukturen ausgestaltet und untereinander verbunden sind, wird in den weiteren Ausführungen untersucht und dargestellt.

Nach einer Forschungs- und Studentenförderung des Bundes sowie einer finanziellen Mitverantwortung im Hochschulbau fand der Entstehungsprozess 1976 mit der Verabschiedung des HRG seinen ersten Abschluss. Mit diesem Gesetz wurde eine einheitliche Grundlage und ein zentrales Instrument der Studienreform für das deutsche Hochschulwesen geschaffen. Eine seiner Stützen ist die Einrichtung von Studienreformkommissionen. Es wurden konsensfähige Vorschläge zur Strukturreform zusammengefasst und das Studium stärker auf spätere berufliche Erfordernisse ausgerichtet. Studiengänge wurden gestrafft und Regelstudienzeiten zur Verkürzung der

158 Bei der momentan verstärkten Einführung von Bachelor und Master Abschlüssen und die Zertifizierung durch Akkreditierungsgesellschaften (vgl. DAAD 1998), bleibt abzuwarten, ob sie auch weiterhin ihren Einfluss bei alten wie neuen Studiengängen geltend machen können. Dabei werden derzeit in der deutschen Hochschullandschaft die Begriffe Akkreditierung und Zertifizierung synonym und nicht wie in der freien Wirtschaft gebraucht.

Gesamtstudiendauer eingeführt. Unter Wahrung der durch das Urteil des Bundesverfassungsgerichtes 1972 erneut bestätigten, Hochschulautonomie verpflichtete das HRG die Länder zu Verfahrensweisen und Normen, um die Zusammenarbeit der staatlichen Hochschulen, der Wirtschaft und anderer Institutionen zu formalisieren.

Seit dieser Zeit wurden bestehende und neue Institutionen an dem meinungsbildenden und administrativen Prozess der ingenieurwissenschaftlichen Lehre beteiligt und in vorhandene Strukturen eingebaut. An diesem Netzwerk gegenseitiger Entscheidungsbeteiligungen, das von Habermas[159] als „Zwangsjacke" und von seinen Befürwortern als erfolgreiches QMS bezeichnet wird, sind die Bundesregierung, die Landesregierungen, der Deutsche Bildungsrat (bis 1975), der Wissenschaftsrat, die Kultusministerkonferenz, die Hochschulrektorenkonferenz, die Bund-Länder-Kommission und Interessenverbände wie z.B. der Stifterverband der Deutschen Wissenschaft beteiligt.

Der Deutsche Bildungsrat wurde 1965 als Nachfolgeorganisation des Deutschen Ausschusses für das Erziehungs- und Bildungswesen von Bund und Ländern mit dem Ziel einer gemeinsamen Bildungsplanung gegründet und 1975 aufgelöst. Er bestand aus einer Bildungskommission, der Sachverständige und Vertreter bildungspolitischer Gruppen angehörten sowie einer Verwaltungskommission aus Vertretern von Bund und Ländern, die zur Anhörung der Bildungskommission verpflichtet und zur Stellungnahme berechtigt war. Ein Koordinierungsausschuss sorgte für die Abstimmung mit dem Wissenschaftsrat und der Präsident der Kultusministerkonferenz führte den Vorsitz in der Verwaltungskommission. Die Vorschläge, Gutachten und Empfehlungen bezogen sich – mit Ausnahme der Wissenschaftsförderung und der Weiterentwicklung der Hochschulen, für die der Wissenschaftsrat zuständig war – auf das gesamte Bildungswesen und dienten vielfach der Bund-Länder-Kommission für Bildungsplanung und Forschungsförderung.

Die Ständige Konferenz der Kultusminister der Länder in der Bundesrepublik Deutschland (KMK) – bekannt unter der Kurzform Kultusministerkonferenz – wurde 1948 als Nachfolgeorganisation der „Konferenz der deutschen Erziehungsminister" durch ein Übereinkommen der Länder gegründet. Sie setzt sich aus den zuständigen Senatoren bzw. den Ministern der Länder zusammen und dient der Koordinierung der Arbeit der Kultus- und Wissenschaftsministerien der 16 Länder. Mit dem Ziel einer gemeinsamen Meinungsbildung und Vertretung gehört es zu ihren Aufgaben, die Angelegenheiten der Kulturpolitik von überregionaler Bedeutung zu verfolgen (vgl. KMK/HRK 1993). Die erforderliche Koordination erfolgt in der Regel durch die Übernahme der nicht bindenden Empfehlungen, Vereinbarungen und Staatsabkommen in die Landesgesetzgebung und soll u.a. ein Höchstmaß an Mobilität für die Lernenden, Studierenden, Lehrenden und wissenschaftlich Tätigen sichern (vgl. KMK 1999).

159 So berichtet in Nuissl/Rendtorff/Webler 1973, S. 154.

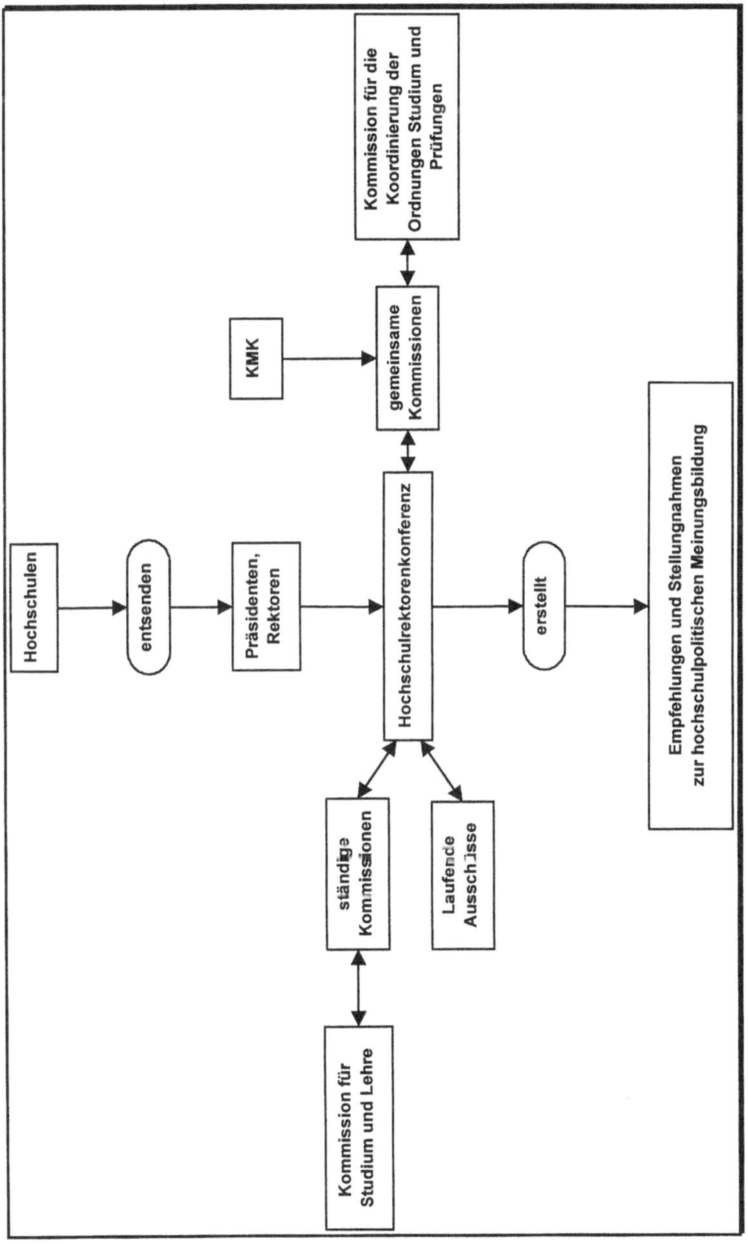

(Eigene Anfertigung)

Abbildung 16: Die Hochschulrektorenkonferenz

Die Konferenz der Rektoren und Präsidenten der Hochschulen in der Bundesrepublik Deutschland (HRK) – Kurzform: Rektoren- oder Hochschulrektorenkonferenz – ist der 1990 umbenannte Nachfolger der Westdeutschen Rektorenkonferenz (WRK). Sie ist ein freiwilliger Zusammenschluss der staatlichen und staatlich anerkannten Universitäten sowie der Hochschulen in Deutschland und befasst sich mit allen Themen, die die Aufgaben der Hochschulen betreffen. Die gemeinsame Arbeit – in Abbildung 16 (S. 115) dargestellt – findet ihren Niederschlag in Empfehlungen und Stellungnahmen, die der hochschulpolitischen Meinungsbildung zu nationalen und internationalen Fragen sowie der Koordination unter den Hochschulen dienen soll. Einzelthemen werden in ständigen Kommissionen[160] und eigenen laufenden Arbeitsgruppen oder gemeinsam mit anderen Organisationen in laufenden Arbeitsgruppen[161] behandelt.

Die gemeinsame Arbeit von HRK und KMK findet u.a. in gemeinsamen Kommissionen statt. Ein Beispiel dafür ist die Kommission für die Koordinierung der Ordnung von Studium und Prüfungen, gemäß der Vereinbarung der Länder auf der Grundlage des § 9 HRG.

Der Wissenschaftsrat (WR) wurde 1957 von Bund und Ländern durch ein Verwaltungsabkommen als Abstimmungsgremium bei Maßnahmen zur Förderung der Wissenschaft gegründet. Ihm gehören Persönlichkeiten des öffentlichen Lebens, Vertreter der Wissenschaft, der Landes- und der Bundesregierung an. Er entwirft, wie in Abbildung 17 (S. 117) gezeigt, Empfehlungen und auf Anfrage der Bund-Länder-Kommission für Bildungsfragen auch gutachterliche Stellungnahmen zu Fragen der inhaltlichen und strukturellen Entwicklung der Hochschulen, der Wissenschaft und der Forschung. Zu den bekanntesten Arbeiten gehört u.a. „Empfehlungen zur Neuordnung des Studiums an den wissenschaftlichen Hochschulen 1966".

Die Bund-Länder-Kommission für Bildungsplanung und Forschungsförderung (BLK) „ist das ständige Gesprächsforum für alle Bund und Länder gemeinsam berührenden Fragen des Bildungswesens und der Forschungsförderung" (Artikel 1 des BLK-Abkommens). Sie wurde 1970 durch ein Verwaltungsabkommen zwischen Bund und Ländern als Bund-Länder-Kommission für Bildungsplanung eingerichtet. Grundlage ist der Artikel 91 b des Grundgesetzes, wonach Bund und Länder u.a. bei der Bildungsplanung zusammenwirken können. Ihr gehören Vertreter des Bundes und der Länder an. 1971 und 1975 wurde das Abkommen durch zwei weitere Rahmenvereinbarungen erweitert und der Name der Kommission mit dem Zusatz „und Forschungsförderung" versehen.

160 Z.B. „Ständige Kommission für Studium und Lehre".

161 Eine laufende Arbeitsgruppe ist z.B. die „Gemeinsame Kommission von HRK und KMK für die Koordinierung der Ordnungen Studium und Prüfungen".

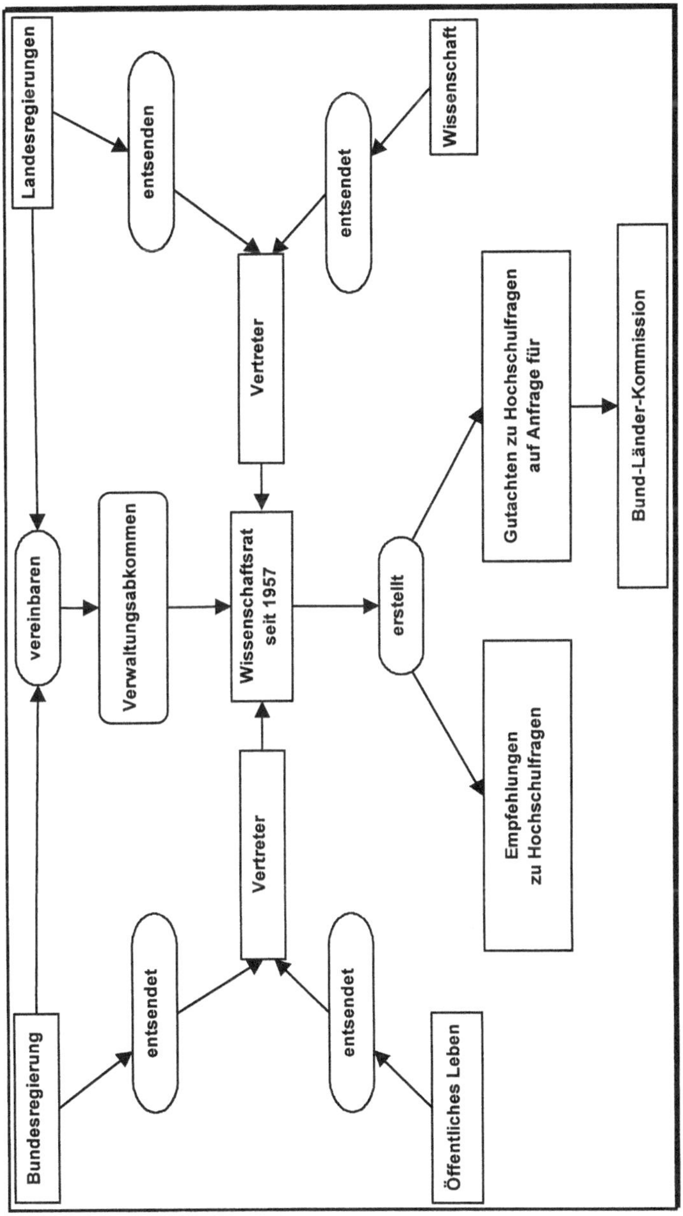

Abbildung 17: Der Wissenschaftsrat

(Eigene Anfertigung)

Ihre Arbeit konzentriert sich auf das Zusammenwirken von Bund und Ländern bei der Bildungsplanung und der Forschungsförderung sowie auf die Auswirkungen demographischer, ökonomischer, technologischer, wirtschaftlicher und soziologischer Veränderungen auf das Bildungs- und Beschäftigungssystem und den dadurch bedingten veränderten Qualifikationsstrukturen und -anforderungen. Die Kommission erstellt Empfehlungen, die den Regierungen von Bund und Ländern vorgelegt werden, verwaltet das Hochschulsonderprogramm III (HSP III) und fördert Modellvorhaben im Bildungswesen. Zu den bekanntesten Arbeiten gehören u.a. der „Bildungsgesamtplan" von 1973-1980 (vgl. BLK 1998).

An den Sitzungen der BLK nehmen Vertreter des Wissenschaftsrates mit beratender Stimme und sein Generalsekretär als ständiger Gast teil. Umgekehrt ist der Generalsekretär der BLK ständiger Gast bei den Sitzungen des Wissenschaftsrates. Der Generalsekretär der KMK nimmt als ständiger Gast an den Sitzungen der Kommission teil; ebenso nimmt der Generalsekretär der BLK an den Sitzungen der Amtschefskonferenz und des Plenums der KMK teil. Die KMK ist für die Arbeit der BLK die wichtigste Fachministerkonferenz der Länder. Zwischen dem Sekretariat der KMK und der Geschäftsstelle der BLK bestehen, wie in dargestellt, kontinuierliche Arbeitsbeziehungen.

Am Ende der bisher aufgezeigten formalisierten Strukturen und Abhängigkeiten der universitären Lehre steht das Genehmigungsverfahren der SO/PO, in dem der Einfluss von Bund, Ländern, KMK und HRK, sowie die zentrale Rolle der Rahmenprüfungsordnungen und der Studienreformkommissionen zum Tragen kommt.

Ausgehend von dem im Vergleich zu der Idee von Bildung recht jungen – aber im Gegensatz zu den älteren Vorläufern länderübergreifenden – Hochschulrahmengesetz (HRG) werden die Hochschulen beauftragt, Bildung anzubahnen. Bildungsinstitutionen sind somit gleichsam per Auftrag von der Gesellschaft als Vermittler von Bildung legitimiert, obwohl Bildung selbst als Instrument der gesellschaftlichen Reflexion gilt, das den Status quo der Gesellschaft zu hinterfragen hat.

Zur Konkretisierung dieses Auftrages sind die Kultusminister der Länder zur Verabschiedung von Universitäts- (UG) respektive Landeshochschulgesetzen (LHG) verpflichtet. Die Hochschulen haben nachfolgend SO/PO aufzustellen, wobei die PO als Grundlage für die SO dienen muss. In dem Verständnis dieses Auftrages wurden für das HRG Kommentare und von der Studienreformkommission der Hochschulrektorenkonferenz (HRK) Empfehlungen zur inhaltlichen Gestaltung von PO erlassen.

Auf dem Weg über die Landesgesetze in die Hochschulen geht jedoch ein wesentlicher Teil der Intentionen des HRG und seines allgemeinen Auftrages verloren oder steht gar mit ihnen im Widerspruch, weshalb sich die SO/PO in der nachfolgend beschriebenen Form präsentieren. „Der Befähigung zu 'verantwortlichem Handeln' gemäß HRG wird praktisch keinerlei Bedeutung zugemessen" und „die Unterscheidung zwischen wissenschafts- und anwendungsorientiertem Studium ... steht im Widerspruch zum Studienziel im HRG" (Kohlstock 1997, S. 57).

Rückschauend wird ein Netzwerk gegenseitiger Entscheidungsbeteiligungen und ein mehrfach mit den Hochschulen rückgekoppelter Meinungsbildungs- und Entstehungsprozess deutlich. Insgesamt sorgt er für eine ausreichende Beteiligung der Hochschulen bei der Aufstellung und Gestaltung von SO/PO. Trotzdem gehen viele Intentionen der übergeordneten Rechtsvorschriften auf dem Weg durch die Instanzen verloren.

6.5.2 Vorschriften in Lehre und Studienorganisation

Die Lehre in der Hochschule und ihre Organisation ist durch viele Vorschriften geregelt. Die Vorschriften sind untereinander eng verknüpft und erzeugen ein dichtes Beziehungsnetz. Die nachfolgenden Abschnitte sollen ihre Inhalte, Intentionen und Schnittstellen untersuchen und offen legen.

Die Hochschulen sind an vielen Stellen selbst in die Entstehungsprozesse von Vorschriften eingebunden oder sie werden zu bestimmten Vorgehensweisen verpflichtet, die auch mit der Novellierung des HRG von 1998 nur z.T. freier geregelt wurden. Sollte die Novelle des HRG u.a. die Hochschulreform und die Autonomie der Hochschulen durch Deregulierung stärken (vgl. Schaumann 1998), so sind diese inzwischen viel zu eng in das Korsett der institutionalisierten Bestimmungsfaktoren eingebunden. Denn mit dem Ende der Ordinarienuniversität und der Verabschiedung des HRG 1976 wurden die Hochschulen in ein umfassendes juristisches Regelwerk eingebettet, dass den Reformprozess gegen bestehende konservative Kräfte zwangsweise fördern sollte. Es wird aber von seinen reformwilligen Gegnern eher als hemmend für die Entwicklung der Hochschulen betrachtet. Nuissl/Rendtorff/Webler (1973, S. 154) sprechen bereits bei den Empfehlungen des Wissenschaftsrates von 1966 zur Neuordnung des Studiums von einem „Korsett der Studienreform" und beziehen sich auf Habermas, der bei der so genannten Rahmenprüfungsordnung der Westdeutschen Rektoren Konferenz (WRK) und der KMK von einer „Zwangsjacke für die Studienreform" spricht (vgl. Nuissl/Rendtorff/Webler 1973, S. 154).

Um aber den Hochschulen wieder mehr reformerische Freiräume zu geben und eine Neuorientierung im Sinne einer wettbewerbsorientierten Hochschulreform zu ermöglichen, wurden die Vorschriften zur Organisation und Verwaltung der Hochschulen auf ein Minimum beschränkt (vgl. BMBF 1998a, o.S.) und die bisherigen Detailregelungen des Hochschulwesens durch das HRG auf einen Kernbestand reduziert: entfallen sind überflüssige rahmenrechtliche Vorgaben wie Detailregelungen

- zu Rahmenprüfungsordnungen (§ 9 Abs. 2 Satz 3 und 4),
- zu Studienordnungen (§ 11),
- zum Lehrangebot (§ 12),
- zu Prüfungen und Prüfungsordnungen (§ 15 Abs. 2, Abs. 4 Satz 1 und Abs. 5, § 16 Abs. 2 und 3).

Dagegen steht „die Politik der Kultusministerien und der Fakultätentage, die in der Vergangenheit durch ständig wachsende Verregelung auf der Basis der Rahmenordnungen eine höchst restriktive Politik gegenüber allen diese Normen überschreitenden Reformansätzen betrieben haben" (Neef 1999, S. 98). Wie die neuen Zielsetzungen des HRG jedoch durch das Recht der Länder unterlaufen werden können und werden, um an den eingeführten und als bewährt erachteten Verfahren fest zu halten, deutet das Gutachten von Keller und Römer (1996) über das Verhältnis des Hessischen Hochschulgesetzes (HHG) zum HRG in der Fassung von 1985 an. Dort heißt es: „Dass § 9 HRG keine Verfahrensregelungen für die Studienreform auf

Landesebene mehr enthält, stellt keine Einengung, sondern eine Erweiterung der Handlungsoptionen der Länder dar: Die Bildung von Studienreformkommissionen wird den Ländern nicht mehr vorgeschrieben, sie stellt aber weiterhin eine zulässige Form dar, den § 8 HRG umzusetzen".

Eine Erklärung für die beharrende Haltung der Länder findet sich bei Meyer (1999, S. 22), wonach das derzeitige Qualitätssicherungssystem im deutschen Hochschulwesen auf dem Zusammenwirken von Politik und Wissenschaft in Gestalt der Kultusministerkonferenz und der Hochschulrektorenkonferenz beruht und sich trotz seiner nachteiligen „Langwierigkeit bei der Festlegung und Rigidität bei ihrer Durchsetzung" bewährt hat. „KMK und HRK erarbeiten gemeinsam Rahmenprüfungsordnungen. Die Ministerien der Länder achten auf die Einhaltung der Rahmenprüfungsordnung bei der Genehmigung der Prüfungsordnung und wohl auch der Studienordnung der Hochschulen. Das Ziel ist die Sicherung von Gleichwertigkeit und von studentischer Mobilität. International ist dies ein System, das hohe Qualität definiert und garantiert".

Die nach § 9 Abs. 2 HRG[162] erfolgte Ermächtigung der zuständigen Landesbehörde, eine nach § 16 Abs. 1 Satz 1 HRG gültige Anpassung von PO an die nach § 9 HRG[163] von Ländern und Hochschulvertretungen auf Bundes- bzw. länderübergreifender Ebene erarbeiteten Empfehlungen zu verlangen, steht „durchaus in Einklang mit dem Hochschulrahmengesetz. Das Hochschulrahmengesetz geht nicht allein von der Zuständigkeit der Hochschulen für die Erarbeitung von Studien- und Prüfungsordnungen aus, in die der Staat nur in Ausnahmefällen, und zwar in seiner Aufsichtsfunktion, eingreifen darf: Das Hochschulrahmengesetz bestimmt zugleich die Studienreform und die Hochschulreform als Aufgaben, die Hochschulen und Staat im Zusammenwirken zu erledigen haben (§4 Abs. 1 und 8 Abs. 1)" (Keller/Römer 1996, o.S.). „Für Aufgaben im Bereich der Studien- oder Hochschulreform können die Hochschulen daher kein Monopol beanspruchen, auch dann nicht, wenn sich die Reformarbeiten auf den Inhalt von Studien- und Prüfungsordnungen auswirken" (Keller/Römer 1996, o.S.).

Auch wenn mit der Regelung über die Ausgestaltung die Pflicht zur Zulassung und Anzeige der SO mit der Änderung des § 11 in der HRG-Novelle 1998 ersatzlos entfiel[164], sind die SO/PO noch immer das Ergebnis eines sehr langwierigen Meinungsbildungsprozesses, an dem Vertreter der Politik, der Berufsverbände, der Hochschulen und der Fakultätentage in unterschiedlicher Weise beteiligt wurden und werden. Sie werden bestimmt durch die Vorgaben des Grundgesetzes und die in diesem Prozess entstandenen Vorschriften, die dadurch einen direkten administrativen und intentionalen Einfluss auf das Studium erhalten. Zu diesen Regelungen gehören das Hochschulrahmengesetz, die Landeshochschulgesetze oder Universitätsgesetze, die Grundordnungen der Universitäten und die Rahmenordnungen.

---

162 Bis 1998 im Satz 4 konkretisiert.

163 Bis 1998 in Abs. 2 konkretisiert

164 Juristisch ist damit die aus diesem Gesetz erwachsene Pflicht entfallen, nicht aber die Möglichkeit es – z.B. in Form von Diplomstudiengängen – weiterhin so zu betreiben.

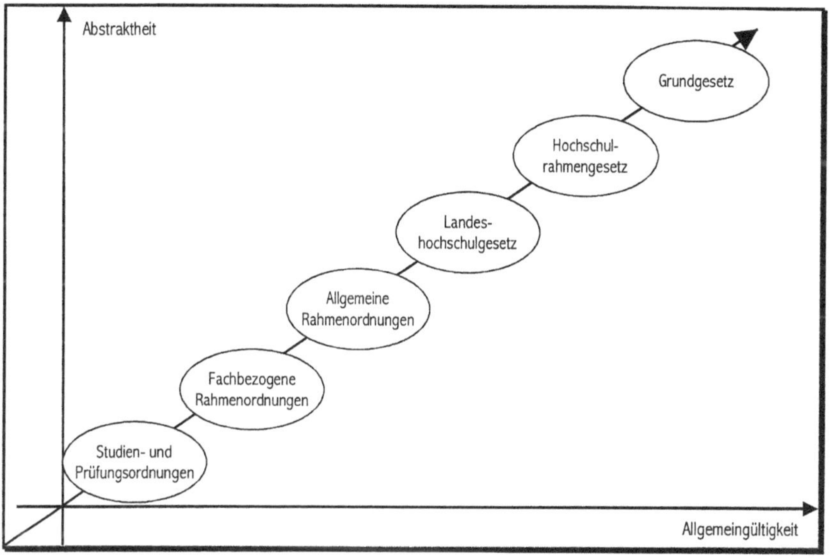

(Eigene Anfertigung)

Abbildung 18: Bedeutungshierarchie der studiumorganisierenden Regularien

In der Bedeutungshierarchie für die Studienorganisation und in Bezug auf den direkten Einfluss auf die Lehre nimmt der Abstraktionsgrad (Abstraktheit) und die fachliche Zuständigkeitsbreite (Allgemeingültigkeit) der einzelnen juristischen Regelungen vom HRG zu den SO/PO ab und die Konkretisierung der fachlichen und inhaltlichen Studienorganisation zu. Abbildung 18 soll dies visualisieren. Trotz, oder – wie noch nachzuweisen ist – gerade wegen dieser zunehmenden fachlichen Konkretisierung belegt ein Vergleich der Inhalte und Begleitkommentare der jeweiligen Gesetze einen Verlust der ursprünglichen gesellschafts- und bildungspolitischen Intentionen auf dem Weg vom HRG zu den SO/PO. Besonders deutlich wird dieser Verlust in der direkten Gegenüberstellung der Erläuterungen zur Rahmenordnung für die Diplomprüfung im Studiengang Maschinenbau an Universitäten und gleichgestellten Hochschulen mit den konkreten Ausformulierungen der SO/PO. Obwohl die SO/PO nach wie vor durch die Länder zu genehmigen sind, weisen sie doch eine wesentlich größere Orientierung an der Fachsystematik auf als die in den Erläuterungen zum HRG transportierten Intentionen.

Erst die nachfolgenden Regelungen der Studienorganisation und des Studienverlaufes haben sich ihre intentional gestalterischen Freiräume bewahrt, in die sich die Hochschulen einbringen und – durch retrospektive Untersuchungen – Rückschlüsse auf die ursprünglichen Intentionen und Zielsetzungen der Autoren erlauben. Zu diesen Regelungen gehören Studienpläne, Praktikantenrichtlinien, Vorlesungsverzeichnisse, kommentierte Vorlesungsverzeichnisse und sogar Gestaltungsvorschriften für Studien- und Diplomarbeiten.

Das Grundgesetz regelt das gesellschaftliche Miteinander. Es bleibt vom politischen Tagesgeschäft weitestgehend unberührt und stellt die juristische Basis aller nachfolgenden Gesetze und Regelungen dar. Mit dem Artikel 5 Abs. 3 garantiert es die Freiheit von

Forschung und Lehre. Zugleich gibt es das Recht (Artikel 75 Abs. 1 Nr. 1a, unter der Voraussetzung des Artikels 72 Abs. 2), Rahmenvorschriften über die allgemeinen Grundsätze des Hochschulwesens zu erlassen, um damit gleichwertige Lebensverhältnisse im Bundesgebiet zu fördern. Dagegen beinhaltet das Hochschulrahmengesetz allgemein gefasste und für alle staatlichen Universitäten gültige, gesellschafts- und bildungspolitisch intendierte Zielsetzungen. Sie sind als eine Folge der „Erstarrung in traditionellen Formen der Hochschulstruktur und des Wissenschaftsbetriebs (‘Ordinarienuniversität’) anzusehen. In ihnen schien weder eine Bewältigung der Gegenwartsprobleme möglich, noch eine Bewältigung der Vergangenheit’“ (Arbeitsgruppe 1984, S. 233). Zudem soll es eine Vergleichbarkeit unter den Hochschulen ermöglichen. Es wird von Zeit zu Zeit den veränderten Bedingungen und Vorstellungen angepasst und verpflichtet die Länder wie die Hochschulen zur Studienreform.

Die Landeshochschul-, Universitäts- oder gleichgestellten Gesetze regeln die landesspezifischen Bestimmungen wie Zielsetzungen und Aufgaben der Hochschulen. Zugleich bilden sie den Rahmen für die Grundordnung der Hochschulen. Die Gesetze werden von den einzelnen Bundesländern erlassen, müssen mit den Bestimmungen des HRG vereinbar sein und sollen dessen Geist an die Hochschulen weitergeben. Hochschulen u.a. werden durch sie dazu verpflichtet Studierende zu beraten und SO/PO aufzustellen. Die Grundordnung der Hochschule – auch als Verfassung der Universität bezeichnet – ergänzt fehlende Rechtsbestimmungen in Bezug auf die Hochschule und regelt sie. Durch ihre Zielsetzungen und die sehr großen Unterschiede in den einzelnen Grundordnungen der verschiedenen Hochschulen haben sie im Allgemeinen nur einen marginalen Einfluss auf das Studium.

Rahmenordnungen können von den Studienreformkommissionen der Länder oder der KMK erstellt werden. Für den Studiengang Maschinenbau sind derzeit die „Allgemeinen Bestimmungen für Diplomprüfungsordnungen“[165] von 1994 gültig, die durch die „Rahmenordnung für die Diplomprüfung im Studiengang Maschinenbau“ von 1991 konkretisiert werden. Letztere wurde durch die Studienreformkommission Maschinenbau und Verfahrenstechnik erarbeitet und ersetzt die 1986 aufgestellten Empfehlungen der Studienreformkommission. Beide Ordnungen wurden durch die Studienreformkommission der KMK verabschiedet und durch die KMK wie durch die HRK beschlossen. Die Länder konnten und können diese als Instrumente zur „Studienreform ‘von oben’“ (Peisert/Framhein 1997, S. 93) nutzen, um SO/PO zu genehmigen oder zurückzuweisen.

„So benutzt das Kultusministerium sie als Kriterien für die Genehmigung oder Nichtgenehmigung von Prüfungsordnungen … Die Existenz einer solchen Rahmenprüfungsordnung ermöglichte es der Kultusbürokratie, ohne nähere Begründung eine sehr lange diskutierte Prüfungsordnung abzulehnen. Ob die Abweichungen von der Rahmenprüfungsordnung begründet sind oder nicht, scheint dabei keine Rolle zu spielen“ (Nuissl/Rendtorff/Webler 1973, S. 155). Dort, wo der formalen Einheitlichkeit von Studiengängen auch heute noch ein zu großes Gewicht beigemessen wird, werden die Hochschulen nach wie vor dazu verleitet, „die Rahmenprüfungsordnung schlicht

---

165 Sie wurde durch die gemeinsame Kommission für die Koordinierung der Ordnungen von Studium und Prüfungen von der KMK und der HRK vorbereitet.

abzuschreiben, ohne vorher einen genauen Studienplan und Curricula zu erarbeiten“ (Nuissl/Rendtorff/Webler 1973, S. 156).

Wegen der zu Grunde zu legenden Rahmenordnungen sind sich die SO/PO der maschinenbautechnischen Lehranstalten in Deutschland sehr ähnlich - sie sind sogar über ganze Passagen hinweg identisch. Die SO/PO enthalten spezielle Beschreibungen der Studien- und Prüfungsanforderungen und deren Zielsetzungen. Sie sind für einzelne Studienfächer einer Hochschule gültig und regeln die Inhalte und den groben Studienablauf. In der Regel sind die SO auf der Grundlage der vorher durch das Land zu genehmigenden PO zu formulieren und zu erlassen.

Studienpläne können, wie das Thüringer Hochschulgesetz (ThürHG 1992 §17, 2) beschreibt, eine Empfehlung an die Studierenden für einen sachgerechten Aufbau des Studiums darstellen. Häufig enthalten sie aber eine exakte Beschreibung des Studienablaufes, der durch enge Vorgaben eine meist stark reglementierte Studienorganisation von Abläufen, Veranstaltungen usw. vorgibt.

Vorlesungsverzeichnisse enthalten üblicherweise eine semesterbezogene Liste der nach § 43 HRG zur Sicherung des geforderten Studienangebotes anzubietenden Veranstaltungen, deren Zeiten und Räume. Als kommentierte Vorlesungsverzeichnisse enthalten sie zusätzlich Beschreibungen einzelner oder mehrerer Veranstaltungen und geben die Intentionen, das Selbstverständnis sowie das Bemühen einzelner Lehrender oder Institute um die Qualität der Lehre wieder.

Praktikantenrichtlinien oder -ordnungen, Gestaltungsvorschriften von Studienarbeiten, Diplomarbeiten usw. stehen am Ende der Bedeutungshierarchie für die Studienorganisation. Sie unterliegen keiner administrativen Kontrolle mehr, wenngleich die 1977 durch den Fakultätentag für Maschinenbau und Verfahrenstechnik beschlossenen Richtlinien für eine einheitliche praktische Ausbildung so gut wie von allen Mitgliedshochschulen übernommen wurden, die Deutsche Kommission für Ingenieurausbildung (DKI) 1981 eine einheitliche Regelung der Praktika gefordert hatte (vgl. KMK/HRK 1991) und die berufspraktische Ausbildung in den Erläuterungen zur Rahmenprüfungsordnung Maschinenbau thematisiert wird. Die DKI empfiehlt vielmehr die Gestaltung der Praktikantenordnung in Abstimmung mit jenen zu erstellen, die die Praktikantenplätze zur Verfügung stellen (Sinn 1993b, S. 92f.). Letztendlich lassen sich aus den Formulierungen und der Art der damit verbundenen Restriktionen die mit ihnen transportierten Intentionen und Implikationen der Autoren herauslesen.

6.5.2.1 Studien- und Prüfungsordnungen

Als eines der ausdrucksstärksten Elemente in der Betrachtung der studienrelevanten Vorschriften gelten die Studien- und Prüfungsordnungen (SO/PO). Sie sind gleichsam als Ausdruck und Ergebnis aus einem wie auch immer gearteten Meinungsbildungsprozess zu werten und stehen mit weiteren Einflüssen zumindest in einem Implikationszusammenhang. Sie stellen eine Besonderheit dar, denn in der bisherigen Abfolge der Vorschriften sind sie die letzten administrativ kontrollierten Vorschriften und die ersten Vorschriften, die im Wesentlichen unter der Leitung der Hochschulen entstehen und zugleich zwischen Hochschulen und Studierenden vermitteln.

In dieser Funktion stehen die SO/PO in der immer wiederkehrenden Diskussion um die Reform der Hochschulen im Allgemeinen, ihrer Studieninhalte und ihrer Studienzeiten sowie in der Kontroverse mit den Anforderungen aus der Praxis im Fokus des Interesses. Didaktische und inhaltliche Reformbemühungen im Studiengang Maschinenbau müssen sich zwangsläufig mit den Zielen und der Kongruenz von Vorschriften wie der Landeshochschul- oder Universitätsgesetze sowie der SO/PO untereinander, aber auch mit den Paradigmen vom Berufsbild und Fachverständnis auseinandersetzen.

Der zuvor beschriebene Meinungsbildungsprozess lässt, ohne dass bisher eine vollständige und vergleichende Übersicht über alle Ordnungen für den Studiengang Maschinenbau vorlag, einen gewissen Gleichlauf der LHG/UG und der SO/PO vermuten. Bezüglich der SO/PO wird dies durch eine Reihe älterer Untersuchungen in z.T. anderen ingenieurwissenschaftlichen Richtungen gestützt.[166]

Die nachfolgende Analyse schließt die Lücke und unterzieht die Zielvorgaben der SO/PO aller deutschen Hochschulen einer grundsätzlichen Synopse. Sie basiert auf der Erfassung und Gegenüberstellung synonymer Schlüsselbegriffe wie z.B. „berufliches Tätigkeitsfeld" oder „Befähigung" in den SO/PO. Die Untersuchung verfolgte das Aufstellen sowie Auswerten aller SO/PO im Einzelnen, miteinander, untereinander und im Vergleich zu den Landeshochschul- oder Universitätsgesetzen. Ziel war es, die Kongruenz untereinander zu prüfen und deren inhaltliche und intentionalen Bezüge zum HRG, den LHG und einigen anderen Vorgaben zu diskutieren.

Im Gegensatz zum HRG und der Rahmenordnung für die Diplomprüfung im Studiengang Maschinenbau (KMK/HRK 1991) existieren zu den Landeshochschul- bzw. Universitätsgesetzen nur vereinzelte und zu den Allgemeinen Bestimmungen für Diplomprüfungsordnungen (KMK/HRK 1994) wie den SO/PO keine Kommentare[167], die über den reinen Wortlaut der Vorschrift hinausgehen. Die Synopse kann deshalb nur den Inhalt der Regularien wiedergeben und vergleichen, aber nicht die ursprünglichen Deutungen, Intentionen und Implikationen der Autoren.

Die vorliegende inhaltliche Synopse der SO/PO (Stand 10/1997)[168] ist primär ein rekursiver Vergleich der Vermittlungs- und Prüfungsabsichten. Er gibt einen Einblick in den Grad der Studienzieldifferenzierung und erlaubt Rückschlüsse auf die Vorstellung der Hochschule von den zu vermittelnden Qualifikationen im beruflichen Tätigkeitsfeld. Um die Ziele zu eruieren, geht es zunächst darum, ob sie überhaupt auf ein berufliches Tätigkeitsfeld vorbereiten wollen. Sodann ist zu klären, mit welchen Vorgaben sie dieses Ziel erreichen und überprüfen wollen. Abschließend ist zu prüfen, wie gewährleistet werden soll, dass die Inhalte und didaktischen Methoden, mit denen die formulierten Zielvorgaben erreicht werden sollen auch in Zukunft auf einem aktuellen Stand sind?

Es gibt 27 deutsche Hochschulen, die keine Fachhochschulen sind und, an denen Maschinenbau im Vollstudium belegt werden kann. Darunter befinden sich Universitäten, Technische Universitäten, Technische Hochschulen und Gesamthochschulen. Die beiden

166 Siehe dazu u.a. Wagemann (1980b, 1995), Ropohl (1980), VDI (1983) und Kohlstock (1997).

167 Solche Kommentare oder Referentenkommentare gibt es für das HRG z.B. von Dallinger (1978), von Denninger (1984), von Hailbronner (1995) oder von Reich (1996). Für die UG/LHG z.B. von Fahse (1976) für Rh-Pf, von Leuze (1981) für NRW oder von Reich (1989) für Bayern.

168 Der naheliegende Einwand, diesen Stand als möglicherweise veraltet anzusehen, kann dadurch relativiert werden, dass die Studien- und Prüfungsordnungen insgesamt sehr beständig sind. Siehe dazu die folgenden Absätze.

Universitäten der Bundeswehr stellen durch ihre Trimester und Bundeswehrzugehörigkeit eine Besonderheit dar und wurden nicht weiter berücksichtigt.

Insgesamt liegen die Ordnungen oder vergleichbare Informationen von 24 der übrigen 25 Hochschulen vor. Sie wurden im Laufe der Jahre 1996 und 1997 gesammelt und stammen in der jeweils gültigen Fassung aus der Zeit von Dezember 1985 (Universität Dortmund) bis Oktober 1996 (Universität Kaiserslautern). In ihrem Geist, ihrem Kern und in ihrer Struktur sind viele der Ordnungen jedoch einige Jahre älter[169], was auf ihre Beständigkeit hindeutet. Einzelne Hochschulen wiesen darauf hin, dass ihre Ordnungen gerade neu überarbeitet werden und dass die Studienrealität anders aussähe, als es die Ordnungen vermuten lassen. Änderungen – z.B. formale Anpassungen an geltendes Recht oder das Streichen eines Satzes in der PO der TU Berlin 1994[170] – bewirken zwar eine neue gültige Fassung, aber nicht unbedingt eine grundsätzliche Änderung indem hier nachgefragten Interesse.

Von allen untersuchten Hochschulen beabsichtigen Aachen und Bochum eine SO zu erstellen und verwenden inzwischen – wie Ilmenau – einen rechtlich zulässigen Studienplan, der als Ersatz in die Auswertung einbezogen wurde. In Stuttgart und Karlsruhe entspricht die PO gleichzeitig der SO, während in Hamburg-Harburg die SO keine Angaben über die untersuchten Studienziele enthält. In Braunschweig gibt es keine adäquate Regelung. Von Dresden waren die SO/PO weder auf telefonischem noch auf schriftlichem Wege erhältlich. Die %-Wertangaben beziehen sich aber immer auf alle Hochschulen, weshalb in manchen Ergebnissen ein relativer Wert von z.B. 96 % aller SO/PO dem absoluten Wert von 100 % der vorhandenen SO/PO entspricht. Die Differenz ist entsprechend zu berücksichtigen.

6.5.2.2 Ziele von Studienordnungen im Maschinenbaustudium

Die Vermittlung der erforderlichen fachlichen Kenntnisse erhielt mit 80 % (20) den höchsten Wert der Studienziele, kurz gefolgt vom Vorbereiten auf das berufliche Tätigkeitsfeld mit 76 % (19). Mit 64 % (16) folgen die Befähigung zur wissenschaftlichen Arbeit, die Vermittlung erforderlicher Fähigkeiten 60 % (15) und die Befähigung zu verantwortlichem Handeln 48 % (12).

Zuletzt finden sich mit jeweils 16 % (4) die Fähigkeit zur kritischen Einordnung der wissenschaftlichen Erkenntnisse und zu problembewussten Lösungen nach technologischen, ökonomischen, ergonomischen und ökologischen Gesichtspunkten. Das Ende bilden die Befähigungen zu wissenschaftlichem 12 % (3) und zu kritischem Denken 12 % (3) sowie die Fähigkeit zur Entwicklung von Verfahren zur Beschreibungen und Lösung von Problemen des Maschinenbaus.

Die in einer zweiten Sequenz genannten Ausbildungsziele des Studiums reichen von selbstständigem Arbeiten 72 % (18) über Arbeiten nach wissenschaftlichen Methoden 64 % (16) und Anwendung wissenschaftlicher Erkenntnisse 40 % (10) bis zur Kooperationsfähigkeit im zukünftigen Berufsfeld 16 % (4).

---

[169] Der Kern der Prüfungsordnung der TU Braunschweig ist beispielsweise aus dem Jahr 1982.

[170] Amtliche Mitteilungsblatt der TU Berlin. Nr. 5/1994. Berlin 29.7.1994. Danach wird der Satz gestrichen, der die Zulassung für in begründeten Ausnahmefällen zu einer dritten Wiederholungsprüfung regelte.

6.5.2.3 Prüfungsziele im Maschinenbaustudium

In der Diplomprüfung soll nach den PO „festgestellt werden, ob die Erfordernisse für die jeweilige Berufspraxis erworben wurden". 84 % (21) der Hochschulen nennen hier den Nachweis über den Erwerb der wissenschaftlichen Fachkenntnisse, 60 % (15) erworbene Fähigkeiten, 36 % (9) den Erwerb von Kenntnissen und 8 % (2) erworbene Fertigkeiten.

Zudem soll zu 80 % (20) nachgewiesen werden, ob die Fähigkeit vorliegt, bei der Lösung von Problemen des Faches die Zusammenhänge des Faches zu überblicken, wissenschaftliche Methoden 56 % (14) und die nötigen wissenschaftlichen Fachkenntnisse 44 % (11) anzuwenden. Weniger Konsens besteht bei dem Nachweis selbstständig 44 % (11), problembewusst 24 % (6) und kooperativ 8 % (2) zu arbeiten. Schließlich soll nachgewiesen werden, ob die Fähigkeit vorliegt, wissenschaftliche Methoden 92 % (23), wissenschaftliche Erkenntnisse 72 % (18) anzuwenden und fachbezogen 8 % (2) wie fächerübergreifend 8 % (2) zu kooperieren.

6.5.2.4 Ziele von Studien-, Vordiplom- und Diplomarbeiten

Zur Vollständigkeit und zur Berücksichtigung evtl. vorhandener berufspraktischer Orientierungen wurde die Untersuchung durch eine Aufstellung der entsprechenden Ziele der Studien-, Vordiplom- und Diplomarbeiten ergänzt. Dabei wurden die SO/PO wie zuvor nach synonym verwendeten Schlüsselbegriffen durchsucht, die die Ziele der Studien- und Prüfungsarbeiten wiedergeben könnten. Das Ergebnis belegt ein fast einheitliches Bild in den Zielvorgaben. Abgesehen von Dresden wollen 24 Hochschulen mit der Diplomarbeit belegen, ob der Kandidat in der Lage ist, ein Problem in begrenzter Frist selbstständig und nach wissenschaftlichen Methoden zu bearbeiten. Nur in zwei Fällen soll – ohne dass dabei ein Bezug auf die Kommunikationsfähigkeit erkennbar wäre – auch nachgewiesen werden, dass die Ergebnisse klar und verständlich dargestellt und in nur einem Fall in die fachübergreifenden Zusammenhänge eingeordnet werden können.

Weniger einheitlich sind die Aussagen zu den Zielen, die mit den Klausurarbeiten überprüft werden sollen. Unabhängig von der pädagogischen Diskussion um die Validität der Prüfungsergebnisse zur Feststellung angestrebter Lernerfolge durch die verschiedenen Prüfungssituationen wie Klausuren, mündlichen Prüfungen usw. wollen die Hochschulen zu 76 % (19) in den Klausurarbeiten überprüfen, dass der Kandidat in angemessener Zeit und mit den zugelassenen Hilfsmitteln, mit den geläufigen Methoden des Faches 16 (64 %) Probleme erkennen und Wege zu ihrer Lösung 13 (52 %) finden kann. 4 (16 %) Hochschulen wollen damit zudem überprüfen, ob der Kandidat über ein breites Grundlagenwissen verfügt, die Zusammenhänge des Prüfungsfaches erkennt, spezielle Fragestellungen in diese einzuordnen vermag und Wege zu ihrer Lösung finden kann.

Ähnliche Zielvorgaben kennzeichnen die mündliche Prüfung, wenngleich hier eine weitere Abnahme der Übereinstimmungen festzustellen ist. 12 (48 %) Hochschulen wollen in der mündlichen Prüfung nachweisen, ob der Kandidat die Zusammenhänge des Prüfungsfaches erkennt, spezielle Fragestellungen in diese einzuordnen vermag und Wege zu ihrer Lösung finden kann 6 (24 %). 11 (44 %) der Hochschulen wollen mit der mündlichen Prüfung auch das Grundlagenwissen überprüfen und allein

Cottbus (4 %) will überprüfen, ob der Kandidat in fachübergreifenden und problemorientierten Fragestellungen gesichertes Fachwissen nachweisen kann.

Selbst die Studienarbeiten, die als berufsintegratives Element des Studiums verstanden werden könnten, gehen mit der Ausnahme von Kassel und Siegen – sie rechnen die berufspraktischen Studien und das Projektstudium zu den Studienarbeiten – kaum oder gar nicht über die bisher getroffenen didaktisch-methodischen Vorgaben und inhaltlichen Ziele hinaus. Meist erschöpfen sie sich in der verbalen Umschreibung der formalen Vorgaben.

6.5.2.5 Zusammenschau der Landeshochschul- und Universitätsgesetze

Mit einer Synopse der Landeshochschulgesetze untereinander und mit den SO/PO wurde deren Kongruenz und die inhaltlichen Bezüge zu den SO/PO überprüft und diskutiert. Insgesamt konnten die Landeshochschulgesetze[171] nur von 13 der 16 Bundesländer in der Synopse berücksichtigt werden, da Saarland, Schleswig-Holstein und Bremen kein universitäres Maschinenbaustudium anbieten. Durch den beschriebenen vorgeschalteten Meinungsbildungsprozess (vgl. S. 113ff.) ließen die LHG/UG einen ähnlichen Gleichlauf vermuten, wie er bei den SO/PO nachgewiesen werden konnte. Die Gesetze wurden im Laufe der Jahre 1996 und 1997 gesammelt und stammen aus der Zeit von Juni ’91 (Brandenburg) und Juli ’97 (Hamburg).

Die Auswertung der Landeshochschul- und Universitätsgesetze (LHG/UG) ergab für die Ziele des Studiums jeweils 100 % (13) bei Vorbereitung auf ein berufliches Tätigkeitsfeld, Vermittlung der erforderlichen fachlichen Kenntnisse, Fähigkeiten und Methoden sowie bei der Befähigung zu wissenschaftlichem, künstlerischem und verantwortlichem Handeln. Lediglich die Vermittlung fachübergreifender Kenntnisse fällt mit 31 % (4) ab. Mit ebenfalls 100 % (13) unterscheiden sie zwischen wissenschaftlichen und künstlerischen Studien sowie einer in der Regel berufsbegleitenden wissenschaftlichen Weiterbildung. Nach 92 % (12) der Länder ist zwischen weiterführenden und vertiefenden Studien sowie dem wissenschaftlichen Studium zu unterscheiden, das zu einem berufsqualifizierendem Abschluss führt.

Alle Länder verpflichten ihre Hochschulen mittels Soll-Vorschrift, eine SO aufzustellen, die auf der Grundlage der PO die Inhalte und den Aufbau des Studiums regelt. Sie sollen die in den Studiengang eingeordnete berufspraktische Tätigkeit 100 % (13), die fachliche und die hochschuldidaktische Entwicklung 92 % (12) sowie die Anforderungen der beruflichen Praxis 85 % (11) berücksichtigen.

In den weiteren Ausführungen der LHG/UG werden die Hochschulen zu 100 % (13) verpflichtet, dass die Mitglieder der Hochschule die Grundrechte nach Art. 5 Abs. 3 Satz 1GG – Kunst und Wissenschaft, Forschung und Lehre sind frei – wahrnehmen können. Weiter sollen sie die freie Entfaltung der Wissenschaft und der Künste gewährleisten 15 % (2) und die Vielfalt von Wissenschaft und Kunst sicherstellen 8 % (1). Die Freiheit der Forschung umfasst mit je 92 % (12) die Fragestellung, die Grundsätze der Methodik und die Bewertung des Forschungsergebnisses inklusive seiner Verbreitung. Die Freiheit der Lehre umfasst im Rahmen der zu erfüllenden Lehraufgabe ebenfalls mit je 92 % (12) die Abhaltung von

[171] Je nach dem auch als Hochschul- oder Universitätsgesetz bezeichnet.

Lehrveranstaltungen mit Inhalt und Methode und das Recht auf Äußerungen von wissenschaftlichen und künstlerischen Lehrmeinungen.

Bei allen LHG/UG 100 % (13) sind die Entscheidungen der zuständigen Hochschulorgane zulässig, soweit sie sich auf die Organisation des Forschungs- und Lehrbetriebes bzw. auf Gewährleistung eines ordnungsgemäßen Studiums (in Bezug auf die SO/PO) beziehen und die Freiheit als solche nicht beeinträchtigen 92 % (12).

Nach Maßgabe von 92 % (12) der LHG/UG nehmen Professorinnen[172] und Professoren Aufgaben in Wissenschaft und Kunst sowie in Forschung und Lehre selbstständig wahr. Sie sind verpflichtet, das Lehrangebot in ihren Fächern sicher zu stellen 92 % (12) und ihr Fach angemessen zu vertreten 8 % (1). Zu ihren hauptberuflichen Aufgaben gehört auch die Mitwirkung an Studienreform und Studienfachberatung 85 % (11) sowie an der berufspraktischen Ausbildung 31 % (4). 46 % (6) der LHG/UG zählen auch die Förderung der Studierenden und des wissenschaftlichen Nachwuchses zu den hauptberuflichen Aufgaben der Professorinnen und Professoren, während nur 23 % (3) vorschreiben, dass ihnen Zeit für wissenschaftliche und künstlerische Arbeiten zur Sicherung der Lehrqualität gewährt werden muss. Abschließend richten sich bei 92 % (12) der LHG/UG Art und Umfang der Aufgaben nach dem Dienstverhältnis.

Die Freiheit des Studiums erlaubt es den Studierenden in 12 Bundesländern (92 %) innerhalb eines Studienganges Schwerpunkte nach eigener Wahl zu setzen und eigene wissenschaftliche wie künstlerische Meinungen zu erarbeiten und zu äußern. Es sind jedoch nur 85 % (11) der Bundesländer, die ihnen die freie Wahl von Lehrveranstaltungen einräumen.

6.5.2.6 Kongruenz von Studien- und Prüfungsordnungen

Studien- und Prüfungsordnungen regeln das Studium. Kongruente Paarungen von SO/PO fördern die Transparenz des Studiums und den Studienablauf. Aus ihren Formulierungen kann ein angestrebtes Absolventenprofil ermittelt werden.

In der direkten Gegenüberstellung der jeweils zusammengehörenden SO/PO geht es um deren grundsätzliche Kongruenz. Neben einer Betrachtung der Vor- und Nachteile kongruenter Paarungen sollen aus einer Gesamtbetrachtung das angestrebte Absolventenprofil der Studien- und Prüfungsordnungen ermittelt werden. Ihr wurden die 19 Ziele zu Grunde gelegt, die mindestens einmal in den SO/PO genannt wurden.

Abgesehen von den Sonderfällen, in denen ein Vergleich wegen fehlender Ordnungen nicht möglich war, schwanken die Werte der Kongruenz zwischen völliger Übereinstimmung bis zu keinerlei Gemeinsamkeit. Dabei ist zu berücksichtigen, dass die Ordnungen von zwei Hochschulen weniger als fünf, neun weniger als zehn, elf weniger als fünfzehn und nur zwei mehr als fünfzehn der neunzehn untersuchten Ziele nennen und keinen eindeutigen Trend für ein Übergewicht von bestimmten Zielen in der SO oder PO aufwiesen.

---

172 Abweichend von der selbst auferlegten Schreibkonvention im Umgang mit beiderlei Geschlecht, ist die in diesem Absatz verwendete Schreibweise – Nennung der maskulinen und femininen Form – dem Original entlehnt.

Insgesamt war bei zwei Vergleichen (4, 6) – in Klammern die Anzahl der genannten Ziele – keine Übereinstimmung zu finden. Bei vier Vergleichen (6, 8, 9, 9) waren zwei, bei zwei (5, 10) drei und bei drei (4, 10, 13) vier Übereinstimmungen festzustellen. Mit fünf Übereinstimmungen schnitten fünf Vergleiche (8, 8, 10, 11, 13) ab, zwei (11, 12) mit sechs, zwei (7, 14) mit sieben und schließlich je zwei (10, 15) mit acht und (13, 15) mit zehn. In Prozenten umgerechnet waren die Übereinstimmungen gleichmäßig von 0 % bis 100 % verteilt und von der Gesamtzahl der genannten Ziele unabhängig.

Keine Abstimmungsprobleme zwischen SO und PO haben Aachen und Bochum. Sie haben die zweite der durch die LHG vorgegebenen Möglichkeiten gewählt und statt einer SO nur einen Studienplan erlassen. Karlsruhe und Stuttgart umgehen das Problem, indem sie die jeweils gleiche Ordnung als SO/PO verwenden und Hamburg-Harburg nennt erst gar keine der untersuchten Studienziele in seiner SO.

Mit der in den SO formulierten Absicht, auf ein berufliches Tätigkeitsfeld vorbereiten zu wollen, muss die Aufzählung der in den PO genannten Prüfungsziele gleichsam rückwirkend als Vorstellung der Hochschule von den geforderten Qualifikationen in den angestrebten beruflichen Tätigkeitsfeldern gewertet werden. In der Gegenüberstellung dieser Vorstellungen mit

- den Anforderungsprofilen aus der Forschung,
- der industriellen Praxis,
- dem beruflichen Verbleib der Berufsanfänger und
- ihren späteren Tätigkeiten[173]

ist die vorliegende einseitige Ausrichtung der Ordnungen – hinsichtlich der selbst formulierten Vorbereitung auf berufliche Tätigkeitsfelder der Ingenieure – ebenso kritisch zu hinterfragen wie das von den Hochschulen transportierte berufliche Paradigma und muss als ehrliche Orientierungshilfe für Studium und Prüfungswesen abgelehnt werden.

In den Formulierungen beider Ordnungen überwiegen die rezeptiv zu vermittelnden Studienziele wie Kenntnisse, Methoden usw., während die besonders in der aktuellen Diskussion immer wieder geforderte stärkere Berücksichtigung von soft-skills[174] wie z.B. der Fähigkeit zu kritischem Denken, der Kommunikationskompetenz, der Kooperationsfähigkeit oder der Teamfähigkeit zahlenmäßig zu vernachlässigen sind.

Neben der Allgemeinklausel der beruflichen Vorbereitung überwiegen in den SO im Einzelnen die Studienziele der Vermittlung von Kenntnissen und die Fähigkeit, diese in wissenschaftlichen Anwendungen selbstständig und verantwortlich zu gebrauchen. In den PO sollen dagegen vor allem berufsbezogene wissenschaftliche Fachkenntnisse und deren Zusammenhänge sowie die Fähigkeit zur Anwendung von wissenschaftlichen Methoden und Kenntnissen überprüft werden.

Die Auswertungen der SO und PO und deren Gegenüberstellung mit den Anforderungsprofilen aus Forschung und industrieller Praxis belegen sehr deutlich die

[173] Siehe dazu beispielhaft die Zusammenstellungen von Minks (1996) oder Hesse/Schrader (1998).

[174] Mit „soft-skills“ werden zumeist die erwähnten „weichen“ Schlüsselqualifikationen umschrieben. Sie sind den „social-skills“ ähnlich, aber erweitert.

Abhängigkeit der Ordnungen von den tradierten Paradigmen, dem Verständnis von der Freiheit von Forschung und Lehre; dem dort vorhandenen Bild einer beruflichen Tätigkeit und der Revisionshäufigkeit. Mit der Absicht, dass ein Studium wissenschaftlich, berufsbefähigend und persönlichkeitsbildend sein soll, werden dort Studienziele genannt, die von der Fachkompetenz über die Methoden-, die Praxis-, die Sozial-, die Vermittlungs- und die Weiterbildungskompetenz bis zur Kritikkompetenz reichen. Abgesehen von einer didaktisch unpräzisen Terminologie werden hier zumindest sieben weniger erklärte Unterscheidungen hinsichtlich zu vermittelnder Studienziele gemacht, während die meisten der SO/PO lediglich auf drei als relevant zu bezeichnende Studienziele eingehen: Fähigkeiten, Kenntnisse und die Anwendung von Methoden.

Aus didaktischer Sicht sind Lernziele die „vom Lehrenden vorgegeben werden und sich gegen die Bedürfnisse der Lernenden richten und auch deren Fähigkeiten nicht berücksichtigen“ (Kohlstock 1997, S. 29) nicht erreichbar. „Ein deutliches Beispiel ist hier das in den Ingenieurwissenschaften übliche Grundstudium, welches viele Studierende demotiviert und häufig als Belastung empfunden wird, die es zu ertragen gilt“ (Kohlstock 1997, S. 29).

Die in der Gegenüberstellung überprüfte Kongruenz der SO/PO weist nur selten ein geschlossenes Bild auf. Allzu häufig divergieren sie voneinander. Sie können so kaum zu einem in sich geschlossenen Studium führen und die Studierenden orientieren. Sie bevorteilen eher ein in der Pädagogik als „Heimlicher Lehrplan“ (Meyer 1987b, S. 28)[175] bekanntes Phänomen[176], wonach es „um die *lautlosen Mechanismen* [Hervorhebung im Original] der Einübung in die Regeln und Rituale der Institution“ geht und „der Tauschwert des Gelernten wichtiger als der Gebrauchswert sei“ (Meyer 1987b, S. 44). Betroffen sind hauptsächlich die Studierenden, die ihr Studienhandeln zwischen den SO/PO oder deren nachgeschalteten organisierenden Ordnungen wie Studien- oder Stundenplänen abstimmen müssen. Ohne eine Differenzierung zwischen verschulten und weniger verschulten Studiengängen berichtet Wildt von Untersuchungen aus den 70er Jahren: „Orientierungsprobleme von Studenten zeigen, dass formell geltende Ordnungen häufig kaum oder überhaupt nicht bekannt sind“ (Wildt 1995, S. 310). Nach seiner Ansicht entscheiden sich Studenten eher auf Grund von Empfehlungen oder der Bekanntheit eines Dozenten für den Besuch einer Veranstaltung.

Trotzdem oder gerade deshalb ist eine Differenz der genannten Studien- und Prüfungsziele grundsätzlich abzulehnen, denn erst in der Isomorphie von Studien- und Prüfungszielen können sie in der Studienorganisation und -gestaltung den erforderlichen Niederschlag finden, müssen sie von den Lehrenden wie von den Studierenden gleichermaßen berücksichtigt werden und können sich die allgemeine Anerkennung verschaffen. Mögen geringe Divergenzen der SO/PO noch weniger problematisch sein,

175 Siehe auch Klafki (1996, S. 93).

176 Auch bekannt als „hidden curriculum“ oder „pädagogische Hinterbühne“. Der Begriff umschreibt die ungewollten und unbegriffenen erzieherischen Einflüsse auf die Lernenden. Danach lernen die Schüler und die Lehrer durch eine schleichende Gewöhnung an die „Umstände“, nur noch bestimmte Handlungsalternativen in den Blick zu nehmen. Dies kann sogar soweit führen, dass die Schüler an dem, was sie lernen sollen, gehindert werden (vgl. Meyer, S. 44).

so können aber größere Probleme immer dann auftreten, wenn eine der beiden Ordnungen mehrere Ziele nennt, die in der anderen nicht berücksichtigt wurden.

Die kleinere Gefahr für den Studienerfolg stellt im Sinne der Studierenden der Fall dar, in dem die SO mehr Ziele nennt als die PO. Nach Wildt (1995, S. 311) lassen PO „in der Regel einen Spielraum für die Gestaltung von Studiengängen, der aber durch *Studienordnungen* [Hervorhebung im Original] weiter eingeengt wird". Die Studienziele sind ohne entsprechende Prüfung als bedeutungslose Absichtsbekundungen zu werten und können bei Kenntnis der PO vernachlässigt werden. Folglich geht „die Tendenz dahin, die Lernsituationen des Studienganges direkt den Anforderungen der Prüfungsordnungen entsprechend auszurichten" (Wildt 1995, S. 311), und „die strikte Orientierung an Prüfungsanforderungen und am Scheinerwerb" erweist sich „als die verbreitetste Haltung unter Studierenden" (Schulmeister 1995, S. 339). Das Studium unterliegt mit fortgeschrittenem Stadium mehr und mehr der Steuerung durch die Prüfung, „unabhängig, ob die von der Hochschule angebotenen Lernsituationen diesem Zweck dienen" (Wildt 1995, S. 311) oder nicht.

Anders sieht es in dem umgekehrten Fall aus. Werden in der PO Ziele genannt, die nach SO nicht zu erwerben sind, ist davon auszugehen, dass die Hochschule annimmt, dass diese Ziele automatisch, also nebenbei erworben werden. Die Freiheit der Lehre bleibt gewahrt, und es obliegt dem Studierenden, ob er sich Prüfungsziele wie „problembewusstes Lösen", „soziale Intelligenz" oder „interkulturelle Kompetenz" (Hesse/Schrader 1998, S. 15f.) aneignet.

Letztendlich ist jegliche Divergenz als ein Mangel in der Kongruenz der Studienorganisation zu werten (vgl. Griesbach u.a. 1995, S. 228) und kann sich angesichts der stellenweisen Nicht-Verfügbarkeit der PO belastend und studienzeitverlängernd auswirken. Sie hat immer eine ausgeprägte Tendenz zum heimlichen Lehrplan und steht mit Sicherheit nicht im Sinne der derzeit bildungspolitisch favorisierten studienzeitverkürzenden Transparenz der Hochschule. Das häufig von Seiten der Hochschulen geäußerte Gegenargument, wonach die Ordnungen nicht so eng auszulegen seien, macht sie nur um so mehr obsolet.

In der durch alle SO/PO aufgespannten Kongruenzmatrix (vgl. Tabelle 5, S. 132) sind in den Zeilen die Ziele der SO und den Spalten die Ziele der PO abgetragen, die jeweils nacheinander zwischen allgemeinem, wissenschaftlichem, spezifischem und kooperativem Handeln differenzieren. In der Matrix sind die Zielformulierungen und sowohl die absoluten wie die relativen Nennungen in den SO bzw. PO genannt. Im Ergebnis fällt die relativ hohe Kongruenz im Kreuzungsbereich wissenschaftlich/wissenschaftlich der PO/SO auf. Hier gibt es drei volle und sieben deckungsfähige Übereinstimmungen bei insgesamt relativ häufigen Nennungen in den SO/PO. In allen anderen Kreuzungsbereichen nimmt die Überdeckung der Formulierungen und der Häufigkeiten ab. Hervorzuheben ist die einzelne, sehr hohe Kongruenz für den Erwerb wissenschaftlicher Fachkenntnisse, aber auch die fehlende Entsprechung vieler Ziele, wie z.B. der Befähigung zu verantwortlichem Handeln.

Handlungsformen	Ziel des Studiums: Nach Studienordnung soll das Studium...	n	%	Durch die Diplomprüfung soll festgestellt werden, ob für die jeweilige Berufspraxis die erforderlichen...	allgemein: wiss. Fachkenntnisse erworben wurden	allgemein: Kenntnisse erworben wurden	allgemein: Fertigkeiten erworben wurden	allgemein: Fähigkeiten erworben wurden
	Zweck der Diplomprüfungen: n				21	9	2	15
	%				84	36	8	60
allgemein	auf das berufliche Tätigkeitsfeld vorbereiten	19	76					
	die erforderlichen Fähigkeiten vermitteln	15	60					
	die erforderlichen fachlichen Kenntnisse vermitteln	20	80		●			
wissenschaftlich	zu wissenschaftlicher Arbeit befähigen	16	64					
	nach wissenschaftlichen Methoden zu arbeiten ausbilden	16	64					
	wissenschaftliche Erkenntnisse anzuwenden ausbilden	10	40					
	zur kritischen Einordnung der wissenschaftlichen Erkenntnis	4	16		○			
	zu wissenschaftlichem Denken befähigen	3	12					
speziell	zu kritischem Denken befähigen	3	12					
	zu verantwortlichem Handeln befähigen	12	48					
	zu selbstständigem Arbeiten ausbilden	18	72					
	zu problembewussten Lösungen nach technolog., ökon., ergon. und ökologischen Gesichtspunkten	4	16		○	○		○
	befähigen, Verfahren zur Beschreibung und Lösung der Probleme des Maschinenbaus zu entwickeln	3	12			○	○	
kooperativ	zu Kooperationsfähigkeit im zukünftigen Berufsfeld ausbilden	4	16					

Handlungsformen	Ziel des Studiums: Nach Studienordnung soll das Studium...	Ob die Fähigkeit vorliegt, bei der Lösung von Problemen des Faches...	wissenschaftlich: wiss. Methoden anzuwenden	wissenschaftlich: wiss. Methoden anzuwenden	wissenschaftlich: wiss. Erkenntnisse anzuwenden	wissenschaftlich: die nötigen wiss. Fachkenntnisse anzuwenden	speziell: die Zusammenhänge des Faches überblickt werden	speziell: selbstständig zu arbeiten	speziell: problembewusst zu arbeiten	kooperativ: kooperativ zu arbeiten	kooperativ: fachbezogene Kooperation anzuwenden	kooperativ: fächerübergreifende Kooperation anzuwenden
	n		14	23	18	11	20	11	6	2	2	2
	%		56	92	72	44	80	44	24	8	8	8
allgemein	auf das berufliche Tätigkeitsfeld vorbereiten											
	die erforderlichen Fähigkeiten vermitteln											
	die erforderlichen fachlichen Kenntnisse vermitteln											
wissenschaftlich	zu wissenschaftlicher Arbeit befähigen			○	○	○						
	nach wissenschaftlichen Methoden zu arbeiten ausbilden		●	●	○	○						
	wissenschaftliche Erkenntnisse anzuwenden ausbilden		○	○	●							
	zur kritischen Einordnung der wissenschaftlichen Erkenntnis							○				
	zu wissenschaftlichem Denken befähigen											
speziell	zu kritischem Denken befähigen											
	zu verantwortlichem Handeln befähigen											
	zu selbstständigem Arbeiten ausbilden							●				
	zu problembewussten Lösungen nach technolog., ökon., ergon. und ökologischen Gesichtspunkten		○	○	○	○	○		○			
	befähigen, Verfahren zur Beschreibung und Lösung der Probleme des Maschinenbaus zu entwickeln		○	○	○	○	○	○				
kooperativ	zu Kooperationsfähigkeit im zukünftigen Berufsfeld ausbilden										●	

n (%) = Anzahl (Prozent) der in den SO/PO gefundenen Nennungen

Formulierungen und Intentionen sind: ● = übereinstimmend ○ = im weitesten Sinne übereinstimmend

(Eigene Anfertigung)

Tabelle 5: Kongruenzmatrix aller Studien- und Prüfungsordnungen

Aus dem Ergebnis der Kongruenzmatrix läßt sich ein angestrebtes Studien- und Prüfungsprofil formulieren. Dazu werden die Zielformulierungen verwendet, für die es Übereinstimmungen gibt. Wenngleich die Reihenfolge der verwendeten Ziele die Häufigkeiten widerspiegelt, bleiben sie im Wesentlichen unbeachtet. Die Charakterisierung lautet:

Der selbstständig wissenschaftlich arbeitende Ingenieur, der mit den erforderlichen Fähigkeiten sowie den fachlichen Kenntnissen und zur Kooperation im Berufsfeld befähigt wurde, problembewusste Lösungen nach technologischen, ökonomischen, ergonomischen und ökologischen Gesichtspunkten oder Verfahren zur Beschreibung und Lösungen der Probleme des Maschinenbaus zu entwickeln.

(Eigene Anfertigung)

Tafel 3: Angestrebtes Absolventenprofil der Studien- und Prüfungsordnungen

Wird die Charakterisierung auf die Zielformulierungen mit voller Deckung und großer Häufigkeit beschränkt, bleiben einige der mit den Formulierungen intendierten Ziele ungeklärt. So bleibt es z.B., unter Vernachlässigung der wenig genannten Kooperationsfähigkeit, offen, ob der „selbstständig" Arbeitende alleine und/oder im Team arbeiten können soll und/oder muss. Auch die „erforderlichen Fähigkeiten" und die „Probleme des Maschinenbaus" bleiben ohne Inhalt und Bezug.

Es bleibt die Beschreibung des in Abgeschiedenheit forschenden Wissenschaftlers. Mag diese noch am ehesten einer Berufstätigkeit im Bereich Forschung[177] gerecht werden, offenbart sie doch zugleich das von den Hochschulen transportierte berufliche Paradigma: „Der einzige Beruf, zu dem ein wissenschaftliches Studium ausbilden kann, ist der des Wissenschaftlers" (Zimmer 1998, S. 38).

Das von den Hochschulen durch die SO/PO projizierte Bild des in Abgeschiedenheit forschenden Wissenschaftlers besitzt aber nur geringe Schnittmengen mit

- dem in der Öffentlichkeit dargestellten Selbstbildnis vom Ingenieur[178],
- den meisten Profilen beruflicher Tätigkeiten,[179]
- dem Bekenntnis des Ingenieurs von 1950,[180]
- dem § 2 Abs. 1 HRG,

177 Hesse/Schrader charakterisieren ingenieurtechnische Forschungstätigkeit mit: „Wissenschaftlich anspruchsvolle Tätigkeit, Auswertung von Studien, Schnittstelle zu anderen Wissenschaften" (Hesse/Schrader 1998, S. 21).

178 Siehe dazu Abbildung 35 (S. 242).

179 Vgl. das Kapitel „Tätigkeitsformen als Basis der Qualifikationsermittlung" (S. 93).

180 Siehe dazu Tafel 11 (S. 248).

wonach ausgeschlossen wird, „dass als wissenschaftliche Berufsvorbereitung nur die Ausbildung zum selbständigen Forscher verstanden wird“ (Dallinger 1978, S. 47ff.).

6.5.2.7 Interdependenzen von SO/PO und LHG

Hinsichtlich der Ziele des Studiums läßt sich eine hohe Kongruenz und stellenweise verbale Übereinstimmung der SO und PO mit den LHG/UG feststellen. Ein Erklärungsansatz für diese Übereinstimmung liegt in der durchaus üblichen Praxis begründet, wonach sie in ihrer formulierten pauschalen Absichtsbekundung relativ einfach, ohne Berücksichtigung der erläuternden Kommentare, aus den LHG in die SO/PO übernommen werden. Die Pflicht eine SO aufzustellen ist dagegen ungleich schwieriger zu erfüllen. Denn sie hat nicht nur die Inhalte und den Aufbau des Studiums zu regeln, sondern auch die fachliche und die hochschuldidaktische Entwicklung sowie die in den Studiengang eingeordnete berufspraktische Tätigkeit zu berücksichtigen.

Trotz dieser gesetzlichen Verpflichtung „verschärft sich die Resistenz der Fachgebiete gegen eine Erneuerung der ‘bewährten’ Inhalte und Formen der Ingenieurausbildung, die aufs Engste mit den persönlichen Erfahrungen der Professoren verbunden sind – und stammen aus einer Zeit, in der der klassische Großbetrieb mit festgefügten Hierarchien und tayloristischen Funktionsgliederungen die Arbeitswelt der Ingenieure dominierte und damit die Ausbildung und ihre Kultur entsprechend prägte“ (Neef 1999, S. 98). Ein zusätzliches Hindernis besteht, „solange wissenschaftliche Standards ausschließlich durch disziplinäre Standards geprägt werden“ (Vogel 1993, S. 204).

Nirgendwo wird z.B. geregelt, wie und wie oft diese Vorgaben auf ihre inhaltliche Gültigkeit überprüft und ggf. revidiert werden sollen. Dazu wären aber mindestens

- eine grundsätzliche Zielvereinbarung[181] zu treffen,
- ein Fach- und Berufsverständnis zu klären, auf dem die Ordnungen basieren sollen,
- die zu vermittelnden Qualifikationen herauszulösen,
- ein kontinuierlicher Verbesserungsprozess zu etablieren und
- die didaktisch-methodischen Wege zu vereinbaren, wie dies erreicht werden soll.

Bis dahin sind die Pflichten der Hochschulen, an Studienreform und Studienfachberatung[182] mitwirken zu müssen, als ungeregelt und diffus zu verstehen; ohne hochschuldidaktische respektive ingenieurdidaktische Grundlagen und ohne eine regelmäßig überprüfte Vorstellung des beruflichen Tätigkeitsfeldes eine nicht zufriedenstellend lösbare Aufgabe, denn es „mangelt den technischen Wissenschaften offenbar – wie vielen anderen Wissenschaftsbereichen auch – an Selbstreflektion und Selbstkritik, die sich auf das Studium auswirken könnten“ (DGB u.a. 1984, S. 11). Angesichts der Vielzahl von Klagen über die Qualifikationsdefizite des Maschinenbaustudiums ist dies eine Notwendigkeit. Ihr kann aber ohne regelmäßig überprüftes berufliches Paradigma, ohne eine konsensfähige Vorstellung von der Bandbreite berufspraktischer Tätigkeitsfelder mit daraus entwickelten SO/PO nur

[181] Vergleichbar mit den Zielvereinbarungen in einem Qualitätsmanagementhandbuch (vgl. Tafel 4, S. 162).
[182] Siehe dazu u.a. § 8 HRG Studienreform, § 14 HRG Studienberatung und die Regelungen in den LHG.

schlecht und angemerk der nachfolgend beschriebenen Bedingungen fast nicht entsprochen werden.

Um so mehr werden viele der zuvor beschriebenen Probleme mit und um die SO/PO durch dargestellten Bedingungen verstärkt, denn während die LHG u.a. die Sicherung des Lehrangebotes und die angemessene Vertretung in einem Fach fordern, werden beide Bedingungen erstens durch die Auslegung der „Freiheit der Lehre“ und zweitens durch die Auslegbarkeit des Begriffes „Fach“ durch klassisch-historische Paradigmen unterlaufen.

Auch der von Böhme (1993, S. 25) beschriebene „Zwang, dass sich jede neue Professur im Pflichtbereich einer Studienordnung wiederfinden muss“, weil PO Hierarchien im Fachbereich widerspiegeln und deshalb „über Straffung und Wegfall von Lehrinhalten kaum diskutiert werden kann“, hat die Orientierung an berufspraktischen Tätigkeitsfeldern nicht verbessert. Er hat vielmehr zu einer starken Stoffzunahme geführt[183] und erklärt auch, warum das mit den HRG anvisierte zentrale Ziel einer Verkürzung der Studiendauer im Erststudium auf eine Regelstudienzeit von vier Jahren nicht erreicht wurde (vgl. Peisert/Framhein 1997, S. 93ff.).

Der Staat hat zwar seit Mitte der 70er Jahre unter dem Stichwort der „Studierbarkeit“ gegen die zeitliche Ausdehnung mit verstärkten Bemühungen um eine Studienreform von oben (vgl. Peisert/Framhein 1997, S. 93) und gegen die Stoffzunahme „formal mit der Einführung von Regelstudienzeiten reagiert“ (Peisert/Framhein 1997, S. 93). Diese Reaktionen „können aber das inhaltliche Problem der Überarbeitung von Studienordnungen nicht lösen“ (Böhme 1993, S. 25). Sie haben dagegen die Standardisierung und Reglementierung des Studienablaufs noch verstärkt und zwingen die Studierenden in der Folge nur noch mehr „in ein enges Korsett von Vorschriften, Voraussetzungen, Reihenfolgen bei den Studien- und Prüfungsleistungen“ (Böhme 1993, S. 25).

Und so stoßen auch die von Zeit zu Zeit auftauchenden Versuche, die SO/PO zu revidieren und zu modernisieren, auf vielschichtigen Widerstand in den zuständigen Gremien. „Die Krise der Universität ist und war nie die Krise der Ingenieurfakultät. Was von bildungspolitischer Seite von einem zeitgemäßen Studium gefordert wird, ... ist seit jeher in den Studien- und Prüfungsordnungen selbstverständlich“ (Sinn 1993, S. 38).[184]

Rückschauend sind die SO/PO in einer Tradition verhaftet, die sich mit der Historie und der fachimmanenten Denkweise des Studienganges Maschinenbau umschreiben läßt. Organisatorisch ist der ab Seite 113 ausgeführte gesetzlichen Rahmen kennzeichnend. In diesem Rahmen sorgt ein Netzwerk gegenseitiger Entscheidungsbeteiligungen und ein mehrfach mit den Hochschulen rückgekoppelter Meinungsbildungs- und Entstehungsprozess für eine Beteiligung der Hochschulen an der Aufstellung von SO/PO. Klüver (1983) stellt dazu fest, dass sich „die Disziplin hinsichtlich Ihrer Struktur, ihrer Fachsystematik und ihrer Arbeitsorganisation auf das Curriculum abbildet“ (Klüver 1983, S. 128). Dort „ist systematisch organisiert und objektiviert, was disziplinärer Gegenstand der Ausbildung ist und was letztlich einen Ingenieur zum akademisch anerkannten Ingenieur werden lässt“ (Klüver 1983, S. 84ff.).

183 Siehe dazu auch die ausführlichen Beschreibungen bei Peisert/Framhein (1997), Wagemann (1988) und Wagemann/Rinneberg (1982).

184 Der gleiche Wortlaut findet sich bei Wagemann (1987, S. 7).

Eben diese stark analytische und technizistisch deduktive Denkweise führt wiederum zu einem fragwürdigen didaktischen Vorgehen in der Studienreform, die sich fast ausschließlich an den eindimensionalen, strukturanalytischen Instrumenten der Curriculumrevision der 70er Jahre orientiert. „Im Ingenieurstudium dominieren die traditionellen Merkmale 'Technizismus' und 'Curriculare Reglementierung'; aufgrund ihrer Schultradition sind die Ingenieurstudiengänge bis heute stark reglementiert und vermitteln innerhalb dieses organisatorischen Rahmens einen festgefügten Wissenskanon, den sich der Ingenieurstudent rezeptiv aneignen muss" (Vogel 1993, S. 116).

Begründet wird die Formulierung der SO/PO letztendlich mit der „*logischen* [Hervorhebung im Original] Systematik des Faches" (Klüver 1995, S. 84ff.) und einer Lernzielorientierung, die sich auf das längst überholte Konzept der Curriculumforschung und -revision stützt. Studiengangsentwicklung, die mit der Anwendung des Curriculumansatzes betrieben wird, bleibt aber problematisch, denn sie könnte „als rational verlaufender und erfolgskontrollierter Konstruktionsprozess verstanden werden" (Wildt 1995, S. 313). Die hochgesteckten Erwartungen, die 1970 von den Kultusministerien und den Richtlinienkommissionen an die Curriculumforschung und an die Erziehungswissenschaften herangetragen wurden, um das so genannte „Technologie-Defizit" der Pädagogik zu beheben, „haben sich nicht erfüllt" (Jank/Meyer 1991, S. 126). In den Ingenieurwissenschaften hat sich aber gerade wegen ihrer strukturanalytischen Nähe zur Fachsystematik diese einseitige Strategie zur Rationalisierung eines Teilaspektes didaktischen Denkens erhalten. In dessen Mittelpunkt stehen formale Techniken zur Lernzielermittlung, obwohl die „für das Funktionieren des Konzeptes erforderlichen empirischen Forschungsergebnisse zur Optimierung von Lernstrategien ... nie geliefert worden" sind (Jank/Meyer 1991, S. 301).

Kohlstock (1997, S. 77) schreibt dazu, dass technische Studiengänge an tradierten Studienmustern festhalten, weil es in neueren Didaktiken „keine 'technische' und schon gar keine eindeutige Lösung gibt, eine für Ingenieure sehr ungewohnte Situation". Heute wird das Konzept der Curriculumentwicklung in der Didaktik zu den „Feiertagsdidaktiken"[185] (Jank/Meyer 1991, S. 94) gezählt und mit dem Hinweis auf Klafki weitgehend abgelehnt, wonach fachdidaktische Entscheidungen nicht aus den Fachwissenschaften allein abgeleitet werden können (vgl. Klafki 1996, S. 88).

Verstärkt durch die Missachtung des eigentlichen gesellschaftlichen Bildungsauftrages, der Missachtung des Paradigmenwandels und des dadurch noch vorhandenen engen Verständnisses des Faches, das durch die sporadisch eingebrachten Elemente des systemanalytischen Ansatzes nicht überwunden werden kann, führt die beschriebene Vorgehensweise zur Reproduktion und Festigung des vorherrschenden inhaltlichen und beruflichen Paradigmas in den Ingenieurwissenschaften. Die inhaltliche Neuordnung der oder vieler Fächer bleibt „das sachlich und politisch am schwersten zu bewältigende Kernproblem der lang geforderten Studienreform" (Arbeitsgruppe 1984, S. 231).

---

185 Der Begriff ist ein Ergebnis aus dem Streit in der „Pädagogen-Zunft" (Jank/Meyer 1991, S. 94). Demnach werden die Didaktiken so bezeichnet, denen man vorwirft, von unrealistischen Annahmen über die Voraussetzungen des Unterrichts auszugehen. Jank/Meyer nennen als weiteres typisches Beispiel „Das Hamburger Modell" der Lehrtheoretischen Didaktik (vgl. Jank/Meyer 1991, S. 233). Die Zuordnung scheint, was am Beispiel der Klingbergschen Didaktik belegbar ist (vgl. Jank/Meyer 1991, S. 257), durchaus zeitlich änderbar zu sein.

Zurückführen lässt sich das traditionelle Konstrukt des wissenschaftlich forschenden Ingenieurs auf die Zeit, als sich die berufspraktisch orientierten Ingenieurschulen um den Zugang in die höheren Beamtenlaufbahnen bemühten. „Die gemeinsamen Merkmale der Ingenieurstudiengänge in den 'klassischen' Fächern (Maschinenbau, Bauingenieurwesen, Elektrotechnik) sind nicht zuletzt das Ergebnis eines bis zum Beginn des vorigen Jahrhunderts zurückreichenden historischen Konstituierungsprozesses" (Vogel 1993, S. 89). Der Schlüssel zur gleichwertigen Anerkennung mit anderen Studiengängen war das, was damals „anerkannte" Bildung war. Durch die Anpassungsbestrebungen verlor eine eigenständige Bildung im Sinne Redtenbachers (vgl. Schnabel 1934, S. 448ff.) für eine ingenieurwissenschaftliche Tätigkeit an Bedeutung, ohne gleichzeitig den schulisch ausbildenden Charakter aufzugeben.

Die seit 1945 allgemein verstärkte positivistische Vermittlung isolierter Informationsbestände und der daraus folgende positivistische Aufbau der Lehrpläne bewirkte sogar eine stärkere Reglementierung sowie Einschränkung der individuellen Studienplangestaltung (vgl. Griesbach u.a. 1995, S. 242ff.). Diese begünstigt die rezeptive Bewältigung der Studienanforderungen, obwohl gerade die Regelungen, die die bestimmten berufsbezogenen Qualifikationen der Absolventen sichern sollen, verstärkt dazu neigen, „nichtberufsorientierte Zielsetzungen, wissenschaftliche Akzentsetzungen, offene Lernsituationen und individuelle Lernkonzepte einzuschränken" (Teichler 1995, S. 71).

Zwar blieb die Absicht einer Vorbereitung auf ein berufliches Tätigkeitsfeld, doch gleichzeitig zog die industrielle Nachfrage nach berufspraktisch orientierten Ingenieuren die Fachhochschule nach sich und verfestigte dadurch die Vorstellung einer rein wissenschaftlich forschenden Berufstätigkeit. Und so werden bei Vorhandensein traditioneller Vorstellungen „die zur Jahrhundertwende entstandenen Ideologien reproduziert, an den Universitäten herrsche ein 'Theoriebezug' vor, an den Fachhochschulen dagegen ein Anwendungsbezug der Curricula" (Neef 1997b, S. 7). Dabei hat sich die Vorstellung des in Abgeschiedenheit forschenden Wissenschaftlers längst überholt. Auch er kann nur noch fast ausschließlich im Team erfolgreich arbeiten.

Schließlich lässt sich feststellen: Die geringe Professionalität bei der Erstellung von SO/PO

- drückt sich in der grundsätzlich mangelnden Kongruenz von SO/PO sowie in den dort manifestierten „Diskrepanzen zwischen gesetzlichem Auftrag und seiner Realisierung im Ingenieurstudium" (Kohlstock 1997, S. 57) aus;
- steht in einem Gegensatz zu der von der HRK und KMK abgegebenen Erklärung zur Umsetzung der Studienreform (1993), in der „eine transparente Vermittlung von SO/PO durch strukturierte und kommentierte Studienpläne" gefordert wird;
- belegt eine mangelnde Orientierung am aktuellen beruflichen Paradigma und dem steten Wandel der Tätigkeiten und betrieblichen Strukturen;
- orientiert sich an einer Fachsystematik, die die jeweiligen Teilgebiete mit ihren spezifischen Paradigmen „gemäß ihrer Relevanz und ihrem logischen Zusammenhang" (Klüver 1995, S. 86) berücksichtigt, um die „Relevanzhierarchie" und den „Begründungszusammenhang für Personal- und Mittelanforderungen" (Wildt 1995, S. 312) zu wahren.

Die Vorschriften in Lehre und Studienorganisation sind hinsichtlich organisatorischer Fragen untereinander eng verknüpft und erzeugen ein dichtes Beziehungsnetz. Inhaltlich orientieren sich die SO/PO eher einseitig an einem in Abgeschiedenheit forschenden Wissenschaftler als an dem selbst formulierten Ziel einer Vorbereitung auf ein berufliches Tätigkeitsfeld. Ihre mangelnde Kongruenz steht im Gegensatz zur Forderung der Studienreform nach Transparenz.

6.6 Weitere Determinanten und Interdependenzen

Unter den weiteren Determinanten sind alle die Bestimmungsfaktoren zusammenzufassen, die nicht über formal-organisatorische Normen erfass- oder bestimmbar sind. Für die Konstitution einer bildungstheoretisch und bildungsökonomisch begründeten ingenieurwissenschaftlichen Lehre sind sie aber in gleicher Weise zu berücksichtigen. Zu diesen Bestimmungsfaktoren zählen die Studierenden ebenso wie die Ergebnisse aus der Arbeitsmarkt- und Berufsforschung, der Bildungs-, Berufsbildungs- und Hochschulforschung, aber auch die aus der Berufspädagogik, der Ingenieurdidaktik und der Ingenieurpädagogik.

6.6.1 Studienfachwahlmotive und studentische Dispositionen

Studienfachwahl und studentische Dispositionen stellen entscheidende Determinanten und Interdependenzen bei der Planung und Vorbereitung von Vermittlungsprozessen. Die einzelnen Aspekte wurden aus vielen Quellen zusammengetragen und hier zu einem neuen Bild gefügt.

Ursprünglich galt die Vorstellung von einer Wissenschaft als einem gleichberechtigten Dialog zwischen Lehrenden und Lernenden, „in dem Forschung durch ständige Explikation und Diskussion in der Lehre, die Lehre durch ständige Kritik und Revision von Lehrmeinungen in der Forschung gefördert werden sollte“ (Klüver 1995, S. 80) als modern und für die Funktion einer Hochschule als zeitgemäß. Die Hochschule war ein geschlossenes akademisches Milieu, in dem sich die eher politisch konservativen jungen Männer aus besseren Kreisen auf sichere, sozial herausgehobene Berufskarrieren vorbereiteten (vgl. Arbeitsgruppe 1994, S. 647).

In Folge der aktuellen bildungspolitischen Diskussion um die Einführung von Evaluation und Qualitätssicherung werden heute dagegen Studierende u.a. zugleich als interne wie externe Kunden und ihre Ausbildung als das Produkt der Hochschulen betrachtet, an denen sich der staatlich formulierte Auftrag an die Hochschulen ausrichten und der Erfolg messen lassen muss (vgl. Dahlgaard 1999).

Aus didaktischer Sicht jedoch sind Studierende zugleich Objekte und Subjekte. Objekte einer Gesellschaft, die auf ausreichendes Humankapital, also „auf massenhaften Output mittel- und hochqualifizierter Kräfte angewiesen ist“ (Jouhy 1973, S. 17); Subjekte in einem Aneignungs- und Auseinandersetzungsprozess mit einer Inhaltlichkeit, die sich nicht aus sich selbst begründet, sondern vielmehr aus einer „Objektivation bisheriger menschlicher Kulturtätigkeiten im weitesten Sinne des Wortes“ (Klafki 1996, S. 21).

Dabei kann die Balance zwischen dem Lernsubjekt und dem Lerngegenstand nur durch den Gleichklang von Objekt und Subjekt hergestellt werden, der im Sinne einer kategorialen Bildung weder die materielle noch die formale Bildung übervorteilt Lernen also weder „'verinhaltlicht', das heißt auf Enzyklopädismus" ausrichtet, noch ihm „lediglich einen funktionalen Stellenwert in Bezug auf die jeweilige körperlich-psychisch-mentale Entwicklungsstufe des Subjektes" (Adl-Amini 1995, S. 28) zuschreibt.

Wenn nun die gelungene Synthese zwischen Individuum und Gesellschaft – also die gegenseitige Durchdringung von Subjekt und Objekt – als Bildung zu werten ist, müssen sich didaktische Entscheidungen immer an den Möglichkeiten der kategorialen Erschließung von Wirklichkeit orientieren und in dieser Absicht Inhalte und Lernende gleichermaßen berücksichtigen. Wenn demnach Studierende als Determinanten bei der Gestaltung von Lehr-Lernsituationen zu sehen sind, sind ihre Dispositionen zur Erfüllung des staatlichen Auftrages und bildungsökonomischer Notwendigkeiten zu berücksichtigen.

In der Regel reicht den Studienanfängern die allgemeine Hochschulreife als Zulassungsberechtigung im Studiengang Maschinenbau. Sie unterliegen dabei üblicherweise keiner normierenden Eingangsprüfung (vgl. Mahler 1999, S. 57). Der Versuch einer weiteren Typisierung oder exakteren Beschreibung der Studierenden im Fach Maschinenbau erscheint vor der Zahl der Variablen – 27 Hochschulstandorte und je nach Konjunktur bis zu 800 Neueinschreibungen pro Standort – äußerst komplex. Portele/Huber (1995, S. 106) warnen auch wegen der anwachsenden Zahl von Typologien und dem daraus entstehenden Eindruck von Beliebigkeit konsequenterweise vor Zirkelschlüssen[186] bei der Konstruktion eines Studierendentyps oder einer Studierendengruppe, „um wenigstens für diese Aussagen oder Voraussagen machen zu können". Weitere Variablen wie die sich zeitlich verändernden Studienwahlmotive, die grundsätzlichen strukturellen Veränderungen der Hochschullandschaft im Allgemeinen und der der „Technischen Lehranstalten" im Besonderen erschweren die Beschreibung zusätzlich. Hier sind u.a. neben dem „Öffnungsbeschluss", der Auswirkungen auf die Masse der Studierenden hatte, auch die Veränderungen der Hochschulaufgaben und die konjunkturellen Abhängigkeiten des Arbeitsplatzangebotes zu nennen, die sich u.a. auf die Zusammensetzung der Studierendenschaft hinsichtlich Alter, Frauenanteil und sozialer Herkunft auswirkten.

Auch wenn es „den Maschinenbaustudenten" als solchen nicht gibt, konnten die Ergebnisse einer Reihe von Studien[187] und Erhebungen[188] dennoch einen relativ konstanten und engen Merkmalskorridor für die Studierenden im Maschinenbau ermitteln. Selbst wenn die Ergebnisse der Untersuchungen nur mit Vorsicht verallgemeinerbar und auf das jeweilige Individuum übertragbar sind, so geben sie doch ausreichend indikative Hinweise auf merkmalscharakterisierende Eigenschaften der Studierenden zur Berücksichtigung in der Planung und Ausgestaltung von bildungstheoretisch und bildungsökonomisch begründeter universitärer Lehre.

Das aus den Ergebnissen hochschulsoziologischer Forschung etablierte und projizierte Bild von der Allgemeinheit der Maschinenbaustudenten steht jedoch in einem erkennbaren Gegensatz zu den Vorstellungen aus der Sicht der Hochschulen. Es umfasst einerseits die objektiv erfassbaren Studieneingangsvoraussetzungen, insbesondere die

---

186 Zirkelschlüsse entstehen, wenn bereits in der Beschreibung der Typen ihr zu erklärendes Verhalten und Erfahren subsumiert ist.

187 Z.B. von infas, HIS-Hannover, Konstanzer Studierendensurvey, Kasseler Absolventenstudien.

188 Z.B. von Bargel/Ramm (1997).

Erwartungen vom Studium, und andererseits deren schwerer einschätzbaren subjektiven Merkmale wie Verhaltensänderungen und Habituserwerb während des Studiums.

Besonders deutlich wird die Diskrepanz zwischen den fachsystematisch geprägten Ausbildungsabsichten der Hochschulen und den mehrfach empirisch nachgewiesenen Studienfachwahlmotiven der Studienanfänger, die die Hochschulen – bildungspolitisch konform – als eine Art wissenschaftlicher Berufsschule betrachten. Der korrespondierende Gegenpol zu der wahren Befindlichkeit der Studienanfänger wird durch die Erwartungen der Hochschulen an die Schulabgänger geprägt. Verstärkt durch das fachsystematisch begründete eigene Fachverständnis und eine ebenso geprägte Voreingenommenheit wird eine Ansicht kultiviert, die selten mit dem Bild konform geht, das seit 1954 wiederholt durch verschiedene empirische Studien gesichert wurde.[189]

Opportun ist die Kritik an einer schlechten Vorbereitung auf das Studium,[190] an falschen Studienwahlmotiven, an schlechten Abiturienten und an deren Studienverhalten (vgl. Schweitzerhof 1999, S. 336ff.). Wankum (1989, S. 53) fasst zusammen: „Da Hochschullehrer eigentlich schon seit Bestehen der Hochschulen auf die Versäumnisse der Schulausbildung hinweisen, machen sie in der negativen Schuldzuweisung deutlich, daß auch die Schulen auf die Studienwahl und den Studienerfolg einen Einfluß besitzen". Die Äußerungen schlagen sich zumeist in dem allgemeinen Vorwurf nieder, wonach der jeweils neueste Jahrgang insgesamt und fachspezifisch schlechter auf das Studium vorbereitet sei als der davor. Schulz (1999, S. 115) widerspricht dieser Ansicht und vertritt die Erwartung, „dass sich mathematisch-naturwissenschaftliche Begabungen kurzfristig dramatisch verändern, abbauen oder stark vermehren könnten".

Ingenkamp hat sich 1986 diesem Dauerthema gewidmet, in dem er sämtliche damals aktuellen empirischen Untersuchungen über den Leistungsstand von Berufsanfängern und Studienanfängern daraufhin überprüft hat, wie weit sie methodische Standards einhalten und wie aussagekräftig daher ihre Schlussfolgerungen sind. In seiner Untersuchung hat er 13 empirische Arbeiten aus dem deutschsprachigen Raum berücksichtigt. Er resümiert Hinweise auf abnehmende, gleichbleibende und zunehmende Leistungen: „In der Gesamtheit widerlegen sich diese Aussagen selbst" (Ingenkamp 1986, S. 1) und kritisiert gleichzeitig: „Fast alle überprüften Untersuchungen verletzen die Standards empirischer sozialwissenschaftlicher Forschung in so schwerem Umfang, dass sie nahezu wertlos sind ... Wollte man sich der Sprache der Berichterstatter bedienen, so könnte man nur Vokabeln wie ungenügend, katastrophal, dilettantisch, ja sogar demagogisch benutzen" (Ingenkamp 1986, S. 23). Als eine mögliche Ursache für die zahlreichen Klagen über den Leistungsrückgang an Hochschulen hegt Ingenkamp die Vermutung, dass sich darin eine Art Selbstschutz des alternden Menschen auswirkt, „... der die (eigene) Vergangenheit verklärt und die Gegenwart und Zukunft zunehmend kritischer und skeptischer sieht" (Ingenkamp 1986, S. 2).

---

189 Die Ergebnisse dieser Untersuchungen stehen in einem deutlich erkennbaren Kontrast zu der Vorstellung der Hochschulen von den mitgebrachten Studieneingangsvoraussetzungen der Studienanfänger wie sie u.a. bei Heldmann/Finkenstaedt (1998) zum Ausdruck kommt.

190 Z.B. bei Thoma (1980), Wagemann (1982), Enders/Teichler (1995, S. 44), Mahler (1999).

Weitere Punkte in der Kritik an den Studierenden betreffen u.a. die schulische Vorbereitung, die Leistungsbereitschaft und die Einstellung zum Studium. Der Kritik fehlt es aber häufig selbst an Stringenz und innerer Logik. Denn, obwohl u.a. die Schwächen in den so genannten ingenieurwissenschaftlichen Grundlagenfächern allseits beklagt und mit der angeblichen Abwahl der o.g. Fächer begründet werden, wollen die Hochschulen nach eigenem Bekunden aber gar keine fachspezifisch vorbelasteten Studierenden (vgl. Heldmann 1998, S. 310).[191] Vor dem Hintergrund fehlender Studienanfänger wünschen sie sich lieber allgemein gebildete Studenten, die sich in den klassischen Oberstufenfächern Deutsch, Mathematik, Englisch, Naturwissenschaften bewährt haben, verstehen unter Naturwissenschaften jedoch fast ausschließlich Physik (vgl. Mahler 1999, S. 22f.).

Schulz (1999, S. 111) berichtet beispielsweise von einer Allensbach-Umfrage unter Hochschullehrern über die Gründe fehlender Ingenieure, wonach 42 % der Befragten meinen: „Die reformierte Oberstufe führt dazu, dass naturwissenschaftliche Fächer abgewählt werden. Dadurch fehlen wichtige Grundkenntnisse, die man zum Ingenieurstudium braucht". Weitere 40 % befanden: „Viele Schüler fürchten, dass sie den Anforderungen des Ingenieurstudiums nicht gewachsen sind".

Studienanfänger, die sich trotz des negativen Images eines „schwierigen und arbeitsaufwendigen Studiums" (Minks/Heine/Lewin 1997, S. 139) für das Studium ingenieurwissenschaftlicher Fächer entschieden haben, haben aber „deutlich überdurchschnittliche Fähigkeiten" in den mathematisch-naturwissenschaftlichen, wie den handwerklich-technischen Bereichen und eine „noch überdurchschnittliche Konzentrationsfähigkeit", die „den Anforderungen dieser Studiengänge voll entspricht" (Lange 1978, S. 198). Sie sind zudem fachspezifisch vorbereitet, weil es dem an die Schüler in aller Deutlichkeit weitergegebenen Auftrag der Gymnasien entspricht, Wissenschaftspropädeutik im Sinne einer Vorbereitung auf ein Studium zu betreiben (vgl. Heldmann/Finkenstaedt 1998, S. 50ff.), weil die Schüler die vielfältigen informellen Signale[192] aus den Hochschulen von sich aus innerhalb der ihnen offenen Wahlmöglichkeiten in eine studienfachpropädeutische Fächerkombination umdeuten und weil es von offiziellen Stellen wie der Studienberatung empfohlen wird. „Das Absolvieren der einschlägigen Leistungskurse ... kann den Studienbeginn erleichtern" rät der Leiter der Zentralen Studienberatung an der Universität Hannover Mahler (1999, S. 33) und führt warnend aus: „Auch heute noch ist das Ingenieurstudium alles andere als ein 'Zuckerschlecken'" (Mahler 1999, S. 56).

Älteren und neuere Untersuchungen widersprechen dem Vorwurf schulischer Versäumnisse und mangelndem naturwissenschaftlichem Interesse (vgl. Morsch 1982). Es besteht eher das Gegenteil – statt nach 'notentaktischen Erwägungen' im negativen Sinne zu handeln, hatten die Studierenden der Ingenieurwissenschaften naturwissenschaftliche Fächer in ihre Wahl einbezogen (vgl. Wankum 1989, S. 54f.). „Dieses Interesse wird bei vielen Studenten der Ingenieurwissenschaften schon in der

[191] Wörtlich: „Es ist wichtiger, in wenigen 'harten' Fächern der Schule das Lernen und Denken vertieft erlernt zu haben, als sich mit Spezialinteressen schon in der Schule auf das direkte Berufsstudium vorzubereiten. Begabte Studierende suchen sogar bewusst Gegengewichte, indem sie an der Oberschule Fächer vertiefen, die beim Studium nicht mehr so stark im Vordergrund stehen".

[192] Vielfältig beschrieben bei Wagemann (1995), Bargel/Ramm (1998b).

Wahl der Leistungskurse innerhalb der Oberstufe deutlich" (Wankum 1989, S. 61). Anders herum rekrutieren sich die meisten der Interessierten an technischen Studienfächern aus den von Kazemzadeh/Schaeper (1983) aufgestellten Profilgruppen der mit dem schulischen Angebot zufriedenen und unzufriedenen naturwissenschaftlich Orientierten. So waren die „'entsprechenden' Schulfächer weit überdurchschnittlich häufig Anregung",[193] ein mathematisch-naturwissenschaftliches oder ein technisches Studienfach zu wählen (vgl. Kazemzadeh/Schaeper 1983, S. 20).

Auch Heger/Sell (1986, S. 46) weisen die vielfach geäußerte Kritik[194] an den Wahlmöglichkeiten der reformierten Oberstufe zurück und belegen in ihrer Erhebung an der RWTH Aachen, dass die befragten Studienanfänger mit 78 % Mathematik und 63 % Physik „eher naturwissenschaftliche Fächer gewählt haben ... meist sogar als Leistungskurs". Zwei Drittel der Studienanfänger im Bauingenieurwesen und Maschinenbau hatten mathematisch-naturwissenschaftliche Leistungskurse in der Oberstufe besucht, fasst Morsch (1982) die Ergebnisse einer Studentenbefragung an der TU Berlin im WS 80/81 zusammen und bescheinigt ihnen ein paar Jahre später sogar überwiegend Erfolg in Mathematik und naturwissenschaftlichen Fächern (vgl. Morsch/Neef/Wagemann 1986, S. 19ff.). Auch die bundesweit durchgeführten HIS-Studien von 1977 bis 1993 bestätigen dieses vorstudentische Wahlverhalten unisono. 1983 wurde festgestellt, dass rund 87 % der Ingenieurwissenschaftler zumindest ein Leistungsfach aus dem mathematisch-naturwissenschaftlichen Aufgabenfeld belegt hatten – 54 % Mathematik und 40 % Physik (vgl. Kazemzadeh/Schaeper 1983, S. 22ff.). Nach der Erhebung im WS 1993/94 hatten sogar 100 % Mathematik und 82 % Physik als Fach belegt, interessierten sich an schulischen, vom beruflichen Schwerpunkt geprägten Fachinhalten mathematisch-naturwissenschaftlich-technischer Art und zeigten wenig Interesse an kultur- und gesellschaftskundlichen Fächern (vgl. Minks/Heine/Lewin 1997, S. 79). „Unsere Ergebnisse legen viel eher den Schluss nahe, dass optimal vorgebildete und stark interessierte Studenten das Ingenieurstudium beginnen und dass sie überdurchschnittlich viel arbeiten" (Morsch/Neef/Wagemann 1986, S. 6).

Zusätzliche Indikatoren zur Beschreibung des klassischen Maschinenbaustudenten lassen sich aus weiteren empirischen Erhebungen herauslesen und häufig untereinander bestätigen. So konnte u.a. Stegmann (1980) in seinem Aufsatz weithin belegte Bestimmungsfaktoren für die Studienaufnahme und die Wahl des Studiengangs typisieren und bestimmten Studienfächern zuordnen. Demnach stellen das Schulleistungsniveau, die berufliche Wertorientierung und die soziale Herkunft die wichtigsten Studienfachwahlmotive dar und ergeben in ihren Ergebnissen nur geringfügige Unterschiede zum Studienwahlverhalten früherer Abiturientenjahrgänge (vgl. Bargel/Peisert 1981). Studierwillige zeichnen sich zudem grundsätzlich durch eine größere Orientierung an ihren Interessen, Neigungen, Fähigkeiten und ihrem sozialem Engagement aus als Nichtstudierwillige (vgl. Kazemzadeh/Schaeper 1983, S. 8). Der Anteil der männlichen Hochschulberechtigten, die aus bildungsfernen Familien stammen, sind nach Stegmann (1980)

193 Z.T. über 80% der Nennungen.

194 Beispielsweise zu finden bei Heldmann/Finkenstaedt (1998, S. 58).

- in ingenieur- und naturwissenschaftlichen Fachrichtungen überrepräsentiert,[195]
- in Medizin bzw. Pharmazie[196] und
- bei den Studierenden, die in ihren beruflichen Wertorientierungen das soziale Engagement betonen, unterrepräsentiert.

Lange (1978) ergänzt diese allgemein anerkannte Charakterisierung. Mit seiner kausalanalytischen Interpretation relativiert er den Einfluss der Schichtzugehörigkeit und hebt vor allem den direkten Einfluss der technischen Sozialisation, d.h. der technischen und mathematisch-naturwissenschaftlichen Fähigkeiten auf die Wahl der Schulfächer hervor, die vor allem von handwerklich-technisch produzierenden Vätern vermittelt werden und zu einer Präferenz mathematisch-naturwissenschaftlicher Studienfächer führt. In der Folge dominieren bei den Maschinenbaustudierenden die einseitig technisch-praktischen (24 %) und die technisch-mathematischen (39 %) Fähigkeiten respektive die technisch-konstruktiven und sozial-integrativen Fähigkeiten (vgl. Minks/Heine/Lewin 1997, S. 108).

In einem Schulsystem, in dem es „Schüler mit Interesse an technisch-praktischen Gebieten ... schwerer haben, zu den besseren Schülern zu gehören“ (Bargel/Peisert 1981, S. 21), gehören sie „zur Gruppe der ‘Guten’; sie sind nicht die relativ Besten, ... sondern die ‘Zweitbesten’“ (Lange 1978, S. 198) und konnten (Studierende des Maschinenbaus) mit einem im Vergleich zu 1979 um 0,2 besseren Schulnotendurchschnitt von 2,5 etwa durchschnittliche Leistungen im Gesamtmittel aller Abiturienten erzielen (vgl. Minks/Heine/Lewin 1997, S. 56ff.). Nach Bargel (1981b) weist ihr Schulleistungsprofil einen Schwerpunkt im Bereich befriedigend und bei ausgeglichenen Mathematiknoten sinkenden Deutsch- und Englischnoten sowie einer ebenso sinkenden Durchschnittsnote einen steigenden Anteil bei den Studienanfängern nach (vgl. Stegmann 1980). Die Noten in den Fächern Mathematik waren mit 2,4 versus 2,5, in Physik mit 2,1 versus 2,4 und in Technik mit 1,9 versus 2,1 signifikant besser als der Durchschnitt. Mit 2,9 versus 2,4 und 2,8 versus 2,5 waren Deutsch und Englisch die leistungsschwächsten Schulfächer (vgl. Minks/Heine/Lewin 1997, S. 89). Entsprechend verfügen Studierende des Maschinenbaus „nach eigener Einschätzung nur über eine stark unterdurchschnittlich ausgeprägte Sprachfertigkeit“ (Minks/Heine/Lewin 1997, S. 114). Traebert (1998, S. 196) fasst dies lapidar zusammen: „Es kann als belegt gelten, dass Studierende Technischer Hochschulen und Lehranstalten, über deren fachliche und intellektuelle Leistungsfähigkeit kein Zweifel besteht, im Bereich verbaler Leistungen signifikant schlechter eingestuft wurden“. Lind (1981) erklärt diesen Trend mit der Existenz von mathematischem oder sprachlichem Interesse, das die Schüler bereits in der Schule „zwei Kulturen als geistigen Grundorientierungen“ zuordnet, so „dass bereits bei Abiturienten durch die motivationale Bindung an die eine der Kulturen, bei gleichzeitigem Desinteresse oder gar Ablehnung der anderen, die Grundlage und Disposition für das weitere Hineinwachsen in die jeweilige Kultur gegeben ist“ (Lind 1981, S. 167).[197]

---

[195] Die Aussage gilt nur für wissenschaftliche Hochschulen.
[196] Die Aussage gilt nur für wissenschaftliche Hochschulen.
[197] Siehe dazu auch die vielfältigen Hinweise bei Minks/Heine/Lewin (1997, S. 103).

Schulz (1999, S. 119) sieht sogar das Klischee vom Ingenieur „als introvertiertem, menschenscheuen Tüftler“ bestätigt, weil die Gymnasiasten, die sich für Technik interessieren und dafür auch vermutlich begabt sind, sich aber gleichzeitig durch vergleichsweise höhere Autonomieansprüche auszeichnen, ingenieurwissenschaftliche Fächer meiden. „Ein aus ihrer Sicht stark verschultes, reglementiertes und auch herausforderndes Studium steht ihrem ausgeprägten Streben nach möglichst großen Chancen zur 'Selbstverwirklichung' entgegen“ (Schulz 1999, S. 116f.).

Der Wunsch, später wissenschaftlich arbeiten und forschen zu können, ist bei den Studierenden insgesamt gesunken. Bei Studienanfängern der Ingenieurwissenschaften ist er im Verhältnis zu anderen beruflichen Werten und im Vergleich mit den Studienanfängern der Naturwissenschaften zudem weniger stark ausgeprägt; er hat sogar zwischen dem WS 1992/93 und dem WS 1994/95 noch abgenommen (vgl. Bargel/Ramm 1997, S. 136ff.). In der Einschätzung der Maschinenbaustudenten ist der Lebensbereich Wissenschaft und Forschung zwar erheblich wichtiger als bei den Architekten, er ist aber gleichzeitig deutlich weniger wichtig als die Lebensbereiche Hochschule und Studium, Beruf und Arbeit sowie Technik und Technologie. Lediglich Kunst und Kulturelles sowie Politik und öffentliches Leben werden von ihnen als noch unwichtiger eingestuft (vgl. Bargel/Ramm 1998b, S. 132).

Für die Studienfachwahl bleibt das Fachinteresse über alle Studienanfängergruppen hinweg grundsätzlich bedeutsam, wächst aber mit der zu erwartenden Zunahme von Schwierigkeiten beim Berufseintritt gegenüber den gerade bei Ingenieurstudenten schon von Anfang an bildungsökonomisch bedeutsamen materiell-extrinsischen Faktoren wie Arbeitsplatzsicherheit, Einkommen und Karriere. Umgekehrt gewinnen die vielfältigen beruflichen Möglichkeiten und die Arbeitsplatzsicherheit durch die Erwartung geringer Probleme zum Berufsanfang gegenüber dem Fachinteresse (vgl. Bargel/Ramm 1997, 1998b).

Studierende ingenieurwissenschaftlicher Fächer legen im Vergleich zu Studierenden der Sprach- und Kulturwissenschaften weniger Wert auf „persönliche Bildung“ und sehen im angestrebten Studium eine „Berufsausbildung“ (vgl. Bargel/Ramm 1998b) im Sinne einer ertragswerten Bildungsinvestition. Sie legen insbesondere großen Wert auf „Arbeitsplatzsicherheit“, wie Minks/Heine/Lewin (1997) mit Blick auf die zurückgegangenen Studienanfängerzahlen berichten.[198] Unisono bestätigen sie die Ergebnisse der Konstanzer Abiturientenuntersuchung von 1976 (vgl. Bargel/Peisert 1981) und bescheinigen dem jungen Aufsteiger aus mittleren und einfacheren sozialen Schichten ein ausgeprägtes Sicherungsbedürfnis, der auf die Arbeitsmarktsignale überreagiert. Bei schlechteren Berufschancen verliert er die Fachidentifikation schneller und neigt gegenüber dem Studenten aus „traditionellen Bildungsschichten“ (Peisert/Framhein 1997, S. 106) vermehrt zum Studienabbruch (vgl. Bargel/Ramm 1997). Der statistisch konstantere männliche Studieninteressierte aus Akademikerfamilien (vgl. Lange 1978)[199] ohne arbeitslosen Vater folgt in seinem Wahlverhalten eher der familiären „Ausbildungsvererbung“ (vgl. Kazemzadeh/Schaeper 1983, S. 15)[200] und verschiebt seit Mitte der 90er Jahre die Zusammensetzung der Bildungsherkunft in einem Teil der

198 Ebenso Lewin (1995), Bargel/Ramm (1997 und 1998).

199 Ebenso bei Walter (1981), Kazemzadeh/Schaeper (1983).

200 Ebenso bei Peisert/Framhein (1997), Minks (1996).

ingenieurwissenschaftlichen Studienfächer. „Nahezu kein Studienanfänger in den Ingenieurwissenschaften aus einem hochqualifizierten, akademischen Elternhaus hatte Zweifel an der Studienaufnahme“ (Bargel/Ramm 1998b, S. 68). Ohne veränderte Zusammensetzung des elterlichen Bildungsniveaus im Sinne einer zunehmenden Akademisierung stieg der Anteil der Studienanfänger, deren Eltern einen Universitäts- oder Fachhochschulabschluss besitzen, von 1987 bis 1995 um 27 % auf nunmehr 67 % (vgl. Minks/Heine/Lewin 1997, S. 29).

Vom Studium erwarten die Studierenden der Ingenieurwissenschaften überwiegend eine „gute wissenschaftliche Ausbildung“ und den „Erwerb von Fachwissen“, ohne dass ein vertieftes wissenschaftliches Interesse vorliegt (vgl. Bargel/Ramm 1998b, S. 75ff.). Durchweg sind die Studienanfänger und die späteren Absolventen zu Zugeständnissen bei Belastungen und bei persönlichen Freiheiten bereit, wenn sie dadurch ihre Berufsaussichten erhöhen können,[201] erwarten aber dann eine überwiegend anspruchsvolle berufliche Tätigkeit, die ihnen selbstständiges Arbeiten ermöglicht und bei der sie das im Studium Gelernte anwenden können (vgl. Bargel/Ramm 1997, S. 194). Gemäß des bildungsökonomischen Gleichgewichtstheorems tritt in dieser Charakterisierung die bei den Studierenden der Ingenieurwissenschaften sehr ausgeprägte Erwartung an eine – innerhalb ihrer persönlichen Voraussetzungen mögliche – monetäre und nichtmonetäre Rendite ihrer Bildungsinvestition[202] sehr deutlich hervor.

Der Studienanfänger[203] im Maschinenbau ist zu 86-95 % männlich, hat sich auf das begonnene Studium relativ früh festgelegt (vgl. Bargel 1981a) und hat derzeit noch – mit abnehmender Tendenz[204] – zu ca. 20 % eine Berufsausbildung abgeschlossen (vgl. Bargel/Ramm 1997, 1998b). Er neigt seltener zum Fachwechsel (vgl. Griesbach u.a. 1995, S. 233ff.) und besitzt ein mittleres Interessenspektrum (vgl. Lind 1981, S. 177). Einer grundsätzlich positiven, aber nicht technikgläubigen Einstellung zur Technik (vgl. Bargel/Ramm 1998b, S. 197) mit einer „relativ hohen beruflichen Aufstiegs-, und einer außerberuflichen Genuss- wie Daseinsorientierung“ (Lange 1978, S. 198) steht eine ausgeprägt geringe soziale Orientierung mit einer gerade unterdurchschnittlich sprachlich und kommunikativen Fähigkeit gegenüber (Lange 1978).[205] „Sein politisches Interesse und Engagement … ist vergleichsweise niedrig“ (Arbeitsgruppe 1994, S. 647), und was die Wahl der Hochschule anbelangt, gelten Ingenieure als heimatverbunden. „Sie wählen normalerweise die ihrem Wohnort nächste Hochschule aus“ (Mahler 1999, S. 30)[206] und bleiben auch als Absolvent eher sesshaft denn polyglott (vgl. VDI 1996, S. 9). Selbst Studierende, die erhebliche Schwierigkeiten beim Berufseintritt erwarten,

201 Die Bereitschaft zur Bildungsinvestition in Verbindung mit der Ertragserwartung wird u.a. ausführlich bei Morsch/Neef/Wagemann (1986), Bargel/Ramm (1997) und (1998b) dargestellt. Darüber hinaus thematisieren Bargel/Ramm (1998b) auch die damit korrespondierende Bereitschaft zu Einbußen und beruflicher Flexibilität.

202 Vgl. dazu das Kapitel „Technische Bildung aus bildungsökonomischer Sicht“(S. 27).

203 Parmentier/Schade, Schreyer (1998), Statistisches Bundesamt (1993) und Bargel/Ramm (1998b) nennen dazu unterschiedliche Werte. Die hier genannte Spanne reflektiert den größten und den kleinsten Wert.

204 Seit Mitte der 80er Jahre wurde der Teil der Studierenden mit Berufsausbildung ständig größer. Die abnehmende Tendenz ist seit 1995 feststellbar (vgl. Bargel/Ramm 1998b, S. 37) und geht mit der Zunahme des Anteils an Akademikerkindern einher.

205 Ebenso bei Kazemzadeh/Schaeper (1983), Minks/Heine/Lewin (1997).

206 Ebenso bei Kazemzadeh/Schaeper (1983).

entwickeln keine höhere Mobilitätsbereitschaft innerhalb Deutschlands. Trotz des erkennbaren Interesses an einer zeitweiligen ortsfremden Tätigkeit – vornehmlich im europäischen Ausland – erstreckt sich die geringe Mobilitätsbereitschaft bei schwierigen Arbeitsmarktverhältnissen „nicht nur auf die innerdeutsche Mobilität, sondern gilt ebenso generell für andere Europäische Länder, sowohl innerhalb als auch außerhalb der Europäischen Union“ (Bargel/Ramm 1997, S. 183).

Die VDI-Studie „Ingenieurbedarf“ (1996, S. 7) fasst einige weitere Charakterisierungen zusammen und bescheinigt dem Ingenieurstudenten „bereits bei Studienaufnahme starke fachliche Motivation und professionelle Orientierung auf den späteren Ingenieurberuf“ (vgl. auch Bargel/Ramm 1997).[207] Entsprechend drückt sich ihr einseitiges, auf Neigung und Begabung ruhendes Interesse an Technik aus.[208] Fachmotive, Gestaltungsinteresse und Fortschrittsglaube sind bei der Wahl des Studienfaches ebenso stark ausgeprägt wie die Vorstellungen von persönlicher Entfaltung, selbstständigem Arbeiten und vielfältigen Berufsmöglichkeiten. Immer wieder neue Aufgaben gestellt zu bekommen gehört ebenso zur Charakterisierungen der Ingenieurstudenten wie die intrinsisch-autonomen Berufswerte eigene Ideen verwirklichen und selbstständige Entscheidungen treffen zu können (vgl. Bargel/Ramm 1998b, S. 152).

Die meisten Studienanfänger haben die Vorstellung von einem „handfesten“ Ingenieurberuf mit dem klassischen und harmonischen Bild des gesellschaftlich angesehenen „Herrn Ingenieur“. Der überwiegende Teil der Studienberechtigten besitzt die „aus früheren Analysen bekannten Orientierungsmuster“ mit der Vorstellung von kreativen, wissenschaftlichen und anwendungsorientierten Tätigkeiten, mit der „aus überholten arbeitsteiligen Struktur bekannten Tendenz zur ausgeprägten kommunikativen Zurückhaltung“ (vgl. Minks/Heine/Lewin 1997, S. 155) .[209]

Obwohl sich die Studierenden fast nie bewusst für den Beruf entschieden haben, besitzen sie doch bestimmte Vorstellungen von Ingenieurstugenden. Gepaart mit der von Morsch/Neef/Wagemann (1986, S. 30), Wankum (vgl. 1989, S. 55ff.) u.a. festgestellten Vor- und Einstellungen ist dieses ein insgesamt positives, aber idealisiertes Bild, das der Studienrealität wenig entspricht. Demnach legt der Ingenieur „Wert auf gebildete Urteile, umfassende theoretische und praktische Kenntnisse und eine Entwicklung, die ihn mit verbindlichen Standards ausstattet“ (Wankum 1989, S. 60).[210] „Einen hohen Stellenwert hat auch das klassische Lebensbild der Ingenieure, dass die Technik als ‘Hilfe für die Menschheit’ dienen soll. Dieser Zielsetzung schließen sich ungefähr die Hälfte[211] der Studenten an“ (Morsch/Neef/Wagemann 1986, S. 30).

---

207 Dieser wiederholt bestätigte Befund deutet auf eine in der Regel sehr bewusste Studienfachwahl hin. Das Ingenieurstudium besitzt dadurch kaum den Charakter eines „Park-“ oder „Such-“ Studiums.

208 Aus der Vielzahl der Belege von Minks/Heine/Lewin (1997) sei nur das Resümee ab Seite 213 genannt.

209 „Insofern passen die Ingenieurwissenschaften nicht in das traditionelle Bild der ‘Humboldt’schen Universität’ mit dem Anspruch einer Bildung durch Wissenschaft für leitende Ämter in Staat und Gesellschaft. Sie produzieren vielmehr den ‘homo faber’ (Frisch 1957), den bloßen ‘Fachmenschen’ (Weber 1920), der beruflich funktional vor allem Stellen als ‘Sachbearbeiter’ einnimmt (Bülow 1984)“ (Bargel/Ramm 1998b).

210 Wankum zitiert hier einen der von ihm interviewten Studienanfänger als ein typisches Beispiel.

211 50%, 54% und 56% in drei Stichproben.

Auffällig ist jedoch die Tatsache, dass Studenten das Interesse an solchen Themen im Laufe des Studium verdrängen müssen und bei einem Teil der Studierenden zum Studienabbruch führt. „Da die Diplom-Vorprüfung den großen Filter während des Studiums darstellt, treten in der Vorbereitungsphase und im Verlauf der Prüfungsabschnitte auch die wissenschaftlichen Stärken und Schwächen deutlicher zu Tage. In manchen Fällen stellt sich hier die Frage eines Studienabbruchs", beschreiben Henning/Staufenbiel (1999, S. 279) die Gründe für einen Studienabbruch und verkennen, dass das kaum als wissenschaftlich zu bezeichnende Vorstudium nur mit rezeptiven Methoden zu bewältigen ist. Die tatsächlichen Studientätigkeiten hängen weniger von den studentischen Studienzielen ab als vielmehr von den Studienanforderungen (vgl. Morsch/Neef/Wagemann 1986, S. 32). Die Studierenden der Ingenieurwissenschaften möchten aber überwiegend „nicht in einer passiven-rezeptiven Rolle bleiben, wie sie ihnen zumeist abverlangt wird, sondern aktiver in Lehre und Forschung einbezogen werden" (Bargel/Ramm 1998b, S. XX[212]).

Während zu Beginn des Studiums die Neigung zum Fachwechsel und die Fachidentifikation, gestärkt durch ausgesprochenes Fachinteresse und einem festen Berufswunsch, am größten sind, nehmen beide mit Zunahme der Semesterzahl ab (vgl. Bargel/Ramm 1997, S. 37). Fast drei Viertel (73 %) der Studienabbrecher ingenieurwissenschaftlicher Studiengänge nannten eine gewisse Distanz zu Studieninhalten und -zielen, am zweithäufigsten (63 %) Didaktik und Begleitumstände. Überforderungen durch die Studieninhalte wurden dagegen nur mit lediglich 34 % genannt (vgl. Bargel/Ramm 1997, S. 32).

Zusammengefasst entsteht durchaus das Bild der an Technik interessierten und durch diverse Faktoren vorselektierten Studenten, die aber auch an der „menschlichen" Seite von Technik interessiert sind. Im Laufe des Studiums verlieren sie dieses Interesse überwiegend und legen ihren Fokus studienbedingt auf rein technische und studientechnische Inhalte. Schon recht früh orientieren sie sich an techniknahen Fächern wie Physik und Mathematik, meiden dagegen Sprachen und musische Fächer. Sie erreichen „auf den Teilgebieten 'praktische Urteilsbildung', 'Kombinationsfähigkeit', 'praktisch-rechnerisches Denken', 'Vorstellungsfähigkeit' und 'räumliche Vorstellung' hohe Werte" (Raufuß 1991, S. 93). Ihre sprachlichen Fähigkeiten sind dagegen am schwächsten ausgebildet: „Sie schneiden im räumlich-anschaulichen Denken und im rechnerischen Denken gut ab. Ihre Deutschnote in der 11. Klasse ist schlecht" (Giesen 1981, S. 70).

Von einem Ingenieurstudium werden überwiegend studienberechtigte Schulabgänger mit relativ eng begrenzten Interessens- und Begabungsprofilen angezogen, die als Studierende eine relativ einseitige Befähigungsstruktur hinsichtlich übergreifender Befähigungen aufweisen (vgl. Minks/Heine/Lewin 1997, S. 217) und sich eher durch pragmatisch-materielle statt neuhumanistischer Orientierungen auszeichnen (vgl. Bargel/Ramm 1998, S. 75).

Wagemann/Rinneberg (1982, S. 56) konstatieren, „dass die Studenten bildungsmäßig den Anforderungen des Studiums gewachsen sein dürften". Hermann ergänzt, dass sie „lernen wollen" (Hermann 2000, o.S.). „Ingenieurstudenten verfügen in hohem Maße

212 Seitenangabe der Zusammenfassung.

über Tugenden wie Fleiß, Genauigkeit, Pünktlichkeit, Sauberkeit, Sachlichkeit und sie sind in eben solchem Maße an eng begrenzten rein technischen Problemen interessiert, politischen und kulturellen Fragen gegenüber verschlossen, wenig gebildet und arbeiten überwiegend allein" (Morsch/Neef/Wagemann 1986, S. 82). Entsprechend weisen Ingenieure im Vergleich zu Angehörigen sozialer Berufe Eigenschaften auf, die sie „als eher zurückhaltend, kritisch, kühl distanziert, hart, pedantisch, mißtrauisch und rigide" (Raufuß 1991, S. 93) charakterisieren.

Mit den aufkommenden, unangemessenen Forderungen nach untypischen Studieneingangsvoraussetzungen wie besseren Leistungen in Deutsch und Englisch an die Studienanfänger im Studiengang Maschinenbau schrecken die Hochschulen die klassische Klientel zusätzlich von der Aufnahme eines Studiums ab. Zugleich müssen sie mit anderen Fächern um die Gunst der Studierenden konkurrieren. Letztendlich könnte ihnen aber die wirtschaftliche Entwicklung zur Seite stehen, denn „das klassische Sicherheitsdenken führt dazu, dass jetzt, wo die Arbeitslosigkeit deutlich wird, die Studienanfängerzahlen zurückgehen ... Insofern haben wir in gewisser Weise die Chance, dass vielleicht ein neuer Typus von Menschen nunmehr Ingenieurwissenschaften studiert" (Neef 1998, S. 44).

Bis dahin divergieren weiterhin die Vorstellungen der Hochschulen von einem idealtypischen Studierenden, an dem das Studium ausgerichtet wird, und dem tatsächlich studierenden klassischen Maschinenbaustudenten. Es bleibt auch die Differenz zwischen dem Typus des tatsächlichen und der Vorstellung eines idealen Absolventen. Obwohl er so, wie es die Ausführungen über Selektionsmechanismen im Kapitel „Studienbegleitende Wirkungen auf die Studierenden" (S. 149) noch belegen werden, von den Hochschulen nicht gefördert und nicht produziert wird. Die Hochschulen stecken damit in einem selbstverschuldeten Dilemma. Sie wollen den typischen Maschinenbaustudenten wegen seiner merkmalscharakterisierenden Eigenschaften nicht haben, können den idealen Wunschstudenten aber nicht für ihren Studiengang und ihre Art der universitären Lehre begeistern.

Zusammengefasst wird der Studiengang überwiegend von männlichen Studenten mit weniger sprachlichem aber mehr mathematischem und räumlich-anschaulichem Talent belegt. In der Schule bevorzugten sie techniknahe Fächer. Ihr relativ eng begrenztes Interessens- und Begabungsprofil wird mit zunehmender Studiendauer weiter auf rein technische und studientechnische Inhalte eingeschränkt. Sie sind sachlich, fleißig und arbeiten überwiegend allein. Sie entsprechen nicht den Vorstellungen der Hochschulen von einem idealtypischen Studierenden.

6.6.2 Ingenieurforschung als Reflexionsinstrument

Rückmeldungen über den Erfolg von Lehr-Lernprozess können eine der Entscheidungsgrundlagen bei der Planung von weiteren Vermittlungsprozessen sein. Die Ingenieurforschung, die sich u.a. um die Zusammenhänge von Ausbildung und Beruf bemüht kann ein solches Reflexionsinstrument darstellen. Ihre momentane Situation wird in folgenden Erläuterungen dargestellt.

Bisher wurde in der Diskussion über die Beziehung von Studium und Beruf die Frage der 'Adäquatheit' des beruflichen Einsatzes von Hochschulabsolventen wohl am häufigsten angesprochen (vgl. Schomburg/Teichler 1998, S. 149). Dass trotzdem „kein brauchbares empirisches Berichtssystem ... existiert" (vgl. Schomburg/Teichler 1998, S. 167f.), welches sich mit den „Hochschulen im Hinblick auf die Anforderungen des Beschäftigungssystems" und den „Beziehungen von Studium und Beruf" auseinandersetzt, ist zweifellos bedauerlich.

Forschungen, die der Frage nachgehen, welche Folgen die Dissonanzen des Berufes und des Hochschulwesens für die Ausbildung und die Tätigkeiten von Absolventen haben, bedürfen jedoch einer höheren methodischen Differenzierung als bisher bei Absolventenstudien üblich (vgl. Schomburg/Teichler 1998, S. 168). Dann wären u.a. die Ergebnisse aus der Arbeitsmarkt- und Berufsforschung, der Bildungs- und Berufsbildungsforschung, der Ingenieurdidaktik[213] und -pädagogik[214], der Berufspädagogik, der Hochschulforschung und der Bildungsökonomie zu berücksichtigen. Schomburg/Teichler (1998, S. 141) schreiben dazu, dass sich die Hochschulen nicht nur an dem ausrichten können, was ihnen als „Bedarf" aus den Beschäftigungssystem signalisiert wird. Sie sollen Studierende auch zu neuer Kenntnis, zu innovativem Handeln und zur Bewältigung unbestimmter Arbeitsaufgaben qualifizieren. „Informationen über die Berufssituation von Hochschulabsolventen und die Beziehungen zwischen dem im Studium erlernten und der beruflichen Tätigkeit sind dennoch eine äußerst wichtige Rückmeldung für die Hochschule" (Schomburg/Teichler 1998, S. 141). Auch die Absolventenstudien „dürften als gezielte Rückmeldung ihren Wert gehabt haben, (sie) tragen aber nur bedingt zu einem Gesamtbild der beruflichen Situation in der beruflichen Situation und Tätigkeit von Absolventen bei" (Schomburg/Teichler 1998, S. 142). Und so resümieren sie, dass es nach wie vor nicht leicht ist, „einen Einblick in beruflichen Verbleib und weiteren Berufsweg von Hochschulabsolventen zu gewinnen" (Schomburg/Teichler 1998, S. 141).

Rückblickend bemühen sich verschiedene wissenschaftliche Disziplinen um die komplexen Verhältnisse von Bildung, Ausbildung und Beruf der Ingenieure. Die meisten Erhebungen konzentrieren sich jedoch auf die Ausbildungssituation oder den Beruf. Die Ingenieurforschung an sich ist defizitär.

6.7 Studienbegleitende Wirkungen auf die Studierenden

In einer Untersuchung der Determinanten und Interdependenzen ingenieurwissenschaftlicher Lehre dürfen die derzeitigen Effekte der traditionellen Ingenieurausbildung nicht fehlen. Ihre studienbegleitenden Wirkungen besitzen wie die Ingenieurforschung ein Reflexionspotenzial. Ihre Rückmeldungen können bei der Planung und Vorbereitung von weiteren Vermittlungsprozessen herangezogen werden.

Ging es bei der bisherigen Auseinandersetzung mit den Bestimmungsfaktoren um lehrbestimmende Determinanten und Interdependenzen, so stellen Selektionsmechanismen und Habituserwerb eher Folgen und Ausdruck der Gesamtheit ingenieurwissenschaftlicher Lehre dar. Sie sind zugleich Indizien für Wirkungszusammenhänge im Lehr-Lernprozess und der Studienorganisation, aber auch gewollter Intentionen und unbeabsichtigter Implikationen. Zudem tragen sie in eigener Weise zum Image der Ingenieurwissenschaften und zur Reproduktion des Nachwuchses bei, was

[213] Siehe dazu vor allem die Aktivitäten der AHD.
[214] Siehe dazu vor allem die Aktivitäten der IGIP.

sich – über den Weg der individuellen Rückmeldung der Absolventen und dem Urteil der Öffentlichkeit – wieder in der Lehre bemerkbar macht.

Sind die rückwirkenden Effekte auf die Lehre derzeit noch wenig berücksichtigt und eher zufällig, so werden sie mit der momentan angestrebten Einführung von QMS in die universitäre Lehre zunehmend an Gewicht erhalten. Die Qualität der Lehre wird sich dann an der Gegenüberstellung angestrebter Ziele und den evaluierten Ergebnissen von u.a. Verbleibs- und Absolventenstudien messen lassen müssen. Dann kann auch die Einsicht in Ausbildungseffekte ein Mehr an Bedeutung und Gewicht erhalten. Denn wenn sich die Hochschulen – aus welchem Grund auch immer – zum Ziel gesetzt haben, einen bestimmten Typ von Ingenieur als Ergebnis ihrer Lehre zu „produzieren“, werden sie nicht umhin kommen, auch die Mechanismen der Selektion und des Habituserwerbs zu berücksichtigten.

Wie beschrieben ist Bildungsgehalt nur ein anderer, weniger formaler als didaktischer Maßstab der Lehre. Er muss aber ebenfalls die Effekte der ingenieurwissenschaftlichen Lehre berücksichtigen, um seinem eigenen Anspruch gerecht zu werden. Anders als bei den analytisch-regulativen QMS, die den Soll-Ist-Vergleich des vorausgegangenen Durchlaufs als Regelgröße des aktuellen Lehr-Lernprozesses nutzen, findet die Konstitution der Lehre unter Bestimmung des Bildungsgehaltes, unter der Nutzung bekannter Bestimmungsfaktoren und der eher prozessualen Effekte prognostisch-didaktisch statt.

Dabei stehen Selektionsmechanismen und Habituserwerb in enger, teilweise sogar in sich gegenseitig bedingender Verbindung. Der Gesamtprozess beginnt mit der Vorauswahl in der Schule, setzt sich mit der Auswahl im Studium fort und endet mit der Übernahme eines standesgemäßen Habitus.

6.7.1 Voruniversitäre und studienbegleitende Selektionsmechanismen

Bis zum Ende eines Maschinenbaustudiums finden zwei Selektionsprozesse statt. Ihre Wirkungen verändern einzelne Bestimmungsfaktoren der Lehre. Die Mechanismen und ihre Wirkungen werden nachfolgend dargestellt.

Der Selektionsprozess (vgl. Abbildung 19, S. 152) beginnt im Gymnasium[215], wo traditionsgemäß ein Bildungsideal vermittelt wird, „das die eigentlichen Werte im klassischen Humanismus sieht und den Naturwissenschaften, schon gar nicht ihrer praktischen Anwendung in der Technik, einen deutlich geringeren Rang zubilligt“ (Morsch u.a. 1974, S. 33).

Technik erhält mangels eines eigenen Schulfaches durch die Vermittlung in den etablierten Fächern ein einseitig und letztendlich falsches Bild (vgl. Bönkost/Oberliesen 1997) sowie eine geringe Akzeptanz (vgl. IfD Allensbach 1982). Der durch dieses Bildungsideal entstehende Ausleseprozess „führt dazu, dass die am Gymnasium weniger ‘Erfolgreichen’ meistens das Ingenieurstudium wählen“ (Morsch u.a. 1974, S. 33). Letztendlich werden dadurch die Motive der üblichen Studienfachwahl weiter forciert und der Rang und das Ansehen der Ingenieure

215 Vgl. Kapitel „Studienfachwahlmotive und studentische Dispositionen“ (S. 138).

(vgl. Abbildung 33, S. 241) im Verhältnis zu anderen Berufen wie Ärzten, Juristen und Naturwissenschaftlern manifestiert.

Mit dem Wechsel der Schulabgänger in das Studium endet der voruniversitären Selektionsprozess und es beginnt die zweite Auslese. Ein Beispiel für diese findet sich bei Morsch/Neef/Wagemann (1986, S. 103ff.). Darin klassifizierten sie nach einer Typisierung der Maschinenbaustudenten den schnellen und langsamen Vielarbeiter sowie den schnellen und langsamen Wenigarbeiter.

In Bezug auf deren Studienhandeln und in Verbindung mit deren jeweiligen soziokulturellen Herkunft kamen Morsch/Neef/Wagemann zu der Aussage, dass die schnellen Wenigarbeiter, also diejenigen, die fachlich motiviert mit relativ geringem Aufwand viel leisten, das Studium in seiner Form am heftigsten kritisierten. Gleichzeitig stellen sie die Gruppe der Beweglichsten dar, die am ehesten zu einem Wechsel des Studienfaches neigt. Den direkten Gegenpol bilden die langsamen Vielarbeiter. Sie haben bereits viel investiert und können sich die wenigsten Studienalternativen vorstellen. Sie sind meist „auf die Ingenieurfächer fixiert, haben aber immer wieder Misserfolgserlebnisse, obwohl sie bereits den größten Teil ihrer Freizeit für das Studium geopfert haben. Sie haben sozusagen das ungünstigste Verhältnis von Aufwand und Ertrag in ihrem Studium“. Den „Musterknaben“ des Maschinenbaustudiums repräsentiert der schnelle Vielarbeiter. Er zeigt die größte Anpassungsbereitschaft an die Institution Hochschule. „Der Selektionsprozess, den sie im Ausbildungsbereich und teilweise auch in einer Phase der Berufsausübung überstehen mussten, hat sie derart konditioniert, dass sie sich von allen Studenten am meisten auf die rigiden Bedingungen der Ingenieurausbildung einlassen können“ (Morsch/Neef/Wagemann 1986, S. 108).

Gerade am Verhalten dieser Gruppen wird die zweite Negativauswahl deutlich. Die Selektion im Maschinenbaustudium hat weniger mit Erfolg oder Versagen zu tun, als mit der Kritik an Formen und Inhalten des Studiums. Die Entscheidung zur ‘Flucht’ aus den Ingenieurstudiengängen wird wahrscheinlich sehr bewusst getroffen: „Es sind die Beweglichen, Geschickteren, Erfolgreicheren, die mit wenig Aufwand viel leisten, die die stärkste Tendenz zeigen, doch lieber nicht Ingenieur zu werden. Ingenieure werden danach vor allem diejenigen, die – eher angepasst – zu einer guten Leistung auch hohen Arbeitsaufwand investieren müssen oder gar trotz des hohen Aufwandes weniger als andere schaffen, aber mit zusammengebissenen Zähnen durchhalten. Es ist zu bezweifeln, ob das geeignete Auslesekriterien für Ingenieure sind, die im Beruf kreativ und flexibel neue Technologien entwickeln und verantworten sollen“ (Morsch/Neef/Wagemann 1986, S. 136).

Zusammengefasst verringern Selektionsmechanismen die Zahl der Studieninteressierten und der Studierenden im Studiengang. Ihr Potenzial steckt jedoch in der Reflexion darüber, ob die vorfindliche Auslese bestimmter Personengruppen auch gewollt ist.

C:\x files\Martin\DISS\2001\Bilder Lang Version\Selektion Studierender.abc

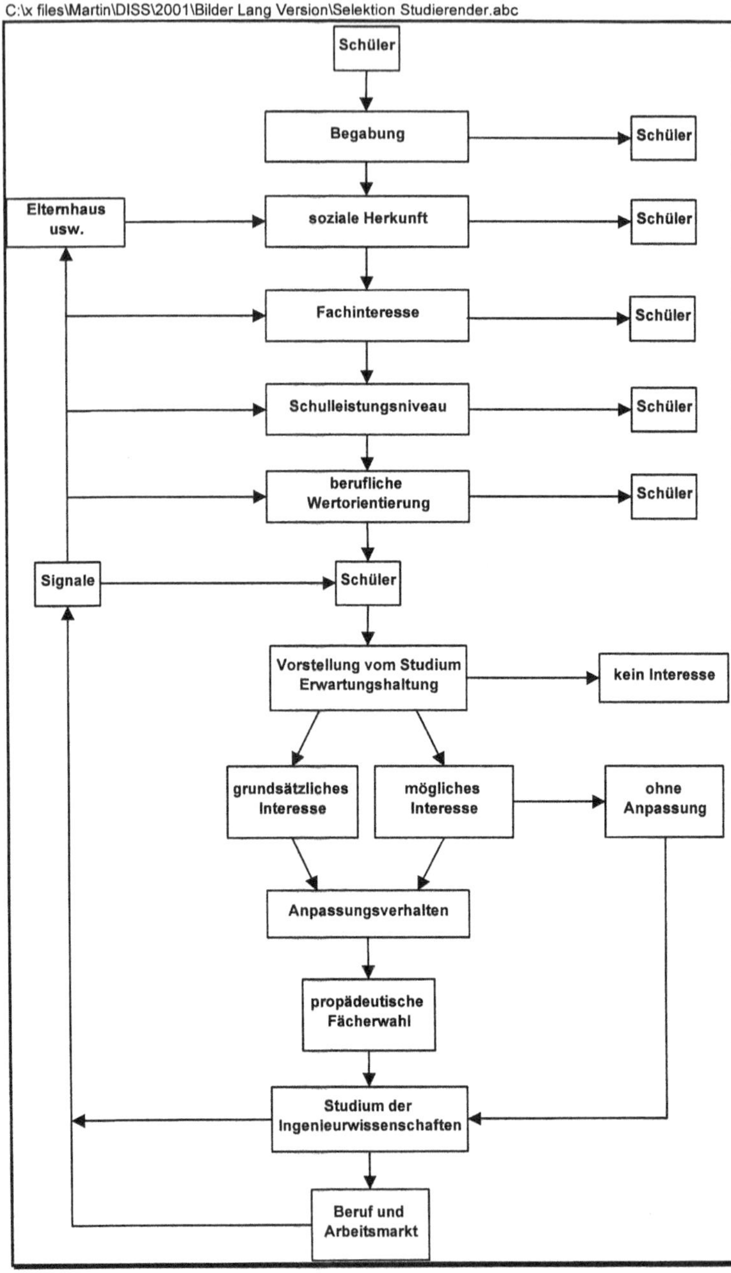

(Eigene Anfertigung)

Abbildung 19: Voruniversitäre und studienbegleitende Selektionsmechanismen

6.7.2 Habituserwerb als studienbegleitende Verhaltensänderung bei Studierenden

Studierende verändern ihr Verhalten während des Studiums. Die Übernahme bestimmter Verhaltensmuster kann als Habituserwerb umschrieben werden. Er verändert personenbezogene Bestimmungsfaktoren der Lehre und kann zugleich als Rückmeldung über die Wirkung von Vermittlungsprozessen angesehen werden. Wie ein solcher Habituserwerb aussieht schildern die folgenden Ausführungen.

Raufuß (1991) beschreibt den Werdegang eines Technikers von der Schule an: „Wer als Kind oder Jugendlicher z.B. Schwierigkeiten hat, mit sozialen Problemen emotional und sprachlich zurecht zu kommen und wer gleichzeitig eine positive Grundeinstellung zu technischen Geräten und zur Mathematik mitbringt, der fühlt sich z.B. im Physikunterricht zunächst einmal entlastet" (Raufuß 1991, S. 92). In der Oberstufe orientiert er sich an der Fachrichtung, die ihm „bedeutet, soziale Fähigkeiten seien verzichtbar" und es findet eine Abwendung von Sprachen, Geschichte und Mathematik statt. Damit beginnt eine Anpassung an die sozialen Normen und Sichtweisen der Fachgemeinschaft „Technik", mit der er sich schließlich identifiziert. Im Laufe des Studiums kommt es schließlich zum vollständigen Verlust von ganzheitlichen Studien- und Berufsvorstellungen und zu einem „Sozialisationsprozess, dessen Resultat ein einheitlicher Habitus erfolgreicher Studenten ist" (Wankum 1989, S. 90). Wankum formulierte als ein zusammenfassendes Ergebnis seiner Erhebung zum Habituserwerb: Das Studium der Ingenieurwissenschaften fördert Probleme, „wo von den Jungingenieuren soziale, kommunikative sowie weitere nicht-technische Fähigkeiten gefordert werden" (Wankum 1989, S. 199). Begründet wird dies von Wankum mit dem Studienhandeln, das sich lediglich am Studien- und Prüfungserfolg und nicht am Studienplan bzw. an der Studienordnung orientiert. Besonders die erfolgreichen Studenten entwickeln ein schnelleres System, das sich nicht am Verstehen, sondern in der Wiedergabe der geprüften Inhalte bewährt. Dabei üben sie „kaum andere, noch weitergehende soziale Aktivitäten aus" (Wankum 1989, S. 91).

Ein zu Beginn des Studiums vorhandenes Interesse an überfachlichen Themen mit gesellschaftlichen, politischen, ökologischen und ökonomischen Inhalten im Studium nimmt mit der Studiendauer ab und ist wie die weitgehende Aufgabe sozialer Kontakte außerhalb der Hochschule[216] zugunsten des angestrebten Studienerfolges als Opportunitätskosten aufzurechnen. Das Studium gilt als Investition in eine höhere wertschaffende Potenz, wird als Berufsausbildung, „lediglich als eine Hürde angesehen, ... die es zu überwinden gilt" (Wankum 1989, S. 61). Die angestrebten Ziele sind Statusgewinn und Expertentum, „in der das Oberziel Bildung, das eher im Sinne einer Humboldtschen Auffassung dem eigentlichen Zweck des Studiums entspricht, nur wenig Raum besitzt" (Wankum 1989, S. 60).

Die Erkenntnis, wonach die angestrebten Ziele nunmehr nach dem Studium relativ einheitlich Statusgewinn und Expertentum darstellen, wiegt um so mehr, da die Absolventen eine relativ stabile Wertorientierung aufweisen und sich zugleich um einen ausbildungsadäquaten beruflichen Einsatz bemühen. Schomburg/Teichler (1998, S. 155) stellten dazu die These auf, „dass berufliche Wertorientierungen als relativ stabile Merkmale von Personen anzusehen sind" und belegen sie mit den Ergebnissen ihrer

216 Siehe dazu die Ergebnisse von Morsch/Neef/Wagemann (1986).

Untersuchung: „Es zeigt sich eine beachtliche relative *individuelle Stabilität* [Hervorhebung im Original] der beruflichen Wertorientierung bei den befragten Hochschulabsolventen, wenn man den relativ langen Zeitraum von ca. zehn Jahren berücksichtigt."

Maschinenbauer sind gleichzeitig „insgesamt weniger zufrieden mit ihrer beruflichen Situation als fünf Jahre zuvor" und der Anteil derer, „die eine überwiegende oder teilweise Verwendung ihrer Qualifikationen konstatieren", ging zurück. „Dafür ist vor allem ausschlaggebend, daß die mit dem Aufstieg in der beruflichen Konsolidierungsphase verbundene Zunahme von organisatorischen und sozial-kommunikativen Anforderungen von Ingenieuren ... als etwas empfunden wird, was ihren fachlichen Qualifikationen entgegengesetzt ist" (Schomburg/Teichler 1998, S. 152). Dagegen „bleibt jedoch das Bild bestehen, daß Universitätsabsolventen des Maschinenbaus ... ihre Position etwas häufiger als adäquat betrachten". Das ist gerade deshalb bemerkenswert, „weil hier nicht nach Position und Einkommen gefragt wird, ... sondern relational. D.h. es wurden die Maschinenbauer mit universitärem Abschluss nach der Angemessenheit der Ausbildung befragt, die zehn Jahre nach Studienabschluss kaum eine Verwendung ihrer Qualifikation konstatieren, aber zugleich ein überdurchschnittliche hohes Einkommen haben (vgl. Schomburg/Teichler 1998, S. 152). Im Ergebnis kommt zum Ausdruck, dass sich in den achtziger Jahren ein neues Verständnis der Absolventensicht über die berufliche Angemessenheit des Studiums durchsetzte: „Deutlich wurde, dass sich Vorstellungen von Angemessenheit auf verschiedene Aspekte – Position, Verwendung von Qualifikationen, berufliche Autonomie und berufliche Verfügungsmöglichkeiten u.a. – beziehen können" (Schomburg/Teichler 1998, S. 150).

Es kann festgehalten werden, dass Studierende im Maschinenbaustudium einen bestimmten Habitus erwerben. Bei einer relativ stabilen Wertorientierung überwiegen darin Statusgewinn und Expertentum. Das Reflexionspotenzial liegt dagegen im Vergleich zwischen den gewollten und den erreichten Verhaltensänderungen.

Rückblickend bevorteilen die studienbegleitenden Effekte die Studenten, die die Hochschulen eigentlich nicht haben wollen. Sie sind es aber, die die allgemein bekannten Studienbedingungen akzeptieren und sich – in Erwartung eines adäquaten Ertrages – bereitwillig auf sie einlassen. Auf Grund der beschriebenen Prozesse negativer voruniversitärer und universitärer Selektion und Anpassungseffekte erscheint es neben der von Daniel (1998, S. 34) geäußerten Kritik an studentischer Evaluation völlig unsinnig, Befragungen von Absolventen oder Studenten als Indiz für die Richtigkeit hochschuldidaktischen Handelns zu werten.

Die Ergebnisse aus den untersuchten Determinanten und Interdependenzen ergeben das Bild eines Studienganges, der in mehrfacher Hinsicht noch fest mit seinen rund hundertjährigen Wurzeln verbunden ist. Keine der analysierten Reformbemühungen hat zu einer Veränderung in der Studienstruktur bzw. -organisation geführt. Unterschiedliche Auffassungen der Beteiligten von den Aufgaben der Hochschule und den Zielen des Studiums sind ebenso festzustellen wie eine enge Verflechtung der Hochschulen in rechtliche Vorgaben und deren Entstehungsprozesse. Der Studiengang wird überwiegend von männlichen Studenten mit weniger sprachlichem und mehr mathematischem Talent belegt. Die im Studium erkennbaren Effekte führen zu unbeabsichtigten Selektionsmechanismen und zum Erwerb eines bestimmten Habitus.

7 Determinanten und Interdependenzen durch die Technische Dokumentation

In den Entscheidungen um Vermittlungsprozesse sind neben den zuvor behandelten themenunabhängigen auch die themenbezogenen Determinanten und Interdependenzen zu berücksichtigen. Für die geplante Interpretation und Strukturierung werden drei Aspekte der Technischen Dokumentation hervorgehoben und untersucht. Dazu gehört deren Abhängigkeit von juristischen Vorgaben, aber auch ihre Wirkung auf Marketing und Betriebsstrukturen. Entsprechend werden die folgenden Abschnitte die Frage klären, welche Ausbildungsdefizite durch die Anforderungen der Technischen Dokumentation und eine dadurch veränderte beruflichen Praxis von Maschinenbauingenieuren indiziert werden bzw. belegbar sind.

7.1 Wirkungsfelder der Technischen Dokumentation

Einer der Gründe für die Veränderungen in der beruflichen Praxis ist der strukturelle Wandel von dem Paradigma fordistisch-tayloristisch geprägter industrieller Massenproduktion zum Paradigma der Informations- und Kommunikationsgesellschaft (vgl. Maier 1994, S. 35ff.). Die veränderten Qualifikationsanforderungen kommen u.a.

- in der Bedeutungszunahme des Marketingwertes der Technischen Dokumentation,
- in den durch den Wandel der innerbetrieblichen Strukturen veränderten Qualifikationsanforderungen von Betrieben,
- in der Einführung von Qualitätsmanagementsystemen,
- in den geänderten haftungsrechtlichen Rahmenbedingungen und nicht zuletzt
- in der Entstehung neuer Berufe[217] zum Ausdruck.

Heute ist professionelle kommunikative Kompetenz gefordert, um den komplexen Anforderungen in der Technischen Dokumentation entsprechen zu können. Weil Informationen das wichtigste Kapital eines Unternehmens sind und weiter an Bedeutung zunehmen, ist eine optimale Kommunikation zwischen den an Prozessen beteiligten Personen innerhalb und außerhalb eines Unternehmens ein wesentlicher Bestandteil des Erfolges. „Hier gilt es, die an Kommunikationsprozessen beteiligten Menschen, Informationen, Technologien in optimaler Weise miteinander zu verknüpfen“ (Böhler 1997, S. 4). Es „liegt auf der Hand, dass das elektronische Informationsangebot neue Möglichkeiten der Unternehmensplanung eröffnet, einen zunehmend wichtiger werdender Faktor innovativer Produktionsstrategie darstellt und zudem zu erheblichen Kosteneinsparungen führen kann“ (Einsporn 1995, S. 5).

Der betriebsinternen Kommunikation wird eine zunehmende Bedeutung zugesprochen, denn die „Grundlage der Funktion sozio-technischer Systeme ist die Information. Daraus ergibt sich für jeden Funktionsträger in einem solchen System die Notwendigkeit einer prozesskonformen, organisationsadäquaten und problemrelevanten Kommunikationskompetenz“ (Bahlke 1996, S. 203). Auch die neu eingeführten rechtlichen Rahmen-

[217] Wie z.B. Technischer Redakteur und Industriedesigner.

bedingungen wie QMS nach DIN EN ISO 9000[218] gehen in die gleiche Richtung und stellen neue Anforderungen an die kommunikativen Fähigkeiten sowie den gesamten innerbetrieblichen Informationsfluss. Informationsschöpfende Abteilungen wie die Konstruktion erhalten darin eine zunehmende Bedeutung.

Auch die externe Kommunikation erhält einen beachtlichen Bedeutungszuwachs. Böhler (1997, S. 4) schreibt dazu: „Informationen zielgruppengerecht, schnell, wirtschaftlich und auf verschiedenen Medien zur Verfügung zu stellen, ist für jedes Unternehmen zur Existenzfrage geworden“ und weiter „Die Qualität der Unterlagen zu einem Produkt wird vom Kunden auf das Produkt selbst projiziert. Gute Dokumentationen führen zu verbesserter Kundenzufriedenheit“. Sie helfen die Kognitive Dissonanz[219] zu überwinden und bieten die Chance auf „Kaufbestätigung, Markenbindung und Unternehmenserfolg“ ergänzt Pogarell (1997, S. 9).

Als „kommunikative“ Verantwortung treten sie in Form von Anweisungen, Anleitungen usw. neben die altbekannte konstruktive Verantwortung im Sinne von Festigkeitsbedingungen oder Sicherheitsfaktoren (vgl. Jeiter 1993, S. 51) und erzeugen damit gerade im Maschinenbau einen permanenten Nachholbedarf. Eine weitgehende Automatisierung der Funktionen und die Verbesserung der Benutzerführung sollen die Bedienung immer komplizierter werdender Geräte vereinfachen (vgl. Westendorp 1993, S. 14f.) oder gar unnötig machen.[220]

„Der Bedienkomfort wird jedoch immer hinter dem neuesten Stand der Technik zurückbleiben“ warnt Westendorp (1993, S. 16). „Gerade im Maschinenbau ist die Dokumentation oft die Achillesferse. Unter Zeitdruck hergestellt, aus Zuliefererdokumenten zusammengestoppelt, wird sie schnell zu einer Beleidigung des zahlenden Kunden“ (Mertens 1997, S. 10). „Oft basieren sie auf bereits bestehenden Unterlagen aus dem Fabrikationsprozess“ ergänzt Westendorp (1993, S. 24), „deren Interpretation dem Laien oft recht schwer fällt, da hier die Abstraktion vom realen Produkt weiter getrieben wird, als bei der Axonometrie oder der Perspektive[221]“. Lediglich maschinenbau- und elektrotechnische Pläne weisen einen noch höheren Abstraktionsgrad auf. Vorbei sind die Zeiten, in denen Entwickler und Konstrukteure „ihre Aufgabe vornehmlich in der Entwicklung und Konstruktion neuer Geräte“ (Bock 1993, S. 3) sahen und Gebrauchsanweisungen „nebenbei“ erstellen konnten (vgl. Schwender 1993). Heute zwingt der Wettbewerb die Unternehmen dazu, separate Abteilungen einzurichten oder

---

218 Siehe auch das Abkürzungsverzeichnis. Die Abkürzungen sind zu übersetzen mit: DIN: Deutsches Institut für Normung (landläufig: „Deutsche Industrienorm“); EN: Europäische Norm; ISO: International Organization for Standardization.

219 Die Theorie von der Kognitiven Dissonanz ist auf Festinger (1957) zurückzuführen und hat vielfältige Anwendungsmöglichkeiten gefunden. In diesem Fall lässt es sich mit dem Entscheidungskonflikt einer Person beschreiben, in der sie sich zwischen zwei Alternativen entscheiden muss. Gute Dokumentationen können zu einer Kaufbestätigung und damit in der Nachentscheidungsphase zu einer Dissonanzreduktion führen. Die möglichen Zweifel, ob der Kauf richtig war, werden dadurch vermindert.

220 Bei Festplatten wurde die Steigerung des Gebrauchsnutzens u.a. durch selbstparkende Leseköpfe erreicht. Dazu waren die Leseköpfe mittels vorgeschriebener Tastatureingabe in Ruhe- und Transportstellung bringen. Das lange Zeit als Transportsicherung vorgeschriebene Parken der Leseköpfe und der damit verbundene Erklärungsbedarf entfielen.

221 Beides Verfahren zeichnerischer Darstellung.

externe Dienstleistungsunternehmen zu beauftragen, um mit Slogans wie „easy to use“[222] neue kunden- wie benutzerfreundlichere Produktezu konzipieren.

Die Technische Dokumentation nimmt für Endverbraucher, für die innerbetriebliche Kommunikation, für außerbetriebliche Zielgruppen wie Lieferanten, Absatzermittler, Kapitalgeber usw. an Bedeutung zu. Nach innen wie nach außen wird sie zunächst als „universelle Informationsquelle“ (Mertens 1997, S. 11) verwendet. Sie soll Mittels corporate identity Botschaften transportieren (vgl. Kuhlmann 1996), um „sich vom Wettbewerb abzuheben und sich einen Vorsprung zu verschaffen“ (Ganzow 1995, S. 9). Mit ihrer Wissensbasis kann sie zudem schon heute „als Keimzelle eines innerbetrieblichen Informationspools oder -systems gesehen werden“ (Ganzow 1995, S. 16), die das reibungslose Zusammenspiel zwischen Dokumentations-, Entwicklungs- sowie der Marketingabteilung fördert und als Nebeneffekt die „Markteinführung eines Produktes beschleunigt“ (vgl. Mertens 1997, S. 11).

7.1.1 Einfluss der Technischen Dokumentation auf das Marketing

Die Technische Dokumentation erfährt zunehmend Bedeutung für das Marketing. Dieses Potenzial, seinen Einfluss auf das Marketing und einige ihrer Anwendungsbereiche zeigen die nachfolgenden Ausführungen.

Marketing wird nach Kotler/Bliemel (1992, S. 44) als ein Prozess im Wirtschafts- und Sozialgefüge verstanden, „durch den Gruppen und Einzelpersonen ihre Bedürfnisse und Wünsche befriedigen, indem sie Produkte und andere Dinge von Wert erzeugen, anbieten und miteinander austauschen“.

Für ein Unternehmen, das sich dieses Marketingkonzept zu eigen macht kann dies bedeuten, dass es alle Unternehmensaktivitäten auf die Gewinnung und Bindung von Kunden durch Erzeugung von Kundennutzen ausrichtet (vgl. Kotler/Bliemel 1992, S. 44f.). Entsprechend stellt Mertens (1997, S. 5) das Marketing nicht nur auf Werbung ab, sondern auf die *„four P's: product, price, placement, promotion“* [Hervorhebungen im Original], von denen nach heutiger Lesart product und promotion direkt, price und placement indirekt mit der Technischen Dokumentation in Verbindung[223] stehen.

Die Geschichte der Technischen Dokumentation ist sehr viel jünger als die Geschichte des technischen Designs. Lag der Anfang[224] des Technischen Designs in den Anfängen der menschlichen Kultur (vgl. Seeger 1986, S. 8), treten Gebrauchsanleitungen erst seit den fünfziger Jahren stark vermehrt auf (vgl. Westendorp 1993, S. 38). Westendorp berichtet weiter: „Erst zu Beginn der siebziger Jahre wurden viele Produkte nicht nur derart komplex, sondern verkauften sich auch in solchen Mengen, dass die

[222] Bezeichnungen wie „manual proofed“ (TÜV) oder „user tested“ (SONY) sind im gleichen Sinne zu verstehen, gehen allerdings mit dem Nachweis eines Nutzertests noch einen Schritt weiter als das „easy-to-use“ Merkmal.

[223] Es scheint, als würde damit Ropohls (1985) Postulat für die Übernahme einer sozialen Verantwortung über einen, wenn auch z.T. erzwungenen, Umweg erreicht: „Es ist höchste Zeit, dass die Industrie begreift, ihre soziale Verantwortung für die Technik auch in besseren Produktinformationen einzulösen“ (Ropohl 1985, S. 219).

[224] Nach Seeger (vgl. 1986, S. 8) lag der Beginn des Technischen Design weniger im Beginn der industriellen Technik, als vielmehr auf der kultischen und mythischen Verwendung von Werkzeugen und Geräten.

Gebrauchsanweisung zum notwendigen Bestandteil des Produktes avancierte. … Aus Bauplänen und technischen Dokumentationen für die Fachleute entwickelten sich zunehmend Hilfeleistungen für überforderte Laien“ (Westendorp 1993, S. 38) und Marketinginstrumente für das Unternehmen.

In Bezug auf den Verbraucher – hier dem Kunden – erhält die Technische Dokumentation ihre zunehmende Marketing-Bedeutung nicht nur aus der vereinfachten Nutzungserschließung. Sie ist innerhalb der „*four P's*“ [Hervorhebung im Original] (Mertens 1997, S. 5) Mittel zur Kommunikation von der Werbung, über den Kauf, den Betrieb bis hin zur Entsorgung. Dabei kann sie dem Unternehmen – speziell bei Massenkonsumartikeln durch Produktdifferenzierung – bereits vor dem Kauf einen relativen Wettbewerbsvorteil verschaffen. „Dokumenter können nachweisen, dass die durchgängig textlich, typographisch und bildlich beispielhaft gestaltete Technische Dokumentation eine excellente Verkaufshilfe darstellt. Sie ist in ihrem Marketingwert unbezahlbar“ (Heinecke 1995, Abschnitt 10.1, S. 5). Auch wenn Kuhlmann (1996) den Anteil der privaten Haushalte, die sich vor der Beschaffung von Produkten und Dienstleistungen ausführlich und intensiv informierten, für 1990 mit lediglich 10 % beziffert, können die Produkte generell „über die Bedienungsanleitung, die Service- oder Reparaturanleitung differenziert werden“ (Ganzow 1995, S. 8). Folglich prognostiziert Westendorp (1993, S. 40), dass im begonnenen Jahrhundert die Marketingschlacht nicht der Hersteller gewinnen wird, der sein Gerät „vereinfacht, sondern jener, der die gesamte Technik für den Anwender nutzbar zu machen versteht“.

Nach dem Kauf stellt die Technische Dokumentation „das einzige verbleibende Kommunikationsmittel“ (Mertens 1997, S. 10) zwischen Hersteller und Kunden dar, das zudem in der Lage sein muss, durch die Erzeugung von hinreichendem Kundennutzen seine Kaufentscheidung positiv zu bestätigen und die Kognitive Dissonanz zu überwinden. „Kein Prospekt ist langlebiger. Die Dokumentation verbleibt im günstigsten Fall während der ganzen Lebensdauer des Produktes beim Kunden“ und bietet von daher die günstigsten Voraussetzungen, den Kunden durch zusätzliche Nutzungserleichterung und -erhaltung im Sinne eines Nachkaufmarketings an das Unternehmen zu binden (vgl. Mertens 1997, S. 10) und noch die Reklamationsrate zu senken (vgl. Ganzow 1995, S. 10).

Das bekannteste Beispiel fehlgeleiteter technischer Entwicklungen auf der Basis mangelnder Kommunikationskompetenz ist der Elektrotechnik entliehen: Das Teletex. 1981 eingeführt war es dazu gedacht, das Bürofernschreiben mit dem vollen Zeichenvorrat einer Büroschreibmaschine zu etablieren und somit eine wirtschaftliche Form der elektronischen Textkommunikation zu ermöglichen. Trotz der internationalen Kommunikationsmöglichkeiten hat sich das Teletex nicht durchgesetzt und wurde 1993 eingestellt.

Auch der Bildschirmtext (btx) spiegelt mit seinen weit hinter den Erwartungen gebliebenen Nutzerzahlen die Geschichte eines Produktes wider, das dem „technology push“ (Zoche u.a. 1994, S. 266) ausgesetzt war. Es ist ein typisches Beispiel mangelnder Kommunikation und Orientierung am Kunden. Obwohl es als Computer für den Privatmann gedacht war, erschien eine ernsthafte Auseinandersetzung mit dem Nutzerbedarf verzichtbar – und so wurde eine rein technikorientierte Vision realisiert, ohne sie hinreichend auf die gesellschaftlich fundierte Nachfrage hin zu analysieren. Seine Benutzerfreundlichkeit ist im Vergleich mit anderen Geräten in Abbildung 20 dargestellt.

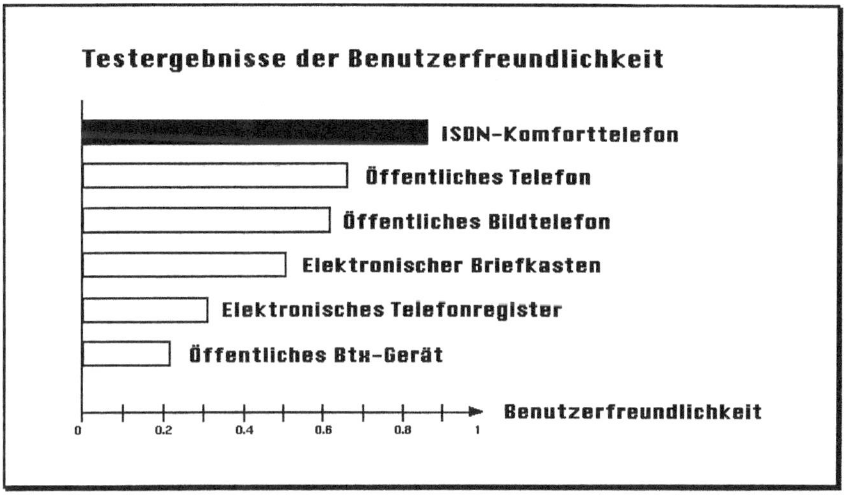

(Schaffrina 1998, o.S.)[225]

Abbildung 20: Benutzerfreundlichkeiten verschiedener technischer Geräte

„Im Prinzip müssen die Entwickler wieder verstehen, dass der Fisch den Wurm mögen muss und nicht der Angler" sagte Riesenhuber 1994 und zielte damit neben dem btx auf das typische „over-engineering" deutscher Ingenieurskunst. Kalkowski ergänzt: „*Over-Engineering* [Hervorhebung im Original]: Nicht zuletzt getragen von einer weithin technikfixierten CIM-Euphorie[226] hatte ... der unter Ingenieuren verbreitete Hang zum technischen Perfektionismus in Teilen des Maschinenbaus (insbesondere des Werkzeugmaschinenbaus) ein Over-engineering zur Folge"; es wurden teure, störanfällige und schwer bedienbare, weil „High-Tech" Lösungen angeboten, die zu „erheblichen Verfügbarkeitsverlusten geführt haben" (Kalkowski 1997, S. 94).

Auch ein führender Hersteller von Videorecordern beging einen ähnlichen Fehler. Er brachte ein neues programmierbares Gerät auf den Markt, war aber enttäuscht, als sich der „Stolz der Entwicklungsabteilung" (Hahn 1994, S. 169) als Ladenhuter erwies. Erstmals war die Anzahl der Tasten an dem Gerät durch die Verwendung von Multifunktionstasten reduziert. Damit wurde es aber in der Bedienung so gewöhnungsbedürftig, dass weder die Fachhändler noch die Verkäufer in der Lage waren, die Programmierung durchzuführen. Zudem war die Bedienungsanleitung viel zu umfangreich, viel zu kompliziert und mangelhaft übersetzt. Die Folgen waren ambivalent, denn in einigen Fällen wurde das Gerät wegen der wenigen Knöpfe als nicht so leistungsfähig wie Konkurrenzprodukte eingestuft. In anderen Fällen führte der Versuch, das Gerät auf bisher übliche Art zu programmieren, zu Fehlfunktionen und zu dem Urteil, das Gerät sei zu kompliziert oder gar defekt. Das angesprochene

225 Abbildung von: Schaffrina, Jörg: Handhabungsgestaltung der Mensch-Maschine-Schnittstelle bzw. der Mensch-Prozess-Kommunikation. Unveröffentlichtes Vortragsmanuskript. Vortrag bei der tekom (Gesellschaft für technische Kommunikation e.V.) in Rödermark, am 14.01.1999.

226 CIM ist die Kurzform von computer-integrated-manufactoring.

Problem ist jedoch zu komplex, als dass es allein auf die Multifunktionstasten reduziert werden könnte. Denn die möglicherweise aus dieser Erkenntnis gewonnene normierende Absicht – das Problem durch die Verneinung von Multifunktionstasten grundsätzlich zu vermeiden – könnte zu einer anderen Zeit zu einem Marktnachteil führen. Auch wenn 1994 90 % der – durch Studenten der Frankfurter Fachhochschule – Befragten Produkte mit solchen Multifunktionstasten als zu kompliziert bemängelten, können technologische Mode und eine veränderte technische Sozialisation in einer zunehmend technisierten Welt in Zukunft zu ganz anderen Ergebnissen führen.

In einer Studie der Württembergischen Feuerversicherung belegen die Ergebnisse von 12 000 untersuchten Schadensmeldungen an elektrischen Geräten, dass fast die Hälfte (46 %) der Schäden auf unsachgemäße Bedienung zurückzuführen ist (vgl. Hahn 1994, S. 155). Hahn selbst schätzt die Dunkelziffer noch viel höher ein und den jährlichen volkswirtschaftlichen Gesamtschaden auf einen Betrag von über 700 Millionen Mark. Wenn die Kunden „beim Benutzen der Geräte versagen, sind es oftmals die Geräte, die schlecht konstruiert und beschrieben werden“ (Hahn 1994, S. 7).[227] Als (Mit-) Schuldigen benennt die Studie fehlerhafte Bedienungsanleitungen; verursacht von Forschungs-, Entwicklungs- und Konstruktionsabteilungen, die zwar mit hervorragenden Ingenieuren, Technikern und Wissenschaftlern besetzt sind, die „aber nicht über die Gabe verfügen, kommunikativ zu denken, zu verstehen und zu vermitteln wie ein Laie einen Videorecorder, einen Fahrkartenautomaten, ein Softwareprogramm oder eben ein technisches Gerät ohne Schwierigkeiten benutzen kann“ (Hahn 1994, S. 7). Sie sehen und beurteilen ein technisches Gerät aber häufig anders, als die Kunden. Abbildung 21 zeigt Ergebnisse einer Nutzerbefragung, die die erwartete Benutzerfreundlichkeit eines neuen Telefonkonzepts hinterfragen.

Der Nutzer lernt aus negativen Erfahrungen und probiert in neun von zehn Fällen erst einmal am Gerät herum. In einer eigenen Untersuchung von 200 Selbstbaumöbel-Kunden stellte Hahn (vgl. Rhein-Zeitung vom 18.03.1996, S. 4) fest, dass 74 % der Befragten Texte und Illustrationen als zu kompliziert und unvollständig empfanden, mehr als die Hälfte schon häufiger negative Erfahrungen mit Montageanleitungen gemacht hatte und ein Viertel sogar schon mal etwas bei der Eigenmontage zerstört hat. Unverständlich, dass den – durch professionelle Farbprospekte und Verpackungen erzeugten – Kundenerwartungen trotz der daraus entstehenden ökonomischen Nachteile – Verlust von Kundenbindung, vermehrter Serviceaufwand u.a. – und der neuen Vorgaben durch die EU noch immer laienhafte Typographie, schlechte Übersetzungen, unvollständige Informationen und ein erschreckendes Layout der Montageanleitung gegenübersteht.[228]

[227] Hahn (1994) liefert in seinem Buch „Jetzt zieh den Zipfel durch die Masche“ eine ganze Sammlung verunglückter Gebrauchsanleitungen, zeigt aber gleichzeitig den geringen Erfolg der durch ihn eingeklagten Verbesserungsbemühungen.

[228] Abbildung 39 (S. 245) zeigt als Beispiel einer schlechten Übersetzung die Bedienungsanleitung eines Autoradios.

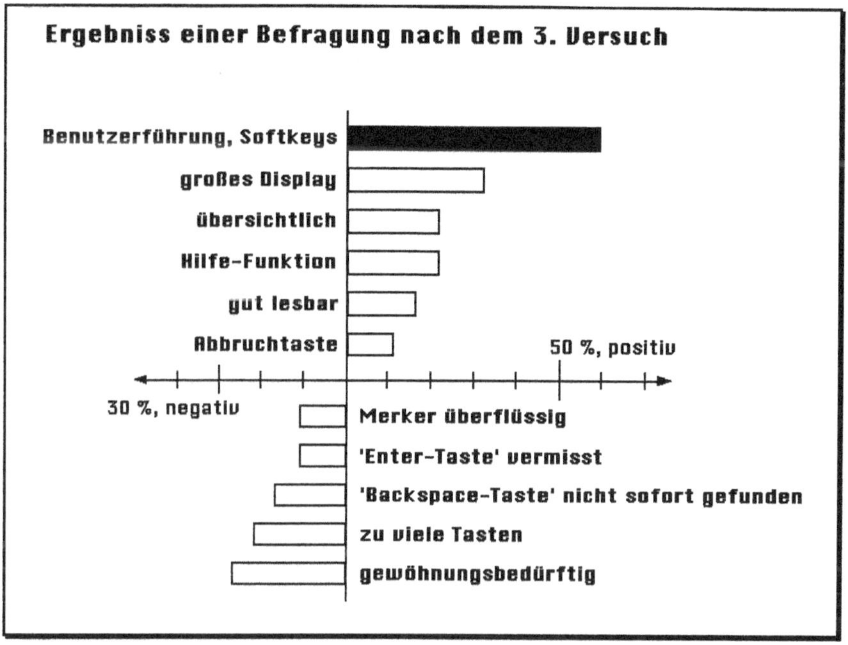

(Schaffrina 1998, o.S.) [229]

Abbildung 21: Befragungsergebnisse von Telefonnutzern

Moderne QMS[230] sollen diese Probleme reduzieren helfen und berücksichtigten sie bereits bei der Formulierung von Unternehmensziele im Qualitätssicherungs-Handbuch. Tafel 4 zeigt solche Qualitätsziele, die der Förderung des Kundennutzens als eine Maßnahme zur Vermeidung des nachteiligen over-engeneering dienen sollen.

Aber noch immer bleiben die Ergebnisse hinter den Erwartungen zurück, wie die Testergebnisse Schaffrinas (1998) (siehe Abbildungen 20 und 21, S. 159/161) und viele Beispiele aus der Tagespresse immer wieder belegen. „Mehr Verwirrung als Hilfe" titelte die Stiftung Warentest im August 1995: „Ohne Gebrauchsanleitung sind Videorecorder kaum bedienbar. Doch die unentbehrlichen Heftchen machen einen nicht unbedingt schlauer: Viele sind so verwirrend und missverständlich, dass der Kunde ratlos bleibt" (Stiftung Warentest 1995, S. 31.) und im Focus war 1996 zu lesen: „Stümperhafte Anleitungen kosten Milliarden von Mark und schaden dem Image der Firmen" (Focus 1996, S. 104).

229 Abbildung von: Schaffrina, Jörg: Handhabungsgestaltung der Mensch-Maschine-Schnittstelle bzw. der Mensch-Prozess-Kommunikation. Unveröffentlichtes Vortragsmanuskript. Vortrag bei der tekom (Gesellschaft für technische Kommunikation e.V.) in Rödermark, am 14.01.1999.

230 Vgl. Kapitel „Einfluss der Technischen Dokumentation auf die Betriebsstruktur" (S. 163).

Schlüsselwort 2: **Qualität**

Qualität bedeutet:
Dem Kunden einen **echten Vorteil**
durch technisch bessere Produkte und
erstklassigen Service zu bieten.

Diese Idee ist ein Schlüsselfaktor,
der unseren Erfolg und
unsere Zukunft mitbestimmen wird.

Technisch besser heißt
nicht technische Perfektion, nicht „high tech" und
nicht „Happy Engeneering" mit Technik als Selbstzweck,
sondern anwenden der uns in der Gruppe
zur Verfügung stehenden Technologien
zum Vorteil des Kunden.

Erstklassiger Service heißt:
Das Produkt **immer** zum gewünschten Zeitpunkt,
in vereinbarten Spezifikationen,
am vereinbarten Ort zu liefern.

Wettbewerbsfähig zu sein, heißt:
Immer das beste Verhältnis
aus Kundennutzen und Preis zu bieten.

(Eigene Anfertigung)

Tafel 4: Beispiel für Qualitätsvereinbarungen gegen over-engeneering

Wo Bedienungsanleitungen in einem gesättigten Markt mit austauschbaren Produkten ein letztes Unterscheidungskriterium und schließlich ein Instrument zur Förderung der Kaufentscheidung sein könnte, herrscht beim Techniknutzer noch immer Unmut und Frustration; werden beim Kunden nach dem Kauf Sachschäden und negative Qualitätsvorstellungen in Kauf genommen. „Gut gemachte Gebrauchs- oder Bedienungsanleitungen sind neben der Produkt-Qualität das wirksamste Mittel, um Kundenbindung und Markentreue zu erreichen. Sie zeigen dem Kunden unmißverständlich, einfach und schnell, wie das Produkt genutzt werden kann" (Bönsch 1986, S. 346).

Resultierend bietet sich dem Marketing mit der Technischen Dokumentation ein Potenzial, das sich u.a. in der Produktqualität und der Kundenbindung bemerkbar machen kann. Sie trägt zur Konzeption kundengerechter Produkte und Beschreibungen bei und kann den Kundennutzen insgesamt steigern.

7.1.2 Einfluss der Technischen Dokumentation auf die Betriebsstruktur

Handelt es sich bei den bisher beschriebenen Dokumenten vornehmlich um Elemente einer externen Kommunikation, also z.B. zwischen Betrieben und Kunden, gewinnt die Technische Dokumentation seit geraumer Zeit auch durch die innerbetriebliche Kommunikation an Bedeutung.

Dollase (1995) sieht dahinter eine Überbewertung des Sprachlichen im Alltag und vermutet eine Orientierung an der „Wirtschaft im asiatischen Raum, die das effektive Arbeiten in Gruppen beherrscht, obwohl die Menschen es dort in den Schulen nicht (eher das Gegenteil) [Anmerkung im Original] lernen“ (Dollase 1995, S. 205).

Die Bedeutungszunahme ist aber in ihrer Wirkung auf den Wandel der innerbetrieblichen Strukturen zurückzuführen. Verursacht durch wachsende Standortprobleme ist er eng verbunden mit der

- Veränderung überkommener tayloristisch-arbeitsteiliger Produktionssysteme (vgl. Neef/Pelz 1997b, S. 6), der
- grundsätzlichen Verpflichtung Qualitätssicherungssysteme[231] einzuführen und der
- Erwartung ökonomischer Vorteile[232].

In allen Fällen geht es darum, produkt- und produktionsrelevante Schnittstellen, Prozesse und Verfahren in Form von Beschreibungen, Anweisungen, Anleitungen und anderen Technischen Dokumenten zu erläutern oder zu begleiten.[233]

Wenn Teile des innerbetrieblichen Strukturwandels erst am Anfang stehen, dann liegt einer der Gründe darin, dass das Marketing-Potenzial der Technischen Dokumentation von den Betrieben noch nicht voll ausgeschöpft wird. „Als Marketing-Instrument befindet sich die Technische-Dokumentation auf einem Entwicklungsstand, den die Mediawerbung in den zwanziger und dreißiger Jahren dieses Jahrhunderts hatte“ (Kuhlmann 1996, Abschnitt 5.2.3, S. 3). Erst allmählich beginnen einige Unternehmen sich der produktivitätssteigernden Potenziale bewusst zu werden, die der wertschöpfende Umgang mit Technischer Dokumentation bietet. Nach einer Umfrage der Gesellschaft für Technische Kommunikation e.V. (tekom) ist sie noch überwiegend in Konstruktion/Entwicklung oder in Marketing/Vertrieb eingeordnet und dort relativ isoliert (vgl. Ganzow 1995, S. 13). In vielen, nicht nur mittelständischen Betrieben sind deshalb noch immer einzelne Mitarbeiter einer meist mehr technisch und weniger marktorientierten Abteilung mit der Produktion der produktbegleitenden Technischen Dokumente beauftragt (vgl. Schlömer 1998, Abschnitt 5.5.3, S. 2f.).

Auch im innerbetrieblichen Potenzial sinnvoll genutzter Informationen[234] liegt ein Grund für den innerbetrieblichen Strukturwandel, denn nach Ansicht Reicherts (1989)

---

231 Vgl. das nachfolgende Kapitel „Juristische Verflechtungen der Technischen Dokumentation“ (S. 168).

232 Entsprechend dem ökonomischen Prinzip ist Gewinn Ziel einer Unternehmung.

233 Siehe dazu die Arbeiten von Lambrecht (1993), Masing (1994), Petrick (1994), Rothery (1994).

234 Einen Hinweis auf den ökonomischen Wert von Informationen bietet das Sprichwort: *Wenn Siemens wüsste, was Siemens weiß!* Als z.B. in der deutschen Presse eine Funkvernetzung für PC (i-gate) vorgestellt wurde, war es bei Siemens Deutschland noch völlig unbekannt. Erst nach vermehrten Kundenanfragen wurde das von Siemens Schweiz gemeinsam mit Elsa in Deutschland entwickelte Produkt auch in Deutschland vertrieben.

entstehen der Industrie Jahr für Jahr Millionenverluste durch unnötige Kommunikationsfehler. Entsprechend soll die Einführung moderner Managementkonzepte oder die Nutzung von Informationsmanagementsystemen zur Verminderung der Reibungsverluste innerhalb eines Betriebes beitragen. „Moderne Managementkonzepte wie die Lean Production und das Business Engeneering streben nach umfassenden Neustrukturierungen der Unternehmensorganisation" und führen seit Ende der achtziger Jahre „zu drastischen Auswirkungen für den Bereich der Technischen Dokumentation" (Schlömer 1998, Abschnitt 5.6, S. 1). Durch enge Teamarbeit und Vernetzung aller Abteilungen soll in der Lean Production „eine Steigerung der Leistungsqualität der Technischen Dokumentation" und „die gleichzeitige und möglichst weitgehende Ausschöpfung von Kostensenkungspotenzialen" (Schlömer 1998, Abschnitt 5.6, S. 1f.) erreicht werden. Im Business Engeneering besteht „ein Unternehmen nicht aus organisatorischen Stellen, sondern aus miteinander verbundenen und abteilungsübergreifenden Leistungsprozessen", deren Ziel es ist, die Technische Dokumentation auf diejenigen Stellen zu übertragen, „die die Dokumentationsleistungen kostenoptimal und mit bestimmten Qualitätsmerkmalen erbringen können" und alle „mit der Dokumentation befassten Mitarbeiter zu einem dauerhaften Dokumentationsteam" (Schlömer 1998, Abschnitt 5.6, S. 2) zusammenzufassen.

Wie die aktuelle Diskussion um die Einführung von Total Quality Management (TQM) belegt, ist ein weiterer Grund für den innerbetrieblichen Strukturwandel mit den zuvor genannten implikativ verbunden. In dem zu Grunde liegenden ganzheitlich verstandenen Qualitätsbegriff sind die Mitarbeiter und die Technische Dokumentation als Qualitätselemente zugleich notwendige Teile zur Erfüllung der Marketing- und der Qualitätsziele und stehen „in enger Verbindung" (Ganzow 1995, S. 9) mit der Funktionstüchtigkeit, der Sicherheit und der Servicefreundlichkeit. Sie tragen die Qualität und sind verantwortlich für verständliche Betriebs- und Verfahrensanweisungen von innerbetrieblichen Prozessen.

Die Berücksichtigung der neuen Wertvorstellungen vom Produktivitätsfaktor Information erfordert die Ergänzung der bisherigen Strukturdarstellungen innerbetrieblicher Informationsflüsse. Abbildung 22 (S. 165) reflektiert die Zeit, als man die Technische Dokumentation noch „nebenbei" betrieb. Sie zeigt die alte fachsystematisch-funktionell geprägte, immer noch vorherrschende Vorstellung der Maschinenbaulehre, die sich einer uneingeschränkt zentralen Rolle der Konstruktion in der betrieblichen Realität ausdrückt. Die Abbildung indiziert zudem eine der Ursachen für einen fehlgeleiteten Technikbegriff ingenieurwissenschaftlicher Lehre.[235]

Hier soll nur angerissen werden, inwiefern mit dieser Betriebsstruktur gefertigte Produkte dem Kunden und so auch den Anforderungen des Marktes gerecht werden können. Der ehemalige Forschungsminister Riesenhuber vertrat 1994 die Ansicht, dass das btx-System der Telekom durch mangelnde Orientierung am Kunden- und Verbraucherverhalten am over-engeneering scheiterte. Nicht das Angebot – die Idee – war das Problem, sondern die Art und Weise, diese nutzen zu können!

235 Siehe Kapitel „Paradigmen als Entscheidungshintergründe" (S. 92).

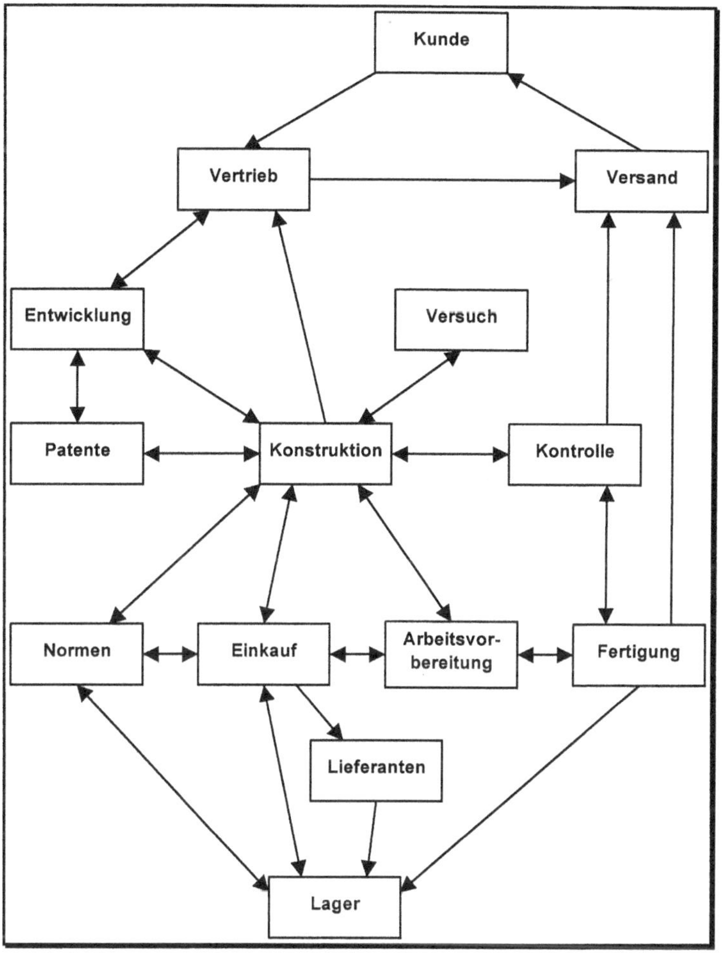

(Eigene Anfertigung, nach Kollmann 1986, S. 1/6)

Abbildung 22: Informations- und Materialflüsse um 1986

In der Ursachendiskussion um schlechte Gebrauchsanweisungen führt Hahn (vgl. 1994, S. 157) aus, dass viele Unternehmen ihre Produkte zwar den Wettbewerbsanforderungen angepasst haben, dabei die Dokumentationsabteilung jedoch derart vernachlässigt haben, dass sie bereits vielfach zu einem besorgniserregenden Hindernis im Wettbewerb um die Geschäfte von morgen geworden sind. Obwohl inzwischen die Bedeutung guter Gebrauchsanweisungen bekannt ist, besitzen sie noch häufig einen sehr geringen betriebswirtschaftlichen Stellenwert und werden oft den Technikern in der Konstruktion überlassen. Aus neuerer Sicht kommt der Konstruktion jedoch als informationsschöpfende Abteilung eine wesentlich erweiterte innerbetriebliche Funktion zu. Die Matrix in Abbildung 23 versucht dies an einer Reihe informationstragender

Technischer Dokumente darzustellen.. Sie berücksichtigt die Erfordernisse einer modernen innerbetrieblicher Kommunikation, wie sie durch die Anwendung eines Qualitätsmanagements entstehen kann und stellt die jeweiligen Bereiche hinsichtlich ihres zu erbringenden bzw. zu erhaltenden Beitrages an notwendigen Informationen dar.

QM-Handbuch-Nutzer	Produktinformationen	Datenblätter	Kataloge	Preislisten	Funktionsbeschreibungen	Transporthinweise	Aufstellanleitungen	Montageanleitungen	Demontage/Montage	Bedienungsanleitungen	Betriebsanleitungen	Wartungsanleitungen	Einstellanleitungen	Instandsetzungsanleitungen	Fehlersuchkataloge	Ersatzteilkataloge	Maßzeichnungen	Schaltpläne	Programmbeschreibung	Anlagendokumentation	Verfahrensdokumentation	Produktbeobachtungsdokumentation		Werbeschriften	Technisches Verkaufshandbuch.		Hotlineinformationen
Projektierung	x	x	x	x	x	x	x		x							x	x	x	x		x			x			x
Konstruktion	o	o	o		o		o		o	o	o	o	o	o	o			o	o	o	o	o		o	o		o
Entwicklung	o	o	o		o		o		o	o	o	o	o	o	o			o	o	o	o	o		o	o		o
Service	o				o	o	o	o	o	o	o	o	o	o	o	o			o	o	o	o			o		o
Service	x				x	x	x	x	x	x	x	x	x	x	x	x	x	x	x	x	x	x					
Verkauf	o	o	o	o		x																			o		o
Werbung	x				x																			x			
Marketing	o	o	o	o					o													o		o	o		o
Instandsetzung	x				x		x	x	x	x	x	x	x	x	x	x	x	x	x	x	x						x
Außendienst	x	x	x	x	x	x	x	x	x	x	x					x						x			x		o
Product Manager	o	o	o	o		x			x										x			x		o	o		o
EDV/CAD		o	o	o												o	o	o	o								
Schulung	x	x	x	x	x	x	x	x	x	x	x	x	x	x	x	x	x	x	x	x	x	x		x	x		o
Anwender	x				x				x	x	x	x							x					x			x
Einkäufer	x	x	x	x		x										x	x							x			x

Informationsweitergabe: o Informationserhalt: x

(Binnewies 1995, Abschnitt A 1.1, S. 7)

Abbildung 23: Netzplan Technischer Dokumentationen

Wenn die betrieblich zugehörigen Konstruktionsabteilungen den neuen Anforderungen nicht gerecht werden können, kommt es zu einer eigenständigen betriebsinternen oder externen Abteilung Technische Dokumentation. Sie übernehmen erhebliche Aufgabenbereiche der beschäftigten Ingenieure, ohne sie als Informationsschöpfende von der Informationsweitergabe zu befreien.

Während Schwender (1993) die implizite These Hahns (1994, S. 159f.), Gebrauchsanleitungen würden häufig nebenbei gemacht, aufgreift, in einen historischen Zusammenhang stellt und damit auch bestätigt, behandelt Kerst (1996b) in seiner Arbeit über Technikvermittlung zwischen Hersteller und Anwender die Entstehung eines neuen Berufsfeldes: Das des Technischen Redakteurs[236]. Mit dessen Einzug in die Betriebe soll, egal ob als externer Subunternehmer oder als interner

236 So unpassend die Wortpaarung „Technischer Redakteur“ zur Beschreibung eines Redakteurs ist, der Dokumente zur Beschreibung und Dokumentation technischer Artefakte produziert, so gebräuchlich ist sie inzwischen.

Mitarbeiter, die Technische Dokumentation verbessert werden. Die Technischen Redakteure sehen sich jedoch mit dem Problem konfrontiert, ihrerseits auf mangelndes Verständnis für ihre Arbeit, schlechte Kommunikationsstrukturen oder einfach ungeeignete Kommunikation zu stoßen. Kerst (1996b) führt beispielhaft aus, dass die Entwicklungsabteilungen gerade für die Arbeit der Technischen Dokumentation vielfach noch zu wenig Verständnis aufbringen. Das drückt sich im „Vernachlässigen oder gar Ignorieren“ (Kerst 1996, S. 33f.) von Informationsweitergaben aus und bedeutet für die Technischen Redakteure gerade in der Phase des Zeitdrucks[237] einen erhöhten Kommunikationsaufwand.

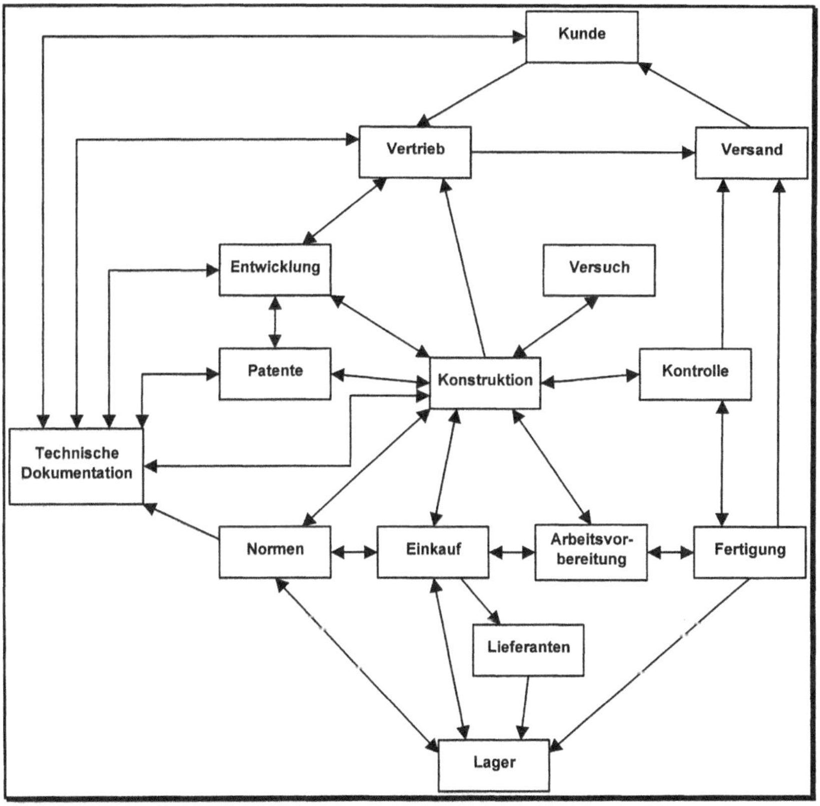

(Eigene Anfertigung)

Abbildung 24: Technische Dokumentation innerbetrieblich integriert

Die grafische Berücksichtigung dieser neuen Abteilung erforderte die Ergänzung der Informations- und Materialflussdarstellung um die Technische Dokumentation. Zur

237 Dies gilt beispielsweise für kurz vor der Fertigstellung vorgenommene konstruktionsbedingte Änderungen, die veränderte Bedienungs- oder Wartungsinformationen nach sich ziehen und bis zur Auslieferung an den Kunden ins Bedienungshandbuch aufgenommen werden müssen.

Verdeutlichung wurden die Ergänzungen in der nachfolgenden Strukturdarstellung berücksichtigt. In Abbildung 24 (S. 167) ist die Forderung der Kommunikationsdesigner, der Technischen Redakteure und anderen, direkt mit Kundenreaktionen betrauten Bereichen erfüllt. Hier wird die Technische Dokumentation von Beginn an in die innerbetrieblichen Prozessen einbezogen. So kann sie bei Entscheidungen direkt und rechtzeitig, d.h. kostengünstig, auf die Konzeption und Gestaltung neuer Produkte einwirken, um diese beispielsweise als „easy-to-use“ marketingrelevant zu gestalten.

Rückblickend versprechen die neuen Wertvorstellungen von einem Produktivitätsfaktor Information den Unternehmen Vorteile. Um diesen nutzen zu können, sind betriebliche Strukturen zu ändern und innerbetriebliche Prozesse neu zu gestalten. Die Technische Dokumentation kann dann in das innerbetriebliche Gefüge integriert werden und einen Teil der dadurch entstandenen Aufgaben übernehmen.

7.2 Juristische Verflechtungen der Technischen Dokumentation

Die Sicherheit des Verbrauchers hat innerhalb der EG einen so hohen Stellenwert erhalten, „dass es sich kein Maschinenbauer mehr leisten kann, vor diesen Anforderungen die Augen zu verschließen“ (Mark 1995, S. 1). Die damit verbundenen neuen Rechte und Pflichten innerhalb beruflicher Tätigkeitsfelder von Maschinenbauingenieuren bedingen neue Qualifikationen und stellen neue Anforderungen an die Kommunikationsfähigkeit. Die nachfolgenden Ausführungen erläutern, dass

- die Erfüllung rechtlicher Vorgaben[238] inzwischen eine zwingende Voraussetzung ist, um produzierte Güter vertreiben zu dürfen (vgl. Jeiter 1993)
- sie in Form eines zertifizierten Qualitätssicherungssystems „immer häufiger zur Voraussetzung für eine Auftragserteilung“ (Hucho 1995, Abschnitt A 2.1, S. 1) werden.

Mit der Erfüllung dieser Aufgaben sind eine Vielzahl von Technischen Dokumenten verbunden. Wie die Bedienungsanleitung sind sie als Produktbestandteil zu werten (vgl. Jeiter 1993) und unterstreichen die Anforderungen an die Kommunikationsfähigkeit.

Es sind die fortschreitende Harmonisierung Europas, die Anforderungen des Marktes und die heimische Rechtsentwicklung, die zunehmend neue Normen, Richtlinien und Gesetze hervorbringen und die nicht-technischen Bedingungen für Produzenten technischer Güter verändern. Sie verändern nicht nur die berufliche Praxis, den beruflichen Qualifikationsbedarf und die Anforderungen an die Technische Dokumentation, sondern sind zudem noch untereinander in vielfacher Weise verknüpft.

In Abbildung 25 sind die zentralen Abhängigkeiten der neuen Regularien dargestellt. Im Mittelpunkt steht dabei die DIN EN ISO 9000, die einerseits von der Rechtsprechung verstärkt als Entlastungsnachweis bei fraglichem Stand von Wissenschaft und Technik eingefordert wird, und andererseits die CE-Kennzeichnung[239] vereinfacht, die im Rahmen der europäischen Harmonisierung durch die EG-Richtlinie Maschinen verlangt wird und das Inverkehrbringen von Maschinen überhaupt erst erlaubt.

---

238 Beispielsweise gelten fehlende Aussagen in der Bedienungsanleitung zu den grundlegenden Anforderungen als Produktfehler (vgl. Asal 1995, S. Abschnitt F5.2, S. 4).

239 Das CE Zeichen soll aussagen, dass das Produkt alle relevanten Europäischen Richtlinien erfüllt. CE ist zugleich die Abkürzung von Communauté Européen.

Grundlage vieler Regularien ist der gemeinsame europäische Binnenmarkt, den sich die Regierungen der Europäischen Gemeinschaft 1985 bis zum Jahre 1992 zu vollenden vorgenommen hatten. 1987 trat zudem die Einheitliche Europäische Akte (EEA) in Kraft und legte mit Artikel 8a EWG-Vertrag den 31.12.1992 als das Zieldatum für die Vollendung des Europäischen Binnenmarktes fest. Zur Schaffung und zum Funktionieren des Binnenmarktes wurde unter anderem die Harmonisierung unterschiedlicher nationaler Bestimmungen erforderlich, die Handelshemmnisse erzeugen können. Die Artikel 100a und 118a enthalten Harmonisierungsmaßnahmen zu Technischen Regeln.

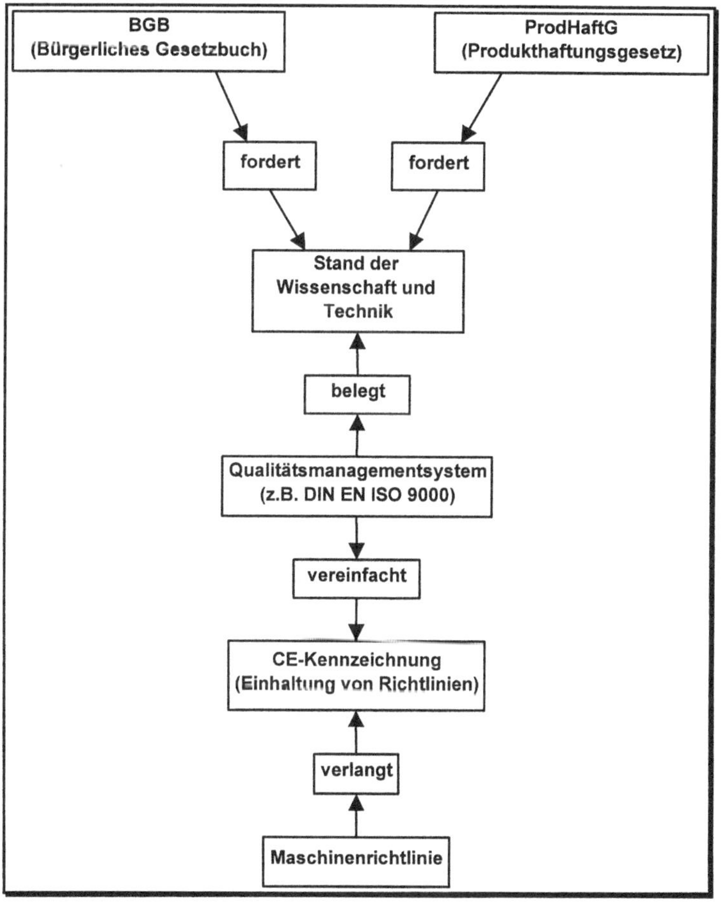

(Eigene Anfertigung)

Abbildung 25: Rolle des Qualitätsmanagementsystems in der Rechtsprechung

Mit der Fortentwicklung der Europäischen Gemeinschaft und des Europäischen Binnenmarktes auf der Grundlage der Einheitlichen Europäischen Akte von 1987 bedarf es bindender Regelungen zur Harmonisierung der Märkte. Richtlinien, die diesem Zwecke dienen, sind von den Mitgliedern in nationales Recht zu überführen.

Der Artikel 100a des EWG-Vertrages umfasst Gestaltung, Konstruktion/Herstellung, Inverkehrbringen und Inbetriebnahme von Produkten/Ausrüstungen für gewerbliche und nichtgewerbliche Zwecke. Richtlinien nach Artikel 100a des EWG-Vertrages gelten für neue Produkte und sollen „sichere Produkte" gewährleisten. Sie schreiben dazu grundlegende Sicherheits-, Gesundheits- und Beschaffenheitsanforderungen auf hohem Niveau vor, die auch den Arbeitsschutz tangieren können. Bis 12/1995 wurden insgesamt 15 Richtlinien nach Artikel 100a EWG-Vertrag erlassen und umgesetzt, 12 davon sind für die CE-Kennzeichnung vorgesehen. Ein Beispiel für eine Richtlinie nach Artikel 100a ist die Maschinenrichtlinie.

Artikel 118a EWG-Vertrag erfasst den Gebrauch von Produkten und Ausrüstungen am Arbeitsplatz. Richtlinien nach Artikel 118a des EWG-Vertrages sind solche zum Arbeitsschutz und sollen das Niveau der Sicherheitsstandards und des Gesundheitsschutzes am Arbeitsplatz anheben. Auf niedrigerem Niveau als 100a schreiben sie Mindestanforderungen an Betriebsvorschriften und Arbeitsschutzmaßnahmen vor, die auch die Beschaffenheit der Produkte und Ausrüstungen tangieren können. Die Richtlinien nach 118a wurden bis 12/1995 noch nicht vollständig umgesetzt und sind nicht für eine CE-Kennzeichnung vorgesehen. Ein Beispiel für eine Richtlinie nach Artikel 118a ist die Arbeitsmittel-Benutzungs-Richtlinie.

7.2.1.1 CE-Kennzeichnung

Die EG-Richtlinie CE-Kennzeichnung 93/69/EWG wurde vom 01.01.1995 bis 01.01.1997 eingeführt und ist eine Richtlinie auf Grundlage des Artikels 100a des EWG-Vertrages. Sie enthält Regelungen zur Einführung der CE-Kennzeichnung von Produkten und wird deshalb auch als CE-Kennzeichnungsrichtlinie bezeichnet. Um Handelshemmnisse durch nationale Unterschiede in den Vorschriften abzubauen, ist sie 12 weiteren EG-Richtlinien übergeordnet, und dient der Angleichung der Rechts- und Verwaltungsvorschriften in den Mitgliedsstaaten der EU.

Die Kennzeichnungsrichtlinie (93/69) könnte mit „EG-Richtlinie zur Anbringung eines EG-Richtlinien-Konformitätszeichens" eine inhaltsbezogene Bezeichnung erhalten. Das CE-Zeichen signalisiert nur, dass das Produkt allen relevanten EG-Richtlinien entspricht. Es ist deshalb ein Konformitäts- und kein Normenkonformitätszeichen, kein Güte- und kein Qualitätssiegel. Es ist lediglich ein Verwaltungs- oder Freiverkehrszeichen, das als Aufsichtszeichen den Gewerbeaufsichtsbeamten in der EU eine leichte Kontrollmöglichkeit über die Vermarktungszulässsigkeit des Produktes ermöglicht (vgl. Hahn 1995, Niebling 1995, ZVEI o.J.).

Seit dem 22.07.1993 ergänzt der Modulbeschluss (93/465 EWG) die CE-Kennzeichnungsrichtlinie und definiert die grundsätzlichen Verfahren der Konformitätsbewertung. Die Verfahren respektive die Module reichen von der einfachsten Möglichkeit, der Selbstzertifizierung bei Produkten mit geringen Sicherheitsanforderungen bis hin zur Einzelprüfung bei Produkten mit hohen Sicherheitsanforderungen. Je nach Modul sind unterschiedliche Technische Dokumente zur CE-Kennzeichnung notwendig. Allen Verfahren sind aber drei Dinge gemein:

- Die notwendige Suche nach allen produktrelevanten Normen, Richtlinien und Bestimmungen sowie deren Einhaltung, weil nur so der Aussage des Zeichens, dass das Produkt die Vorgaben erfüllt, entsprochen werden kann.
- Die Qualitätssicherungsmaßnahmen, die durch zertifizierte Qualitätsmanagementsysteme nach DIN EN ISO 9000ff das Konformitätsbewertungsverfahren vereinfachen können und sich so immer mehr zum wesentlichen Faktor bei der CE-Konformitätsbewertung entwickeln.
- Die Gemeldete Stelle[240], deren Beteiligung in Abhängigkeit des gewählten Verfahrens mehr oder weniger intensiv ist.

7.2.1.2 Maschinenrichtlinie

Die EG-Richtlinie Maschinen 89/392/EWG (Maschinenrichtlinie) wurde vom 01.01.1993 bis zum 01.01.1997 eingeführt und ist eine Richtlinie auf Grundlage des Artikels 100a des EWG-Vertrages. Sie beinhaltet grundlegende Sicherheits- und Gesundheitsanforderungen sowie die Verpflichtung der Mitgliedsländer der EU und die Regelungen zur Einführung dieser Mindestanforderungen und der CE-Kennzeichnung. Weiter untersagt sie den Mitgliedsstaaten das Inverkehrbringen von der Maschinenrichtlinie entsprechenden Produkten zu verbieten, zu beschränken oder zu behindern.

Die EG-Richtlinie 89/392/EWG dient

- Der Beibehaltung oder Verbesserung des in den Mitgliedsstaaten erreichten Sicherheitsniveaus durch grundlegende Sicherheitsanforderungen.
- Der Angleichung der bestehenden Bestimmungen für Sicherheit und Gesundheit in den Mitgliedsstaaten der EU, um Handelshemmnisse darstellende nationale Unterschiede in den Bestimmungen abzubauen.[241]

Da die Maschinenrichtlinie selbst nur grundlegende Sicherheits- und Gesundheitsanforderungen beinhaltet, ist es Sache der Mitgliedsländer, diese in nationalem Recht zu konkretisieren. Dazu können bestehende Gesetze und Normen benannt, geändert oder neu entwickelt werden. In Deutschland wurde dies durch die anpassenden Novellierungen des Gerätesicherheitsgesetzes (GSG) in Verbindung mit der Neunten Verordnung zum Gerätesicherheitsgesetz (kurz: Maschinenverordnung – 9. GSGV) erfüllt.

Bei der verpflichtenden CE-Kennzeichnung ist vorgeschrieben, dass der Hersteller eine EU-Konformitätsbewertung durchführt, alle erforderlichen Technischen Dokumente erstellt und diese, wenn vorgeschrieben, mit der Konformitätserklärung abgibt. Je nach Typ der Maschine werden durch die Maschinenrichtlinie drei unterschiedliche Verfahrensansätze vorgegeben, die von dem neueren Modulbeschluss zur Durchführung der CE-Kennzeichnung überlagert werden. Die Verfahren unterscheiden sich zum einen im Ablauf selbst, zum anderen durch die angewendeten unterschiedlichen Anforderungen. Während das erste Verfahren nur nach den in der

---

240 Gemeldete Stellen sind akkreditierte Gesellschaften. Sie führen entsprechend dem jeweiligen Modul (Zertifizierungsverfahren) Baumusterprüfungen durch, werden am Entwurf beteiligt und prüfen das Qualitätsmanagement (QM). Häufig genannte Synonyme sind Benannte oder Notifizierte Stelle, Notifizierte Zertifizierungsstelle, Zertifizierungs- oder Prüfstelle.

241 Zusammenfassende Darstellung aus BAGUV (1993), Jeiter (1993), Niebling (1995).

Maschinenrichtlinie genannten Anforderungen prüft, wird in den übrigen Verfahren nach harmonisierten oder nicht harmonisierten Normen gefragt. Harmonisierte Normen sind umgesetzte nationale Normen. Nicht harmonisierte Normen sind dagegen alle nationalen Normen und technischen Spezifikationen, die zur sachgerechten Umsetzung der grundlegenden Anforderungen wichtig oder hilfreich sein können.

Bei der Durchführung einer Konformitätsbewertung eines mit nicht harmonisierten Normen hergestellten Produktes kommt es zwingend zu einer EU-Baumusterprüfung, die – je nach Produkt – bei der Anwendung harmonisierter Normen schon durch die Abgabe oder durch die Abgabe und Bewertung Technischer Unterlagen entfallen kann. In allen Fällen der Konformitätsbewertung nach harmonisierten oder nicht harmonisierten Normen sind Gemeldete Stellen zu beteiligen.

7.2.1.3 Gesetz über technische Arbeitsmittel

Der nationale Vorläufer des 1. Gesetzes (Gerätesicherheitsgesetz – GSG) über technische Arbeitsmittel trat 1968 in Kraft und wurde in den Jahren 1979 und 1993 novelliert. Die Fassung vom 01.01.1993 entspricht der Anpassung an das europäische Harmonisierungskonzept und die Konformitätsbewertung. Sie beinhaltet verpflichtende Regelungen zum Inverkehrbringen von technischen Arbeitsmitteln sowie die Befugnisse der Behörden, um den Verkehr nicht sicherheitsgerechter Produkte zu verbieten oder zu beschränken.[242]

Das Gerätesicherheitsgesetz dient der Maschinenrichtlinie, der CE-Kennzeichnung und der neunte Verordnung zum Gerätesicherheitsgesetz. Durch die Verlagerung der Verantwortung für die Beschaffenheit der eingesetzten Arbeitsmittel vom Arbeitgeber auf den Hersteller findet sie Ausdruck in der Verbesserung der Beschaffenheitsanforderungen an technische Arbeitsmittel sowie dem Verbraucher- und vorbeugenden Arbeitsschutz. Basis dieser Verlagerung ist die Konsequenz aus dem Umstand, dass der Verwender technischer Geräte immer weniger in der Lage ist, die sicherheitstechnisch einwandfreie Beschaffenheit zu beurteilen.

Seit der Neuregelung nach europäischen Recht unterscheidet das GSG zwischen Produkten ohne und mit Verordnung zur Umsetzung der EG-Richtlinien. Bei Produkten mit Verordnung spricht man vom harmonisierten Bereich. In ihm gelten harmonisierte Normen, zur Kenntnis gebrachte nationale Normen und technische Spezifikationen (nach den wesentlichen bzw. grundlegenden Sicherheits-, Gesundheits-, und Beschaffenheitsanforderungen der EG-Richtlinien). Bei Produkten ohne spezielle Verordnung dient das GSG als Rahmen- oder Auffangvorschrift und es gelten neben den harmonisierten und nicht harmonisierten Normen nach wie vor die allgemein anerkannten Regeln der Technik, des Arbeitsschutzes und die Unfallverhütungsvorschriften.

Produkte ohne Verordnung können nach Maßgabe des GSG einer Bauartprüfung unterzogen und mit dem GS-Zeichen[243] versehen werden. Produkte mit Verordnung müssen vorschriftsmäßig einer Konformitätsbewertung unterzogen und nach einer Konformitätserklärung mit dem CE-Zeichen versehen werden. Bei Produkten mit einer Konformitätsbewertung ohne EG-Baumusterprüfung darf gleichzeitig – was aber mit

242 Zusammenfassende Darstellung aus Jeiter (1993), Niebling (1995).

243 Produkte mit dem GS-Zeichen sollen dem Nutzer das Bestehen sicherheitstechnischer Untersuchungen signalisieren. GS steht für: Geprüfte Sicherheit.

Stand 12/95 noch umstritten ist (vgl. Jeiter 1993) – das GS-Zeichen angebracht werden. Alle Kennzeichungsbemühungen werden wegen der vorgeschriebenen Nachweispflichten durch firmeninterne QMS, wie z.B. nach DIN EN ISO 9000, erleichtert.

7.2.1.4 Neunte Verordnung zum Gerätesicherheitsgesetz

Die Neunte Verordnung zum Gerätesicherheitsgesetz (Maschinenverordnung – 9. GSGV) ist seit 12.05.1993 in Kraft. Sie ist eine Verordnung im Anhang an das GSG zur Umsetzung der Richtlinie 89/392 EWG in nationales Recht und umschreibt einen harmonisierten Bereich. Sie enthält für einen definierten Anwendungsbereich die Fundstellen der maßgeblichen Sicherheitsanforderungen und der Voraussetzungen für das Inverkehrbringen von Maschinen. Sie verpflichtet Maschinen-Hersteller:

- Die Maschinenrichtlinie zu befolgen.
- Die CE-Kennzeichnungsrichtlinie zu befolgen.
- Betroffene Maschinen nach einer Konformitätsbewertung mit dem CE-Kennzeichen zu versehen.[244]

Die Verordnung dient der Verknüpfung von nationalem und europäischem Recht und verweist in allen rechtlichen Funktionen auf die maßgeblichen Stellen im GSG oder in einer der EG-Richtlinien. Mit diesen Verweisen erleichtert sie die Zuordnung und Orientierung, enthält aber keine Beschreibung der Verfahren.

7.2.1.5 EG-Richtlinie Maschinen-Benutzung

Die EG-Richtlinie Maschinen-Benutzung 89/655/EWG (Synonyme: Maschinen-Nutzungs-Richtlinie, Arbeitsmittel-Nutzungs-Richtlinie) wurde vom 01.01.1993 bis zum 31.12.1996 eingeführt. Sie ist eine Richtlinie auf Grundlage des Artikels 118a des EWG-Vertrages und im Sinne der EG-Richtlinie 89/391 über die Durchführung von Maßnahmen zur Verbesserung der Sicherheit und des Gesundheitsschutzes der Arbeitnehmer bei der Arbeit. Sie beinhaltet Mindestvorschriften für Sicherheit und Gesundheitsschutz bei Benutzung von Arbeitsmitteln durch Arbeitnehmer bei der Arbeit sowie Regelungen und die Verpflichtung der Mitgliedsländer der EU zur Einführung dieser Mindestanforderungen.

Die Maschinen-Nutzungs-Richtlinie schließt die Bereiche der Betriebsvorschriften und der sicherheitstechnischen Beschaffenheitsanforderungen ein und kann somit als sicherheitstechnische Ergänzung zur Maschinen-Richtlinie aufgefasst werden, durch deren Anwendung diese Bereiche nicht abgedeckt werden (vgl. BAGUV 1993).

Sie bestätigt den Trend, die Verantwortung für sichere Produkte vom Nutzer auf den Hersteller zu übertragen, indem sie erst dann greift, wenn keine andere EG-Richtlinie anwendbar ist oder diese sicherheitsrelevante Lücken lassen. In diesem Fall ist der Arbeitgeber zur Anschaffung von Arbeitsmitteln verpflichtet, die mindestens den Anforderungen der Maschinen-Nutzungs-Richtlinie entsprechen.

Durch das Angleichen der bestehenden Bestimmungen für Sicherheit und Gesundheit in den Mitgliedsstaaten der EU dient sie der Gewährleistung und der

244 Zusammenfassende Darstellung aus Jeiter (1993) und Niebling (1995).

Verbesserung der Sicherheit, dem Gesundheitsschutz der Arbeitnehmer sowie der mittelbaren Schaffung binnenmarktähnlicher Verhältnisse.

Da die Maschinen-Nutzungs-Richtlinie selbst nur Mindestanforderungen an die Sicherheit und den Gesundheitsschutz beinhaltet ist es Sache der Mitgliedsländer, diese in nationalem Recht zu konkretisieren. Da das ursprünglich zur Umsetzung – analog zum GSG – geplante Arbeitsschutzrahmengesetz (ASG) nicht zu Stande kam, war das betroffene Vorschriftenwerk der Unfallversicherungsträger durch Änderungen bzw. entsprechende Anhänge auf einen EG-konformen Stand zu bringen.

7.2.1.6 Normenreihe 9000

Die DIN EN ISO 9000 ist eine internationale Normenreihe zum Qualitätsmanagement. Sie beinhaltet Anforderungen an Qualitätsmanagementsysteme (QMS) und gibt Hilfen bei der Erstellung derselben. Sie dient der Einführung eines internationalen Normenwerkes als System zur komparativen Bewertung von Qualität. Die Normenreihe wurde nach ersten Entwürfen in 1985, zwischen 1987 und 1992 als DIN, ISO und EN Normen eingeführt. Die überarbeitete Version der 9000er Reihe ist seit August 1994 in Kraft und gilt nun EG-einheitlich.

Im Gegensatz zu einer Produktnorm, die Anforderungen an die Eigenschaften eines Produktes festlegt, ist sie eine Systemnorm mit Anforderungen an ein QMS. Gleichzeitig ist sie die Grundlage zur Einrichtung eines anerkannten QMS, um in Hinblick auf die Qualität der Produkte systematischer zu arbeiten und den Prozess der ständigen Verbesserung einzuleiten. Die Instrumente zur Verbesserung, Design- und Qualitätslenkung sowie Qualitätsplanung und -prüfung sind betriebswirtschaftlicher wie technischer Natur. Sie beeinflussen die gesamte Produktherstellung und die innerbetrieblichen Abläufe im Unternehmen.

Ihre Anwendung ist freiwillig und erhält ihre Bedeutung durch ihre unveränderte Übernahme in über 70 Ländern der Erde und ihre Akzeptanz bei allen staatlichen Normungs- und Zertifizierungsgesellschaften in der EU. Die Norm selbst löst keine unmittelbare Rechtswirkung aus, entwickelt sich aber durch die Vereinfachung der jeweiligen Verfahren[245] innerhalb der EG zu einem der wesentlichsten Elemente bei der CE-Zertifizierung und bei Produkthaftungsfragen.

Trotz dieser Wichtigkeit wird als häufigster Grund zur Einführung und Zertifizierung eines QMS nach DIN EN ISO 9000 der EG-Binnenmarkt genannt. Erst dann folgen die Produkthaftung, die Verbesserung der internen Abläufe und die Anforderungen des Marktes (vgl. Engelke/Pfohl 1994, Westerbusch/Lücke 1994).

Für eine Zertifizierung muss der Bewerber ein QMS mit QS-Handbuch, Ablaufplänen, Verfahrens- und Handlungsanweisungen in den Betrieb einführen. Auf Anforderung informiert dann eine der als Zertifizierer akkreditierten Gesellschaften über den Ablauf der Zertifizierung. Der Zertifizierer prüft und beurteilt dann die QS-Unterlagen, um anschließend das Audit[246] und die Beurteilung zum QS-System durchzuführen. Beraten darf die zertifizierende Gesellschaft nicht. Das QS-System wird jährlich mit einem

245 Zusammenfassende Darstellung aus Lambrecht (1993), Masing (1994), Petrick (1994), Rothery (1994), Westkämper (1991).

246 In der Qualitätssicherung wird unter Audit die Überprüfung des QMS verstanden.

Überwachungsaudit kontrolliert und alle drei Jahre durch ein Audit mit neuen, weiterführenden Anforderungen an das QS-System wiederholt.

7.2.1.7 EG-Richtlinie 85/374/EWG

Die EG-Richtlinie 85/374/EWG[247] ist eine Richtlinie auf Grundlage des Artikels 100 des EWG-Vertrages und verpflichtet die Mitgliedsstaaten der EU zur Einführung der erforderlichen Rechts- und Verwaltungsvorschriften. In Deutschland erfolgte die Einführung durch das Produkthaftungsgesetz (ProdHaftG), das Erwägungsgründe wie Regelungen zur Produkthaftung beinhaltet.

Die Richtlinie dient sowohl der Verbesserung des Verbraucherschutzes als auch der Vereinheitlichung im Europäischen Rechtsraum. Sie soll den Verbraucher durch die Einführung grundlegender Haftungsregelungen bei fehlerhaften Produkten vor Schädigungen der Gesundheit und seines Eigentums schützen und durch die Angleichung der Rechts- und Verwaltungsvorschriften in den Mitgliedsstaaten der EU nationale Unterschiede in den Bestimmungen, die Handelshemmnisse darstellen, abbauen.

7.2.1.8 Produkthaftungsgesetz

Das Produkthaftungsgesetz (ProdHaftG) – das Gesetz über die Haftung fehlerhafter Produkte – ist seit 01.01.1990 in Kraft, basiert auf der Grundlage der EG-Richtlinie 85/374/EWG (Produkthaftungsrichtlinie) und beinhaltet die Regelungen zu einer verschuldensunabhängigen Haftung bei fehlerhaften Produkten.

Das Produkthaftungsgesetz wurde erlassen, um den individuellen Verbraucherschutz zu verbessern. Dazu zählen der Schutz des privaten Endverbrauchers bei Sachschäden sowie der Schutz aller Anwender auch der gewerblichen bei Personenschäden. Es verschärft die Herstellerhaftung für alle Firmen, die Produkte importieren oder liefern oder auch Selbsthergestelltes vertreiben. Im Sinne einer verschuldensunabhängigen Gefährdungshaftung tritt es ergänzend neben das bisherige Recht der verschuldensabhängigen Produkthaftung aus dem Bürgerlichen Gesetzbuch (BGB).

Es verpflichtet den Hersteller oder denjenigen, der ein fehlerhaftes Produkt in den Verkehr gebracht hat, in Grenzen[248] und unter bestimmten Voraussetzungen zur Leistung von Schadensersatz. Nicht ersatzfähig sind beispielsweise Schäden am fehlerhaften Produkt selbst und Schäden unter 1125 DM[249]. Die Voraussetzungen sind dann erfüllt, wenn der Geschädigte nachweisen kann, dass der Schaden durch den Fehler des Produktes entstanden ist, welches der Beschuldigte hergestellt oder in Verkehr gebracht hat. Zur Beweiserleichterung hilft die Haftungs-Vermutung: Das Gesetz vermutet, dass der Hersteller das Produkt in den Verkehr gebracht hat und dass der Fehler des Produktes auf der Verletzung von Herstellerpflichten beruht. Dabei wird der Endhersteller so behandelt, als habe er das Endprodukt in vollem Umfang selbst

---

247 Es ist die EG-Richtlinie zur Angleichung der Rechts- und Verwaltungsvorschriften der Mitgliedsstaaten über die Haftung für fehlerhafte Produkte 85/374/EWG, kurz Produkthaftungsrichtlinie. Sie ist seit 25.07.1985 in Kraft.

248 Es liegt z.B. die Höchstgrenze des Ersatzes für ein Produkt bei 160 Mio. DM.

249 Diese Summe wird als Selbstbehalt (Selbstbeteiligung) behandelt. Sachschäden unter 1125 DM können nur nach §§ 823 ff BGB geltend gemacht werden (vgl. Podratz 1992, S. 25).

hergestellt und hätte auftretende Fehler vorhersehen und vermeiden können. Es liegt dann am Hersteller des fehlerhaften Produktes, den Entlastungsbeweis des nicht-schuldhaften Handelns zu erbringen.

Haftungsausschlüsse gelingen dem Hersteller durch den Nachweis, das Produkt nicht selbst oder nicht zur wirtschaftlichen Betätigung in Verkehr gebracht zu haben, dass das Produkt nur ein Teilprodukt war und der Fehler durch unsachgemäße Anwendung oder Anleitung des Endproduzenten entstand, oder aber dass die fehlerhafte Herstellung nach zwingenden Rechtsvorschriften erfolgte. Weitere Haftungsausschlüsse werden durch ein dokumentiertes QMS nach DIN EN ISO 9000ff vereinfacht, denn es wird verstärkt mit dem – zur Entlastung für die Herstellung geforderten – Stand der Wissenschaft und Technik gleich gesetzt und erleichtert ebenfalls den Nachweis, dass der Fehler beim Inverkehrbringen nicht vorhanden bzw. nicht erkennbar war (vgl. Hoppmann 1990, Pott/Frieling 1992).

7.2.1.9 Produkthaftung nach BGB

Die Produkthaftung nach BGB gilt seit dem 01.01.1900 und kennt folgende Synonyme: Produzentenhaftung, Produktenhaftung, Produkt-Verschuldenshaftung, traditionelle Produkt-Verschuldenshaftung, Verschuldenshaftung.

Die traditionelle Produkthaftung ist kein eigenständiges Gesetz, sondern umschreibt die höchstrichterliche Fortentwicklung der Schadensersatzhaftung für Folgeschäden, die durch ein fehlerhaftes Produkt entstanden sind.

Die zivilrechtliche Produkthaftung nach BGB wird bei Folgeschäden in die Bereiche der delikts- und vertragsrechtlichen Produkthaftung unterteilt, wobei innerhalb der vertragsrechtlichen nur die positive Vertragsverletzung berücksichtigt wird.

Die deliktsrechtliche Produzentenhaftung ist eine höchstrichterliche Fortentwicklung aus den Verkehrsicherungs- und Sorgfaltspflichten auf Grundlage des § 823, wohingegen die vertragsrechtliche Produkthaftung ein entwickeltes Recht ohne ausdrückliche Regelung darstellt (vgl. Podratz 1992).

Die Produkthaftung nach BGB dient dem Verbraucherschutz. Sie verpflichtet den Hersteller eines fehlerhaften Produktes unter bestimmten Voraussetzungen zur Leistung von Schadensersatz. Die Voraussetzungen sind dann erfüllt, wenn der Geschädigte nachweisen kann, dass der Schaden kausale Folge eines fehlerhaften Produktes ist. Zur Beweiserleichterung helfen Anscheinsbeweis und Verschuldensvermutung. Es liegt dann am Hersteller des fehlerhaften Produktes, den Entlastungsbeweis des nichtschuldhaftenden Handelns zu erbringen.

Bei Entwicklungs-, Konstruktions-, Organisations- und Produktionsfehlern[250] muss der Hersteller zur Entlastung nachweisen, dass er alle ihm möglichen und

---

250 In der strafrechtlichen Produktverantwortung sind vergleichbare Fehlerkategorien bekannt: Herstellungs-, Vertriebs-, Wartungs- und sonstige Fehler, die auf Grund einer Verletzung der innerbetrieblichen Sorgfaltspflicht entstanden sein können. Die zur Entlastung nötigen Nachweise, dass nötige Prüfvorgänge in ausreichendem Maß eingeplant und durchgeführt, die notwendigen Dokumentationen vollständig erstellt wurden, Arbeitskräfte und Prüfer die erforderliche Qualifikation besaßen und die organisatorischen Abläufe den gesetzlichen Auflagen und dem Stand der Technik entsprachen, wird ebenfalls durch ein zertifiziertes QMS erleichtert. Eine weitere Vertiefung würde, da

zumutbaren Maßnahmen ergriffen hat, dass das Produkt zum Zeitpunkt des Inverkehrbringens betriebssicher war und hinsichtlich Materialien, Zulieferteilen, Konstruktion, Schutzvorrichtungen, Produktion, Produktkontrollen und Qualitätssicherungsmaßnahmen dem Stand der Technik entsprach. Produktkontrollen und Qualitätssicherungsmaßnahmen umfassen dabei die permanente Prüfung der Qualitätsplanung, der Qualitätslenkung des betroffenen Prozesses sowie der Prüfung der Produkte und deren Eignung im praktischen Einsatz. Der Stand der Technik wird verstärkt mit einem zertifizierten QMS nach DIN EN ISO 9000 verbunden. Auch bei Instruktions-, Produktbeobachtungs- und Abfallbeseitigungsfehlern kann der Nachweis eines zertifizierten QMS hilfreich sein.

Insgesamt verändern die juristischen Verpflichtungen die berufliche Praxis, den beruflichen Qualifikationsbedarf und die Anforderungen an die Technische Dokumentation. Sie ergeben ein dichtes Netz an Handlungsverpflichtungen, in denen häufig die Technischen Dokumentation ein wichtiges Element darstellt.

7.3 Stand kommunikativer Fähigkeiten für die Technische Dokumentation

Marketing, Wandel der innerbetrieblichen Strukturen und rechtliche Pflichten machen die gewachsene Bedeutung kommunikativer, aber auch empathischer Kompetenz innerhalb der Technischen Dokumentation deutlich. Ob der aktuelle Ausbildungsstand den Anforderungen entspricht, zeigt die folgende Auseinandersetzung mit verschiedenen Untersuchungen hinsichtlich der geforderten Qualifikationen.

Schon zu Beginn der wissenschaftlichen Ingenieurausbildung wurde eine grundsätzliche empathische und kommunikative Fähigkeit im Umgang mit anderen Mitarbeitern und Kunden des Betriebes gefordert (vgl. Freytag 1907). In den frühen siebziger Jahre wurde durch das verstärkte Interesse an arbeits- und industriesoziologischer Qualifikationsbedarfsforschung das Defizit an Kommunikationsfähigkeit sichtbar und zog die Forderung nach einer durch Kommunikationslehrgänge erweiterten Ausbildung für wissenschaftliche und technische Fachkräfte (vgl. Bock 1994, S. I) nach sich. Mit „der Studienreformdebatte der frühen siebziger Jahre spielte neben dem Praxis- bzw. Berufsbezug des Studiums auch der Begriff der sozialen Kompetenz eine wichtige Rolle“ und gewann „1982 besondere Bedeutung für die Diskussion um die 'soziale Handlungskompetenz'“ (Winkler 1998, S. 203-204).

Trotz der inzwischen allgemein als notwendig anerkannten Kommunikationsfähigkeit fällt ihr Mangel bei den Ingenieuren jedoch „schon im Assessment-Center auf, wenn eine Gruppe, die zur Hälfte aus Ingenieuren und zur Hälfte aus Kaufleuten besteht, gemeinsam etwas entwickeln soll. Es sind meist die Kaufleute, die in solchen Situationen die Moderation und die Führung übernehmen, während sich die Ingenieure unaufgefordert um die Lösung der Sachfragen kümmern“, berichtet Schmidt (vgl. Hesse/Schrader 1998, S. 137). Und so folgert Andersch (vgl. Hesse/Schrader 1998, S. 138): „Die heutige Studentengeneration hat tatsächlich das Pech, in einer Zeit aufgewachsen zu sein, in der Einzelgängertum und egoistische Selbstverwirklichung

es sich beim Strafrecht – analog zum BGB – um ein bereits bestehendes nationales Recht handelt, das ebenfalls nur innerhalb der Entlastungsverfahren durch europäische Entwicklungen beeinflusst wird, den inhaltlichen Rahmen sprengen und dem eigentlichen Anliegen der Arbeit nicht weiter nützlich sein.

gepredigt wurde". Maßberg (vgl. Hesse/Schrader 1998, S. 138) ergänzt, dass sich die Hochschulen „immer wieder klar machen (müssen), dass unsere Wirtschaft keine Einzelkämpfer mehr brauchen kann". Ansonsten müssen sie weiterhin „als Mitarbeiter und Führungskraft mit Hochschulabschluss vom Unternehmen bezahlte Seminare absolvieren, die der Schulung fehlender Persönlichkeitskompetenzen dient" (Hoch 1996, S. VI/I).

Über alle normativen Regularien hinweg stehen dabei Maßnahmen zur Schaffung, Steigerung und Berücksichtigung der Kommunikationsfähigkeit, die im Rahmen verschiedener Lernzielsysteme den Schlüsselqualifikationen zuzuordnen sind. Alle renommierten technischen Weiterbildungsinstitute bieten neuerdings mit wachsendem Angebot Seminare, Workshops und Kurse zur Technischen Dokumentation oder zu artverwandten Themen an. Es entstehen eigene Studiengänge, die diese Thematik besonders zu berücksichtigen versuchen und das Angebot an themenspezifischer Literatur boomt.[251]

Morsch/Neef/Wagemann stellten dazu schon 1986 fest, dass die z.Z. im Bereich der Technik zu lösenden Probleme überwiegend nicht auf die Anwendung naturwissenschaftlicher Gesetze zu beschränken sind. In der Konsequenz bemängeln sie den auf Naturwissenschaften begrenzten Technikbegriff und beklagen, dass die werdenden Ingenieuren als Teile der Gesellschaft unfähig bleiben weiterreichende Probleme anders zu lösen als „Otto Lehman Normalverbraucher" (Morsch/Neef/Wagemann 1986, S. 15). Sie führen weiter aus, dass zu Recht der Vorwurf an die Adresse der Ingenieure bestehe, dass sie zur Behandlung von Problemen außerhalb ihres eigenen Technikbegriffs nicht qualifiziert seien. Es werden nicht nur Fragen von Technik und Gesellschaft ausgeklammert, sondern auch die Geschichte der eigenen Wissenschaft, die Geschichte der technischen Entwicklung und die des Ingenieurberufs. In Verbindung mit den durch Kazemzadeh/Schaeper (1983) und anderen[252] hinreichend belegten und durch Minks (1996) bestätigten Studieneingangsvoraussetzungen[253] sehen sie die Befürchtung naheliegend, dass die im Ingenieurberuf benötigte Kommunikationsfähigkeit wahrscheinlich in der Schule zu wenig und auf der Hochschule gar nicht gelehrt wird. Wie diese Defizite der Hochschulausbildung retrospektiv durch Absolventen beurteilt werden zeigt auszugsweise Abbildung 26 (S. 180).

1995 führte das Institut für angewandte wirtschafts- und gesellschaftswissenschaftliche Forschung Köln im Auftrag und in Begleitung des Ruhrforschungszentrums Düsseldorf eine schriftliche Befragung von 2000 nordrhein-westfälischen Unternehmen der Metall- und Elektroindustrie durch. In dieser arbeitssoziologischen Qualifikationsbedarfsforschung sollte erhoben werden, wie es um die Stärken und Schwächen der Hochschulabsolventen in der beruflichen Praxis aus der Sicht der Betriebe bestellt ist. Trotz der relativ großen Branchenstreuung und bei einer Rücklaufquote von über 50 % (insgesamt 329) im Bereich Metall gehen die wesentlichen Ergebnisse mit denen

251 Diesen Trend belegen eindrucksvoll die wachsenden Angebote der hier stellvertretend genannten Institutionen: Technische Akademie Esslingen, TÜV Rheinland, VDI-Bildungswerk, Literaturangebot Raabe-Verlag, tekom, Zeitschrift zur Technischen Dokumentation, Studiengang Technischer Redakteur z.B. an der Fachhochschule Hannover.

252 Eine vergleichende Übersicht aus dem Jahre 1983 findet sich dazu in Morsch, Neef, Wagemann (1986).

253 Vgl. Kapitel „Studienfachwahlmotive und studentische Dispositionen" (S. 138).

anderer, z.T. nachfolgend beschriebenen Untersuchungen konform. Nach dieser Untersuchung scheinen die Unternehmen im Gegensatz zur Vorstellung der Studierenden – sie kommt bei Minks (1996) zum Ausdruck – grundsätzlich mehr an „passgenauen" Bewerbern[254] interessiert zu sein als an guten Examensnoten und kurzen Studienzeiten (vgl. Konegen-Grenier/Weiss 1996, S. 11). Bei den zunächst als wichtig genannten EDV-Kenntnissen und Zusatzqualifikationen, wie z.B. Fremdsprachen, gehen die Studierenden mit den Unternehmen konform.

Mit einer an Fachhochschulen durchgeführten Untersuchung belegen Brackmann/Brehler/Schlaffke (1993) die immer komplexer werdenden gesellschaftlichen, technischen und wirtschaftlichen Rahmenbedingungen als Ursachen veränderter Qualifikationsanforderungen. Bestätigt wird dieser Befund für die Gruppe der UNI/TH-Ingenieure durch die HIS-Studie von 1993 (Minks 1996), die ebenfalls einen Strukturwandel konstatiert, dies aber – im Gegensatz zu verbreiteten Qualifikationsansätzen – u.a. an einer veränderten Einstellungspraxis gegenüber 1989 festmacht.

Unabhängig von der breiten Zustimmung mit dem Zentralverband der elektrotechnischen Industrie (ZVEI) und dem VDE betonen alle relevanten Interessenverbände – neben der Vision der zukünftigen Ingenieurtätigkeit – die Wichtigkeit des ingenieurwissenschaftlichen Fachwissens als die Basis aller Ingenieurqualifikationen. Fernab jeglicher hochschuldidaktischer Diskussion benennen sie ein breites Spektrum der mathematisch-naturwissenschaftlichen Grundlagen zugleich als Basis der erforderlichen Ingenieurqualifikation und als Voraussetzung einer fachlichen Kommunikationsfähigkeit.

Entsprechend ihrer Wichtigkeit und der Berücksichtigung in der Ausbildung sehen Beitz/Helbig (1997, S. 42) gleich drei Elemente fachlicher Kommunikationsfähigkeit von Produktentwicklern in den ersten fünf Defiziträngen ihrer Untersuchung. Kundenorientiertes- und Dienstleistungsdenken werden aus der Sicht der Industrie zu insgesamt 60 %, Darstellungsvermögen und Präsentationskompetenz sowie Team- und Projektfähigkeit zu 47,5 % defizitär bewertet.

In der bereits erwähnten Befragung des Instituts für angewandte wirtschafts- und gesellschaftswissenschaftliche Forschung fiel das Befragungsergebnis ausgeprägter sozialer und kommunikativer Fähigkeiten der Berufsanfänger auf ein Niveau von 27,4 % zurück und belegt ebenfalls das ausgeprägte Defizit an kommunikativer Kompetenz (vgl. Konegen-Grenier/Weiss 1996, S. 58f.). Ein ähnliches Bild ergab die in Abbildung 27 (S. 180) gezeigte Auswertung der Leistungsschwächen bei den Berufsanfängern. Hier rangiert der Mangel an sozialer und kommunikativer Kompetenz auf einem Niveau von 26,1 % und veranlasst Konegen-Grenier/Weiss (1996, S. 61f.) zu der abschließenden Zusammenfassung, dass jeweils ein Viertel der Befragten der Auffassung ist, dass in diesem Kompetenzbereich (soziale und kommunikative Fähigkeiten) gravierende Mängel vorliegen. Und Schulz, Leiter des Personalmarketings bei BMW, berichtet sogar von „leidvoller Erfahrung mit

---

254 Die Befunden von Konegen-Grenier/Weiss (1996, S. 11ff.) legen die Vermutung nahe, dass das, was unter „passgenauen Bewerbern" zu verstehen ist, in Abhängigkeit der Unternehmensgröße zwischen Generalist und Spezialist variiert.

Hochschulabsolventen, denen es zwar nicht an fachlichen Fähigkeiten mangele, dafür aber an Teamfähigkeit“ (vgl. Hoch 1996, S. V1/1).

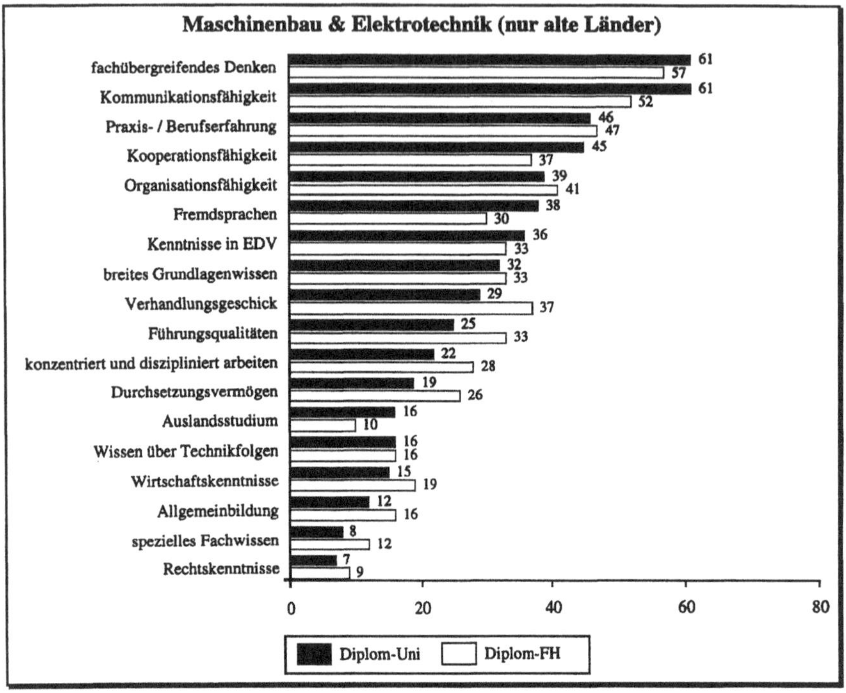

(Minks/Heine/Lewin 1997, S. 202) Angaben in Prozent.[255]

Abbildung 26: Qualifikationsdefizite der Hochschulausbildung

Kaum anders als die vorgenannte Interessenvertretung von Wirtschaft und Berufsverbänden urteilen Vertreter der Hochschuldidaktik. Johannes Wankum – heute selbst aktives Mitglied im VDI – erstellte 1989, während seiner Zeit am hochschuldidaktischen Zentrum an der RWTH-Aachen, eine Untersuchung über Jungingenieure und deren Erfahrung beim Übergang vom Studium ins Berufsleben. Neben einer qualifizierten Begleitung der Versuchspersonen nutzt er Ergebnisse aus einer standardisierten Befragung von Jungingenieuren und Personalreferenten aus und kommt zu dem abschließenden Ergebnis: „Einen Mangel in der Ausbildung stellen die betroffenen Berufsanfänger wie auch die befragten Personalreferenten im Bereich der sozialen und kommunikativen Kompetenz und im Bereich der ‘weiteren’ Fähigkeiten fest, wie z.B. Führungspersönlichkeit oder auch Umgang mit Kollegen“ (Wankum 1989, S. 184). Für

255 Minks/Heine/Lewin merken an, dass die hier erfolgte Beschränkung auf Absolventen des Maschinenbaus und der Elektrotechnik der alten Länder erforderlich war, um Verzerrungen der Ergebnisse auf Grund der unterschiedlichen Gewichte der verschiedenen Ingenieurfachrichtungen in den neuen und alten Bundesländern zu vermeiden.

die Jungingenieure, die die Hochschule mit dem Wunsch verlassen, ihr technisches Interesse im Beruf zu verwirklichen und die möglichst in einem Bereich arbeiten möchten, den sie durch die Tätigkeit an der Hochschule kennengelernt haben und daraus eine wichtige Motivation für ihr Studium ableiteten, bedeutet dies, dass sie sich durch die fehlenden Handlungserfolge verunsichert fühlen und neue Handlungspotenziale entwickeln müssen.

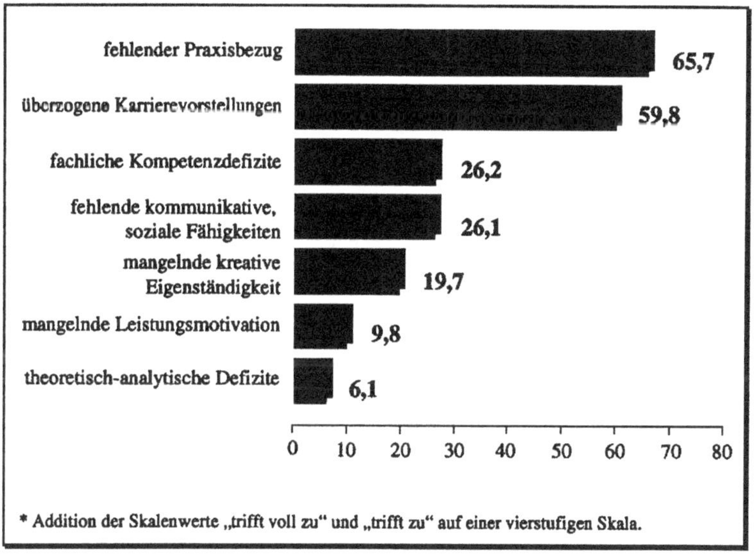

(Konegen-Grenier/Weiss 1996, S. 62) Angaben in Prozent

Abbildung 27: Schwächenprofil bei Universitätsabsolventen

Rückblickend verweisen die Ausführungen auf eine tiefgreifende inhaltliche und strukturelle Veränderungen in der Praxis technischer Berufe und belegen eine defizitäre Situation kommunikativer Kompetenzen. Sie machen eine Diskussion um Ziele und Ergebnisse, Intentionen und Implikationen ingenieurwissenschaftlicher Lehre wichtiger denn je. Bisher wurde die Lernzielbasis der Curricula durch die über lange Zeit existierende tayloristische Arbeitsteilung und die Tatsache gestärkt, dass sehr viele der Hochschulabsolventen ihren Berufseinstieg in den Konstruktionsabteilungen fanden. Eine Revision der ingenieurwissenschaftlichen Lehre muss sich jedoch sowohl mit den Ursachen und Folgen von Lehrmethoden als auch mit der an der Berufsrealität orientierten Lernzieldiskussion innerhalb der Hochschulen auseinandersetzen. Das bedeutet auch eine Auseinandersetzung mit einer Berufsrealität, die sich mit dem Wechsel vom vierten, dem fordistisch-tayloristisch zum fünften, dem informations- und kommunikationstechnisch geprägten Kondratieff-Zyklus[256] – z.T. erheblich verändert hat.

[256] Vgl. Kapitel „Ökonomische Potenz Technischer Bildung" (S. 32).

Wenn die Hochschulen aber ihre selbst gestellte Forderung einer praxisorientierten Ausbildung mit berufsorientierten Schlüsselqualifikationen vernachlässigen, dann

- schenken sie ihr entweder nicht die zukommende Beachtung,
- verwenden eine andere Definition von Schlüsselqualifikationen oder
- sie haben eine andere Sicht von der Berufsrealität.

Eine andere Sicht der Berufsrealität käme einer Vernachlässigung aller Klagen aus der Wirtschaft gleich. In sich entspricht dies einem Widerspruch zu dem in den Hochschulgesetzen und in den SO/PO formulierten Ziel eines berufsqualifizierenden Studienabschlusses. Die beiden anderen Möglichkeiten – die zu geringe Beachtung und die andere Definition der Schlüsselqualifikationen – setzen einen Meinungsfindungsprozess voraus, der einer Curriculumdiskussion gleichkommt, aber laut Sommerkorn (1980, S. 150), (Wagemann 1987, S. 148) in den Hochschulen erst gar nicht stattfindet.

Zusammengefaßt belegen die untersuchten Absolventenreports[257] ein Ausbildungsdefizit empathischer und kommunikativer Fähigkeiten. Es indiziert Nachholbedarf im Maschinenbaustudium und didaktische Konsequenzen.

In den vorangestellten Passagen konnte die Wichtigkeit der Technischen Dokumentation verdeutlicht werden. Ihr Einfluss auf marketing- und betriebsstrategische Fragestellungen konnte ebenso nachgewiesen werden wie ihre Wirkung auf die Qualifikationsprofile technischer Berufe. Die Ergebnisse unterstreichen den bildungsökonomischen Bedarf an Fähigkeiten im Umgang mit der Technischen Dokumentation und damit die grundsätzliche Notwendigkeit solche Fähigkeiten bei der Planung von Vermittlungsprozessen zu berücksichtigen.

---

257 Z.B. von HIS in Hannover (Minks/Heine/Lewin 1997) (siehe Abbildung 26, S. 180) oder dem wissenschaftlichen Zentrum für Berufs- und Hochschulforschung der Universität Gesamthochschule Kassel (vgl. Winkler 1998).

8 Didaktische Interpretation und Entscheidungsstruktur

Begründung und Planung von Vermittlungsprozessen erfordern didaktische Interpretationen und Strukturierungen. Sie dienen als Handlungsorientierungen und setzen die Kenntnis relevanter Determinanten und Interdependenzen voraus. Im Nachfolgenden wird eine solche Interpretation und Strukturierung exemplarisch am Beispiel der Technischen Dokumentation im Studiengang Maschinenbau durchgeführt. In ihr werden zugleich die Ergebnisse aus den zuvor untersuchten Bestimmungsfaktoren der ingenieurwissenschaftlicher Lehre wie die aus der Technischen Dokumentation eingehen.

Die Planung einer Unterrichts- bzw. einer Lehreinheit ist in umfassende Zusammenhänge eingebettet. Um diese Zusammenhänge klären zu können, bietet sich das von Klafki (1996) angebotene (vorläufige)[258] Perspektivenschema zur Unterrichtsplanung an. Er formulierte dazu fundamentale Grundfragen, um einen Aufriss von Problemfeldern bzw. Fragedimensionen zu skizzieren, die seiner Meinung nach in einem Unterrichtsplanungskonzept enthalten sein müssen.

Im Zentrum seiner Überlegungen steht die Frage, ob sich das, was man seiner Lerngruppe anbieten will, überhaupt zu unterrichten lohnt. Er versucht dies mit den Analyseergebnissen der soziokulturell vermittelten Ausgangsbedingungen der Lerngruppe, der Lehrenden sowie der unterrichtsrelevanten Bedingungen einschließlich möglicher Schwierigkeiten bzw. Störungen zu beantworten. Auf der Suche nach weiteren Antworten knüpft er dann zwar bei den Unterrichtsinhalten an, wird aber so Jank/Meyer (1991, S. 133) „leicht mißverstanden", denn „es geht hier nicht um das Auseinanderpflücken des Unterrichtsinhalts, sondern um die didaktische Interpretation und Strukturierung im Hinblick auf die Unterrichtsplanung". Beckmann (1972, S. 111) ergänzt: „In der didaktischen Analyse nach Klafki steht die Frage nach der Struktur des Inhalts erst an vierter Stelle; sie ist erst dann zu beantworten, wenn die Gegenwarts-, Zukunfts- und Exemplarische Bedeutung eines Inhalts festgestellt worden sind. Vermutlich wollte Klafki damit verhindern, dass eine reine, verfrüht auf lehrmethodische Fragen abzielende Sachanalyse spezielle didaktische Fragestellungen i.e.S. übergeht".

Waren es anfangs fünf Hauptperspektiven, so erweiterte er seine zu behandelnden Problemfelder später auf sieben und ordnete sie innerhalb seines (vorläufigen) Perspektivenschemas zur Unterrichtsplanung nach dem

- Begründungszusammenhang als dem ersten Komplex,
- der thematischen Struktur als dem zweiten Komplex,
- den Zugangs- bzw. Darstellungsmöglichkeiten und der methodischen Strukturierung als dem dritten Komplex.

Die fundamentalen Grundfragen stellen auch heute noch die Grundlage einer soliden und professionellen Vorbereitung auf Lehr-Lernsituationen dar. Sie sind auch dann unverzichtbarer Bestandteil einer Vorbereitung, wenn flankierende Bedingungen nicht hinreichend geklärt werden können. Wenn nämlich Klafki den „Bildungsgehalt" bzw. den „Bildungsinhalt" bestimmen möchte, so muss bis dahin auch die Diskussion um die „bezugsgruppenspezifische Bildung", d.h. die Frage nach dem Maßstab, geklärt sein.

---

[258] Die Klammer wird so von Klafki (1996, S. 270) selbst verwendet, um die Vorläufigkeit zu unterstreichen.

Um die sieben zum Teil in Unterfragen gegliederten Hauptfragen auf die Situation der Hochschule anwenden zu können, sind sie in einem diskursiven Verfahren zu adaptieren. Dazu werden sie jeweils in einem ersten Schritt in die Inhaltselemente zerlegt, die mit den Zusammenhängen der geplanten Unterrichtseinheit korrespondieren. In einem zweiten Schritt werden die durch die Inhaltselemente indizierten analytischen Teilfragen formuliert, um sie auf eine – schon von Klafki gewollte – generelle Anwendbarkeit hin zu abstrahieren. Die anschließende, vor dem Hintergrund einer kritisch-konstruktiven Didaktik stattfindende Diskussion der einzelnen Elemente dient der Begründung und Abstimmung auf die spezielle Situation der Hochschule und das Maschinenbaustudium. In der Formulierung einer angepassten Fassung werden die neu formulierten Frageelemente wieder in das Gerüst der Grundfrage integriert, um aus diesen anschließend eine neutral-abstrakte Frage zu gewinnen.

Klafki formuliert seine fundamentalen Grundfragen erstmals in den 50er Jahren. Seit dem hat er sie ständig überarbeitet, ohne dass sie an grundlegender Substanz verloren hätten. In dem Hinweis auf die Vorläufigkeit seiner eigenen Arbeit versteht er sein Perspektivenschema zur Unterrichtsplanung als niemals abschließend geklärt und betont, dass seine neueren Arbeiten aus der Zeit von 1975-1991 den Traditionszusammenhang nicht aufgeben, sondern die älteren Untersuchungen aus dem Umkreis einer Geisteswissenschaftlichen Pädagogik kritisch weiterdenken (vgl. Klafki 1996, S. 9). Aus diesem Grunde bot es sich an, bei der Adaption der Grundfragen auf die hochschuldidaktische Anwendung sowohl die früheren, als auch die späteren Formulierungen zu verwenden.

Die „aktive Auseinandersetzung mit dem Phänomen der gegenwärtigen Lebenswelt, mit dem Ziel der Einsichten, des Verstehens und des verantwortlichen Handelns" (Krawitz/Kurz 1997, S. 102), in der sich Bildung ereignet, verleitet auf der Suche nach konkreten Antworten auf die im vorhergehenden Abschnitt gestellten sieben Grundfragen dazu, sich an die Wissenschaften zu wenden und dort nachzufragen, aus welcher Sicht denn der betreffende Inhalt zu bewerten sei. Wen soll man dort aber in einer solchen Sache befragen? Den einzelnen Fachvertreter, der aus der systematischen Sicht seines Faches argumentiert, den Vertreter des Studienganges, der die Inhalte des Studienganges vor Augen hat, die Verantwortlichen für das gesamte Studium oder die Vertreter der Hochschuldidaktik? Die Studenten oder Absolventen? Ein anderer Gedanke führt aus der Hochschule heraus, zu Hochschulexternen. Wen aber soll man da fragen? Die Politik inklusive der zuständigen Ministerien und ihrem Verwaltungsapparat, die Wirtschaft, die als Hochschulabsolventenabnehmer ein berechtigtes Interesse an bestimmten Profilen hat oder die Wissenschaften deren wissenschaftlicher Gegenstand die Hochschule selbst ist.

Die Suche nach den Antworten auf die hier intendierte, alles überdeckende Frage nach dem Bildungsgehalt wird es immer nötig machen, sich permanent mit den vielen einzelnen Teilen des Gesamtbildes auseinander zu setzen, um anschließend zu versuchen, aus den gewonnenen und gesammelten Ergebnissen ein einheitliches Bild zu generieren. Im Einzelnen geht es hier auch um die Frage, inwieweit die Studierenden bereits über ein gewisses kommunikatives Fähigkeitsniveau verfügen, wie gut sie über das Thema Kommunikationsfähigkeit und Technische Dokumentation im Maschinenbaustudium informiert sind, aber auch, welche Einstellungen sie dazu haben.

Alle Ergebnisse müssen an geeigneter Stelle Eingang in die didaktischen Entscheidungen des dritten Fragekomplexes des Klafkischen Perspektivenschemas finden. Das Ergebnis über das Vorwissen muss z.B. direkt in die Entscheidung zur Exemplarischen Bedeutung eingehen, denn dort gibt es vor, ob ein Exempel inhaltlich und vom Anforderungsniveau her als günstig oder ungünstig anzusehen ist. Beispielsweise ist ein Exempel, das sich mit vorhandenen Fähigkeiten oder vorhandenem Vorwissen deckt unpassend und kann dadurch vielleicht eine Bestätigung und Festigung der vorhandenen Dispositionen erzeugen, aber sicher keinen Lernerfolg. Schlimmer noch, nach lernpsychologischen Erwägungen kann eine Unterforderung sogar negative Auswirkungen auf spätere, weniger bekannte Lernanforderungen haben.

Die Erkenntnis über die Einstellungen zu dem Thema gehen dagegen direkt in die Frage nach der Zugänglichkeit ein. Widerstände gegen ein solches Thema sind didaktisch anders anzugehen als eine bereits vorhandene positive Einstellung zu dem Thema.

Die den Fragen jeweils nachfolgenden Antworten basieren auf den zuvor beschriebenen Determinanten und Interdependenzen. Aus Ihnen werden aussagekräftige plausible Indikatoren extrahiert, die wo relativ statisch, in die Antworten übernommen werden können. An den Stellen fehlender Indikatoren und relativer Unbestimmtheit wird die Beantwortung mit dem Angebot einer didaktisch begründete Vorgehensweise in die individuelle Verantwortung des Lehrenden übergeben. Schließlich ist es eine der im Abschnitt der Bestimmungsfaktoren (S. 53) gewonnene Erkenntnis, dass es nur unter Umgehung der gegenseitigen Entscheidungsbeteiligungen formaler Reformbemühungen zu einem echten Wandel der ingenieurwissenschaftlichen Lehre kommen kann. Das bedeutet, dass reformerisches Handeln im Kleinen, im überzeugten Handeln Einzelner beginnt.

8.1 Begründungszusammenhänge für die Technische Dokumentation

In der Didaktischen Analyse stellen sich die Begründungen für einen Lehrgegenstand je nach Zeit und je nach Sicht der am Bildungsprozess Beteiligten unterschiedlich dar. Um diese Sichtweisen zu klären wird in den folgenden Auseinandersetzungen mit den Grundfragen der Didaktischen Analyse auf die in den vorhergehenden Kapiteln der Arbeit behandelten Bestimmungsfaktoren zurückgegriffen.

Die dabei auftretende, hier zu berücksichtigende Ambivalenz der Fragen macht es unumgänglich sie in ihre Inhaltselemente zu zerlegen und je daraus entstandener Teilfrage auch mehrere Antworten zu formulieren, ohne dabei den Anspruch auf letztendliche Vollständigkeit erheben zu können.

Zur besseren Übersicht werden in jedem Abschnitt zunächst die Grundfragen dargestellt und analysiert. In der anschließenden Aufzählung werden zuerst die Inhaltselemente und dann die neutral-abstrakte Frage wiedergegeben. Sie zusammen geben zugleich einen roten Faden durch die jeweilige Betrachtung.

Für die Analyse der Zusammenhänge, in denen sich der zu lehren angedachte Gegenstand als zu lehren wert begründen lassen muss, ist keine bestimmte Reihenfolge vorgeschrieben. Trotzdem beginnt sie üblicherweise mit der Gegenwartsbedeutung.

8.1.1 Interpretation der Gegenwartsbedeutung

In der ersten Grundfrage soll die Bedeutung des zu lehrenden Gegenstandes für die am Bildungsprozess Beteiligten in der Gegenwart und für die Gegenwart analysiert werden. Da die Grundfrage einen zeitlichen Wandel erfahren hat, sollen beide Versionen berücksichtigt werden. Die Formulierungen der alten und der neuen Variante lauten:

- Welche Bedeutung hat der betreffende Inhalt bereits im geistigen Leben der Kinder meiner Klasse, welche Bedeutung sollte er – vom pädagogischen Standpunkt aus gesehen – haben?
- Welche erfahrenen und praktizierten Sinnbeziehungen und Bedeutungssetzungen hat der betreffende Inhalt im Alltag von Kindern und Jugendlichen?

Die Untersuchung, welche analytischen Teilfragen durch die neuere wie die frühere Formulierung der Frage nach der Gegenwartsbedeutung indiziert werden, ergab für die ältere Formulierung fünf und für die neuere drei Inhaltselemente. Die zwei ausgelassenen werden jedoch durch eine Berücksichtigung des Begleittextes ergänzt. Klafki scheint hier die Frage zugunsten der Kürze neu formuliert und die zu berücksichtigende pädagogische Intention in den Einführungstext verlagert zu haben. Trotz der unterschiedlichen Formulierung und neueren Interpretation aus der Sicht kritisch-konstruktiver Bildungstheorie weisen die Fragen die gleichen abstrakten fünf Inhaltselemente auf, aus denen sich eine neutral-abstrakte Frage synthetisieren lässt.

1. Eine Zielgruppe
2. Ein Unterrichtsgegenstand
3. Ein Standpunkt
4. Eine Bewertung des Unterrichtsgegenstandes in Bezug auf die Gegenwart der Zielgruppe
5. Eine Bewertung des Unterrichtsgegenstandes in Bezug auf einen bestimmten Standpunkt

- Wie ist der Unterrichtsgegenstand in Bezug auf die Gegenwart der Zielgruppe und in Bezug auf einen bestimmten Standpunkt zu bewerten?

Aus dem ersten Inhaltselement ergibt sich die Teilfrage nach der Zielgruppe und ihren unter dem angestrebten Ziel zu berücksichtigenden Charakteristika. Im Gegensatz zu der Formulierung und den Ausführungen Klafkis handelt es sich in der angestrebten Zielgruppe nicht um Schüler, sondern um Studierende. Dies verdeutlicht die erste Modifikation seiner Formulierung im Vergleich zwischen den beiden betroffenen Zielgruppen. Auch wenn dies zunächst äußerlich plausibel erscheint, so müssen angesichts der fortschreitenden Verschulung der Universitäten, bei gleichzeitiger Öffnung der Schulen und der damit verbundenen Veränderungen im Verhalten der Studierenden Gemeinsamkeiten und Differenzen stärker hinterfragt und berücksichtigt werden. In jedem Falle sind jedoch die relevanten und verfügbaren Bedingungen zu berücksichtigen, die sich aus der gegenwärtigen Lebensphase ergeben. Sie werden bestimmt durch die allgemeinen, die konfessionellen und die regionalen Bedingungen; die sozialisations-, die schichten- und klassenspezifischen Voraussetzungen.

Die zweite Teilfrage ergibt sich aus dem Inhaltselement Unterrichtsgegenstand und muss unter Beachtung des Gesamtkonzeptes lauten: „Um welchen Unterrichtsgegenstand handelt es sich?“ Die Inhaltselemente drei und vier implizieren die Fragen nach der Bewertung des beschriebenen Unterrichtsgegenstandes. Einmal geht es darum seinen Wert in Bezug auf die Zielgruppe zu hinterfragen, einmal um den Wert in Bezug auf den Standpunkt, der durch das vierte Inhaltselement hinterfragt wird. Der Standpunkt legt die Warte der zu erreichenden Unterrichtsziele fest und stellt von daher die Basis der Motivation und Intention für unterrichtliches Geschehen. Weitgreifend handelt es sich hier um die Frage nach der zentralen Kategorie der pädagogischen Bemühungen.

Die Formulierung: „Welche Bedeutung hat der betreffende Inhalt bereits im geistigen Leben der Zielgruppe“ könnte so erhalten bleiben; Sie könnte aber auch zu nicht beabsichtigten Missverständnissen führen. Mit „geistigen Leben“ wurde nämlich eine Formulierung gewählt, die im Besonderen auf pädagogische Intentionen abzielt und hier vor allem im Sinne eines Bildungsideals als Ausdruck einer bereits vorhandenen geistigen Disposition verstanden werden kann. Mit „welche Bedeutung sollte der betreffende Inhalt im Interesse der Studierenden haben“ kann einerseits die Bedeutung gemeint sein, die von der lehrenden Seite aus dem hinterfragten Unterrichtsgegenstand hinsichtlich einer angestrebten bildenden Wirkung beigemessen wird, es kann aber andererseits das faktische, rein auf die materiellen Sachinhalte bezogene Vorwissen der Studierenden mit deren Bewusstsein gegenüber diesem Vorwissen hinterfragen.

Mit der notwendigen Modifikation der Teilfrage: „Welche Bedeutung sollte der betreffende Inhalt, vom pädagogischen Standpunkt aus gesehen, haben?“ wird nochmals die Sichtweise der Lehrenden mit all ihren Intentionen und Idealen hinterfragt. Es wird insofern ein facettenreiches Thema zur Diskussion gestellt, in dem sowohl die Gegenwartsbedeutung des Themas für den Lehrenden, dessen zu Grunde liegende Interessen, Voreinstellungen und Vorurteile zu klären sind und schon allein die Erörterung der Frage, ob ein Studium eine vergleichbare pädagogische Absicht wie die Schule hat oder haben soll, zu keinem eindeutigen Ergebnis führt. Die Vereinfachung zu „Welche Bedeutung sollte sie haben?“, erlaubt hier eine offene Sichtweise, ohne den Maßstab Bildungsgehalt damit zu negieren.

Die modifizierte Fassung lautet:

- Welche Bedeutung hat die Technische Dokumentation für die Gegenwart im Interesse der Studierenden innerhalb des Maschinenbaustudiums? Welche Bedeutung sollte sie haben?

Mit der Frage nach der Gegenwartsbedeutung wird nach den momentanen Bedingungen gefragt, die als zuträglich zur Anhäufung von Humankapital und gleichzeitig als zuträglich zur Bildung der Lernenden in Bezug auf den Lerngegenstand in der Gegenwart angesehen werden können. Erst die Durchdringung der konstituierenden Determinanten und Interdependenzen machen die jeweilige Bedeutung einsichtig. Dabei ist zu berücksichtigen, dass Klafkis Intentionen sowohl nach der existenten Bedeutung („Welche Bedeutung hat der Lerngegenstand?“) als auch nach der intentional begründeten wünschenswerten („Welche Bedeutung sollte er haben?“) fragt.

Die Modifikation der Grundfrage nach der Gegenwartsbedeutung impliziert, mit der Teilfrage nach der Bedeutung des Unterrichtsgegenstandes aus der Sicht der Lernenden, die Frage nach dem Standpunkt der Studierenden. Die Ermittlung der didaktischen und bildungsökonomischen Bedeutung der Technischen Dokumentation aus heutiger Sicht für die Gegenwart der Studierenden stützt sich indikativ auf vorhandene Kommunikationsfähigkeit sowie auf Erkenntnisse über Vorwissen und Einstellungen der Lernenden.

Wesentlich komplexer als die Auseinandersetzung mit den Dispositionen der Lernenden ist die Behandlung der Sicht oder der Bewertungsstandpunkte der Lehrenden und der Institution. Denn allein die Frage, wer oder was als maßgebliche und maßstabsgebende Referenz anzusehen ist, ist ungeklärt. Während diese Frage abschließend in der konkreten unterrichtlichen Umsetzung ungeklärt bleibt und in der Verantwortung des einzelnen Lehrenden verbleiben muss, können hier nur Möglichkeiten und Hinweise diskutiert werden. Zu diesen Bewertungsmaßstäben können u.a. die Aufgaben der Hochschulen, die Vorstellung von der beruflichen Wirklichkeit, die konnotative Ausdeutung[259] von Begrifflichkeiten wie Fach und Technik, Bildung und Wissenschaft, aber auch didaktische Bewertungsmaßstäbe gehören.

Die während der Analyse der Bestimmungsfaktoren vorgenommene Betrachtung der Studierenden lässt den Schluss zu, dass das Verhältnis der Studierenden gegenüber dem Lerngegenstand grundsätzlich ambivalent ist und sich über die Dauer des Studiums verändert. Deshalb ergänzt der in der Frage nach dem Niveau der Gegenwartsbedeutung versteckte Konjunktiv die zu berücksichtigenden Vorstellungen der Studierenden darüber, inwiefern die Technische Dokumentation einen anderen Stellenwert in der Lehre haben sollte als bisher.

Zunächst geht es aber um die Frage, inwieweit die Studierenden bereits über das Thema Kommunikationsfähigkeit im Maschinenbaustudium informiert sind und welche Einstellungen und Motive sie dazu haben. Weiterhin ist die aktuelle Geisteshaltung zu berücksichtigen, die sich u.a. in – z.T. durchaus bildungsökonomisch begründbar – utilitaristisch-kurzdenkenden, materialistisch-pragmatischen oder gar in humanistisch-ganzheitlichen Weltbildern äußert. Das einforderbare Niveau der Leistungsanforderungen hängt nicht zuletzt davon ab, ob das für die Studierenden nur in Harmonie mit dem intrinsisch motivierten Leistungsbereitschaft der durch die Studierenden angenommenen Gegenwartsbedeutung akzeptabel ist.

Bei Studierenden technischer Fächern ist zu berücksichtigen, dass sie eher pragmatisch eingestellt sind und die Bedeutung von Unterrichtsgegenständen weniger nach dem Beitrag zur Selbstverwirklichung als nach bildungsökonomischen Nützlichkeitserwägungen bewerten.[260] Da davon auszugehen ist, dass Studierende eine auf die berufliche Zukunft ausgerichtete Lebenswelt haben, sind hier Überschneidungen mit der Frage nach der bildungsökonomischen Zukunftsbedeutung unvermeidlich.

Weiterhin kann davon ausgegangen werden, dass dem Unterrichtsgegenstand, gemäß dem überwiegend rezeptiv am Prüfungserfolg orientierten Studierendenhandeln, zunächst ein überwiegend fachliches Interesse entgegen gebracht wird. Nachweislich nimmt dieses Interesse aber mit wachsender Bildungsinvestition und Semesteranzahl ab. Grundsätzlich ist dem Lerngegenstand mindestens die Bedeutung zuzurechnen, die allen anderen Unterrichtsgegenständen mit gleichen Bedingungen zukommt. Sollte er also Gegenstand einer Veranstaltung und zudem prüfungsrelevant sein, wird seine Bedeutung höher eingestuft, als wenn er nicht prüfungsrelevant ist. Die nächsthöheren Bedeutungen

---

259 Zu übersetzen mit: assoziative, emotionale, stilistische, wertende Begleitvorstellung.

260 Vgl. Kapitel „Studienfachwahlmotive und studentische Dispositionen“ (S. 138).

können sich aus dem vorhandenen oder vermittelten Wissen über die Bedeutung des Gegenstandes in verschiedenen Bezügen und aus extern gewonnenen Einsichten um deren Wichtigkeit ergeben.

Schließlich ist in dieser Betrachtung davon aus zu gehen, dass die bereits vorhandenen Erfahrungen aus der Berufs- und Arbeitswelt für diese Einstellungen essenziell sind und eine „prästabilisierende Harmonie[261]“ (Klingler 1986, S. 14) grundsätzlich in Frage stellen (vgl. Chattaway 1986, S. 70). Da rund 20 % vor dem Studium eine berufliche Ausbildung absolviert haben, ist hier davon auszugehen, dass bei einem Teil der Studierenden zumindest Vorkenntnisse im Technischen Zeichnen vorhanden sind. Weil Technisches Zeichnen[262] aber nur eine Teilmenge der Technischen Dokumentation darstellt, können die Vorkenntnisse im Extrem als Beharrungspunkt zu einer uneinsichtigen Gegenhaltung oder als Startpunkt zu einer einsichtigen Bereitschaftshaltung führen. Im ersten Fall kommt es auf die überzeugende Vermittlung einer Einsicht in die berufliche Notwendigkeit an, um die nötige Lernbereitschaft zu erzeugen, im zweiten Fall ist sie bereits vorhanden. Überdeckt werden beide Fälle von der Ertragserwartung der Studierenden, etwas lernen zu wollen, das der „Sache“ dienlich ist und von dem Vertrauen in die ausbildende Institution.

Nach den vorliegenden Ergebnissen aus den analysierten Bestimmungsfaktoren könnte die Diskussion um die Bedeutung des Unterrichtsgegenstandes aus heutiger Sicht für die Gegenwart im Interesse der Studierenden verkürzt als eine Diskussion um die Berufsrealität betrachtet werden. Insofern gehen politischer Auftrag, Hochschulen, Lehrende und Studierende konform. Was aber unter einem berufliche Tätigkeitsfeld zu verstehen ist, bleibt umstritten und verbleibt einzig und allein im Ermessensspielraum professoraler Pflichten und der garantierten „Freiheit der Lehre“.

Unter Berücksichtigung der PO kann eine Synopse der Landeshochschulgesetze, Studienordnungen und -pläne[263] Antworten über das Selbstverständnis der Institution und der Lehrenden über das Ziel oder einer pädagogischen Absicht geben. Das kann unabhängig von der Diskussion darüber geschehen, ob die „Universität“ auch heute noch für „Studieren“ oder „schulähnliches Lernen“ steht, weil die Hochschulen bereits vielfältig an den Entstehungsprozessen beteiligt und an die Rechtsvorschriften gebunden sind.

Die vergleichende Gegenüberstellung belegt dass sich alle vorliegenden Landeshochschulgesetzte in den wesentlichen Aufgaben und Zielen des Studiums entsprechen. Die Unterschiede beginnen bei den SO/PO. Als institutionalisierte Kompromisse unterliegen sie einer ständigen Veränderung. Sie stellen den anerkannten Bewertungskonsens dar, ohne einzelne und konkrete Lernzielbewertungen zu enthalten.

Dort, wo in der Schule oftmals der Lehrplan die nötige Begründung wie methodische und inhaltliche Orientierung im Lehrstoff stellt, herrscht in der Hochschule die gesetzlich garantierte Freiheit der Lehre. Rahmenpläne, SO und PO beinhalten Informationen über Studien- wie Prüfungsziele oder Ziele und Aufgaben des

261 Klingler meint damit den Effekt, der auftritt, wenn die Inhalte den Interessen und Fragen der Studierenden entsprechen oder wenigstens abgeschwächt naheliegen. Er bezieht dies hauptsächlich auf die Prädispositionen von Studierenden mit Berufserfahrungen.

262 Heute überwiegend als Technische Kommunikation bezeichnet.

263 Vgl. Kapitel „Institutionalisierte Determinanten und Interdependenzen“ (S. 113).

Studienfaches, geben aber wenig lehrpraktischer Orientierungshilfe. Die Konzeption einer Lehrveranstaltung muss sich aber zwangsläufig an den jeweiligen institutionellen Vorgaben wie den SO/PO orientieren. Dabei macht nicht nur die Integration in den bestehenden rechtlichen Rahmen Sinn, sondern auch der mögliche Hinweis auf die sowohl durch Bund, Länder und Hochschulen vorgegebenen Aufgaben und Ziele eines Maschinenbaustudiums. Nach diesen ist auf Veränderungen in der beruflichen Praxis zu reagieren, wie sie in der Auseinandersetzung mit den Bestimmungsfaktoren der Technischen Dokumentation hinreichend erläutert wurden.

Von den Hochschulen ist aber eine allgemeine Einschränkung oder gar Ablehnung eines rein pädagogischen Standpunktes im Sinne eines Erziehungsauftrages, zu erwarten. Wenn aber die Absicht zur Erziehung wegfällt, so kann die zweite Frage – die häufig in der Frage der Lernenden: „Wozu soll ich das lernen?" zum Ausdruck kommt – ob sich das, was man anbieten will überhaupt lohnt, nur dann treffend geklärt werden, wenn zunächst die Frage beantwortet wurde: Aus welcher nicht-pädagogischen Sicht soll die Bedeutung eines betreffenden Inhalts denn dann bewertet werden?

In den Schulen sind die Hauptziele Bildung und Erziehung dagegen unbestritten[264]. Im Vergleich zu dem in Tafel 5 (S. 190) genannten angestrebten Absolventenprofil werden die Bildungsziele beispielsweise innerhalb der Arbeitslehre in Rheinland-Pfalz wie folgt ausgeführt:

Über die Vermittlung von Kenntnissen hinaus hat die Arbeitslehre in einer sich ständig ändernden Umwelt die Aufgabe, den Jugendlichen Hilfen zur Bewältigung ihrer Berufs- und Lebenssituation zu geben.

Dabei müssen auch komplexe Zusammenhänge aufgezeigt werden, um ihnen jetzt und später eine sachgerechte, kritische und verantwortungsbewusste Teilnahme in Wirtschaft und Gesellschaft zu ermöglichen.

(Ministerium für Bildung und Kultur Rheinland-Pfalz 1992, S. 7)

Tafel 5: Schulische Bildungsziele

Nach diesen Bildungszielen sollen sich Schülerinnen und Schüler Qualifikationen für die Gestaltung des privaten und beruflichen Lebens erarbeiten. Im Detail sollen sie dadurch zur Zusammenarbeit, zum Gewinnen und Verarbeiten von Informationen; zu ökonomischem und umweltbewusstem Verhalten; zu Planungs- und Entscheidungsfähigkeit sowie zu analytischem und disponentem Denken geführt werden. Sie sollen sich weiterhin mit technischen, beruflichen, sozialen, wirtschaftlichen und politischen Fragen auseinandersetzen und Einsichten in grundlegende Strukturen und Zusammenhänge der Wirtschafts- und Arbeitswelt gewinnen. Sie haben sich elementare

264 Unbestritten ist, dass auch die Lehrpläne dem Wandel politischer und pädagogischer Überzeugungen unterworfen sind. Für die weiteren Betrachtungen sollen aber die beschriebenen Positionen als z.Z. gültiger Vergleichsmaßstab verstanden werden.

wirtschaftliche und technische Kenntnisse, Einsichten und Fertigkeiten anzueignen, um ihre Berufswahl und ihren Berufsweg planen und vorbereiten zu können.

Die Schüler müssen die ständig verändernde Wirtschafts- und Arbeitswelt kennen lernen und deren Bedingungen durchdringen. Sie sollen sich kritisch mit ihnen auseinandersetzen, Möglichkeiten der Konfliktregelung wahrnehmen, unterschiedliche Verhaltensweisen kennen und Einstellungen entwickeln, damit sie ihre Rechte und Pflichten in Familie, Beruf, Gesellschaft und Staat in Verantwortung für sich und das Ganze wahrnehmen können.

Die Intentionen, die mit der Frage nach der Gegenwartsbedeutung analysiert werden können, lassen mit der Beurteilung des Unterrichtsgegenstandes in Bezug auf einen Standpunkt auch eine personenungebundene, rein sachliche Bewertung zu. Im Falle der Technischen Dokumentation erhält diese ein besonderes Gewicht, da sie sich ausnahmsweise nicht aus der Fachsystematik allein, sondern aus der Sache selbst beantworten lässt.

Die Analyse der neuen Regularien ergab eine für den Beruf des Ingenieurs nicht unerhebliche juristische und berufliche Relevanz, die damit auch gleichzeitig die Frage, ob sich das, was man anbieten will überhaupt lohnt, unter Umgehung des didaktischen Bewertungsverfahrens auf einfachste Weise beantworten könnte. Und dennoch ist die Antwort in ihrer Konsequenz unbefriedigend, denn der erbrachte Nachweis, dass es sich grundsätzlich lohnt, diesen Sachverhalt zu lehren, hat nur eine inhaltliche Bedeutung. Mit dem Beleg, dass in bestimmten Situationen eine juristische Handlungsverpflichtung besteht, gelingt zwar die Begründung einer didaktischen und bildungsökonomischen Notwendigkeit – was auf elegante Weise die Diskussion um Absichten und Bildungsgehalte abkürzen könnte –, nicht aber die Bewertung der Umsetzung, also die Beantwortung der Frage nach dem Umfang, dem didaktischen Ort und der Art und Weise, wie sie zu lehren ist.[265]

Zur Begründung der beabsichtigten didaktischen Entscheidungen ist die bildungsökonomische Relevanz der Technischen Dokumentation im beruflichen Alltag sehr viel hilfreicher, weil sie je didaktischem Standpunkt Hinweise auf ein geeignetes Vermittlungsverfahren impliziert. Zu den faktischen Darstellungen beruflicher Relevanz gehören neben dem aktuellen Umgang mit der Technischen Dokumentation auch die Folgen aus diesem. Denn während des technisch dokumentarischen Handelns, das von einfachen Gebrauchsanweisungen bis hin zur Erfüllung von QS-Aufgaben reichen kann, zieht der etablierte Umgang mit der Technischen Dokumentation auch Veränderungen in Bezug auf zukünftige berufliche Standesfragen nach sich und wird so per se ökonomisch.

Rückblickend wurde die Gegenwartsbedeutung der Technische Dokumentation für die ingenieurwissenschaftliche Lehre belegt. Der Nachweis ist jedoch auf die Orientierung an einer zukünftigen beruflichen Tätigkeit sowie an einer bildungsökonomischen und einer juristischen Relevanz angewiesen. Er kann dann aber aus den Blickwinkeln von Studierenden, Lehrenden und des gesellschaftlichen Auftrages geführt werden.

265 Vgl. Kapitel „Didaktische Entscheidungen“ (S. 219).

8.1.2 Interpretation der Zukunftsbedeutung

Mit der Frage nach der Zukunftsbedeutung eröffnet sich der Begründungszusammenhang, in dem sich der zu lehren beabsichtigte Gegenstand hinsichtlich zukünftiger Relevanz zu begründen hat – auch hier ist zu belegen, dass sich der Gegenstand zu lehren lohnt. Die Fragen nach der Zukunftsbedeutung lauten in der alten und der neuen Version:

- Worin liegt die Bedeutung des Themas für die Zukunft des Kindes?
- Worin liegt die mögliche vermutete Bedeutung des Themas für die Zukunft des Kindes?

Die neuere und die ältere Formulierung der Grundfrage nach der Zukunftsbedeutung unterscheiden sich nicht wesentlich voneinander, auch wenn der Bedeutung des Themas mit „mögliche vermutete" in der neueren Variante ein verdeutlichender Hinweis auf die eigentliche Intention der Frage zugefügt wurde. Klafki weist damit erneut auf die Notwendigkeit der Reflexion hin, die sich aus der Divergenz zwischen Schülergruppen und Lehrersicht ergeben kann. Die Analyse der Frage nach der Zukunftsbedeutung ergab die folgenden vier Inhaltselemente, denen die daraus synthetisierte neutral-abstrakte Frage angehängt wurde:

1. Eine Zielgruppe
2. Ein Unterrichtsgegenstand
3. Eine Bewertung des Unterrichtsgegenstandes in Bezug auf die Zukunft der Zielgruppe
4. Eine Zukunftsprognose

- Wie ist der Unterrichtsgegenstand in Bezug auf die Zukunft der Zielgruppe zu bewerten?

Für die Zukunftsbedeutung ist eine ähnliche Diskussion zu führen wie bei der Gegenwartsbedeutung. Wie zuvor stehen die Studierenden für die Zielgruppe, wird hier nach einer Zielgruppe, einem Unterrichtsgegenstand und dessen Bezug auf die Zielgruppe gefragt. Neu hinzu kommt dagegen die Auseinandersetzung um die Bedeutung für Zukunft der Zielgruppe, die – oftmals prognostischen – Überlegungen über das Dreiecksverhältnis: Zukunft, Unterrichtsgegenstand und Zielgruppe aus zwei Sichtweisen.

Die erste Sichtweise hinterfragt die Bedeutung des Unterrichtsgegenstandes im gegenwärtigen Lernprozess für eine denkbare Zukunft und nach übertragbaren universellen Lernzielen, wie z.B. Schlüsselqualifikationen. Die zweite Sichtweise erfragt dagegen die Bedeutung des Unterrichtsgegenstandes in einer denkbaren Zukunft nach dem Lernprozess und meint damit u.a. die Bereithaltung von lexikalischem Wissen. Beiden Fragen können nur ausreichend beantwortet werden, wenn die Zukunftsbedeutung des Themas für den Lehrenden, seine Voreinstellungen, Vorurteile und Interessen sowie seine Intentionen, also seine pädagogische Absicht geklärt werden. Weitere Aspekte wie z.B. die Bedeutung des Unterrichtsgegenstandes im zukünftigen geistigen Leben der Zielgruppe, finden ihren Niederschlag in den folgenden Diskussionen.

Die modifizierte Fassung lautet:

- Welche Bedeutung hat die Technische Dokumentation aus heutiger Sicht für die Zukunft und welche aus zukünftiger Sicht im Interesse der Studierenden innerhalb des Maschinenbaustudiums? Welche Bedeutung sollte sie haben?

Die Zukunftsbedeutung erhält in der Didaktischen Analyse oftmals eine Schlüsselposition, denn mit ihr wird zugleich der didaktische Sinn und die bildungsökonomische Relevanz hinterfragt, mit dem einer bestimmten Zielgruppe entsprechende Lernziele in Bezug auf deren Zukunft vermittelt werden sollen. Dabei ist neben der Bedeutung für das Humankapital und der individuellen Ertragsratenerwartung nach Krawitz/Kurz (1997, S. 102) „davon auszugehen, dass besonders die Frage nach der Zukunftsbedeutung von Unterrichtsgegenständen von größter lebenspraktischer Relevanz für die Schülerinnen und Schüler als spätere Erwachsene ist".

In der folgenden Diskussion um die Zukunftsbedeutung geht es darum, die gegenwärtigen für eine Zukunft zu vermittelnden Qualifikationen und theoretischen Inhalte in Abhängigkeit ihrer Determinanten und Interdependenzen zu erläutern. Hier erhält insbesondere die Tatsache Gewicht, dass ein Teil der neuen Regularien für die Hersteller gesetzlich verpflichtend ist, ein anderer Teil einen marktbedingt erzwungenen Charakter und somit auch einen dauerhaften Einfluss auf die berufliche Praxis von Ingenieuren hat, der letztendlich aus bildungsökonomischer Sicht individuell und betrieblich relevant ist. Um Wiederholungen von bereits in den Kapiteln zur Bildungsökonomie (S. 27) und zur Gegenwartsbedeutung (S. 186) gemachten Aussagen zu vermeiden, sei hierzu auf das zukunftsgerichtete Potenzial der dort gemachten Aussagen verwiesen.

Hinsichtlich der inhalts- und kommunikationsbezogenen Komponenten beruflicher Praxis postuliert Klafki (1996, S. 60): „Wir brauchen in einem zukunftsorientierten Bildungssystem auf allen Schulstufen eine gestufte, kritische informations- und kommunikationstechnische Grundbildung als Moment einer neuen Allgemeinbildung". Er präzisiert seine Aussagen zur Allgemeinbildung weiter, indem er vier grundlegende Einstellungen und Fähigkeiten nennt: Kritikfähigkeit, Argumentationsbereitschaft, Empathie und „vernetztes Denken". Nach seiner Ansicht sind alle vier Fähigkeiten an bereichsspezifische Strukturen gebunden und können nicht als rein formale Funktionen betrachtet werden (vgl. Klafki 1996, S. 63):

- *Kritikbereitschaft und - fähigkeit* setzt einen akzeptierten oder selbst entwickelten Standpunkt voraus.
- *Argumentationsbereitschaft und fähigkeit* schließen ein Gefüge von Sach- und Denkbeziehungen ein.
- *Empathie* muss im Umgang mit anderen bewusst gemacht werden, um ein Problem, eine Handlung oder eine Entscheidungsfrage aus verschiedenen Perspektiven sehen zu können.
- *Vernetztes* Denken erfordert im Zeitalter hochentwickelter Technik die Bereitschaft und Fähigkeit, politische und ökonomische Wirkungszusammenhänge miteinander verflechten zu können.

Die Grundbestimmung seines neuen Allgemeinbildungskonzeptes steht im Zusammenhang mit drei selbsttätig zu erarbeitenden und personal zu verantwortenden Grundfähigkeiten, die jede für sich mit dem angezielten beruflichen Paradigma zu vereinbaren ist und angesichts der Klagen über die Defizite der Absolventen in sozialen Kompetenzen wie der Kommunikationsfähigkeit keinesfalls als unrelevant abgelehnt werden können. Weiter noch, wenn ein Teil der Vorschriften zur Technischen

Dokumentation – hier vor allem die Vorschriften zum Schutze Dritter – als Reaktion auf ein Defizit hinsichtlich der Grundfähigkeiten auslegbar ist und daraufhin in einigen professionellen Branchen eine Standardisierung der Technischen Dokumentation eingeführt worden ist (vgl. Westendorp 1993, S. 30), kann dies als Beleg für einen Mangel an kommunikativ empathischer Allgemeinbildung ausgedeutet werden. Inwiefern aber Regeln durch mangelnde Empathie und Nachhaltigkeit bedingte Sicherheitsschwächen ausgleichen oder bereits selbst wieder Ursache für neue Defizite sein können, kann und soll an dieser Stelle mit einem Zitat Helliges (1984, S. 281) angedeutet werden: „Der technisch-wissenschaftliche Problemlösungshorizont stellt somit eine historisch-gesellschaftlich bedingte Eingrenzung des gesamten Wissens- und Erfahrungshorizontes eines Technikzweigs dar, die zur Folge hat, dass aus der Gesamtmenge realisierbarer technischer Lösungen, Objekte und Verfahren nur ein ganz bestimmter Teil als Möglichkeit in den Blick kommt und elaboriert wird".

Die drei Grundfähigkeiten des neuen Allgemeinbildungskonzeptes sind folgende:

- *Fähigkeit zur Selbstbestimmung individueller Lebensbeziehungen.* Sie schließt die Sinndeutungen zwischenmenschlicher und beruflicher Art explizit ein.
- *Fähigkeit zur Mitbestimmung.* Sie bezieht sich auf Anspruch, Möglichkeit und Verantwortung für die Gestaltung gesellschaftlicher und politischer Verhältnisse.
- *Fähigkeit zur Solidarität.* Mit ihr werden die Sorgfaltspflichten derer aufgezeigt, die die Rechte der ersten beiden Grundfähigkeiten für sich in Anspruch nehmen.

Die Frage nach der heutigen Sicht der Studierenden für die zukünftige Bedeutung der Technischen Dokumentation beruft sich auf die Feststellung, wonach sich die Studierenden auf die (Ausbildungs-) Institution und ihre Studienbedingungen ein- und verlassen. Folglich wird die Hochschule als zunächst kompetent akzeptiert, und eine erste in die Zukunft gerichtete Bedeutungszuordnung findet im Rahmen der Hochschulvorgaben statt. Mit fortgeschrittener Studiendauer hinterfragen die Studierenden diese Vorgaben zusehends. Sie vergleichen sie z.B. mit den Erfahrungen, die sie in ihren Berufspraktika gewonnen haben, um so die mittelbare und unmittelbare Rendite zu bilanzieren.

Nach den vorliegenden Bestimmungsfaktoren kann weiter davon ausgegangen werden, dass sich die Qualifikationsanforderungen an die Absolventen innerhalb der Grenzen von Flexibilitäts- und Absorptionsansatz als eine Funktion der Absolventenzahlen im Verhältnis zur Nachfrage und der Betriebsgröße darstellen lässt. Bei geringen Abgangszahlen sind Ingenieure gefragt und von daher per se für die Betriebe wertvoll, da es für ihre klassischen ingenieurtypischen Kernkompetenzen keinen oder nur ungenügenden Ersatz gibt. Berufs- und Standesfragen stellen sich in dieser Konstellation deshalb aus marktwirtschaftlicher Sicht in einem sehr viel positiveren Licht als bei ausreichendem oder großem Angebot. Bei einem Überangebot an Ingenieuren können es sich die Unternehmen leisten, Anforderungen über die klassischen Kernkompetenzen hinaus zu fordern. Zum Vorteil der Unternehmensziele können sie dann sehr viel „passgenauere" Qualifikationen für eine Einstellung verlangen oder sich bewußt „unpassende" Qualifikationen als Innovationspotenzial einzukaufen. Dieses Verhältnis kann in seinem Verlauf durch die Grenzrate der Substitution beschrieben werden. Demnach muss bei einem Anbietermarkt jeder wegfallende Ingenieur durch eine immer größere Anzahl anderer fachverwandter Kräfte ersetzt werden, um den Output konstant zu halten, während sich die Ingenieure bei einem Nachfragermarkt zunehmend gegenseitig substituieren können.

In ähnlicher Weise stellt sich der Vergleich zwischen den Unternehmen der Großindustrie und der klein- und mittelständische Unternehmen (KMU) dar. Denn während die KMU mangels „Größe“ auf den „Generalisten“ angewiesen sind, können es sich die Großunternehmen eher „leisten“, den Ingenieur als einen fachlichen Spezialisten anzuwerben. Sie können die fehlenden Qualifikationen bei Bedarf durch mannigfaltige Begleitmaßnahmen auffangen.[266] Der Generalist der KMU hat dagegen durch das richtige Verhältnis von gelerntem Wissen und angeeigneten Kompetenzen; eine hohe Einsatzflexibilität und damit eine hohe wertschaffende Potenz für sich und das Unternehmen erworbenen. Das bedeutet insgesamt, dass der Generalist eine erkennbar höhere Substitutionskraft besitzt, als der Spezialist.

Abgesehen von dem rein nachfrageorientierten Wert des Ingenieurs, der sich am deutlichsten in der Höhe der Anfangsgehälter niederschlägt, können die Qualifikationen, die über die klassischen ingenieurtechnischen Kernkompetenzen hinausgehen, langfristig als Anpassung an die gewandelten Anforderungen und damit als Sicherung des Standes und der wertschöpfenden Potenz angesehen werden. Ohne diese Anpassung ist zu befürchten, dass fehlende Kompetenzen zum Nachteil des Berufsstandes durch Dritte ausgeglichen werden und dass gerade im Zeitalter der prosperierenden Informationstechnik-Branche (IT-Branche) der Beruf des Ingenieurs mit der Abnahme der beruflichen Wichtigkeit innerhalb der Betriebe weiterhin bei Studienanfängern an Attraktivität verliert. Eine Anpassung an aktuelle und zukünftige berufliche Anforderungen ist folglich für den langfristigen Erhalt der klassischen Position des Ingenieurs wichtig und gleichzeitig prägend für die revidierte Vorstellung von der beruflichen Wirklichkeit bei Außenstehenden.

Die Ermittlung künftiger beruflicher Anforderungen leidet jedoch grundsätzlich unter einem Prognoseproblem, weshalb die Meinung einzelner Fachvertreter auf den ersten Blick durchaus verständlich erscheint, dass konkrete Aussagen über künftige Anforderungen und damit eine Prognose zur Extraktion von Lernzielen unmöglich ist. Dieses ist aber ein typisches Charakteristikum kurzfristiger didaktischer Ansätze und der arbeits- und industriesoziologischen Qualifikationsbedarfsforschung in der Bildungsökonomie. So erscheint es auf der Suche nach einer geeigneten Antwort unangebracht, eine übliche fachsystematische Analyse des Faches und seiner gegenwärtigen beruflichen Realität zur Deduktion von zukunftsrelevanten Lehrzielen vorzunehmen. Sie kann nur in kurzfristigen didaktischen Ansätzen Gültigkeit erlangen und kaum für die Suche nach Lernzielen mit exemplarischem Charakter und damit langfristiger und zugleich zukünftiger Gültigkeit hilfreich sein.

Die Konsequenz verweist darauf, sich statt dessen an der Dauerhaftigkeit von Perspektiven der Unterrichtsplanung und der Grundbestimmung eines neuen Allgemeinbildungskonzeptes zu orientieren. Mit dieser Orientierung kann eine grundsätzliche Prognose der beruflichen Zukunft mit Hilfe der Identifikation von überdauernden Schlüsselqualifikationen aus der gegenwärtigen Situation extrahiert werden. Auf diese Weise wird zugleich die Bedeutung der Lehrinhalte hinsichtlich der zentralen Kategorie Bildung und

266 Siehe dazu auch die Befunde von Konegen-Grenier/Weiss (1996, S. 37ff.).

hinsichtlich der prognostizierten beruflichen Zukunft eingeschätzt. Dadurch kann zunächst – d.h. während der Bestimmung der Zukunftsbedeutung – eine Lernzielbenennung auf einer konkreten Lernzielebene weitestgehend vermieden werden.

Auch wenn die grundsätzlichen Probleme und Unsicherheiten einer Prognose bestehen bleiben und die nachfolgenden Belege eine Prognose nur indikativ untermauern können, ist nicht zu erwarten, dass sich die berufsprägende Tätigkeit hinsichtlich der Kernkompetenzen und somit der Schlüsselqualifikationen des Ingenieurs von Generation zu Generation ändert. Binstadt schreibt (1990, S. 89f.) im gleichen Sinne und stellt damit implizit einen Zusammenhang von Qualifikationen und Bildung her: „Aufgrund des langfristig unveränderten Strukturkerns eines Themenbereiches ... kann die Zukunftsbedeutung spezieller Lehrinhalte relativ verlässlich vorausgesagt werden. Der strukturelle Kern von Lehrinhalten ... hat enge Beziehungen zu den grundlegenden Kenntnissen und Fähigkeiten, die den Lernenden ... im Unterricht vermittelt werden; er korrespondiert mit der Grundbildung".

So arbeiten auch Morsch u.a. (1974) den Zusammenhang zwischen der Situation im Arbeitsprozess, also der betrieblichen Leistungsstruktur im Verhältnis kooperativer und direktiver Leistungstendenz und Qualifikationselementen heraus, schätzen sowohl deren kurz- oder längerfristige als auch deren spezielle oder allgemeine Gültigkeit. Ein Blick in deren Historie mag eine mögliche Erklärung zu dieser Sichtweise liefern: Morsch u.a. nennen bei ihrem Versuch, Qualifikationsmerkmale zu beschreiben, lediglich Verhaltensweisen, Fähigkeiten sowie Kenntnisse und zeigen darin ein sehr eigenes Verständnis ingenieurpraktischer Tätigkeiten und der darin erforderlichen Qualifikationen. Sie liegen zeitlich gerade einige Jahre vor der – zunächst für den schulischen Bereich – wiederentdeckten Diskussion um Schlüsselqualifikationen.

Schlüsselqualifikationen müssen also schon im primären oder sekundären Qualifikationsabschnitt erworben werden. Da im Besonderen eine fehlende Kommunikationsfähigkeit bei weiten Teilen der Absolventen beklagt wird, bleibt zu fragen, inwiefern das zu vermittelnde Ziel in den „Lehrplänen" der Hochschulen genannt, aber nicht realisiert wird. Immerhin fehlen in den SO Aussagen zur Vermittlung dieser Qualifikation in Lehrveranstaltungen und Lehrangeboten sowie über Formen und Absichten der Erwerbsprüfung in den PO.

Es bleibt die Frage nach der weiteren Zukunftssicht der Institution und der Lehrenden. Welche Bedeutung misst die Institution und messen die Lehrenden dem angedachten Unterrichtsgegenstand – hier der Kommunikationsfähigkeit – im hier und jetzt stattfindenden Lernprozess für eine denkbare Zukunft bei, wie werten sie sie in Hinsicht ihres Bildungsbeitrages und wie aus der Sicht einer Verwendbarkeit nach Abschluss des Ausbildungsabschnittes?

Ein geeigneter Standpunkt zur weiteren Bewertung der Zukunftsbedeutung aus der Sicht der Lehrenden muß folgende Aspekte berücksichtigen:

- *Das Selbstverständnis der Lehrenden.*
- *Die Selbstverpflichtung der Institution* und damit implizit die der Lehrenden zur Vorbereitung der Studierenden auf ein berufliches Tätigkeitsfeld.
- *Die Ausdeutung der beruflichen Tätigkeitsfelder* unter Beachtung von Paradigmen sowie bildungsökonomischer und philosophischer Sichtweisen.

Dabei ist das eigene Selbstverständnis der Lehrenden als Lehrer oder Forscher oder aber Lehrer und Forscher ein nicht zu unterschätzender Motivationsfaktor. Er dient zur Erfüllung der gesellschaftlich legitimierten bildungspolitischen Aufgabe der Hochschulen. Diese Aufgabe kann nicht nur im Sinne einer reinen Reproduktion, sondern auch als Gestaltungsauftrag für eine langfristig zukunftsweisende Entwicklung der Gesellschaft an die Hochschulen verstanden werden. Wie eingangs beschrieben, ist die endgültige Beantwortung und Ausdeutung dieser Teilfragen jedoch in die individuelle Verantwortung des Lehrenden zu übertragen und nur in Abhängigkeit dessen geistiger Hintergründe zu beantworten.

Folglich kann die Frage nach dem Paradigma der ingenieurtechnischen Berufsausübung nur in der individuellen und selbstverantworteten Auslegung des Lehrenden beantwortet werden. Während es in den verschiedenen Wellen historischer Auseinandersetzung u.a. um das tätigkeitscharakterisierende Wesen der Ingenieurarbeit ging,[267] scheint es heute innerhalb eines konsentierten Paradigmas lediglich noch um die Ausdeutung innerbetrieblicher Verwendungssituationen zu gehen.[268]

Um die vorige Jahrhundertwende wurde u.a. darüber diskutiert, ob sich die ingenieurtechnische Tätigkeit in aller Konsequenz – auch innerhalb der Lehre – als „Wirtschaften" charakterisieren lässt.[269] Heute geht es dagegen in dem weit verbreiteten, durch die SO/PO belegten und bereits stark eingeengten beruflichen Paradigma lediglich noch darum, ob Ingenieure als Wissenschaftler mit oder ohne praktische Tätigkeiten oder aber nur als praktische Anwender mathematisch-naturwissenschaftlicher Gesetzmäßigkeiten zu beschreiben sind. Wird das momentan überwiegende Paradigma lehrbestimmend zu Grunde gelegt, erhält die jeweilige Fachsystematik eine substituierende Funktion für didaktische Entscheidungen. Sie festigt die vorherrschende, überwiegend an Fachgrenzen trennende Grundlagenideologie. In der Folge stellt sich die Forderung nach ganzheitlichen und fächerübergreifenden Veranstaltungen als ein Versuch dar, die aufgetretene Mangelerscheinung zu kompensieren; wie die institutionalisierte Einführung von Wirtschaftsingenieurstudiengängen belegt. Als Addition eines halben ingenieur- und eines halben wirtschaftswissenschaftlichen Studiums soll es die Grenzen zwischen beiden Disziplinen überwinden.

Beschrieb Jesberg (1996) diesen historischen Wandel noch als den Übergang des Maschinenbaus von einer humanistisch und handwerklich geprägten ganzheitlichen „ingeniösen Tätigkeit" zu einer technizistisch geprägten ingenieurtechnischen Wissenschaft mit rationaler Objektivität, wird unter dem Eindruck ausbildungstechnischer Unzulänglichkeiten bereits ein erneut eingetretener Paradigmenwechsel ingenieurtechnischer Tätigkeiten thematisiert.[270]

Für die Ermittlung der Zukunftsbedeutung aus der Sicht der Lehrenden ist unbedingt deren Paradigma von den berufscharakterisierenden Tätigkeit zu berücksichtigen. Es

---

267 Vergleiche zur Darstellung dieser Diskussion: Grashof (1865), Riedler (1898, 1908, 1921), Schenk (1912, 1919, 1920, 1921), Aumund (1921), Manegold (1970), König (1985), Schnabel (1987).

268 Dieser schon seit der Gründerzeit ingenieurtechnischer Schulen und Hochschulen anhaltende Streit um das gültige, zentrale Paradigma der Ingenieurausbildung fand u.a. in den unterschiedlichsten „Fachbezeichnungen" wie Maschinenwesen, Maschinenbauwesen, Maschinentechnik usw. seinen Ausdruck.

269 Vgl. Kapitel „Ökonomische Potenz Technischer Bildung" (S. 32).

270 Siehe zu dieser Diskussion (Blandow 1996, S. 14ff.) und Ropohl (1997).

steht in untrennbarer Verbindung mit deren philosophischen Unterbau und kann vom praktisch oder theoretisch handelnden Wissenschaftler über den Manager bis zum Mitarbeiter[271] reichen. Dabei korrespondieren alle Ergebnisse dieser Sichtweisen interdependent mit den nachfolgenden Regularien.

Über die bisher gemachten Aussagen zur Selbstverpflichtung der Hochschulen zur Vorbereitung auf ein berufliches Tätigkeitsfeld werden nun einige Argumente vorgebracht durch die der Nachweis erbracht werden soll, dass die kommunikative Fähigkeit zu den wichtigsten Elementen einer zukunftsgerichteten berufsorientierten Ausbildung zählen. Denn gegenwärtig wächst die Bedeutung der Kommunikationsfähigkeit als tragende Kompetenz in der Technischen Dokumentation u.a. durch den innerbetrieblichen Strukturwandel und die zunehmende Wichtigkeit in der Qualitätssicherung und im Marketing.

Da die Behandlung eines Lehrgegenstandes im Studium grundsätzlich nicht ohne Einfluss auf den Habituserwerb ist, sind bei Missachtung der beruflichen Anforderungen durch die Technische Dokumentation negative Folgen für das individuelle berufliche Handeln, ein langfristiger Verlust an Standesbedeutung und dadurch an wertschaffender Potenz nicht auszuschließen.

Die Veränderung in der ingenieurwissenschaftlichen Qualifikationssituation begründet sich in diesem Zusammenhang durch die fortschreitende Harmonisierung Europas, die gewandelten Anforderungen des Marktes und die fortgeschrittene heimische Rechtsentwicklung. Diese bringt als Anpassung an die Zeit zunehmend neue Normen, Richtlinien und Gesetze hervor und verändert die nicht-technischen Bedingungen für Produzenten technischer Güter. Mit dem Erscheinen neuer europäischer und national nachfolgender Regularien wie der DIN EN ISO 9000, der EG-Maschinenrichtlinie u.a.[272] eröffneten sich zunächst die Fragen, inwieweit sie auf die berufliche Praxis einwirken, welche Ausbildungsdefizite dadurch entstehen und wie sie in der Ausbildung berücksichtigt werden können.

Der Abschnitt über die Determinanten und Interdependenzen durch die Technische Dokumentation (S. 155) zeigt, wie und warum die neuen Regularien in die berufliche Praxis eingreifen, diese verändern und hierdurch Qualifikationsbedarf erzeugen. Er entspricht einer Synopse, die – extrem verdichtet – Veränderungen durch neuere, nicht-technische Regularien und deren Verknüpfungen untereinander vorstellt. Sie basiert auf der juristischen Verpflichtung, neue gesetzliche Regularien zu befolgen, die eine kommunikative Kompetenz voraussetzen, und stützt sich auf eine Reihe neuer oder neu verfasster, gesetzlich bindender oder marktbedingt erzwungener Regularien, ohne die ein Maschinenbauunternehmen seine Produkte nicht mehr oder nur noch eingeschränkt vertreiben darf. Die genauen Wortlaute und Bedingungen sowie deren Interdependenzen sind dort nachzulesen. Die Analyse der juristischen Vorgaben ergibt eine Vielzahl von Verpflichtungen zur Dokumentation, zur schriftlichen Anleitung und ähnlichen, nur mit kommunikativen Mitteln zu bewältigenden Situationen. Allein die

---

271 Nach einer von Kogon (1976) Anfang der 70er Jahre durchgeführten Befragung definierten sich 2/3 der befragten Ingenieure vielsagend als „Kamele, auf denen die Kaufleute und die Politiker reiten". Überliefert ist auch die Bezeichung „Rechenknecht".

272 Zur Übersicht siehe Kapitel „Juristische Verflechtungen der Technischen Dokumentation" (S. 168).

Durchsicht von drei der zentralen Regularien ergab eine Nennung von rund 1100 Positionen, die auf die Notwendigkeit von kommunikativen Fähigkeiten verwiesen.

Die Kommunikationsfähigkeit korrespondiert zudem stark mit der Übernahme von Verantwortung, wie die Setzungen: „Der Mensch macht die Qualität!" (vgl. Karmeli/Seidel 1994, S. 1093ff.) und: „Die Technische Dokumentation ist zwingender Produktbestandteil" (Mertens 1997, S. 6) für zwei ganz unterschiedliche Verantwortungsbereiche hervorheben. Als gesetzliche Regelung in der Produkthaftung kann sie nicht durch Vertrag abgewandelt werden. „So genügt das Unternehmen beispielsweise seiner Verpflichtung zur sorgfältigen Auswahl seiner Lieferanten nicht schon mit dem Abschluss einer Qualitätssicherungsvereinbarung (QSV) [Abkürzung im Original], es muss vielmehr die Verläßlichkeit und die Qualitätsfähigkeit des Lieferanten prüfen und überwachen" (Popp 1994, S. 556).

Die beschriebenen Tatsachen könnten die Frage, ob sich der Lehrgegenstand überhaupt zu lehren lohnt, schon allein auf einfachste Weise beantworten. Und dennoch ist die Antwort in ihrer Konsequenz immer dann unbefriedigend, wenn sich der erbrachte Nachweis nur an einer juristischen Handlungsverpflichtung orientiert. Sie entspricht zwar einer Notwendigkeit und könnte deshalb die Diskussion um Absichten und Bildungsgehalte auf elegante Weise umgehen; Sie beantwortet aber nicht die Frage nach der didaktischen Dimension. In der Folge bleibt die Frage nach dem Umfang, dem didaktischen Ort und der Art und Weise, wie der Sachverhalt zu lehren ist, unbeantwortet.

Es ist viel weniger die mögliche Dauerhaftigkeit der Vorschriften von Bedeutung, als vielmehr die Tatsache, dass die in den Regularien geforderte Kommunikationsfähigkeit nur aktueller Ausdruck einer bereits beschriebenen unzureichenden Beachtung empathischer Qualifikationen in der Lehre ist. Sie ist nämlich insofern nicht neu, als auch historische Belege für die Forderung nach Kommunikationsfähigkeit vorliegen. Schon Freytag (1907), ein Vertreter der Wirtschaft zur Jahrhundertwende, der den Berufs des Ingenieurs insgesamt eher als den eines Technikschaffenden darstellt, fordert eine grundsätzliche empathische und kommunikative Fähigkeit im Umgang mit anderen Mitarbeitern und Kunden des Betriebes.

Zusammenfassend steht die Zukunftsbedeutung der Technischen Dokumentation in einem engen Verhältnis zu den angestrebten Lernzielen. Gelingt es darin den Ansprüchen aus der Technischen Dokumentation gerecht zu werden, kann ihre Zukunftsbedeutung im Hinblick auf die Relevanz in zukünftigen beruflichen Verwendungssituationen nachgewiesen werden. Darin eingeschlossen sind bildungsökonomische, bildungswirksame und juristische Betrachtungsweisen.

8.1.3 Interpretation der Exemplarischen Bedeutung

Mit der Grundfrage nach der Exemplarischen Bedeutung eröffnet Klafki die Lernzieldiskussion. Sie setzt sich zunächst mit einer tragfähigen Lernzielhierarchie auseinander. Wie zuvor sollen auch hier die alte und die neue Version in der Analyse berücksichtigt werden. Die Formulierungen der alten und der neuen Grundfrage lauten:

- Welchen allgemeinen Sachverhalt, welches allgemeine Problem erschließt der betreffende Inhalt?

- Welches sind die allgemeineren und spezielleren Lernziele, die anhand eines als möglichen Unterrichtsthema zu durchdenkenden Inhalts angestrebt werden können bzw. sollen?

Er versieht seine Grundfrage hier mit dem deutlichen Hinweis auf ihre eigentliche Intention und weist damit erneut auf die Reflexion hin, die für eine begründete Themen- und Lernzielbestimmung notwendig ist. Aus der Analyse der Grundfragen ergeben sich die unten aufgeführten fünf Inhaltselemente, aus denen sich die daran anschließende neutral-abstrakte Frage synthetisieren läßt:

1. Ein Unterrichtsgegenstand
2. Eine Lernzielhierarchie
3. Die implizite Einordnung des Unterrichtsgegenstandes in eine Lernzielhierarchie
4. Allgemeine respektive spezielle Lernziele einer übergeordneten Lernzielebene
5. Die Bewertung des Unterrichtsgegenstandes in Bezug auf eine Verallgemeinerung

- Welche allgemeinen respektive speziellen Lernziele einer übergeordneten Lernzielebene kann der Unterrichtsgegenstand erschließen?

Die erste Teilfrage erkundet sich nur nach dem Unterrichtsgegenstand, während sich die drei folgenden in unterschiedlicher Weise mit der Einordnung des Unterrichtsgegenstandes in übergeordnete Ebenen einer zu diskutierenden Lernzielhierarchie auseinandersetzen. Am potenziellen Thema müssen sich die allgemeineren Zusammenhänge, Beziehungen, Gesetzmäßigkeiten, Strukturen, Widersprüche und Handlungsmöglichkeiten erarbeiten lassen. Eine solche Sichtweise greift jedoch immer dann zu kurz, wenn sie z.B. die vorhandenen anthropologischen Bedingungen der Zielgruppe außer Acht lässt. Nicht jeder allgemeine Sachverhalt ist für jede Zielgruppe in gleicher Weise eröffnend und muss in der modifizierten Formulierung Berücksichtigung finden. Die letzte Teilfrage behandelt schließlich die Intention als Lernziel und fordert zu deren Bestimmung auf, wobei sie nur unter den zu berücksichtigenden Reflexionen behandelt werden kann.

Die modifizierte Fassung lautet

- Welches sind die Lernziele einer übergeordneten Lernzielebene, die die Technische Dokumentation für die Studierenden der Fachrichtung Maschinenbau erschließen?

Die Kommunikationsfähigkeit als Lehrgegenstand ingenieurwissenschaftlicher Lehre musste sich in den beiden vorherigen Abschnitten nur von der Individuallage und den situativen Bedingungen her begründen lassen. In der exemplarischen Bedeutung muss sie sich erstmals in eine übergeordnete Struktur einordnen, überprüfen und bewerten lassen.

In der Begründung der exemplarischen Bedeutung eines als vorgegeben anzusehenden Unterrichtsinhaltes ist implizit davon auszugehen, dass eine erste Auswahlstufe übersprungen wurde und die Begründung quasi im Nachhinein geschehen muss. Glöckel u.a. (1992, S. 29) schreiben in diesem Zusammenhang: „Viele Unterrichtsthemen sind *Teil einer umfassenderen Unterrichtsaufgabe* [Hervorhebung im Original] und erfahren ihre Rechtfertigung vorwiegend von daher".

Da sich aber die Grenzen herkömmlicher wissenschaftstheoretischer Disziplinen als auch die Abgrenzung herkömmlicher Einzelwissenschaften und deren Systematik vielfach als didaktisch unzulängliche Problemreduktionen erweisen, die für die Gestaltung von Lehre nicht verbindlich sein dürfen, muss der Standort des Lehrgegenstandes und des ihn transportierenden „Faches" im vertikalen Gefüge des zu

Grunde gelegten Bildungsgefüge berücksichtigt werden (vgl. Schmiel 1978). „Eine isolierte Behandlung dieses Faches ohne Berücksichtigung seines Eingebundenseins in dieses vertikale Gefüge würde der Situation des Faches nicht gerecht werden" (Schmiel 1978, S. 87).

Zur Lösung dieser Einbindeproblematik fügt sich erst seit den 50er Jahren wieder der Aspekt des Exemplarischen in die jahrhundertealten Überlegungen über die schwierige Frage der rechten Auswahl der zu lehrenden Sachverhalte ein. Abgesehen von einzelnen historischen Vorläufern (vgl. Michelsen 1987, S. 483ff.), galt das Problem der Stofffülle als unbedeutend. „In der Vergangenheit bereitete die Auswahl der Lehr- und Lerninhalte keine großen Schwierigkeiten" (Steindorf 1995, S. 85). In Anerkennung des „didaktischen Notstandes" (Steindorf 1995, S. 85), der auf Grund der Aussage, dass es mehr zu lehren gibt, als die Lernenden zu lernen bereit sind, ein bereits seit der Antike bekanntes Phänomen darstellt, sind quantitative und qualitative Lösungsversuche bekannt geworden.

Zu den quantitativen Ansätzen schreibt Steindorf (1995, S. 86): „Die quantitativen Ansätze ... haben sich nicht als sehr wirksam erwiesen", und Scheuerl ergänzt: „Durch bloße Abstriche, durch Subtraktion werden wir die Schwierigkeiten der Stofffülle im Schulunterricht nicht meistern. Unser Verhältnis zum Wissen überhaupt, unsere geistige Haltung muss sich verändern" (Scheuerl 1959, S. 76). Qualitative Lösungsversuche waren erfolgversprechender und sind unter den „Stichworten des Exemplarischen, aber auch des Elementaren und Fundamentalen" aufgetreten (Steindorf 1995, S. 86). Mit dem Ziel, „den Maßstab der Ergiebigkeit der Bildungsinhalte neu und präziser zu fassen, ... wurde der Durchdringung des Wesentlichen der Unterrichtsgegenstände der unbedingte Vorrang vor jeder Ausweitung des stofflichen Bereichs gegeben" und „das Problem einer *exemplarischen Erschließung* [Hervorhebung im Original] geistiger Gebiete aufgeworfen" (Steindorf 1995, S. 86).

Nach Steindorf (1995, S. 86) versteht sich das Exemplarische ausschließlich als ein Prinzip der Lehre und meint damit ein „objektives Verhältnis der Stellvertretung". „Das Exemplarische selbst ist als Relationsbegriff etwas Formales, das nicht an Gegenständliches gebunden ist, sondern für diese oder jene Beziehungsstiftung stehen kann". „Wagenschein hat mit dem ... exemplarischen Lehren und Lernen einen Weg gewiesen, der den Unterricht nicht nur vor einer Erdrückung durch den Lehrstoff zu bewahren sucht, sondern der zugleich eine erhöhte Bildungswirksamkeit verspricht" (Steindorf 1995, S. 88).

Bei der Bestimmung dessen, was als exemplarischer Bildungsgehalt angesehen werden kann, lassen sich nach Steindorf (1995, S. 86) einige Merkmale nennen: An dem Unterrichtsgegenstand sollen die Eigenart und die typische Arbeitsweise der übergeordneten Hierarchiestufe ersichtlich werden, um, „sofern das Wesen eines Unterrichtsgegenstandes und seine Aufbaugesetzlichkeit grundsätzlich eingesehen sind", diese Erkenntnis auf eine Vielzahl verwandter Sachverhalte transferieren zu können. „Vor allem soll der konkrete, real anwesende Bildungsinhalt potenziell als Vertreter für viele gleiche oder ähnliche Fälle stehen dürfen", (Steindorf 1995, S. 86). Klafki (1996, S. 153) führt fort: „... die Kriterien für die Bestimmung dessen, was im exemplarischen Lehren und Lernen erarbeitet werden soll ... können nicht 'aus den Wissenschaften abgeleitet' werden, so gewiß wissenschaftliche Erkenntnisse in ihre Bestimmung eingehen müssen". Und Jank/Meyer (1991, S. 146) ergänzen: „Die Bildungstheoretische Didaktik betont, dass lange nicht alles, was gelehrt werden kann, auch bildet. Vielmehr komme es darauf an, das Verhältnis zwischen dem Besonderen, das der Unterrichtsinhalt darstellt und dem Allgemeinen, für das er steht, genau zu bestimmen"

„In Frontstellung zu jedem Lehrverfahren, das lediglich Wissen sammeln und anhäufen will, wird hier entschieden gefordert, dass dem Schüler mit dem Mitgeteilten etwas bedeutet werden soll" (Steindorf 1995, S. 88). Tansley (1996, o.S.) verwendet „professional culture" zur Umschreibung dieser Bedeutung und warnt, „but identifying it is difficult". Wagemann (1998) übersetzt dagegen die Bedeutung mit „Botschaft", um all den üblicherweise benutzten, aber inhaltlich und formal besetzten Begriffen zu entgehen. Er bezieht sich dabei auf Hartmut von Hentig und schreibt: „Also ist nicht die ganze Disziplin zu lernen und mithin zu lehren, sondern etwas über sie, etwas in einer anderen Ebene als die einzelnen Kenntnisse. Ich habe hierfür das Wort 'Botschaft' hilfreich und verständlich gefunden ... diese Botschaft des Faches gilt es herauszufinden" (Wagemann 1998, S. 11).

Die Botschaft eines Faches muss aber bereits selbst im Dienste eines höheren Sinnes stehen, denn unter der Annahme von Bildung als zentraler Kategorie muss hier der Nachweis gelingen, dass Kommunikationsfähigkeit eine Exemplarische Bedeutung in einer der der zentralen Kategorie nachfolgenden Abstraktionsstufen – respektive Lernzielebenen zunehmender Konkretisierung, wie in Abbildung 28 (S. 204) dargestellt – hat, oder die Bedingungen geklärt werden, unter denen dies der Fall ist.

In dem hier vorliegenden bildungstheoretischen Ansatz geht es schließlich um die Begründung für einen aus anderen Gründen in den Fokus des Interesses gerückten Unterrichtsgegenstand, und nicht, wie üblich, um die begründete Ableitung von Inhalten aus einer grundsätzlichen Fach-Sicht heraus. Wenn nun die Exemplarische Bedeutung der Kommunikationsfähigkeit in den Ingenieurwissenschaften nachgewiesen werden soll, wird ein Dilemma deutlich, denn es muss zunächst zwischen den Polen des berufsbezogenen und des klassischen Paradigmas geklärt sein, für was es stellvertretend sein soll. Während auf der Seite der Bildungspolitik und der Hochschulgesetze ein Paradigma als Vorgabe genannt wird, das sich an der beruflichen Wirklichkeit orientiert, belegt die Analyse der SO/PO ein klassisch wissenschaftliches Paradigma als Zieldimension des Hochschulstudiums. Aus dieser Analyse wurde ersichtlich, dass sich das zu Grunde liegende Paradigma vornehmlich an dem allein arbeitenden Wissenschaftler orientiert und die in gleicher Weise verstandene Fachwissenschaft als Mittel zur Anbahnung von Bildung gilt. Die üblichen (ingenieur-) fachwissenschaftlichen Deduktionsansätze greifen hier aber, in Verbindung mit einem zumeist gleichzeitig transportierten verkürzten Technikbegriff, zu kurz. Erst ein erweitertes Verständnis von Technik und somit auch von den Ingenieurwissenschaften erlaubt eine Begründung der Exemplarischen Bedeutung der Kommunikationsfähigkeit innerhalb eines Maschinenbaustudiums, denn „je nachdem, wie das Bezugsfeld Technik gesehen wird, ergeben sich unterschiedliche Ausformungen technischer Bildung" (Bienhaus 1996, S. 46).

Bildung als Ziel ist aber in den einzelnen Abstraktionsstufen nicht diskutier- oder auslegbar, wenn sich alles darauf beziehen soll. Auch eine fachliche Bildung muss sich auf Bildung beziehen und wird dadurch exemplarisch. Soll das Maschinenbaustudium Vermittler exemplarischer Inhalte einer Allgemeinbildung sein, so kann es dies eben nur unter der Bedingung tun, dass die durch sie angebahnte Technische Bildung selbst wiederum exemplarisch und nicht substituell für Allgemeine Bildung ist (vgl. Abbildung 28, S. 204). Fachliche Bildung ist demnach der Bereich innerhalb einer Allgemeinbildung, der um einen Begriff herum entsteht. Dementsprechend ist eine Fachdidaktik auch die Wissenschaft von der Lehre dieses Bereiches, und es muss „die technische Bildung als Element der Allgemeinbildung in Anspruch genommen werden“ (Bienhaus 1996, S. 46).

Was aber „letztendlich als allgemeinbildend verbindlich gemacht wird, erwächst zwar aus dem Bemühen, aus der Vielzahl der möglichen Bildungsgüter jene auszuwählen und aufzubereiten, die für die Bewältigung und Beherrschung der gegenwärtigen und absehbar zukünftigen Welt von Bedeutung sind, jedoch enthalten solche Feststellungen immer auch subjektive Auswahlen und individuelle Setzungen, was sie somit als heuristische bildungstheoretische Konzepte charakterisiert“ (Bienhaus 1996, S. 46). Ein Resümee der Diskussion um die Allgemeinbildung in den 70er Jahren zog Klafki, „indem er grundsätzlich die Notwendigkeit der Allgemeinbildung als 'zentrierende Kategorie oder regulative Idee' der Bildung bekräftigte, aber zugleich die Forderung nach ihrer Aktualisierung und Erweiterung erhob“ (Bienhaus 1996, S. 45).

Damit umschrieb Klafki (1996, S. 153) die Aufgabe, „einen für unsere geschichtliche Situation gültigen, d.h. begründbaren, zustimmungsfähigen und nach vorn hin offenen Bildungsbegriff zu entwickeln“. Er soll sich formell in den ständig weiter zu entwickelnden Curricula unserer Bildungseinrichtungen und informell im handlungsleitenden Bewusstsein der Lehrer niederschlagen.

Zur impliziten Einordnung von Unterrichtsgegenständen in eine Lernzielhierarchie schlägt Klafki (1996, S. 275) ein neues Allgemeinbildungskonzept und eine Lernzielebenenstruktur vor. Durch die Verwendung von Strukturebenen vermeidet er weitgehend die immanente Gefahr deduktionistischer Vorgehensweisen, wie sie bei Baumstrukturen angewendet werden. Ohne Anspruch auf systematische Vollständigkeit unterscheidet er, ähnlich wie Holt (vgl. Abbildung 37, S. 243), die aus Abbildung 28 (S. 204) ersichtlichen fünf Ebenen.

Die Ebene des allgemeinsten oder einiger allgemeinster Lernziele bezeichnet er als die erste und oberste Ebene. Hier sieht er die Notwendigkeit der Dinge, die in der Erziehung und den Erziehungswissenschaften zu klären wären – die Beziehungen zwischen der Selbstbestimmung des einzelnen einerseits und andererseits der kritischen Aktivität in größeren Zusammenhängen. Zusammenfassend kann in der ersten Ebene – im Sinne einer zentralen Kategorie – von dem Ziel Bildung gesprochen werden.

Die zweite Ebene ist die, die sich durch eine Reihe von Qualifikationen oberhalb einer Konkretisierung in bestimmten Inhalts- und Fachbereichen bestimmen lässt. Sie umschließt u.a. Kritik-, Urteils- und Kommunikationsfähigkeit. Die bereichsspezifischen Konkretisierungen stellen die dritte Ebene dar. Sie kann auch als die der umfassenden Problembereiche bzw. deren Beziehungen untereinander verstanden werden. Klafki nennt hier die Beispiele Naturwissenschaft, Technik, Gesellschaft und Politik. Nach seiner Ansicht befinden sich in der vierten Strukturebene die Lernzielbestimmungen einzelner Fächer oder fächerübergreifender Beziehungen. Sie orientieren sich an den Zielsetzungen der darüber liegenden Problemebene. Erst unterhalb dieser vier Ebenen ordnet er die an fachlichen und speziellen Zielen orientierten Lernzielhierarchien – hier als Baumstruktur angedeutet – einzelner Fächer an.

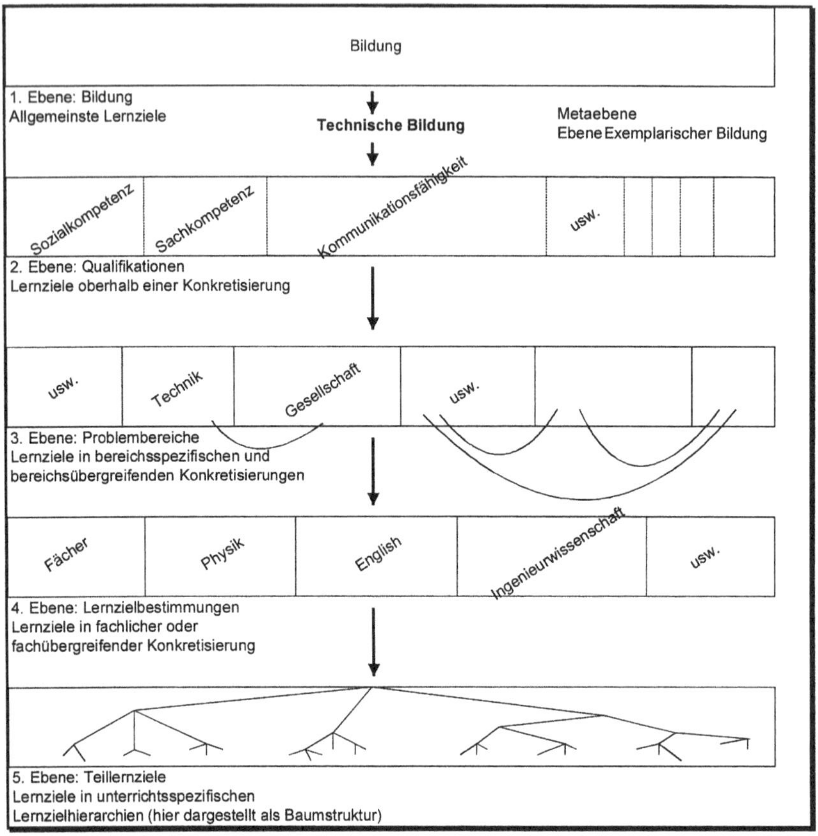

(Eigene Anfertigung)

Abbildung 28: Lernzielebenen in Anlehnung an Klafki

Als Orientierungsrahmen für die – nach seiner Meinung nötige – Weiterentwicklung respektive Reform des Bildungswesens formulierte Klafki sein neues Allgemeinbildungskonzept (1996, S. 53). Ein solches Konzept, so führt er aus, lässt sich jedoch „weder traditionalistisch noch in Orientierung an der Vorstellung einer 'human computerisierten Gesellschaft' noch in Anlehnung an irgendeine Wissenschaftssystematik begründen, sondern nur als ein umfassender, zugleich pädagogischer und politischer Entwurf im Hinblick auf Notwendigkeiten, Probleme, Gefahren und Möglichkeiten unserer Gegenwart und der voraussehbaren Zukunft". Er bezieht die praktischen Folgerungen seiner Konzeption nur auf den Bereich der Kinder- und Jugendschule, beansprucht aber die prinzipielle Gültigkeit seiner neun Grundbestimmungen für alle pädagogischen Handlungsfelder, die jeweils inhalts- und kommunikationsbezogene Komponenten enthalten.

pädagogischen Handlungsfelder, die jeweils inhalts- und kommunikationsbezogene Komponenten enthalten.

Über die Kommunikationsfähigkeit als Voraussetzung schreibt er u.a. in seiner zweiten Grundbestimmung, in der er die Bildung als Zusammenhang von drei Grundfertigkeiten schildert.[273] „Bildung muss m.E. heute als selbsttätig erarbeiteter und personal verantworteter Zusammenhang dreier Grundfertigkeiten verstanden werden" (Klafki 1996, S. 52ff.). Diese Grundfertigkeiten sind:

- Selbstbestimmung,
- Mitbestimmung und
- Solidarität.

In der dritten Grundbestimmung, in der er über die drei Bedeutungsmomente des Begriffs Allgemeinbildung schreibt, heißt es: „Allgemeinbildung muss, sofern das Grundrecht auf die 'freie Entfaltung der Persönlichkeit' gewährleistet werden soll, als *Bildung in allen Grunddimensionen menschlicher Interessen und Fähigkeiten* [Hervorhebungen im Original] verstanden werden" und schließt kognitive Möglichkeiten, zwischenmenschliche Beziehungen, Urteilsfähigkeit und politische wie ethische Entscheidungs- und Handlungsfähigkeit ein. In seiner fünften Bestimmung, in der er auf die Konzentration epochaltypischer Schlüsselprobleme eingeht, hebt er die Aneignung von Einstellungen und Fähigkeiten hervor. „Bei der Auseinandersetzung mit Schlüsselproblemen an exemplarischen Beispielen geht es nämlich nicht nur um die Erarbeitung jeweils problemspezifischer, struktureller Erkenntnisse, sondern auch um die Aneignung von Einstellungen und Fähigkeiten, deren Bedeutung über den Bereich des jeweiligen Schlüsselproblems hinausreicht. Ich hebe vier grundlegende Einstellungen und Fähigkeiten[274] heraus" (Klafki 1996, S. 63). In der achten und letzten Grundbestimmung seines neuen Allgemeinbildungskonzeptes betont er schließlich die Implikation der vorangegangenen sieben Bestimmungen: Das Konglomerat handfester, instrumenteller Kenntnisse, Fähigkeiten und Fertigkeiten, bei denen der Stellenwert richtig zu bestimmen ist.

Es bleibt zusammenzufassen: Der Studiengang Maschinenbau und die Fähigkeit zur Kommunikation sind Elemente Allgemeiner Bildung im Sinne kritisch-konstruktiver Didaktik, wenn sich beide an der zentralen Kategorie Bildung orientieren. Nach den Ergebnissen der Diskussion um die Exemplarische Bedeutung ist der Studiengang Maschinenbau dann im Sinne Technischer Bildung exemplarisch für Bildung und folglich exemplarisch für die erste Ebene (vgl. Abbildung 28, S. 204).

Wenn Maschinenbau selbst als exemplarisch, als Sinnstiftendes, die Lebenswirklichkeit als Ganzes abbildend im Gefüge der Lehr- und Lernbedingungen verstanden wird, dann kann Kommunikationsfähigkeit als eingebundenes, exemplarisches Element angesehen werden. Sie ist dann als Qualifikation oberhalb

---

[273] In der Auseinandersetzung mit der Exemplarischen Bedeutung wurden nur die Grundbestimmungen und deren Teile berücksichtigt, die einen direkten Bezug zur Thematik haben. So haben die erste und vierte Grundbestimmung einen mehr gesellschaftlichen Bezug, während sich die neunte mit Bewertungsfragen (Leistungsbegriff) auseinandersetzt.

[274] Diese vier grundlegenden Einstellungen und Fertigkeiten sind: Kritikbereitschaft und -fähigkeit, Argumentationsbereitschaft und -fähigkeit, Empathie und vernetztes Denken.

einer Konkretisierung der zweiten Ebene zuzuordnen. Klagen über kommunikative Defizite liegen folglich in etwa zwischen der zweiten und der dritten Ebene, also der Ebene umfassender Problembereiche, während die Regularien als „Erscheinungen" in der vierten Ebene, der Ebene der Lernzielebene einzelner Fächer bzw. deren Beziehungen untereinander, anzusiedeln sind.

Andererseits gelingt der Nachweis der Exemplarischen Bedeutung und der Bildsamkeit[275] des Studiengangs Maschinenbau erst, wenn es gelingt, neben vielen anderen die geeignete Berücksichtigung der Kommunikationsfähigkeit als integratives Element Allgemeiner Bildung im Studiengang Maschinenbau nachzuweisen. Kommunikationsfähigkeit ist dann als Komponente grundlegender Einstellungen, Fähigkeiten und Fertigkeiten des Studiengangs Maschinenbau anzusehen und steht damit in einer gewissen Differenz zu einer technizistisch fundierten Aufteilung fachlicher und operationaler Lernziele und einer daraus folgenden Auffassung als Teillernziel.

Nur unter diesen Voraussetzungen kann ein weiteres Merkmal aus der siebten Bestimmung des neuen Allgemeinbildungskonzeptes Klafkis realisiert werden: „... die Aufhebung der schematischen Trennung von Allgemeinbildung und Berufsbildung – damit wird ein auf irrigen Voraussetzungen beruhendes Element der Humboldt'schen Bildungsauffassung korrigiert zugunsten einer dialektischen Interpretation von allgemeiner und beruflicher Bildung, wie sie bei Pestalozzi und Goethe anklingt" (Klafki 1996, S. 74).

Rückblickend bleibt festzuhalten, dass der Nachweis einer Exemplarischer Bedeutung für die Technische Dokumentation von der didaktischen Position und der Thematischen Struktur abhängt. Erst unter Verwendung eines gegenüber den Ingenieurwissenschaften erweiterten Technikbegriffes kann das objektive Verhältnis der Stellvertretung deutlich gemacht werden.

8.2 Thematische Strukturanalyse und sachimmanente Lernerfolgskontrolle

Nachdem im ersten Antwortenkomplex mittels Diskussion der Gegenwarts-, der Zukunfts- und der Exemplarischen Bedeutung eine grundsätzliche Entscheidung für einen Unterrichtsgegenstand getroffen wurde, folgt in der von Klafki vorgeschlagenen Didaktischen Analyse die Diskussion der Sachstruktur und sachimmanenten Lernerfolgskontrolle. Die Ergebnisse werden bei der Begründung der Didaktischen Entscheidungen im dritten Antwortenkomplex berücksichtigt.

8.2.1 **Analyse der thematischen Struktur und ihrer Teillernziele**

Die Suche nach einer thematischen Struktur und den Teillernzielen erfordert eine Analyse des Lerngegenstandes und der Lernzielebenen. Darin sind thematische Beziehungen und die Positionen der Lerngegenstände innerhalb einer Lernzielhierarchie zu klären. Die zugehörige Grundfrage lautet:

- Welches ist die Struktur des (durch die Fragen des ersten Fragekomplexes in die spezifisch pädagogische Sicht gerückten) Inhaltes?

---

275 In der Bildungsökonomie wird statt bildsam auch bildungsbedeutsam verwendet.

Klafki formulierte in seinen neueren Ausführungen selbst sieben Teilfragen, die größtenteils bereits in der alten Fassung der Didaktischen Analyse enthalten waren. Mit der Anwendung der vorgegebenen Teilfragen erübrigt sich eine Analyse der Inhaltselemente. In der alten Fassung lauteten die Inhaltselemente und die daraus synthetisierte neutral-abstrakte Frage:

1. Ein Unterrichtsgegenstand
2. Eine Strukturierung des Unterrichtsgegenstandes
3. Bestimmte Vorgaben
4. Eine Strukturierung des Unterrichtsgegenstandes unter bestimmten Vorgaben

- Wie ist die Struktur des Unterrichtsgegenstand unter bestimmten Vorgaben?

Die Frage: Welches ist die Struktur des Inhaltes, kann in ihrem Kern erhalten bleiben, fordert aber eine Analyse des Unterrichtsgegenstandes, eine Sachanalyse, um dessen Struktur darstellen zu können. Diese Sachanalyse darf aber nicht im Sinne einer ersten Phase zur Vorbereitung einer Veranstaltung verstanden und durchgeführt werden. „Der Begriff der Sachanalyse trifft ... noch nicht das Wesentliche, ja er beschwört die Gefahr herauf, dass man darunter eine vorpädagogisch-fachwissenschaftliche Analyse versteht, diese direkt zur Grundlage des Unterrichts macht und damit die spezifisch pädagogische Aufgabe aus dem Blick verliert“ (Klafki 1963, S. 129). Vielmehr muss das Bild dessen, „was dabei herauskommen soll“ (Jank/Meyer 1991, S. 154), der unsinnigen reinen vorpädagogischen Sachanalyse Platz machen. Aber „Die Ablehnung einer ‘reinen’ Sachanalyse bedeutet nicht, dass Klafki gegen eine gründliche Sachkenntnis wäre“ (Jank/Meyer 1991, S. 155)!

Die erste von Klafki vorgegebene Teilfrage behandelt die Sichtweise, unter der der Unterrichtsgegenstand bearbeitet werden soll und impliziert, dass der betreffende Inhalt nicht zu einem Lernselbstzweck gemacht wird, indem über das zu Lernende oder von dem zu Lernenden gesprochen wird. Vielmehr ist zu lernen, was durch das zu Lernende sinnvoll wird. Dabei ist hinsichtlich der Bewältigung des zu Lernenden zwischen Lernen und Einüben zu unterscheiden. Wie aber ist zu beurteilen, was zu lernen notwendig ist? Auch hier taucht – wie im ersten Fragenkomplex – die Frage nach der Sicht auf, aus der dieses zu bewerten ist. Die in der Klammer der älteren Fassung enthaltene Vorgabe („... spezifisch pädagogische Sicht“) kann jedoch so nicht beibehalten bleiben. Sie muss sich einerseits an einer Diskussion hinsichtlich des Begriffes Pädagogik orientieren, andererseits an die ebenfalls in der Grundfrage enthaltene Vorgabe („durch den ersten Fragenkomplex ... gerückten“) halten.

Die Frage nach der immanent methodischen Struktur der Thematik kann z.B. auf die Genese des Unterrichtsgegenstandes zielen, um von hier einen methodischen Zugang in das Thema inhaltlich zu begründen. Die vierte Teilfrage erinnert an die Berücksichtigung der inneren Zusammenhänge wie z.B. Kausalitäten innerhalb der ermittelten Struktur, während die fünfte Teilfrage nach der Schichtung der Struktur, also der Existenz einer weiteren Dimension fragt. Die vorgegebenen Teilfragen drei und sechs hinterfragen die konstituierenden Momente der Umgebungsbedingungen und/oder -systeme sowie den größeren Zusammenhang, in dem sich die Thematik befindet, um auf deren unterrichtliche Berücksichtigung zu verweisen. Mit der siebten und letzten Frage wird schließlich auf die notwendigen oder zu erwerbenden Voraussetzungen der Schüler hingewiesen, um das Thema bewältigen zu können.

Die modifizierte Fassung lautet:

- Welches sind die inneren Strukturen und die unterrichtlich konstituierenden Momente der Umgebungsbedingungen der durch die Antworten auf den ersten Fragenkomplex in die Sicht gerückten Technischen Dokumentation?

Binstadt (1990, S. 80) sieht in der Frage nach dieser Sachstruktur eine der nachgeschalteten Fragen innerhalb der Didaktischen Analyse. Er geht davon aus, dass sie die drei vorrangigen Fragen nach der Exemplarität, der Zukunfts- und der Gegenwartsbedeutung nur ergänzen. Krawitz/Kurz (1997, S. 102) sprechen dagegen von einer „Erscheinung (Phänomen) in der subjektiven Sicht des jeweiligen Erkenntnissubjektes" und wollen den Unterrichtsgegenstand durch die selbsttätige Auseinandersetzung der Schüler erschlossen wissen. Während die letzte Äußerung zusätzlich einen impliziten Hinweis auf die nach der Methodischen Struktur beinhaltet, dient die Analyse der Sachstruktur dem Erwerb einer notwendigen Sachkenntnis. Durch diese kann die innere Struktur des zu lehrenden Gegenstandes ermittelt und der Gegenstand in größere Sinn- und Sachzusammenhänge eingeordnet werden. Die Strukturkenntnis selbst kann späteren didaktischen Maßnahmen, wie z.B. einer didaktischen Reduktion oder einer evtl. notwendigen Sachanalyse, dienlich sein oder sie vorbereiten, sie kann sie aber keineswegs ersetzen.

Entsprechend sind die von Klafki gestellten sieben Teilfragen zur Thematischen Struktur und den Teillernzielen nacheinander oder thematisch en bloc zu diskutieren. Es ist die Sichtweise, unter der das Thema behandelt werden soll ebenso zu behandeln, wie die konstituierenden Momente. Aber auch die immanent methodische und die innere Struktur des Unterrichtsgegenstandes ist zu berücksichtigen. Schließlich gilt es die Schichtung des zu erwerbenden Repertoires der Lernenden hinsichtlich Breite und Tiefe zu bestimmen, um die durch die Technische Dokumentation hervorgerufenen Anforderungen bewältigen zu können.

Um dies zu erreichen, befasst sich ein erster grundlegender Abschnitt mit der Theorie zur Auswahl von Lerninhalten und Lernzielen sowie mit den Begriffen Schlüsselqualifikationen, Fertigkeiten, Fähigkeiten, Kompetenzen usw., um die Ergebnisse aus der nachfolgenden Sachanalyse besser deuten zu können. Im zweiten Abschnitt werden folglich die Ergebnisse einer sprachlichen Inhaltsanalyse dargestellt, die an zwei der wichtigsten Regularien[276] durchgeführt wurde. 1079 Lernziele ließen sich in Form von unabdingbar zu erfüllenden Imperativen aus dem Text heraus identifizieren.

Dabei können sich die einzelnen zu vermittelnden Teillernziele einer rein deduktiven Sachanalyse – dargestellt durch die Baumstruktur – von den Teillernzielen erheblich unterscheiden, die nach einer deduktiven Sachanalyse und einer thematischen Zusammenfassung als merkmalscharakterisierende Lernziele gewonnen wurden. Es findet also – wie in Abbildung 29 (S. 209) gezeigt – nur eine Quasi-Deduktion statt, da nach der rein inhaltlichen Ableitung zur Gewinnung von Teillernzielen eine induktive Transformation auf die Qualifikationsebene stattfindet, von wo aus vermittlungsgeeignete Teillernziele extrahiert werden.

Entsprechend findet im lehrvorbereitenden und dem nachfolgenden Lernprozess ein steter Wechsel zwischen Deduktion und Induktion statt. Kommunikation, Verantwortung

276 Es sind die DIN EN ISO 9000 und die EG-Maschinenrichtlinie.

hierarchischen Zuordnung und führen in der Ganzheit des Lernprozesses, ohne im mathematischen Sinne additiv verstanden zu werden, zu einer Handlungskompetenz des lernenden Subjektes.

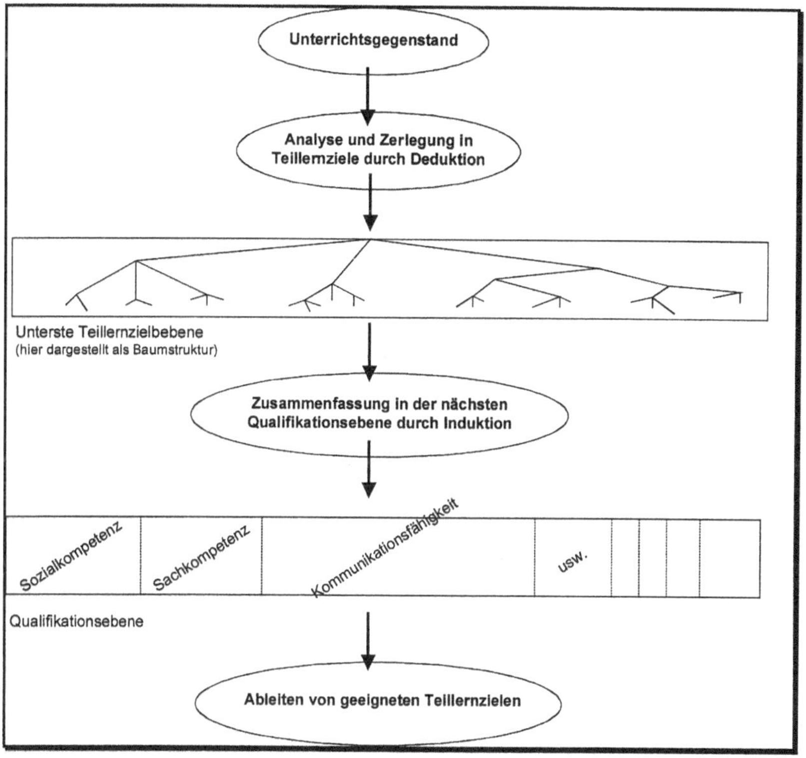

(Eigene Anfertigung)

Abbildung 29: Gewinnung vermittlungsgeeigneter Teillernziele

Die erste Teilfrage setzt sich mit der Sichtweise bzw. Perspektive auseinander, unter welcher das Thema behandelt werden soll. Meyer beschreibt in seiner Kritik der Abbilddidaktik[277] die Rolle der fachwissenschaftlichen Vorbereitung: „Der Dreischritt Sachanalyse/didaktische Analyse/methodische Analyse [Hervorhebungen im Original] erscheint dermaßen plausibel und selbstverständlich zu sein, dass viele Ausbilder oder Fachwissenschaftler überhaupt nicht auf die Idee kommen, die Implikationen dieses Dreischrittes zu durchdenken. Eine solche Abbild-Didaktik arbeitet mit einer einzigen problematischen Hypothese: Sie geht davon aus, dass die Fachwissenschaft die wichtigste Instanz für die Festlegung von Lernzielen und Lerninhalten sei. Zugleich

277 Abbild-Didaktiken gehen davon aus, „dass schulischer Unterricht für eine möglichst originalgetreue 'Abbildung' der in den Fachwissenschaften erarbeiteten Grundstrukturen Sorge zu tragen habe" (vgl. Meyer 1987b, S. 73).

wichtigste Instanz für die Festlegung von Lernzielen und Lerninhalten sei. Zugleich wird festgestellt, dass der Fachwissenschaftler (bzw. der Experte im weiteren Sinne) der beste Mann sei, um die Ziel- und Inhaltsentscheidungen zu treffen. Dieser Hypothese muss ich entschieden widersprechen“ (Meyer 1993, S. 256).

Steindorf bemerkt dazu, dass sich die Kriterien der Selektion weder aus den Fachwissenschaften herleiten, noch in der Tradition finden lassen. „Sie können allein im didaktischen Denken eruiert werden, das an der pädagogischen Bestimmung des Menschen auf der Höhe seiner Zeit orientiert ist und eine bestimmte Zielperspektive (>Bildung<, >Lebensbewältigung< [Hervorhebungen im Original], o. dgl.) zum Richtpunkt hat“ (Steindorf 1995, S. 80). Er ergänzt: „Man wird sich dabei wohl von der Vorstellung einer für alle Menschen notwendigen allgemeinen bzw. grundlegenden Bildung leiten lassen“ (Steindorf 1995, S. 80). In ähnlicher Weise argumentieren Glöckel u.a.[278] (1992, S. 29ff.) und nennen zur bildungstheoretischen Begründung folgenden Zielsetzungen:

- Die Beiträge in lebenspraktischer Hinsicht.
- Die Bedeutung im längerfristigen Lernprozess.
- Die Beiträge zur Werterziehung und Bildung von Haltungen.

Auch aus Klafkischer Sicht sind die Kriterien nur von den Zielsetzungen des Unterrichts her und nicht durch pädagogische Zielsetzungen als dogmatische Setzungen oder bloße Übernahmen aus ungeprüften Traditionen begründbar. Sie müssen vielmehr „im Interesse der gegenwärtigen und zukünftigen Lebens- und Entwicklungsmöglichkeiten der Aufwachsenden – pädagogisch gerechtfertigt, in zunehmendem Maße mit ihnen zusammen bestimmt und für Kritik und Veränderungen offengehalten werden“ (Klafki 1996, S. 117). Auch angesichts einer „abkürzend und vereinfachend häufig als ‘verwissenschaftlicht’ bezeichneten Welt, können ‘die’ Wissenschaften nicht von sich aus den Horizont humaner und demokratischer Bildung bestimmen“ (Klafki 1996, S. 122). Sie müssen sich vielmehr immer zwischen der Orientierung der Lernenden und einer Sicht der Lehrenden über die gegenwärtigen und vermutlich zukünftigen individuellen und gesellschaftlichen Lebensprobleme, „die letztendlich immer Handlungsprobleme sind“ (Klafki 1996, S. 122), auf ihre Problemlösungsmöglichkeiten und Grenzen hin befragen lassen. In diesem Sinne steht der Nachweis der juristischen Verpflichtungen zur Anwendung bestimmter Verfahren in der Technischen Dokumentation der von ihm als obersten und unabhängigen Bewertungsinstanz geforderten „spezifisch pädagogischen Sicht“ nicht entgegen, sondern vielmehr mit ihr in einem gegenseitig intentional verstärkenden Zusammenhang.

Die genannten Verpflichtungen sind Teil der fortschreitenden Harmonisierung Europas und Anforderungen des Marktes, die als eine nationale Anpassung an die europäische Rechtsentwicklung zunehmend neue Normen, Richtlinien und Gesetze hervorbringen und die nicht-technischen Bedingungen für Produzenten technischer Güter verändern. Sie verändern nicht nur die berufliche Praxis von Ingenieuren, den beruflichen

---

278 Glöckel u.a. sehen sich selbst in der Tradition des eklektischen Handels: Sie wollten nichts völlig neues schaffen, sondern aus den bereits vorliegenden Theorien das Passende aussuchen und darauf aufbauen. Ihr daraus entstandenes „Nürnberger Modell“ hat sich viele Jahre in beiden Ausbildungsphasen von Lehrern bewährt und wurde auch überregional anerkannt (vgl. Glöckel u.a. 1992, S. 12).

Qualifikationsbedarf und die Anforderungen an die Technische Dokumentation, sondern sind zudem noch untereinander in vielfacher Weise verknüpft. In der Konsequenz gehören sie zu den durch die – von Klafki vorgegebenen – Teilfragen drei und fünf erfragten Momente der Umgebungsbedingungen und/oder Systeme inklusive deren perspektivischen Zusammenhänge, die die Thematik konstituieren sollen.

Die mit der zweiten und vierten Teilfrage gesuchte perspektivische Strukturierung des Unterrichtsgegenstandes soll einerseits die inneren, z.B. logischen, kausalen Zusammenhänge der Thematik, und andererseits die immanent methodische Struktur darstellen. Letztere liefert einen impliziten Hinweis auf die siebte und letzte Grundfrage der Didaktischen Analyse, nämlich der nach der Methodischen Struktur. Es ist also spätestens dort zu hinterfragen, ob er für die perspektivisch gefasste, mit Absicht nicht wertfreie Thematik einen strukturimmanenten Hinweis auf eine vorteilhafte Vermittlungsmethode besitzt.

Die inneren logischen wie kausalen Zusammenhänge wurden im Kapitel „Determinanten und Interdependenzen durch die Technische Dokumentation“ (S. 155) ausführlich dargestellt. In der Thematischen Struktur der Technischen Dokumentation lassen sich von vornherein drei struktur-formale Lernzielebenen ausmachen. Deren Merkmale werden durch

- die Verbindungen der Regularien untereinander,
- die Struktur der jeweiligen Regularien selbst und
- die ihr untergeordneten Teillernziele beschrieben.

Erst ihre Ergänzung und eine quer dazu angelegte Differenzierung der Technischen Dokumentation in eine interne und eine externe Technische Dokumentation[279], wie sie bei Hahn (1996, S. 172ff.) oder Kuhlmann (1996 Abschnitt 5.2.2, S. 1) zu finden ist, sind nötig, um die in der fünften Teilfrage aufgeworfene Suche nach der Schichtung oder einer weiteren Dimension beantworten zu können.[280]

Das Problem, eine geeignete Lernzieleinteilung zu finden oder zu konstruieren, wurde implizit bereits in der Diskussion um die Exemplarische Bedeutung angesprochen. Klafki geht darauf in seinen Ausführungen zur dritten Grundfrage ein und warnt erneut davor, eine solche Lernzieleinteilung als Grundlage eines deduktiven Verfahrens zu verwenden. „Real kann es sich nie um ein System handeln, das irgendwann einmal endgültig abgeschlossen sein und dann unverändert benutzt werden kann; es muss in jedem Falle als geschichtlich wandelbar betrachtet werden“ (Klafki 1996, S. 277f.).

Dabei sind innerhalb der allgemeinen Didaktik und der Fachdidaktik technischer Lehre neben der klassischen Lernzielhierarchisierung deduktiver Verfahren viele andere Lernzieleinteilungen bekannt. Eines der bekanntesten Instrumente zur Hierarchisierung

279 Er versteht unter der internen Technischen Dokumentation die Unterlagen, die über alle Phasen von der Entwicklung bis zur Herstellung einer Maschine Auskunft geben; unter der externen alle Instruktionen, die das Produkt zum Zweck der sicheren Handhabung und Bedienung begleiten.

280 Eine weitere Einteilung in betrieblich integrierte und betrieblich separierte Technische Kommunikation findet sich bei Kerst (1996, S. 27). Sie ist aber eher eine organisatorische Einteilung und deshalb weniger zur inhaltlichen Gliederung in der Analyse der Sachstruktur geeignet.

von Lernzielen ist die Lernzieltaxonomie[281], zu der Guilford eine faktorengestütze Taxonomie für psychomotorische Lernziele (vgl. Memmert 1991, S. 29) sowie Bloom und Mitarbeiter eine Abstufung für kognitive und affektive Lernziele erstellten (vgl. Memmert 1991, S. 25). Die Lernzieltaxonomie ist meistens einer Lernziel-operationalisierung[282] – d.h. einer formalen Umformung ungenauer zu genaueren Lernzielangaben – und Lernzieldimensionierung[283] nachgeschaltet. Sie ordnet die Lernziele nach ihrem Schwierigkeits- und Komplexitätsgrad in eine übersichtliche Struktur und setzt die jeweilige Stufe vollständig zum Erreichen der nächsten Stufe voraus. Da es sich bei der Lernzieltaxonomie nur um ein Instrument zur analytischen Unterscheidung handelt, kann sie eine wertvolle Hilfe bei der Analyse, aber nicht bei der Planung von Unterricht sein.

Die Einteilung nach dem Abstraktionsniveau nutzt den Grad der Konkretheit, der Genauigkeit und Eindeutigkeit des bezeichneten Endverhaltens als Einteilungskriterium. Als oberstes Ziel ist hier das Leitziel bekannt geworden, dem die Richt-, Grob- und Feinziele folgen. Nach Steindorf (1995, S. 110) nennt Möller sehr allgemein gehaltene Zielvorstellungen, wie sie in den Präambeln von Lehrplänen zu finden sind Richtziele; die konkreter formulierten Bildungsaufgaben Grobziele und die detailliert beschriebenen Ziele Feinziele. Auch die in den SO/PO formulierten Ziele können nach Charakter und Intention den Richtzielen zugeordnet werden.

Bei der Unterscheidung nach allgemeinen und fachbezogenen respektive nach fachübergreifenden und fachlichen Lernzielen wird den allgemeinen Lernzielen eine gesellschaftspolitische und pädagogische Begründung zugeordnet. Ihnen lassen sich laut Steindorf (1995, S. 111) eine richtungweisende, eine organisierende oder einheitsstiftende und eine kritische Funktion zuschreiben. Die fachlichen Lernziele sind inhaltsbezogen und leiten sich von einer im engeren Sinne verstandenen Wissenschaft ab.

Eine weitere Einteilung der Lernziele nutzt eine analytische Unterscheidung, bei der die aus der behavioristischen Lerntheorie übernommene Dreiteilung am bekanntesten ist. Sie unterscheidet die Lernzieldimensionen oder -bereiche der kognitiven, der affektiven und psychomotorischen Lernziele. Meyer (1993) warnt davor, in diesem Zusammenhang Begriffsbildungen wie instrumentale oder soziale Lernziele zu verwenden. Nach seiner Ansicht handelt es sich dabei immer um Vermischungen der drei ursprünglich konstruierten Lernzielbereiche, mit denen „alle denkmöglichen Lernziele" (Meyer 1993, S. 143) abgedeckt seien.

Weitere Ansätze zur Strukturierung von Lernzielen benutzen den Begriff der Qualifikation oder der Schlüsselqualifikation. Der ursprünglich auf Mertens zurückzuführende und für die fundamentale Neuordnung der beruflichen Bildung gedachte Begriff der Schlüsselqualifikation wurde spätestens seit 1974 fasslich intensiv diskutiert und weiterentwickelt. „Alle Kataloge von Schlüsselqualifikationen listen letztendlich ein Sammelsurium von wünschenswerten Kenntnissen, Fertigkeiten, Verhaltensweisen und Tugenden auf" (Beck 1993, S. 5). Je nach fachlichem Interesse

---

281 Bezeichnung für eine hierarchische Ordnung der Lernziele nach ihrem Schwierigkeitsgrad.

282 Festlegung von neuen Verhaltensdispositionen, an denen sich der gewünschte Lernerfolg äußern soll.

283 Ordnung von Lernzielen nach formalen Kriterien.

werden zwei (Neef/Pelz 1997b), drei (Kohlstock 1997, Müller 1979), vier (Mertens 1974, Beck 1993, Schmidt 1997) oder mehr Unterscheidungen der Schlüsselqualifikationen oder Qualifikationen getroffen, die alle die gesamte Breite der möglichen Qualifikationen abdecken sollen.

Beispielsweise unterscheiden Neef/Pelz (1997b, S. 10f.) nach einem einfachen Qualifikationsbegriff in fachliche und operationale Qualifikationen, Müller (1979) in fachimmanente, funktionalistische und emanzipatorische Qualifikationen, Schmidt (1997) nach methodischer, fachlicher, personaler und kommunikativer Kompetenz, Mertens (1974) nach Basisqualifikationen, Horizontalqualifikationen, Breitenelemente und Vintagefaktoren[284]. Andere unterscheiden schließlich in Teamfähigkeit, Selbstreflexion, Organisationskompetenz sowie Projekt- und Produktbezogenheit, Problemlösefähigkeit und technischer Kreativität, Lern- und Denkfähigkeit, Begründungs- und Bewertungsfähigkeit, Kooperations- und Kommunikationsfähigkeit, Verantwortungsfähigkeit sowie Selbstständigkeit und Leistungsfähigkeit. Und wieder andere unterscheiden Qualifikationen zusätzlich nach einer geringen und mittleren Reichweite und bezeichnen schließlich die Qualifikationen hoher Reichweite als Schlüsselqualifikationen oder interpretieren sie als Grundbefähigungen (vgl. Kath 2000, o.S.).

Zur analytischen Auswertung der in den ausgesuchten Regularien gefundenen Teillernziele konnte jedoch keines der vorgenannten Instrumente zur Differenzierung von Lernzielen Anwendung finden, da sie sich für den Fall einer nachträglichen Zuordnung bereits vorhandener Lernziele nicht als anwendbar erwiesen. Die von Klafki vorgeschlagene Struktur (vgl. Abbildung 28, S. 204) zeigte sich dafür eher geeignet, denn sie verwendet grundsätzlich Felder, um den immanenten Problemen der Lernzieleinteilung möglichst lange zu entgehen. Erst in der fünften Ebene lassen sich Lernziele nach Einteilungskriterien wie dem Abstraktionsniveau oder dem Grad der Fachbezogenheit einordnen und dann gemäß Abbildung 29, (S. 209) in vermittlungsgeeignete Lernziele transformieren.

Zur Ermittlung von Lernzielen der fünften Ebene wurden für die Technische Dokumentation die zwei wichtigsten normativen Regularien, die DIN EN ISO 9000 und die Maschinenrichtlinie, in einem ersten Schritt auf direkte und indirekte Imperative untersucht. Bei Texten mit eher weniger vorschreibendem Charakter wie dem BGB wäre dagegen der „Geist oder die Absicht ihrer Väter" zu berücksichtigen. Mit dieser Vorgehensweise lässt sich jedoch zumindest bei Handlungsvorschriften ein Mindestmaß an zu Lernendem identifizieren, das sich in eine fachsystematische Struktur wie z.B. eine Baumstruktur überführen lässt, aber von hier aus nicht in übergeordneten Lernzielen zusammenfassend deduzierbar ist.

In Hinblick auf die gesuchte Thematische Struktur und die Teillernziele kann eine solche rein deduzierende Vorgehensweise dem „Geist" der erstellten Regularien nicht gerecht werden und wird erst durch eine Zuordnung in größere, thematisch zusammengehörige Cluster erkennbar. Entsprechend wurden die gefundenen Imperative in einem zweiten – in Abbildung 29 (S. 209) beschriebenen – Verfahrensschritt in thematische Cluster

284 Nach Huber (1998, S. 6) am besten übersetzt mit: „Anknüpfungsfähigkeit dort, wo Differenzen zwischen Generationen, Kulturen, Wissensbeständen und -formen überbrückt werden müssen."

zusammengefasst. Diese thematisch ordnende Zusammenfassung ergab im Wesentlichen drei große und eine Vielzahl kleinerer Cluster. Letztere werden aber wegen ihrer geringen Größe im Weiteren keine Beachtung mehr finden. Die drei großen Cluster transportieren die Lernzielabsichten der Schlüsselqualifikationen Kommunikations-, Verantwortungs- und Fachkompetenz in der Technischen Dokumentation.

Die Fachkompetenz und die Verantwortungsfähigkeit finden aus ökonomischen Gründen keine vertiefte Beachtung mehr. Eine erste Betrachtung der Anforderungen innerhalb der Kommunikationsfähigkeit zeigt dagegen, dass eine genaue Differenzierung von Kommunikationsfähigkeit notwendig ist, die aber auf jeden Fall über die – entsprechend des vorherrschenden Ingenieur-Paradigmas – in den SO/PO formulierten üblichen Anforderungen an eine fachliche Kommunikationsfähigkeit hinausgehen.

Abschließend kann festgehalten werden, dass sich die thematische Struktur aus den Intentionen und immanenten Beziehungen der juristischen Vorgaben herleiten läßt. Aus ihnen können auch die Lernziele abgeleitet werden, die nach einer Gruppierung und Einordnung in eine Lernzielhierarchie zu den gesuchten Teillernzielen führen. Diese transportieren schließlich die übergeordnete Kommunikations-, Verantwortungs- und Fachkompetenz.

Die weitere Bearbeitung der Lernziele steht jedoch eng im Zusammenhang mit der Behandlung der sachimmanenten Lernerfolgskontrolle, der Zugänglich- und Darstellbarkeit sowie mit der Synthese bedingungsgerechter Interaktionsformen.

8.2.2 Analyse und Bestimmung einer sachimmanenten Lernerfolgskontrolle

Die fünfte Grundfrage der Didaktischen Analyse ist die Frage nach der sachimmanenten Lernerfolgskontrolle eines planmäßig durchgeführten Aneignungs- und Auseinandersetzungsprozesses. Sie gehört mit zu den Elementen, die Klafki in seinem Bestreben, seine Didaktik stets auszubauen, nach einem kritischen Verfahren integriert hat. Sie lautet:

- Wie, an welchen erworbenen Fähigkeiten, welchen Erkenntnissen, welchen Handlungsformen, welchen „Leistungen" im weiteren Sinne das Wortes soll sich zeigen und soll beurteilt werden, ob die angestrebten Lernprozesse bzw. Zwischenschritte als erfolgreich gelten können?

Die Frage stellt prinzipiell nichts didaktisch Neues dar und könnte als Auslegung einer schon vorhandenen Intention gesehen werden. Sie erscheint aber in seinem neueren Perspektivenschema und findet hier angemessene Berücksichtigung. In ihr lassen sich drei Inhaltselemente analysieren, aus denen sich eine neutral-abstrakte Frage synthetisieren lässt:

1. Eine Evaluation
2. Ein Indikatorensystem
3. Ein Maßstab

- Mit welchen messbaren Indikatoren sind Prozess-Erfolge evaluierbar?

Das erste Inhaltselement indiziert die Teilfrage nach einer Evaluation. Sie ist zwangsläufig eng mit der zweiten und dritten Teilfrage verknüpft, die durch das zweite und dritte Inhaltselement, dem Indikatorensystem und dem Maßstab, aufgebracht werden. Erst in der Kombination der drei Teilfragen wird der Erfolg mess- und nachweisbar. Entsprechend ergibt sich für die Modifikation der Teilfragen nur die Notwendigkeit, den zu messenden Prozesserfolg zu ergänzen.

Die modifizierte Fassung lautet:

- Mit welchen messbaren Indikatoren soll der Erwerbsfortschritt der Qualifikationen zum Zwecke der Technischen Dokumentation nachgewiesen werden?

Die bei der Beantwortung angestrebte Auseinandersetzung mit den möglichen Indikatoren, denkbaren Maßstäben und Formen der Evaluation verschiedenster Ergebnisse von beabsichtigten Lernprozessen, führt die Diskussion unweigerlich zu einer Reihe von prüfungstheoretischen Fragestellungen. Dabei sind die Formen und Funktionen der Erweis- und Überprüfbarkeit in unterschiedlichem Maße zu berücksichtigen.

Sind Prüfungen als solche in der Regel in dem jeweils vorgesehenen Rahmen u.a. hinsichtlich ihrer Initiations-, Selektions- und Didaktischen Funktion zu konzipieren, kann sich die Erweis- und Überprüfbarkeit entsprechend ihrer Fragestellung innerhalb der Didaktischen Analyse im Wesentlichen auf die Diskussion der Eignung und Interdependenz von Lehr- und Prüfungsformen konzentrieren. Trotzdem sind auch die hier nachfolgend vorgeschlagenen Nachweisformen der Wirksamkeit von Lehr-Lernprozessen auf den jeweils gültigen prüfungsrechtlichen Rahmen auszurichten.

Konnte Klafki bei der Formulierung seiner Frage nach der Erweis- und Überprüfbarkeit von der allgemeinen Kenntnis der prüfungsrelevanten Regelungen des Schulrechts ausgehen, so müssen die denkbaren Antworten im Rahmen der Adaption auf die Hochschule auf die hier angelegte Gesetzeslage abgestimmt werden. Der anerkannte Spielraum ist begrenzt: Prüfungen finden „unter bestimmten historisch-gesellschaftlichen Rahmenbedingungen statt, aus denen ein Komplex von rechtlich-normativen Rahmenregelungen resultiert“ (Prahl 1995, S. 440). Für Hochschulprüfungen nennt Prahl nicht nur die einschlägigen Bestimmungen der Hochschulgesetze und des Hochschulrahmengesetzes, sondern auch Gerichtsurteile, das Beamten- und Disziplinarrecht, Empfehlungen und Musterordnungen sowie interministerielle Vereinbarungen.

Dennoch stehen die Prüfungssysteme nach Ansicht Prahls (1995, S. 441) „in enger Wechselbeziehung zu den Studiensystemen, in denen sich die Besonderheiten der Lehre und des Lernens, die Berufsbilder und disziplinären Eigenarten in formalen (SO, Studienpläne) und nicht formalen (Anforderungen des jeweiligen Faches, Arbeitsmöglichkeiten, Lehrangebot, Personalstruktur) Regelungen niederschlagen“. Abbildung 30 (S. 216) soll diese Wechselbeziehungen visualisieren. Prahl geht sogar soweit und bezeichnet ein gewolltes Studienverhalten, in dem Probleme, Methoden und Leistungssituationen zur Behandlung kommen, „die sich nicht den festgelegten Anforderungen und Leistungssituationen der Prüfungsbestimmungen einfügen[285]“, als „de facto irrelevant“ (Prahl 1995, S. 441).

Wenn in der fünften Grundfrage aber auch nach der Erweis- respektive der Überprüfbarkeit eines erfolgreich vollzogenen Aneignungs- und Auseinandersetzungsprozesses gefragt wird, intendiert bereits die Frage eine didaktische Sicht, die neben den angestrebten Lernzielen die Implikationen des Aneignungsprozesses berücksichtigt.

---

285 Vgl. dazu auch die Diskussion über die Kongruenz von Studien- und Prüfungsordnungen in dieser Arbeit (S. 128).

Sie kann als Hinweis verstanden werden, über die allgemein üblichen tradierten, finalen, produktbezogenen Bewertungsverfahren hinaus zu gehen, um sich verstärkt der Frage nach dem Implikationszusammenhang des Bewertungs-Zeitpunktes zu widmen. Unter Beachtung der durch die in den ersten drei Grundfragen begründeten Thematik Technische Dokumentation und in den im vorhergehenden Kapitel identifizierten Lern- oder Vermittlungszielen ist dann nach den sinnstiftenden Zusammenhängen zu fragen, die sich in strukturbildenden Bildungs- und Lernprozessen erschließen lassen.

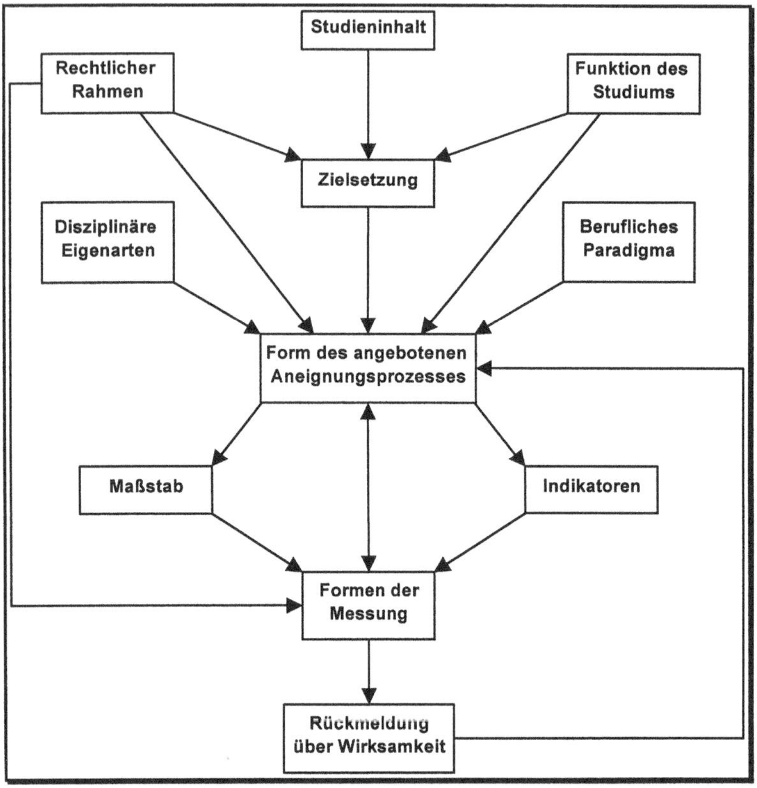

(Eigene Anfertigung)

Abbildung 30: Wechselbeziehungen der Studien- und Prüfsysteme

In der Konsequenz ist, unter dem Verweis auf die siebte Grundfrage, der Grundfrage nach der methodischen Struktur, nach Lehr- und Lernformen zu suchen. Sie sollen in dem gegebenen Bedingungsrahmen realisierbar sein und zugleich solche Aneignungssituationen ermöglichen, in denen die zu lehrenden Inhalte lernbar, die zu vermittelnden Qualifikationen erwerbbar und die Erfolge nachweisbar sind.

Wenn also die Vermittlungsform der Vermittlungsfunktion zu folgen hat und die Überprüfbarkeit der Vermittlungsergebnisse zulassen soll, dann ist auch der bildungsökonomische Aspekt der Effizienz zu berücksichtigen, um mit dem nötigen Nachweis der Wirksamkeit die Vermittlungsform zu legitimieren und zugleich mit der Rückmeldung an den Lehrenden die Qualität zu sichern.

Im Zentrum der Erweis- und Überprüfbarkeit stehen dann eine Reihe von Fragen, die in einem ersten Schritt klären müssen, wie das gemessen werden kann, was gemessen werden soll und wann die Messung erfolgen kann. Dazu sind die jeweiligen Betrachtungsrahmen, die geeigneten Indikatoren und ein angemessener Maßstab zu bestimmen und hinsichtlich Reliabilität, Validität und Objektivität zu überdenken. Aus der Sicht der aktuellen allgemeinen, berufs- und fachdidaktischen Diskussion erfordert die Vermittlung der drei durch die Technische Dokumentation als notwendig begründeten Kommunikations-, Verantwortungs- und Fachkompetenzen – sie gehören zu den Schlüsselqualifikationen – „verstärkt fächerverbindenden projektartigen Unterricht“ (Fast 1998, S. 139).

Diese deutliche Abhängigkeit der Qualifikationsvermittlung von der Lehrmethode findet seinen Ausdruck in der Forderung nach authentischen Lernsituationen, in denen Gelegenheit zur Kommunikation, zur Übernahme von Verantwortung und fachlichem Handeln gegeben wird. Wenn überhaupt, dann sind Kommunikations-, Verantwortungs- und Fachkompetenz nur in solchen Situationen erwerb- und valide überprüfbar (vgl. Kath 2000, o.S.). Die gültigen Indikatoren ergeben sich dabei aus der inneren Logik, wonach z.B. Kommunikationsfähigkeit nur dann ersichtlich werden kann, wenn kommuniziert wird. Ob jedoch eine objektive Messung überhaupt möglich ist oder ob durch die Rückmeldung immer nur eine reflektorisch initiierter Veränderungsprozesses beim Lernenden in Gang gesetzt wird, kann an dieser Stelle nicht endgültig beantwortet werden.

In Verbindung mit dem Bildungsbegriff Klafkis[286] verliert die Notwendigkeit einer darin angelegten Differenzierung an Gewicht. Der Bildungsbegriff, der Ausgangspunkt aller didaktischen Entscheidungen zu sein hat, leitet vielmehr zu einer durchaus praktikablen und in der schulischen Praxis erprobten Vorgehensweise. Wurde zuvor schon die Bedingung aufgestellt, dass Kommunikationsfähigkeit nur ersichtlich werden kann, wenn Kommunikation stattfindet, dann kann der Nachweis einer Kommunikationsfähigkeit nur von Kommunikationspartnern, Teamfähigkeit nur von einem Team festgestellt werden. Denn nach Fast (1999, S. 134) erfordern derart prozessbezogene Bewertungen „die Beteiligung der Teammitglieder an der Bewertung“

In einer so angelegten und methodisch gestützten Form der sachimmanenten Lernerfolgskontrolle ergeben sich Lernsituationen zum Vorteil der angestrebten Vermittlung von Qualifikationen und damit zur Anbahnung von Bildung. In der Übernahme und stets Kommunikations- und Sozialkompetenz übenden Bewältigung von Bewertungsaufgaben innerhalb des eigenen (Lern-)Teams wird die Einschätzung der eigenen Leistung und die Leistung anderer trainiert und im Fortgang des Lernprozesses als weiteres Element sozialer Qualifikation angeeignet. Dabei wird eine innere Distanz gegenüber den vorgegebenen sach- und prozessbezogenen Gegebenheiten und nicht

286 Klafki spricht dabei von der Erziehung zur Mündigkeit im Sinne einer Selbstverantwortung und Mitverantwortung, die in einer Selbstbestimmungs- und Mitbestimmungsfähigkeit des Individuums ihre Bestätigung findet (Klafki 1996, S. 19ff.).

gegenüber den Gegebenheiten der vermittelnden Institution angelegt, wie auch die Ergebnisse von Hermann (2000, o.S.) und Strübe (2000, o.S.), nahelegen. Schlechthin ein Merkmal eines Bildungsprozesses, der sich „in einem Spielraum zwischen rein funktionaler Anpassung an die vorgefundenen Gegebenheiten und einer kritischen Distanz aus einem einseitigen Emanzipationsstreben heraus“ (Fast 1999, S. 38) vollzieht.

Bildungsökonomisch ist ein solches Prüfverfahren effizient und ökonomisch, weil es das prüft, was gelehrt werden sollte. Das Lern- und Arbeitsteam übernimmt in einem solchen prozessbezogenen Bewertungsverfahren eine Stellvertreterfunktion für die gesellschaftliche Realität respektive berufliche Praxis, durchlebt fachlich simulierte, aber sozial reale Problemsituationen, die in dem Streben nach einer funktionierenden Bewertungspraxis zu Lernsituationen werden können. Gerade in der Analogie der zur Realität angelegten Stellvertreterfunktion liegt die Chance einer validen Bewertung, wenn sie unter weitgehender Beteiligung der zu Bewertenden stattfindet.

Damit liegt das Maß der Gültigkeit in der Verantwortung der Betroffenen selbst. Die Bewertungen werden dadurch untereinander vergleichbar, weil sie sich auf einen gemeinsam vereinbarten Maßstab beziehen, der in den fachbezogenen epochaltypischen Schlüsselproblemen angelegt ist und sich zugleich im Erwerb eben dieser epochaltypischen Schlüsselqualifikationen ausdrückt. Fast (1999) berichtet für den Bereich der Schule sogar von einer Steigerung der Leistungsmotivation. Sie kann durch die Übernahme von Mitverantwortung für sich selbst und das eigene Team erreicht werden, wenn damit eine Reduktion der Ohnmacht – sie ist häufig in der Undurchschaubarkeit der Prüfungspraxis angelegt – erreicht werden kann. Es fördert zugleich die Anbahnung sozialer Kernkompetenzen im Umgang und im Verhältnis zu sich selbst und anderen (vgl. Fast 1999).

Ein solches wenn auch nur recht abstrakt beschriebenes Verfahren zur Erweis- und Überprüfbarkeit eines erfolgreich vollzogenen Aneignungs- und Auseinandersetzungsprozesses kann nur durch eine geeignete Begleitung Lehrender und unter Voraussetzung der institutionell garantierten Freiheit der Lehre initiiert werden. Derzeit empfehlen sich – als einem ersten Schritt – integrative Strategien, die darauf abzielen, partizipative Bewertungsprozesse in die bestehenden Veranstaltungsformen zu integrieren und damit Veränderungsprozesse einzuleiten. Langfristig ist deshalb, unter Abstimmung auf den gültigen rechtlichen Rahmen, ein Musterwechsel im Prüfungswesen angeraten. Möglicherweise kann dann Ingenkamp entsprochen werden, wonach „die traditionelle Form der Zensurengebung ernsthaft in Frage zu stellen und brauchbare Alternativen zu entwickeln“ (Fast 1998, S. 41) sind.

„Konkurrenzdenken verhindert Solidaritätsbildung“ stellt Fast (1999, S. 25) fest und folgert, dass ein in Lernprozessen angelegtes Konkurrenzdenken nicht zu Teamgeist, sondern zum Erwerb eines unbeabsichtigten Habitus führt. Mit einem solchen Habitus kann es zwar zu einer solidarischen, aber nur vermeintlich sozialkompetenten Verhaltensweise kommen. Dies ist z.B. dann der Fall, wenn sich die Studierenden mit Leistungsanforderungen konfrontiert sehen, die nur arbeitsteilig in Lern- und Arbeitsgruppen (vgl. Morsch/Neef/Wagemann 1986, S. 62ff.) zu bewältigen sind. Dabei muss völlig offen bleiben, welche Effekte ein ansonsten auf die Förderung von „Einzelkämpfern“ ausgelegtes Studium auf die Sozialkompetenz von Studierenden hat, die sich in solcherlei üblichen Zweckgemeinschaften zwangsweise einfinden müssen.

Rückschauend empfehlen sich partizipative Bewertungsprozesse als sachimmanente Lernerfolgskontrollen. In diesen ergeben sich Situationen zur Berücksichtigung der Implikationen des Aneignungsprozesses sowie zur Vermittlung der angestrebten Qualifikationen und damit zur Anbahnung von Bildung.

8.3 Didaktische Entscheidungen

Die Didaktischen Entscheidungen bieten die eigentlichen Handlungsorientierungen in der Didaktischen Analyse. Nach der relativ schematisch anlegbaren Begründung und inhaltlichen Auseinandersetzung folgen nun zunächst die Frage nach der Zugänglichkeit, der Darstellbarkeit und nach der Methodischen Struktur. Dabei erfordert gerade die Auseinandersetzung mit der Methodischen Struktur methodische Fantasie, um die in den vorangegangenen Grundfragen ermittelten immanenten Momente in einem sukzessiven Lehr-Lernprozess überführen zu können.

8.3.1 Analyse und Berücksichtigung der Zugänglichkeit und Darstellbarkeit

Mit der sechsten Grundfrage ist die erste didaktische Entscheidung in der Didaktischen Analyse zu treffen. Dazu hinterfragt sie die Zugänglichkeit und Darstellbarkeit eines Lehrinhaltes für eine bestimmte Zielgruppe. Sie schließt die Frage nach der Veränderbarkeit der institutionellen Bedingungen für die Lehre ein. Auch diese Frage hat eine zeitliche Änderung erfahren. Die alte und die neue Frage lauten:

- Welches sind die besonderen Fälle, Phänomene, Situationen, Versuche, in oder an denen die Struktur des jeweiligen Inhaltes den Kindern dieser Bildungsstufe, dieser Klasse interessant, fragwürdig, zugänglich, begreiflich, „anschaulich" werden kann?
- Welches sind die Zugänge, in oder an denen die Thematik bzw. einzelne ihrer Momente und Teilzusammenhänge den Kindern in ihren erfahrenen und praktizierten Sinnbeziehungen und Bedeutungssetzungen interessant, fragwürdig, zugänglich, begreiflich, „anschaulich" werden kann?

Die Analyse der sechsten Grundfrage ergibt für die ältere wie die neuere Formulierung die gleiche Anzahl von Inhaltselementen, auch wenn sie vor dem Hintergrund einer stärkeren intentionalen Bindung an die neueren Interpretationen aus kritisch-konstruktiver Sicht neu ausgelegt wurden. Die Verwendung der Frage nach Zugängen statt „Fälle, Phänomene usw.". macht dies deutlich und wird von dem ergänzenden Passus „erfahrenen und praktizierten Sinnbeziehungen und Bedeutungssetzungen" noch betont. Die Grundfrage wurde so insgesamt weniger an Indikatoren, dafür aber stärker an den grundlegenden Voraussetzungen orientiert. Die Analyse ergibt vier Inhaltselemente, aus denen sich danach eine neutral-abstrakte Frage formulieren lässt.

1. Eine Zielgruppe
2. Ein Unterrichtsgegenstand
3. Eine Auswahl unterrichtsrelevanter Elemente, in Bezug auf eine bestimmte Absicht
4. Eine Absicht

- Welches sind die unterrichtsrelevanten Elemente, mit denen der vorgegebene Unterrichtsgegenstand der Zielgruppe vermittelt werden kann?

Wie schon mehrfach geschehen, muss auch hier die Zielgruppe der Schüler durch die der Studierenden ausgetauscht werden. Schwieriger wird die Modifikation der Begriffe

Bildungsstufe und Klasse, denn der einfache Austausch durch die Begriffe Studienfortschritt und/oder Semesteranzahl wird der ursprünglichen Absicht nicht ganz gerecht. Denn in den Hochschulen wurde die Bildungsabsicht – im Gegensatz zum Bildungsauftrag – bisher noch nicht eindeutig geklärt, weshalb Semesteranzahl oder Studienfortschritt keine adäquaten Begriffe darstellen. Es sollte eine Formulierung gewählt werden, die sich zunächst an den Personen selbst orientiert. Entsprechend ist die neuere Formulierung, wenn nach „den erfahrenen und praktizierten Sinnbeziehungen und Bedeutungssetzungen" gefragt wird, geeigneter für die Anwendung im Hochschulfall. Sie orientiert sich weniger stark an der Institution Schule und einer dadurch vorbestimmten Bildungsabsicht, sondern mehr an dem Essenziellen der bildungstheoretischen Didaktik, der das ausgewählte Verfahren nach Klafki zuzuordnen ist.

Mit den "besonderen Fälle, Phänomene, Situationen, Versuche, in oder an denen die Struktur des jeweiligen Inhaltes … begreiflich oder 'anschaulich' werden kann", wird die Intention deutlich, die Struktur eines Inhaltes anschaulich vermitteln zu wollen und dazu nach motivierenden Aspekten ausgewählte Mittel zu benutzen. Allerdings erscheint auch hier die neuere Formulierung, die sich an der Überschrift selbst orientiert, besser für die Transformation in die Hochschulsituation geeignet zu sein. Auch sie orientiert sich deutlicher an den essenziellen Überlegungen der bildungstheoretischen Didaktik und eröffnet in ihrer Frage nach der Zugänglichkeit, der Darstellbarkeit und den Störfaktoren drei Unterfragen. Erstens fragt sie – in einem leicht abstrakten Verständnis – nach der möglichen und günstigen Motivation der Lernenden, in der die angestrebte Lehr-Lernsituation "interessant … werden kann." Zweitens fragt sie nach einem einfachen anschaulichen Einstieg, mit dem die Thematik "zugänglich … werden kann". Und drittens fragt sie nach den Elementen, die sowohl Motivation als auch einen anschaulichen Einstieg in die Thematik ermöglichen. Abstrahiert heißt die Frage nach der Zugänglichkeit und Darstellbarkeit: „Mit welchen Elementen kann ich der vorgegebenen Zielgruppe ein motiviertes und anschauliches Lernen der Thematik ermöglichen?" Diese Vereinfachung unterscheidet sich von der ersten Formulierung in zwei Dingen. Einerseits vernachlässigt sie eine Diskussion der Vermittlungsabsicht – das wurde an anderer Stelle schon zur Genüge getan –, und andererseits verweist sie deutlich auf anstehende methodische Entscheidungen und hilft damit bei der Suche nach einer geeigneten Lehrmethode unter Bezug auf eine Bedingungsanalyse aus dem ersten Fragenkomplex.

Die modifizierte Fassung lautet:

- Welches sind die geeigneten lehrrelevanten Elemente, durch die den Maschinenbaustudierenden in ihrer spezifischen Situation ein motiviertes Vermitteln der Technischen Dokumentation ermöglicht wird?

Zur Beantwortung der sechsten Grundfrage ist die Zugänglichkeit eines Lehrinhaltes für eine bestimmte Zielgruppe zu erörtern und die erste didaktische Entscheidung in der Didaktischen Analyse zu treffen. Die Zugänglichkeit

- wird durch die grundsätzliche *Darstellbarkeit* des in den ersten drei Grundfragen begründeten Lerninhaltes selbst determiniert,
- hat mit den Überlegungen zu der *thematischen und methodischen Struktur* (Grundfragen vier und sieben) im Einklang zu stehen und

- steht in einem engen *Implikationszusammenhang* mit der Disposition und Motivation der Studierenden, also deren Bereitschaft zum Erlernen eines Inhalts, wie auch deren Schnittstellen.

An diesen Bedingungen gilt es anzusetzen, wenn Lerninhalte vermittelt werden sollen. Erst deren Erfüllung läßt eine dauerhafte Behaltens- und Verhaltensänderungsleistung erwarten und stellt damit wiederum eine der entscheidenden Voraussetzungen für den angestrebten Lernprozess.

Im Idealfall ist die Darstellung der Inhalte auf möglichst viele der vorgegebenen Bedingungen abgestimmt, um so zu einer maximierten Zugänglichkeit und Verständlichkeit zu führen. Dies gebietet neben dem Pädagogischen – „ Der Lernende ist da abzuholen, wo er steht" – in gleicher Weise das ökonomische Prinzip, wonach auch in der Lehre immer ein optimales Output-Input-Verhältnis anzustreben ist. Der angestrebte Erfolg ist aber nur möglich, wenn die zu vermittelnden Inhalte einerseits durch eine verständliche Darstellung bereits von sich aus zugänglich sind und andererseits durch geeignete methodische Vermittlungsformen gefördert werden.

In diesen Überlegungen ist zu berücksichtigen, dass Inhalte – der Lernende muss das Lernen selbst leisten – aus didaktischer Sicht nicht per se zugänglich gemacht, sondern nur Zugänge zu ihnen ermöglicht werden können. Die Zugänglichkeit ist damit kein inhaltsgegebener Automatismus, der, wenn der Inhalt richtig erklärt wird, zwangsweise zum Lernerfolg führt, sondern nur ein in der Lernsituation lernförderndes Instrument. Wie aus Abbildung 31 (S. 216) ersichtlich steht die Zugänglichkeit in einem gegenseitigen Wechselverhältnis u.a. mit den Einstellungen zum Studium, der Motivation, dem Vorwissen und ganz wesentlich mit den Erwartungen an Inhalte und Formen des Studiums. Auch ist die individuelle Ertragsrechnung im Verhältnis der gegenwärtigen Bildungsinvestition im Verhältnis zu den zu erwartenden Einkommen und Nutzenvorteilen nicht zu unterschätzen.

Je heterogener diese Gruppe jedoch ist, um so schwieriger ist es hier, eine Übereinstimmung für eine möglichst große Zahl der Lernenden zu finden. Zur Verdeutlichung unterscheiden beispielsweise Vogel/Hinz (2000, S. 193) in ihrer Untersuchung zwei wesentliche Gruppen von Studierenden und sprechen zum einen von den „Leistungsträgern" (Vogel/Hinz 2000, S. 193), die in wenigen Semestern und mit guten Noten ihr Studium absolviert haben, und zum anderen von den „Normalstudierenden" (Vogel/Hinz 2000, S. 193), die sich mit einem längeren Studium und nicht ganz so guten Noten „breiter interessiert und offener, sowohl für zusätzliche Kenntnisse als auch für Fähigkeiten im kommunikativen Bereich", zeigen. Kennzeichen der Leistungsträger ist es nach Vogel/Hinz (2000, S. 193), dass „deren Interessen zumindest bisher im Wesentlichen in den naturwissenschaftlich-technischen Kernbereichen des Studiums zu liegen scheinen".

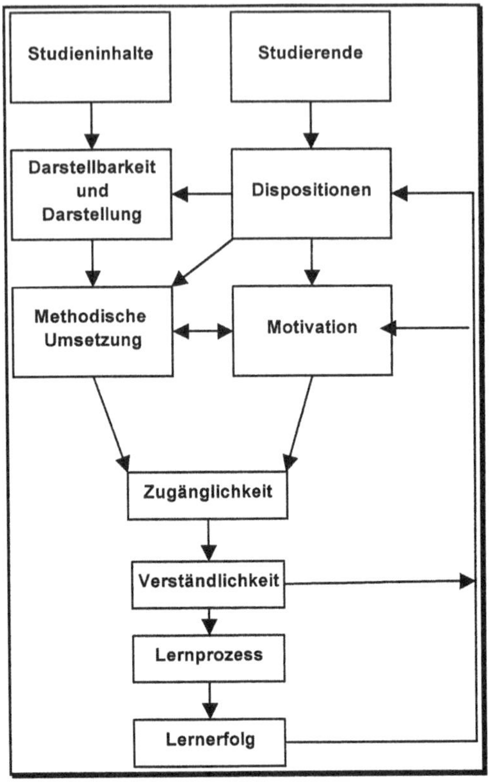

(Eigene Anfertigung)

Abbildung 31: Abhängigkeiten von Zugänglichkeit und Lernerfolg

In einer aus didaktischer Sicht distanzierteren Betrachtung erweisen sich – Holt (1996, o.S.) bestätigt dies mit seinen Arbeiten – die Leistungsträger in den vorgegebenen realen Studienbedingungen zunächst nur als kompatibler zum Studienangebot als die Normalstudierenden. Inhalte und Methoden sind hinsichtlich Darstellbarkeit und Zugänglichkeit weniger auf diese und mehr auf die Gruppe der Leistungsträger abgestimmt. Abbildung 32 macht dies am Beispiel der Überdeckung einer Methode Y mit der studentischen Dispositionsbreite[287] S1 für die Leistungsträger und der Überdeckung Y mit S2 für die Normalstudierenden deutlich. Darin spiegelt sich zugleich eine mögliche Übereinstimmung des o.g. Paradigmas – vom „eng auf technische Probleme eingeschränkten Hochleistungsberuf" (Vogel/Hinz 2000, S. 202) – der „Leistungsträger" mit dem zentralen Paradigma der universitären Studienorganisation. In der Folge werden die Leistungsträger, bei unveränderter Darstellung der Inhalte durch die für sie bessere Zugänglichkeit lerntechnisch bevorteilt und weisen dadurch im Ergebnis eine höhere Lernleistung auf.

287 Fähigkeit, sich hinsichtlich bestimmter Aspekte unterschiedlichen Situationen anpassen zu können.

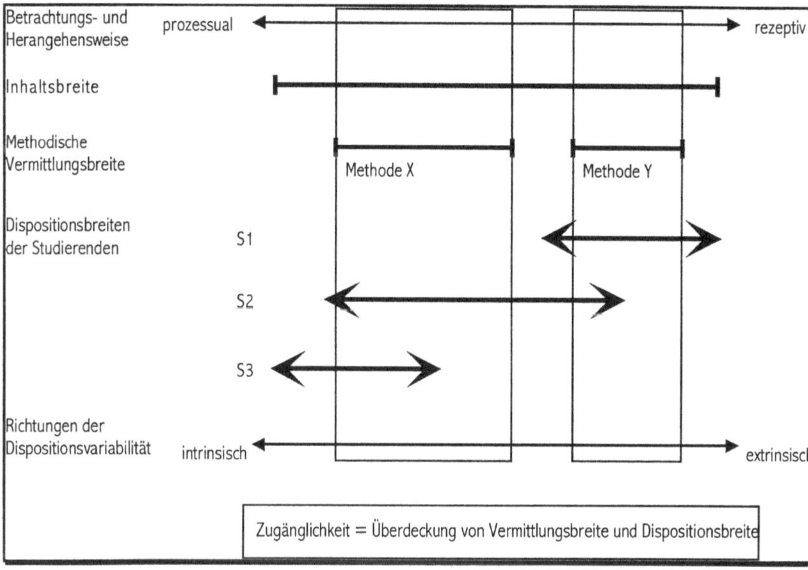

(Eigene Anfertigung)

Abbildung 32: Zugänglichkeit zwischen Vermittlung und studentischer Disposition

In der unterrichtspraktischen Realität ist aber davon auszugehen, dass die Grenzen nicht unveränderbar sind und sich die Darstellbarkeit in einer gewissen Bandbreite thematisch durch inhaltliche Reduktionsverfahren und methodisch durch die Vermittlungsform variieren lässt. Auch ist zu erwarten, dass die sehr viel heterogeneren Dispositionen der Studierenden variabel sind. Wenn auch mit sehr viel mehr Unsicherheiten, so sind die studentischen Dispositionsbreiten S1-S3 doch durch Maßnahmen zur Steigerung der extrinsischen oder intrinsischen Motivation beeinflussbar.

Eine extrinsische Motivationsverstärkung ist immer dann nötig, wenn das Lernen eines Stoffes keine eigene positive Wirkung hat. Dies ist um so eher bei einer Lehre der Fall, bei der die Inhalte zusammenhangslos, methodisch rein rezeptiv vermittelt werden, ohne dass Studierende die größeren Sinnzusammenhänge ergründen können. Kann sich die Lehre eines Inhalts dann nicht einmal auf eine allgemeine Akzeptanz einer „inhaltlichen Notwendigkeit“ stützen, verbleibt lediglich der latente Motivationsrest aus der Ertragserwartung der persönlichen Bildungsinvestition.

Im Gegenzug können – wie zahlreiche dokumentierte Leuchtturm-Projekte aus der hochschuldidaktischen Praxis belegen – projekt-, handlungs- und problemorientierte, ganzheitliche Ansätze bei geeigneter Lernbegleitung nicht nur eine natürliche Einsicht in die inneren Zusammenhänge und in die Notwendigkeit bestimmter Inhalte erzeugen, sondern zugleich selbst motivationsfördernd sein. „The freshman are extremly enthusiastic“ berichtet Director (1996, o.S.) von den Ergebnissen mit neuen didaktischen Ansätzen und ergänzt: „It is important to note, that faculty advice plays a significant role in the success of this sort of wide-open curriculum“. Langfristig können dann die motivationsfördernde Wirkung der prozessualen Vermittlungsform und die Akzeptanz in Form einer natürlichen Einsicht in die Notwendigkeit als optimal motivierende Faktoren zusammen kommen und für eine hohe Motivation (Feld c, Tabelle 6) sorgen. In Tabelle 6 sind die Höhen möglicher Motivationsverstärkung abgebildet. Dabei steigt die relative Motivationshöhe von a nach c an.

\Vermittlungsform Stoffakzeptanz ($a \leq b \leq c$)	rezeptiv	prozessual
tendenziell gering	a	b
tendenziell hoch	b	c

(Eigene Anfertigung)

Tabelle 6: Unterschiedliche Höhen positiver Motivationsverstärkung

Wie wichtig die Motivation für einen Studienerfolg ist, wird bei Kuark (2000) ersichtlich. Noch Jahre nach ihrem Abschluss in den USA berichtete sie mit viel Enthusiasmus von der Begeisterung und Freude, die sie und ihre Kommilitonen für das Fach durch das Studium begleitete. Sie sieht darin ein adäquates Mittel, die hohen Anforderungen des Maschinenbaustudiums bewältigen zu können und einen der Gründe, weshalb sie wieder an der Stanford University in San Francisco Maschinenbau studieren würde.[288]

Bildungsökonomisch ist die während eines Studiums erzeugte Begeisterung und Motivation in der Ertragsratenrechung zu berücksichtigen und nicht zu unterschätzen. Hier sind die in Zukunft zu erwartenden Einkünfte den gegenwärtig entstehenden Opportunitätskosten gegenüber zu stellen. Da aber grundsätzlich der Wert des Gegenwartsnutzens höher anzusetzen ist, als der – wegen des in der Gegenwart ausgeübten Verzichts – in der Zukunft zu erwartende Mehrwert, ist die wertschöpfende Funktion der Motivation als Gegengewicht zu den Opportunitätskosten in der Gesamtrechnung nicht unerheblich.

Trotz aller motivationsfördernder Methodik kann und darf die o.g. eigentliche Darstellbarkeit der Technischen Dokumentation nicht vergessen werden. Sie kann von sich aus nur durch eine geeignete Darstellung für die Lernenden verständlich werden und dadurch eine grundsätzliche Verständlichkeit ermöglichen. Im Zentrum einer derart isolierten Verständlichkeitsbetrachtung geht es im Wesentlichen um die Auswahl von vermittlungsgeeigneten Beispielen und um die profane Frage der unterrichtstechnisch angebrachten Visualisierung auf Tafeln und Folien. Bei letzterem geht es nur um die Zugänglichkeit im Sinne eines besseren Vermittelns in einem rein rezeptiven Verständnis und nicht darum die Lernenden im Sinne einer Bildung zu etwas befähigen zu wollen.

288 Zur weiteren Illustration dieser Unterschiede sei auf die von Hernaut zu diesem Zwecke in DAAD (1998, S. 92-93) abgedruckten Zulassungsbescheide Stanford University und einer deutschen Technischen Universität verwiesen. Während das deutsche Zulassungsschreiben unter Nennung von (Ausschluss-)Fristen und Vorschriften den Verwaltungsakt dokumentiert und damit den Eindruck vermittelt, dass es eine Gnade ist, in dem genannten Studiengang eingeschrieben zu werden, spricht das Schreiben aus den USA von einer Einladung (meeting you) und einer großen Freude (great pleasure).

Zur Auswahl geeigneter themenorientierter Elemente können z.B. didaktische Reduktionsverfahren genutzt werden. Im Gegensatz zur zufälligen Auswahl soll mit einer didaktischen Reduktion ein Exempel gefunden werden, an dem die merkmalscharakterisierenden Gattungseigentümlichkeiten besonders deutlich hervortreten. Der Lernende soll dadurch besser auf die Gesamtheit schließen können. Bei anderen Verfahren kann es aber auch das Ziel sein, Elemente auszuwählen, mit denen ein Lernen in Strukturen oder ein propädeutisches Lernen ermöglicht werden soll.

Wie die neuesten Untersuchungen über Studierende des Maschinenbaus bestätigen,[289] ist im Fall der Technischen Dokumentation davon auszugehen, dass noch immer die voruniversitär erzeugte und inneruniversitär weitgehend getragene Vorstellung „vom Ingenieurberuf, als einem eng auf technische Probleme eingeschränkten Hochleistungsberuf, in dem z.B. Verhandlungsgeschick und Sprachkenntnisse keine Bedeutung haben“ (Vogel/Hinz 2000, S. 202), überwiegt.

Mit der ebenfalls durch Vogel/Hinz (2000) bestätigten, seit rund 30 Jahren nachweislich vorherrschenden Wirksamkeit des voruniversitären Selektionsmechanismus (vgl. Abbildung 19, S. 152) ist weiterhin davon auszugehen, dass auf Grund der dadurch erzeugten Erwartungshaltung bei den Studierenden tendenziell keine natürliche Einsicht in die Notwendigkeit des Themas „Technische Dokumentation“ vorhanden sein wird. Von daher wird, um auf der sicheren Seite zu bleiben, ausgehend vom Grenzwert völlig fehlender Akzeptanz eine extrinsische Anschubmotivation in Form von Aufklärung, respektive Werbung um Verständnis der Notwendigkeit, nötig sein. Wie beschrieben ist mit der Einsicht in die Notwendigkeit nur eine relativ niedrige Motivation zu erreichen und es empfiehlt sich, sie über die Dauer der Vermittlung durch geeignete studienbegleitende Maßnahmen mindestens zu halten oder gar zu fördern.

In den vorangegangenen Auseinandersetzungen mit der und um die Technische Dokumentation konnte bereits herausgearbeitet werden, dass eine allgemein geforderte Handlungskompetenz in der Technischen Dokumentation Fachkompetenz, Verantwortungs- und Kommunikationsfähigkeit einschließt. Dies sind Qualifikationen, die nicht allein durch rezeptive Lehr- und Lernverfahren zu erlernen sind. Das geforderte Anwendungswissen in Kombination mit der erforderlichen Handlungskompetenz zur Bewältigung von kommunikativen Prozessen und der Übernahme von Verantwortung erhebt vielmehr den Anspruch auf eine adäquate Vermittlungsform. Da dadurch auch die Zugänglichkeit und damit die Darstellbarkeit von Prozessen in enger Verbundenheit mit einer methodischen Darstellbarkeit zu sehen ist und nicht allein durch eine inhaltlich strukturelle oder historische Zugänglichkeit erreicht werden kann, bietet sich eine ganzheitliche Erschließungsweise an, in der die zu vermittelnden Inhalte der Technischen Dokumentation sachgerecht dargestellt und umfassend zugänglich vermittelt werden. Typische Charakteristika für eine zugängliche Darstellung von prozessbezogenem Handlungswissen und thematisch orientierter Handlungskompetenz sind thematisch ausgerichtete projekt-, aufgaben-, problem- oder handlungsorientierte Vermittlungsmethoden.

Es ist davon auszugehen, dass handlungsorientierte Vermittlungsmethoden zugleich am ehesten dazu geeignet sind, die geforderte Motivation intrinsisch wie extrinsisch zu

289 Z.B. Vogel/Hinz (2000).

fördern (vgl. Hermann 2000, o.S., Kath 2000 o.S., Strübe 2000, o.S.) und die Sinnbeziehungen oder Bedeutungssetzungen innerhalb der Thematik Technische Dokumentation zu eröffnen. Durch die in diesen Methoden eröffnete Zugänglichkeit verschiedener personeller Zugangskanäle können sich die Lernenden unter Anwendung und Übung eigener lernprozessbedingender Aneignungsmechnismen die besonderen Fälle, Phänomene, Situationen und Versuche, in oder an denen die Struktur der Technischen Dokumentation begreiflich oder 'anschaulich' werden kann, erschließen und aneignen.

Die Konsequenz aus dieser Argumentationskette ist – unter Beachtung der Implikationszusammenhänge mit der thematischen Struktur sowie der exemplarischen Bedeutung – eine handlungsorientierte Vermittlungsform zu empfehlen, in der die Technische Dokumentation als leitendes Unterrichtsprinzip in anderen Veranstaltungen integriert wird, um ideal darstellbar und zugänglich sein zu können.

Zusammengefasst ist das Ziel der Frage nach der Zugänglichkeit eine zielgruppenadäquate Auswahl und die Vermittlung der zu lehrenden Gegenstände, um Interesse und Motivation wecken zu können. Wird in der Art der Darstellung auf die Dispositionen der Studierenden Rücksicht genommen, sind ganzheitliche Vermittlungsmethoden angezeigt, um eine größere Zugänglichkeit, Motivation und damit einen größeren Lernerfolg in der Technischen Dokumentation erwarten zu können.

8.3.2 Synthese bedingungsgerechter Interaktionsformen

Klafki (1996) kommt nach seinen vorherigen sechs analytischen Fragen zur siebten und einzigen synthetischen Frage seiner Didaktischen Analyse. Im Mittelpunkt der Teilfragen stehen die alternativ möglichen Interaktionsprozesse, eingebunden in denkbare Lehr-Lernprozesse unter der Vorgabe der bisher gefundenen Antworten, die damit direkt auf den Implikationszusammenhang von Inhalt und Methode verweisen.

- Wie lassen sich die durch die vorangegangenen Fragen ermittelten Momente in eine sukzessive Abfolge eines Lehr-Lernprozesses bzw. in alternative Möglichkeiten solcher Abfolgen übersetzen?

Die siebte Grundfrage war in der alten Fassung der Didaktischen Analyse nicht vorhanden. Erst die Abkehr von der Einschränkung auf den Zusammenhang von Zielsetzung und die thematische Struktur erlaubt die Synthese einer methodischen Strukturierung des Lehr-Lernprozesses. In diese Synthese fließen alle Ergebnisse aus den vorangegangenen Grundfragen ein. Hinzu kommt die Bedingung, Unterricht als Interaktionsform[290] verstehen zu müssen, um seine Funktion als Anreger und Vermittler der verschiedensten Lernprozesse zu berücksichtigen. So finden sich in der Grundfrage vier Inhaltselemente, aus denen sich dann eine neutral-abstrakte Frage synthetisieren lässt.

1. Eine Zielgruppe
2. Mögliche Interaktionsformen
3. Funktionen und Bedingungen eines Lehr-Lernprozesses
4. Vorgaben

290 Form der aufeinander bezogenen Wechselbeziehung zwischen Handlungspartnern.

- Welche möglichen Prozesse, welche Interaktionsformen, lassen sich durch die Ergebnisse der vorangegangenen Fragen synthetisieren, um Funktionen und Bedingungen eines Lehr-Lernprozesses zu erfüllen?

Die Beantwortung der Teilfragen aus der Grundfrage nach der Methodischen Struktur führt in das Zentrum der beispielhaft durchgeführten Synthese denkbarer alternativer Lehr-Lernprozesse. Mit ihnen werden neben der Technischen Dokumentation[291] auch die Ergebnisse aus den Grundfragen eins bis sechs[292] abschließend diskutiert. Zur Diskussion und der abschließenden Entscheidung war es notwendig, alle Aspekte, die zu der vorherrschenden Lehrsituation geführt haben, aus der Sicht einer kritisch-konstruktiven Didaktik zu beleuchten. Das soll und kann aber unter den gegebenen Bedingungen und Zielsetzungen keinen neuen Curriculumvorschlag und keinen separat angelegten, fachübergreifenden Kurs konzipieren. Es soll vielmehr vor dem Hintergrund existierender maschinenbautechnsicher Lehre eine Vorgehensweise skizzieren, bei der ein als bildend vermuteter Lerngegenstand in die Lehre integriert und bei dessen Umsetzung, gleichsam von unten, eine Reform der Lehre initiiert werden kann.

Zu dessen Realisierung muss das Fehlverständnis, dass unterrichtliche Bedeutung allein durch didaktische Zielsetzungen bestimmt werden könne – wie es im Sinne des Robinsohnschen Ansatzes aus Situationsanalysen geschah –, gerade dann abgewehrt werden, wenn sich Didaktik an der Zielsetzung kritisch-konstruktiver Erziehungswissenschaft orientiert. „Die *wertungsmäßige Vorgweg-Bestimmtheit vieler Inhalte* [Hervorhebungen im Original] zu betonen bedeutet jedoch nicht, dass die Didaktik jene vorgegebenen Wertungen, die sich mit bestimmten Inhalten oder Inhaltsbereichen verbinden, unkritisch übernehmen müsse“ (Klafki 1996, S. 120f.). Es ist vielmehr eine zentrale Aufgabe des Unterrichts, in exemplarischen Beispielen unterschiedliche Sichtweisen eines Problems, eines Sachverhaltes, eines Vorganges, eines Ereignisses, eines Konfliktes, die sich darin ausdrückenden Interessen und Perspektiven herauszuarbeiten und alternative Entscheidungs- und Handlungsmöglichkeiten zu verdeutlichen. Durch die Berücksichtigung aller vorgenannten Bedingungen wird ausgeschlossen, dass Inhalte weder abbildungs- noch allgemeindidaktisch gewonnen und formuliert werden. Ein so entworfenes tragbares Inhaltskonzept zur Technischen Bildung muss bildungsökonomischen, didaktischen wie auch fachwissenschaftlichen Ansprüchen genügen.

In der Konsequenz aus der didaktischen und bildungsökonomischen Analyse bleibt fest zu halten, dass die Berücksichtigung von Lernzielen, die durch die Technische Dokumentation intendiert werden, mehr als angebracht ist. Sie sind es wert gelehrt zu werden. Dass sie dabei auch allgemeinbildende Funktionen übernehmen können, die bisher nicht oder kaum berücksichtigt wurden und bei geeigneten Vermittlungsmethoden sogar noch verstärkt werden, ist gemeinsamer Tenor der Allgemeinen Didaktik und der Fachdidaktik. Darin kann der „Doppelcharakter der Bildung“ (Maier 1994, S. 1) zum Ausdruck kommen, der sich an einer ökonomischen Investition und an einer zukunftsoffenen, weil flexiblen Bildung orientiert. Aus der Sicht der Bildungsökonomie – nicht nur aus der des Ertragsratenansatzes – erscheint deshalb

---

291 Die Technische Dokumentation ist hier als ein didaktisch begründeter, reduzierter und aufbereiteter Unterrichtsgegenstand anzusehen.

292 Die Grundfragen eins bis sechs finden nach Grund, Inhalt sowie Zielgruppe Eingang.

- die Vermittlung allgemeiner Bildungsinhalte – da langfristig und nachhaltiger – angebracht,
- die Anwendung effizienterer Vermittlungsmethoden angezeigt und in Folge
- der klassische Veranstaltungskanon zu überdenken.

Dahingehend weisen die Ergebnisse einer Lernfortschrittsuntersuchung einen deutlichen Unterschied zwischen der Bewertung der Lehrveranstaltungsformen durch die Studierenden und durch die Hochschule selbst nach. Denn entgegen den Vorstellungen der Hochschule ergaben sich – bezogen auf 100 Punkte – aus studentischer Sicht 28 Punkte für die Gruppenarbeit, 27 für das Tutorium und 23 für die Einzelarbeit. Im Vergleich dazu erreichten Vorlesung, Übung und Sprechstunde zusammen gerade 22 Punkte (Morsch/Neef/Wagemann 1986, S. 42).

In diesem Zusammenhang nehmen seit geraumer Zeit auch die Neuen Medien einen Platz in der didaktischen Diskussion um Vermittlungsformen ein. In dieser Diskussion fällt jedoch der hier hauptsächlich berücksichtigte Ertragsratenansatz, der die Input-Output Relation des studierenden Individuums zu erhellen versucht, gegenüber den aus der Betriebswirtschaft kommenden produktionstheoretischen Fragestellungen zurück.

Den Neuen Medien werden in dieser Diskussion ressourcensparende und neue didaktische Funktionen zugesprochen. Während die ressourcensparende Funktion ihre Anwendung derzeit vor allem in klassischen Veranstaltungsformen findet und hier im Wesentlichen eine in ihrer Grundtendenz beharrende Funktion übernimmt, indem sie herkömmliche Medien und – sofern vorhanden – deren Distribution ersetzen, bleibt die Vorstellung, mit den Neuen Medien auch neue Lehr- und Lernformen etablieren zu können. In letzterer Funktion erweitern die Neuen Medien die herkömmlichen Vorstellungen von den unterrichtlichen Sozial- und Aktionsformen. Ähnliches gilt für die aktuelle Diskussion um die lernfördernden Wirkungen unterschiedlicher Lernumgebungen (vgl. Hermann 2000, Strübe 2000).

Dabei müssen sich auch die Neuen Medien an den Erfordernissen der Bildungstheorie beweisen, denn diese ist ja primär am Subjekt-Objekt-Kontakt interessiert. Wer oder was nun der Vermittler ist, ob Lehrender oder Lehrendes, ist sekundär, sofern die Lernsituation den bildungstheoretischen Bedingungen entspricht. So werden sich mögliche neue Formen universitärer Lehre unter Einsatz der Neuen Medien immer an ihrem immanenten Selbstlern- und Selbstinstruktionspotenzial messen lassen müssen, während sich der derzeitige Medieneinsatz noch hauptsächlich auf eine substituierende Funktion beschränkt und deshalb hier nicht weiter berücksichtigt wird.

In der weiteren Konsequenz bietet sich das scheinbar naheliegendste Konzept eines Lehrgangs als ein Tribut an eine derzeit vermeintliche Realisierbarkeit an. Nach wie vor besitzt eine lediglich additiv ergänzte Veranstaltung wie z.B. ein Lehrgang, ein Seminar, eine Vorlesung o.ä. praktische Vorteile und eine vermeintlich hohe Effektivität.[293] Zeitlich begrenzt, örtlich ungebunden und organisatorisch relativ unabhängig ließe sich eine solche Veranstaltung an einem beliebigen didaktischen Ort

293 Diese Bewertung ist nur in den Systemgrenzen der Veranstaltung selbst tragfähig, da es u.a. jegliche Transferleistung unbeachtet lässt. Typisch für diese Betrachtung ist die innerhalb einer Veranstaltung vorgegebenen operationalisierten und anschließend abgeprüften Lernziele.

innerhalb des Veranstaltungskanons, z.B. in einem fachübergreifenden Teil des Studiums, ansiedeln. Es erlaubt auch ein in sich geschlossenes Didaktisches Konzept. Es muss aber verworfen werden, wenn die Veranstaltung nicht nur als reine Pflichtveranstaltung gewertet werden soll. Aus der Sicht der Studierenden laufen inhaltlich völlig unverbundene Veranstaltungen Gefahr, als sinnlose Fleißaufgabe gewertet zu werden, deren einziges Ziel der Erwerb einer weiteren Zugangsberechtigung zu sein scheint. Auch die Einbindung in Wahl- oder Wahlpflichtbereiche ist vor dem Hintergrund des aktuellen Studierendenhandelns kritisch zu hinterfragen, da sie einerseits durch die didaktische Verortung außerhalb des Pflichtkanons als „minder Wert“ und andererseits durch die fehlende Einsicht in die Thematik als weniger nötig angesehen wird.

Angesichts der Klagen über Qualifikationsdefizite von Absolventen des Studienganges Maschinenbau muss die bisherige Vorgehensweise in der Ausbildung als gescheitert angesehen und als wenig effizient abgelehnt werden. Sinnvoller, effizienter und damit ökonomischer ist die Auswahl didaktischer Vorgehensweisen, bei der Synergieeffekte die Vermittlung von Verantwortungs-, Team- und Kommunikationsfähigkeit miteinander verbinden und in die vorhandenen Veranstaltungskulturen integrieren. Im Sinne einer kritisch-konstruktiven Didaktik ist ein solches integratives Modell mit handlungsorientierter Methodik angebrachter, bei dem all die didaktischen Orte, an denen fachliche wie überfachliche Kommunikation eingeübt werden kann, aufgefordert sind, den neuen Anforderungen gerecht zu werden. Denn wenn – wie hinreichend belegt – soziales Lernen und die Vermittlung kommunikativer Fertigkeiten ein didaktisch und bildungsökonomisch erstrebenswertes Ziel in der Lehre ist, durch die beim Lernenden alle relevanten kommunikativen Schnittstellen angebahnt werden, dann erscheint es wenig sinnvoll nur darüber zu sprechen, statt sie kontinuierlich zu üben. Wenn zudem humane und sachliche Ressourcen des Bildungssystems effizient eingesetzt werden und die Lernenden einen ihren Anlagen und Fähigkeiten entsprechenden Platz im Bildungswesen erhalten sollen, dann kann auch aus bildungsökonomischer Sicht eine darin angestrebte Abstimmung zwischen Bildungswesen und Beschäftigungssystem nur in einem sozialen Lernprozess erfolgen (vgl. Maier 1994, S. 94).

In der praktischen Umsetzung werden solche Veränderungen anfänglich einen elementhaften, später, bei breiterer Beteiligung der Fakultät zunehmend ganzheitlichen, veranstaltungsübergreifenden Charakter annehmen können. Auch die Diskussionen um die zeitliche Verortung, beispielsweise in welchem Semester die Technische Dokumentation integriert werden soll, werden dann an Bedeutung verlieren. Zu Beginn einer solchen Entwicklung bietet sich die handlungsorientierte Integration von relevanten Lernzielen zur Technischen Dokumentation in Übungen, Studien- und Diplomarbeiten an. Das Einüben in kommunikative Fertigkeiten geschähe dann gleichsam nebenbei, der Erwerb einer ergänzenden und beruflich notwendigen Qualifikation gelänge ohne weiteren großen Aufwand, wie er z.B. bei einer zusätzlichen, eben additiven und zudem studienzeitverlängernden Lehrveranstaltung notwendig wäre.

Winkler (1998) geht mit seinen Forderungen nach didaktischen Konsequenzen sogar noch einen Schritt weiter und empfiehlt betriebliche Praktika. Nach seiner Ansicht sind diese deshalb so bedeutsam, weil es noch nicht eindeutig bewiesen ist, dass „simulative Verfahren wirklich zu den Qualifikationen führen, die man von ihnen erwartet“ (Steindorf 1995, S. 37). Betriebliche Praktika geben „bessere Einblicke in die 'gefügeartigen' Kooperations- und Kommunikationsbeziehungen betrieblicher Sozialstrukturen und vermitteln (Er-)Kenntnisse über Organisations- und Managementstrukturen, die in gleicher Weise kaum durch systematisch-theoretische Lehrveranstaltungen – auch nicht in sozialwissenschaftlichen – erworben werden können" (Winkler 1998, S. 203).

Die Entwicklung eines Konzeptes zur Vermittlung von Kommunikationsfähigkeit auf der Basis einer didaktischen Analyse aus der kritisch-konstruktiven Didaktik orientiert sich damit zwar an einer Methode, die sich in der Schulpraxis bewährt hat, bleibt aber trotzdem immer ein „schöpferischer Akt aus einer Vielzahl an Analysen und Entscheidungen, die innerhalb des Netzes aus Zielgruppe, Lehrkraft, Inhalten, Zielen und Methoden zu treffen sind" (Ritterbach 1996, S. 99) und somit auch für die Lehre in der Hochschule gültig ist. Die Tatsache, dass diese Verfahrensweise in der Hochschule nicht typisch[294] ist, steht dem Vorgehen als solches nicht entgegen, sondern kann deshalb sogar selbst als exemplarisch betrachtet werden.

Entscheidende Grundvoraussetzung für die Umsetzung umfassender handlungsorientierter Konzepte – in denen auch soziale und kommunikative Kompetenzen angebahnt werden können – ist eine Lernumgebung, in der kontextgebunden gelernt werden kann und die eigene Konstruktionsleistungen zuläßt (vgl. Mandl/Reinmann-Rothmeier 1999). Das setzt aber wiederum eine Hochschule voraus, die sich selbst als 'lernende Organisation' versteht mit einer flexiblen, offenen Gestaltung des Curriculums, das die selbstständigen Entscheidungen der Studierenden stärker berücksichtigt. Statt einer an kurzlebigen, wenn auch an zukunftsorientierten Lernzielen ausgerichteten Ausbildung entspräche sie dem Ende einer am tayloristischen Arbeitsteilungsprinzip orientierten fachteiligen Ausbildung und dem Beginn einer ganzheitlichen, einer an der Arbeit technischer Berufe orientierten allgemeinen Bildung.

Während sich die Lehre zwangsläufig an Paradigmen orientiert und sich an vorgegebene rechtliche und intentionale Bedingungen halten muss, bedingt der Lehrende in der garantierten Freiheit der Lehre die Qualität derselben. Letztendlich liegt es aber an seinem Selbstverständnis, was und wie er lehrt – ob er weiterhin traditionelle Lehre betreibt oder ob er z.B. mit der Idee Wagemanns (vgl. Wagemann 1998, S. 11) konform geht, dass es um die Botschaft des Faches geht.

Die Ergebnisse der zuvor geführten Diskussionen ergeben eine erkennbare Gegenwarts- Zukunfts- und Exemplarische Bedeutung für die Technische Dokumentation. Alle Entscheidungen über Lernerfolgskontrollen, Zugänglichkeit und Lehrmethoden sind auf die Berücksichtigung sachimmanenter Charakteristika angewiesen. Sie favorisieren und begründen deshalb handlungsorientierte Verfahren zur Vermittlung der begründeten Qualifikationen.

294 „Neue Anforderungen an Ingenieurinnen und Ingenieure wurden bisher durch 'additive' Studienreformen in die Ingenieurausbildung eingearbeitet" (Neef/Pelz 1997b, S. 12).

9 Ergebnisse und Schluss

Rückblickend bleibt das Bild eines Studiengangs, dem die Vermittlung unzureichender Qualifikationsprofile vorgeworfen und die Gleichwertigkeit seiner Bildungswirkung mit allgemeinbildenden Studiengängen verweigert wird. Das Studium ist in ein streng geregeltes Grund- und ein etwas freieres Hauptstudium gegliedert. Die Lehre ist gekennzeichnet durch die Konkurrenz kybernetischer und systemtheoretischer Konzeptionen. Sie orientiert sich an der Fachsystematik und an eher traditionellen Vermittlungsformen.

Verschiedene wissenschaftliche Disziplinen bemühen sich um die komplexen Verhältnisse von Bildung, Ausbildung und Beruf der Ingenieure. Die meisten Erhebungen konzentrieren sich jedoch auf die Ausbildungssituation oder den Beruf. Die Institution der Hochschule unterliegt mit ihren Vermittlungsformen eher produktionstechnischen als didaktisch orientierten Untersuchungen. Die Ingenieurforschung an sich ist defizitär.

Die Reformbestrebungen der maschinentechnischen Lehranstalten lassen sich in acht Phasen einteilen. Waren sie anfangs durch den Entstehungs- und Findungsprozess gekennzeichnet, wurden sie später durch den Erhalt des Promotionsrechts, den zweiten Weltkrieg und den Öffnungsbeschluss geprägt. Der „Ingenieurdialog“ und die Diskussion um Qualität, Credit-Point-Systeme sowie Bachelor und Master bestimmen schließlich die derzeit letzten Phasen. Trotz der großen Zahl an identifizierten Reformversuchen sind echte Veränderungen in Studium und Lehre ausgeblieben. Die Ursachen liegen häufig in den verfehlten Wirkungszielen. Wirkliche Veränderungspotenz ist fast ausschließlich didaktischen Ansätzen zuzuschreiben, da diese als einzige vermittlungsrelevante Bestimmungsfaktoren berücksichtigen und zugleich auf die Vermittlungsmethoden, die Studieninhalte und die Studienorganisation abzielen.

Übliche Beschreibungen der beruflichen Qualifikationsprofile eignen sich nur bedingt als Basis didaktischer Entscheidungen. Die Beschreibungsversuche bleiben überwiegend in fachsystematischen Zuordnungen stecken oder scheitern an den Schwächen bildungsökonomischer Qualifikationsansätze. Sie sind kaum dazu geeignet, den Beruf als die zentrale Ausdrucksform ingenieurwissenschaftlichen Handelns zu konkretisieren, da sie den Beruf in seiner komplexen Gesamtheit und mit seinen vielfältigen Betätigungsfeldern kaum oder nicht hinreichend erfassen.

In der Auseinandersetzung mit den Bestimmungsfaktoren Technischer Bildung sind das Selbstverständnis der Institutionen und deren Vorstellungen vom öffentlichen Auftrag in weiten Teilen konstituierend. Dabei führen vor allem die merkmalsüberhöhten Vorstellungen von Schule, Hochschule und Berufsschule zu unterschiedlichen Ausprägungen der Lehre. Es herrscht wenig Konsens über die Intentionen des Auftrages und die Wege zu dessen Erfüllung. In der Trias Bildung, Ausbildung und Berufsausbildung werden überwiegend trennende Aspekte betont. Dagegen wird die bildungsökonomische Wirkung von Bildung als generalistische Berufsausbildung vernachlässigt.

Das Wissenschaftssystem ist für das lehrende Hochschulpersonal karrierebestimmend. Es negiert über den bildungsökonomischen Ertragsratenansatz Motivation und Motiv zur Steigerung der Lehrqualität. Die in diesem Rahmen entstandenen Curricula orientieren sich ausschließlich an der Fachsystematik und sind nur dann revisionsbedürftig, wenn sie dem Forschungs- und Reflexionsstand nicht mehr entsprechen. Die kritisch konstruktive Didaktik durchbricht diese Orientierung und bietet mit dem Bildungsgehalt eines Lehrgegenstandes eine didaktisch begründete Planungshilfe an.

Ein Netzwerk gegenseitiger Entscheidungsbeteiligungen und ein mehrfach mit den Hochschulen rückgekoppelter Meinungsbildungs- und Entstehungsprozess sorgt für eine ausreichende Beteiligung der Hochschulen bei der Aufstellung und Gestaltung von Studien- und Prüfungsordnungen. Trotzdem gehen viele Intentionen der übergeordneten Rechtsvorschriften auf dem Weg durch die Instanzen verloren. Die Vorschriften in Lehre und Studienorganisation sind hinsichtlich organisatorischer Fragen untereinander eng verknüpft und erzeugen ein dichtes Beziehungsnetz. Inhaltlich orientieren sich die Studien- und Prüfungsordnungen eher einseitig an einem in Abgeschiedenheit forschenden Wissenschaftler als an dem selbst formulierten Ziel einer Vorbereitung auf ein berufliches Tätigkeitsfeld. Die mangelnde Kongruenz der Studien- und Prüfungsordnungen steht im Gegensatz zur Forderung der Studienreform nach mehr Transparenz.

Der Studiengang wird überwiegend von männlichen Studenten mit weniger sprachlichem, aber mehr mathematischem und räumlich-anschaulichem Talent belegt. In der Schule bevorzugten sie techniknahe Fächer. Ihr relativ eng begrenztes Interessens- und Begabungsprofil wird mit zunehmender Studiendauer weiter auf rein technische und studientechnische Inhalte eingeschränkt. Sie sind sachlich, fleißig und arbeiten überwiegend allein; entsprechen aber nicht den Vorstellungen der besuchten Hochschulen von einem idealtypischen Studierenden. Studienbegleitende Effekte bevorteilen diese Studenten, denn sie sind es, die die allgemein bekannten Studienbedingungen akzeptieren und sich – in Erwartung eines adäquaten Ertrages – bereitwillig auf sie einlassen.

Die Entscheidung zur Aufnahme eines Technischen Studiums und dem Erwerb einer damit verbundenen ökonomischen Potenz, wird auf Grund von individuellen Ertragsraten-prognosen und Kosten-Ertrags-Kalkülen entschieden. Darin werden den anzunehmenden Erträgen u.a. Konsumptions- und Investitionsausgaben gegenübergestellt. Universitäre und voruniversitäre Selektionsmechanismen verringern die Zahl der Studieninteressierten und der Studierenden im Studiengang weiter. Die, die dennoch ein Maschinenbaustudium durchlaufen, erwerben einen bestimmten Habitus. Bei einer relativ stabilen Wertorientierung überwiegen darin Statusgewinn und Expertentum.

Unternehmen, die Information als einen neuen Produktivitätsfaktors verstehen, versprechen sich von dessen Berücksichtigung ökonomische Vorteile. Um aber die neuen Wertvorstellungen von Information nutzen zu können, sind betriebliche Strukturen zu ändern und innerbetriebliche Prozesse neu zu gestalten. Die Technische Dokumentation kann dann in das innerbetriebliche Gefüge integriert werden und einen Teil der dadurch entstandenen Aufgaben übernehmen. Mit der Technischen Dokumentation bietet sich dem Marketing ein Potenzial, das sich u.a. in der Produktqualität und der Kundenbindung bemerkbar machen kann. Sie trägt zur Konzeption kundengerechter Produkte und Beschreibungen bei und kann den Kundennutzen insgesamt steigern.

Die juristischen Verpflichtungen verändern die berufliche Praxis, den beruflichen Qualifikationsbedarf und damit die Anforderungen an die Technische Dokumentation.

Sie ergeben ein dichtes Netz an Handlungsverpflichtungen, in denen häufig die Technische Dokumentation selbst ein wichtiges Element darstellt. Die untersuchten Absolventenreports belegen ein Ausbildungsdefizit dazu notwendiger empathischer und kommunikativer Fähigkeiten. Das indiziert Nachholbedarf im Maschinenbaustudium und didaktische Konsequenzen.

Mit der Bedeutung der Technischen Dokumentation für marketing- und betriebsstrategische Fragestellungen konnte ihre Wichtigkeit ebenso nachgewiesen werden wie ihre notwendige Berücksichtigung in den Qualifikationsprofilen technischer Berufe. Die Ergebnisse unterstreichen den bildungsökonomischen Bedarf an Fähigkeiten im Umgang mit der Technischen Dokumentation und damit die grundsätzliche Notwendigkeit, solche Fähigkeiten bei der Planung von Vermittlungsprozessen zu berücksichtigen. Die bildungsökonomische Potenz der Inhalte und Qualifikationen wird durch deren Anwendungsbezug hinsichtlich Flexibilität und Dauerhaftigkeit bedingt. Zur Überwindung des limitationalen Charakters von retrospektiv angelegten Inhalten bietet sich das Konzept der Schlüsselqualifikationen an.

Momentane Vorstellungen zur Planung und Vorbereitung von bildungswirksamen Vermittlungsprozessen empfehlen die Anwendung der Didaktischen Analyse. Es ist ein standardisiertes Verfahren, in dem zugleich fachwissenschaftliche und allgemeine Ziele berücksichtigt und vermittlungstechnische Entscheidungen begründet werden können. Unterrichtende Individuen können dadurch erfahren, worüber sie nachdenken und welche Bedingungen ihre Überlegungen und Handlungen beeinflussen.

Die Technische Dokumentation besitzt eine Gegenwartsbedeutung für die ingenieurwissenschaftliche Lehre. Der Nachweis ist jedoch auf die Orientierung an einer zukünftigen beruflichen Tätigkeit sowie an einer bildungsökonomischen und einer juristischen Relevanz angewiesen. Er kann dann aber aus den Blickwinkeln von Studierenden, Lehrenden und des gesellschaftlichen Auftrages geführt werden. Die Zukunftsbedeutung der Technischen Dokumentation steht in einem engen Verhältnis zu den angestrebten Lernzielen. Gelingt es darin den Ansprüchen aus der Technischen Dokumentation gerecht zu werden, kann ihre Zukunftsbedeutung im Hinblick auf die Relevanz in anstehenden beruflichen Verwendungssituationen nachgewiesen werden. Darin eingeschlossen sind bildungsökonomische, bildungswirksame und juristische Betrachtungsweisen. Der Nachweis einer Exemplarischer Bedeutung für die Technische Dokumentation hängt von der didaktischen Position und der Thematischen Struktur ab. Unter Verwendung eines gegenüber den Ingenieurwissenschaften erweiterten Technikbegriffs kann das objektive Verhältnis der Stellvertretung deutlich gemacht werden.

Die thematische Struktur läßt sich aus den Intentionen und immanenten Beziehungen der juristischen Vorgaben herleiten. Aus ihnen können auch die Lernziele abgeleitet werden, die nach einer Gruppierung und Einordnung in eine Lernzielhierarchie zu den gesuchten Teillernzielen führen. Diese transportieren schließlich die übergeordnete Kommunikations-, Verantwortungs- und Fachkompetenz. Die weitere Bearbeitung der Lernziele steht jedoch eng im Zusammenhang mit der Behandlung der sachimmanenten Lernerfolgskontrolle, der Zugänglich- und Darstellbarkeit sowie mit der Synthese bedingungsgerechter Interaktionsformen.

Unter den gegebenen Bedingungen empfehlen sich partizipative Bewertungsprozesse als sachimmanente Lernerfolgskontrollen. In diesen ergeben sich Situationen zur Berücksichtigung der Implikationen im Aneignungsprozess sowie zur Vermittlung der angestrebten Qualifikationen und damit zur Anbahnung von Bildung. Wird in der Art der Darstellung auf die Dispositionen der Studierenden Rücksicht genommen, sind ganzheitliche Vermittlungsmethoden angezeigt, um eine größere Zugänglichkeit, Motivation und damit einen größeren Lernerfolg in der Technischen Dokumentation erwarten zu können.

Eine entscheidende Grundvoraussetzung für die Umsetzung umfassender handlungsorientierter Konzepte – in denen auch soziale und kommunikative Kompetenzen angebahnt werden können – ist eine Lernumgebung, in der kontextgebunden gelernt werden kann und die eigene Konstruktionsleistungen zuläßt. Das setzt aber wiederum eine Hochschule voraus, die sich selbst als 'lernende Organisation' versteht mit einer flexiblen, offenen Gestaltung des Curriculums, das die selbstständigen Entscheidungen der Studierenden stärker berücksichtigt. Statt einer an kurzlebigen, wenn auch an zukunftsorientierten Lernzielen ausgerichteten Ausbildung entspräche sie dem Ende einer am tayloristischen Arbeitsteilungsprinzip orientierten fachteiligen Ausbildung und dem Beginn einer ganzheitlichen, einer an der Arbeit technischer Berufe orientierten allgemeinen Bildung.

10 Zusammenfassung

Ziel der vorliegenden Arbeit ist es, Wissen über die Bestimmungsfaktoren der ingenieurwissenschaftlichen Lehre bereit zu stellen und exemplarisch umzusetzen.

Begründet wird diese Absicht durch die wiederkehrende Diskussion um die Qualität der Lehre. Es wird darin nach Vermittlungsmethoden gesucht, ohne dass ihre Formen und ihre Abhängigkeiten als ausreichend bekannt vorausgesetzt werden können oder eine Entwicklung erkennbar ist. Es fehlte an einer Erklärung dafür, warum das Maschinenbaustudium so ist, wie es ist und wie ihre Bestimmungsfaktoren berücksichtigt werden können.

Um diese Lücke zu füllen, werden nicht nur eine, sondern viele Fragen beantwortet. Es wird beispielhaft aufgezeigt, wie deren Antworten in die Entscheidungen um Vermittlungsformen Eingang finden können. Entsprechend folgt einer allgemeinen Beschreibung der Situation im Studiengang Maschinenbau eine theoretische Grundlegung Technischer Bildung aus bildungsökonomischer und didaktischer Sicht.

Um die vermittlungsrelevanten Determinanten und Interdependenzen darzustellen und für die geplante Interpretation und Strukturierung verfügbar zu machen, wird die Geschichte der Technischen Hochschulen dargestellt und ihre Reformbemühungen und didaktischen Positionen erläutert. Ebenso wird die Abhängigkeit der Lehre von Paradigmen und den verwaltungstechnischen Vorgaben aufgezeigt. Schließlich werden die Dispositionen der Studienanfänger und Studierenden ebenso berücksichtigt wie studienbegleitende Effekte.

Zur inhaltlichen Konkretisierung wurde die Technische Dokumentation ausgesucht. Hier sind deren Abhängigkeit von juristischen Vorgaben, aber auch ihre Wirkung auf Marketing, Betriebsstrukturen und Qualifikationsprofile hervorzuheben. In der Prüfung, ob die Technische Dokumentation grundsätzlich zu lehren wert ist, werden in einem ersten Schritt verschiedene Bedeutungsfragen geklärt. Erst danach geht es um die Suche und die Begründung nach passenden Zugängen in das Thema, Lernerfolgskontrollen und Vermittlungsformen.

Die Ergebnisse belegen eine erkennbare Gegenwarts-, Zukunfts- und Exemplarische Bedeutung für die Technische Dokumentation im Maschinenbau. Finden ihre sachimmanenten Charakteristika Berücksichtigung in den Entscheidungen über Lernerfolgskontrollen, Zugänglichkeit und Lehrmethoden, favorisieren und begründen sie handlungsorientierte Vermittlungsverfahren.

Letztendlich stellt die Arbeit eine bildungsökonomisch und didaktisch begründete, veranstaltungsvorbereitende Handlungsorientierung dar. Sie basiert zugleich auf ausführlichen Analysen der ingenieurwissenschaftlichen Lehre und auf einer als synthetische Wissenschaft verstandenen Didaktik, einem ganzheitlich handlungsorientierten Ansatz und einem Bildungsverständnis, das sich um einen erweiterten Technikbegriff bemüht.

11 Verzeichnisse

11.1 Abbildungen

11.2 Tabellen

11.3 Tableaus

11.4 Tafeln

11.5 Abkürzungen

AHD	Arbeitsgemeinschaft für Hochschuldidaktik
AQAP	Allied Quality Assurance Publications
ASG	Arbeitsschutzrahmengesetz
BAGUV	Bundesarbeitsgemeinschaft der Unfallversicherungsträger der öffentlichen Hand
BfA	Bundesanstalt für Arbeit
BGB	Bürgerliches Gesetzbuch
BLK	Bund-Länder-Kommission für Bildungsplanung und Forschungsförderung
BMBF	Bundesministerium für Bildung, Wissenschaft, Forschung und Technologie
BMBW	Bundesministerium für Bildung und Wissenschaft
btx	Bildschirmtext
CE	Communauté Européen (Europäische Gemeinschaft)
CIM	computer-integrated-manufactoring
DAAD	Deutscher Akademischer Austauschdienst
DATSCH	Deutscher Ausschuss für technisches Schulwesen
DIHT	Deutscher Industrie- und Handelstag
DIN	Deutsches Institut für Normung („Deutsche Industrienorm“)
DKI	Deutsche Kommission für Ingenieurausbildung
EEA	Einheitliche Europäische Akte
EMC	Medienservice Mittelholzer
EN	Europäische Norm
FAZ	Frankfurter Allgemeine Zeitung
GS	Geprüfte Sicherheit
GSG	1. Gesetz über technische Arbeitsmittel (Gerätesicherheitsgesetz – GSG)
GSGV	Neunte Verordnung zum Gerätesichereitsgesetz (Maschinenverordnung – 9. GSGV)
HIS	Hochschul-Informations-System GmbH
HD	Hochschuldidaktik
HG	Hochschulgesetz
HHG	Hessisches Hochschulgesetz
HmbHG	Hamburger Hochschulgesetz
HRG	Hochschulrahmengesetz
HRK	Konferenz der Rektoren und Präsidenten der Hochschulen in der BRD („Hochschulrektorenkonferenz, Rektorenkonferenz“)

HSP III	Hochschulsonderprogramm III
IAB	Institut für Arbeitsmarkt und Berufsforschung der Bundesanstalt für Arbeit
IGIP	Internationale Gesellschaft für Ingenieurpädagogik
IKIA	Internationaler Kongress für Ingenieurausbildung, Darmstadt
ISO	International Organization for Standardization („International Standard Organization“)
KMK	Konferenz der Kultusminister der Länder in der Bundesrepublik Deutschland
KMU	Klein- und mittelständische Unternehmen
LHG	Landeshochschulgesetz
NHG	Niedersächsisches Hochschulgesetz
PO	Prüfungsordnung
ProdHaftG	Produkthaftungsgesetz
QM	Qualitätsmanagement
QMS	Qualitätsmanagementsystem
QS	Qualitätssicherung
QSV	Qualitätssicherungsvereinbarung
RCDS	Ring Christlich-Demokratischer Studenten
RWTH	Rheinisch-Westfälisch-Technische Hochschule
SO	Studienordnung
tekom	Gesellschaft für Technische Kommunikation e.V.
THD	Technische Hochschule Darmstadt (heute Technische Universität)
ThürHG	Thüringer Hochschulgesetz
TQM	Total Quality Management
UG	Universitätsgesetz
VDE	Verband Deutscher Elektrotechniker
VDI	Verein Deutscher Ingenieure
VDMA	Verband Deutscher Maschinen- und Anlagenbauer
WR	Wissenschaftsrat
WRK	Westdeutsche Rektorenkonferenz
ZAV	Zentralstelle für Arbeitsvermittlung
ZVEI	Zentralverband der elektrotechnischen Industrie
UGBw	Universitätsgesetz Baden-Württemberg
F+E	Forschung und Entwicklung

12 Anhang

12.1 Abbildungen

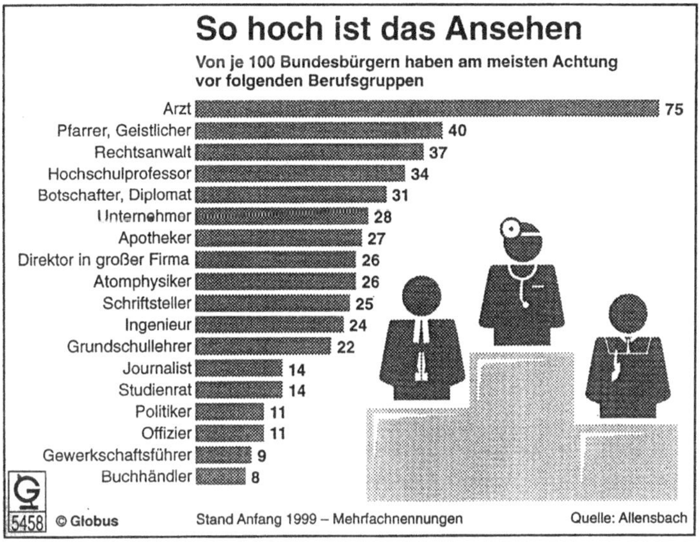

Abbildung 33: Ansehen verschiedener Berufsgruppen

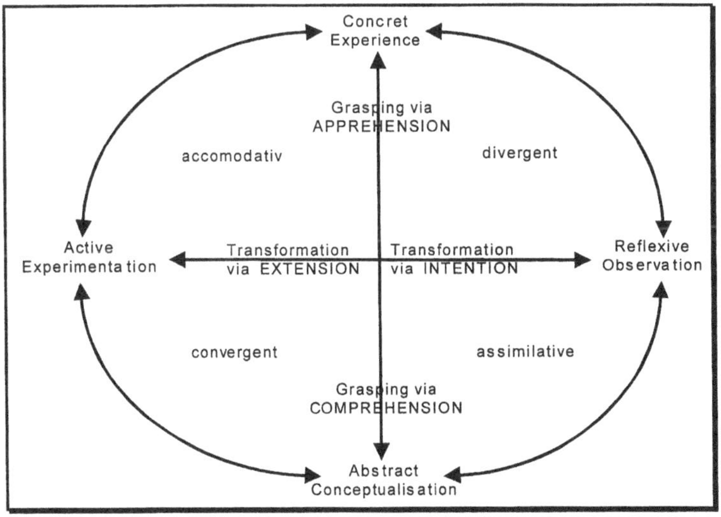

(Kolb 1984, nach Holt 1996, o.S.)

Abbildung 34: Structural dimensions in a model of Experiential Learning

(VDMA 2000, o.S.)

Abbildung 35: Imagekampagne für das Ingenieurstudium

(Globus 08/2000)

Abbildung 36: Ausriss mit Werbung für das Ingenieurstudium

PRACTICE			
COMPETENCE			
special knowledge	operating skills	sense-making ability	sound judgement
SCHOLARSHIP			
discovery	application	teaching	integration
EPISTEMOLOGY			
assimilation	convergence	accomodation	divergence
ONTOLOGY engineering as ...			
physical science	specialised problem solving	business management	design and invention

(Holt 1996, o.S.)

Abbildung 37: A reshaped foundation for engineering education

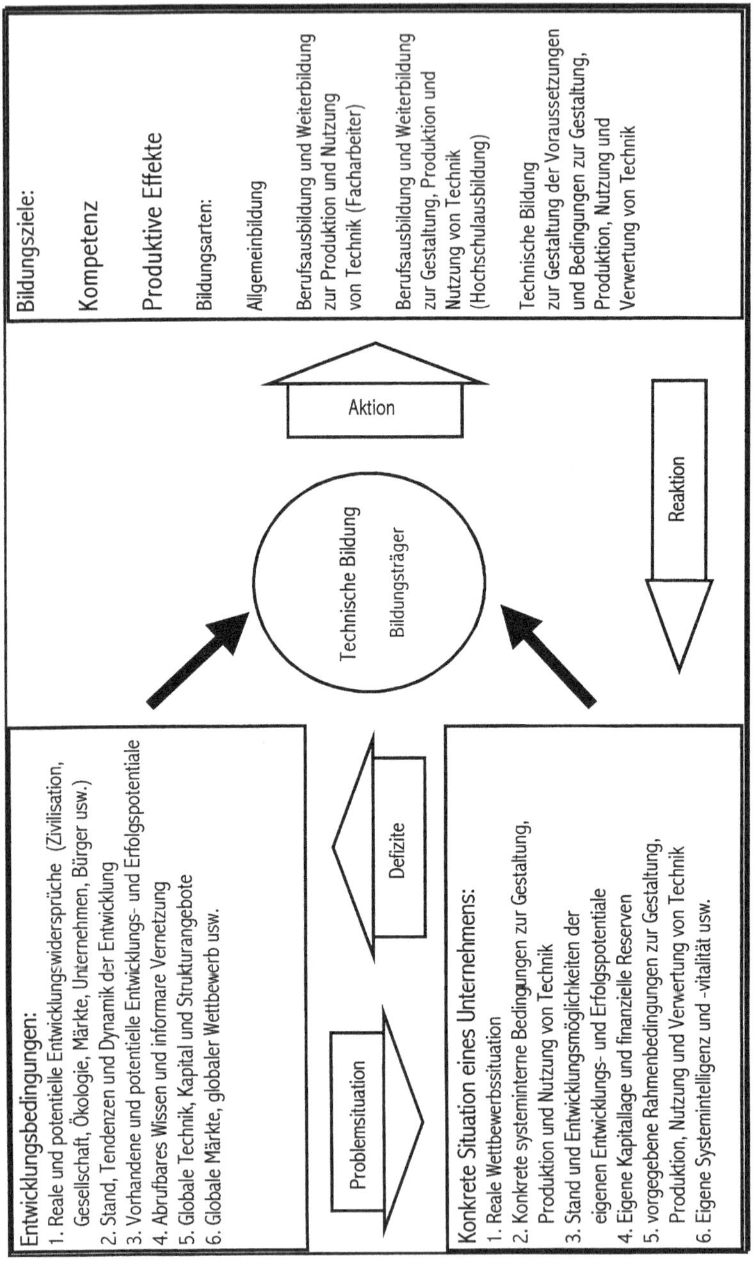

(nach Bahlke 1997, S. 200)

Abbildung 38: Technische Bildung als Tätigkeitsprofil

BEDIENUNGSANLEITUNG:

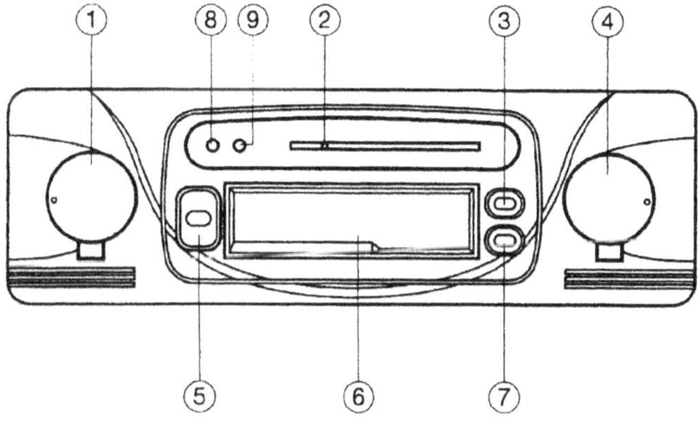

1. **EIN /AUS-LAUSTÄRKE-REGLER**
   Drehen Sie Sen "EIN/AUS-LAUSTRÄRKE" Regler im uhrzeigersinn. Um das.herät einzuscha Hen, ind um die lautstärke zu erhöhen.
2. **PUNTERZEIGE**
   Den Enpfong von bekommen senderfreguenz hinweisen durch punkterzeique.
3. **FREQUENZBAND-WAHLSCHALTER**
   Betätigen Sie diece Taste, um den Empfang von MW band.
   Sendern einzustellen. Fur emfang UKW band. Bëtatigen Sie diese taste nochmals.
4. **ABSTIMMEN**
   Durch drehen dieses Knopfes wird auf don gewünschten Sender abestimmt.
5. **SCHNELLER VORLAUF-/AUSWURFTASTE**
   Zum vorspulen des Tonbondes die Tasle bis zur Hälfte, zum Herausnchmen. Des Tonbandes die Taste vollständig drucken Danach den Druck der Tasten lösen.
6. **KASSETIEN FACH**
   Zur wiedergabe einer Kassetle, diese der Länge nach festha Hen. Und in dieser Richtung in das Kassettenfach einlegen.
7. **TONREGLER**
   Betätigen Sie diese Taste. Um die Bässe zu betonen. Für Höhen, betätigen sie diese taste nochmals.
8. **BAUD LAUFEN ANZEIGER**
   Den band Laufen anzeiger auf wenn. Im Kassetlenwiodergabe.
9. **SIGNALAN ZEIGE**
   Das Leuchten dieser Anzeige gibt an, dass em Sender mit starkem. Signal emfangen wird.

(elta o.J., o.S.)

Abbildung 39: Beispiel einer fehlerhaft übersetzten Gebrauchsanweisung

12.2 Tafeln

„So lasst uns jetzt mit Fleiß betrachten,
Was durch die schwache Kraft entspringt;
Den schlechten Mann muss man verachten,
Der nie bedacht, was er vollbringt.

Das ist's ja, was den Menschen zieret,
Und dazu ward ihm der Verstand,
Dass er im innern Herzen spüret,
Was er erschafft mit seiner Hand.“

(Friedrich Schiller: Das Lied von der Glocke, 2. Absatz)

Tafel 6: Zünftisch traditionelle Handwerkstugenden

§ 7 Ziel des Studiums[295]
Lehre und Studium sollen den Studenten auf ein berufliches Tätigkeitsfeld vorbereiten und ihm die dafür erforderlichen fachlichen Kenntnisse, Fähigkeiten und Methoden dem jeweiligen Studiengang entsprechend so vermitteln, daß er zu wissenschaftlicher oder künstlerischer Arbeit und zu verantwortlichem Handeln in einem freiheitlichen, demokratischen und sozialen Rechtsstaat befähigt wird.

Tafel 7: § 7 Hochschulrahmengesetz – Ziel des Studiums

§ 8 Studienreform[296]
Die Hochschulen haben die ständige Aufgabe, im Zusammenwirken mit den zuständigen staatlichen Stellen Inhalte und Formen des Studiums im Hinblick auf die Entwicklungen in Wissenschaft und Kunst, die Bedürfnisse der beruflichen Praxis und die notwendigen Veränderungen in der Berufswelt zu überprüfen und weiterzuentwickeln.

Tafel 8: § 8 Hochschulrahmengesetz – Studienreform

295 In der Fassung vom 13.02.1976, zuletzt geändert durch Artikel 1 des Vierten Gesetzes zur Änderung des HRG vom 24.08.1998.

296 In der Fassung vom 13.02.1976, zuletzt geändert durch Artikel 1 des Vierten Gesetzes zur Änderung des HRG vom 24.08.1998.

§ 2 Aufgaben[297]

(1) [1]Die Hochschulen dienen entsprechend ihrer Aufgabenstellung der Pflege und der Entwicklung der Wissenschaften und der Künste durch Forschung, Lehre, Studium und Weiterbildung in einem freiheitlichen, demokratischen und sozialen Rechtsstaat. [2]Sie bereiten auf berufliche Tätigkeiten vor, die die Anwendung wissenschaftlicher Erkenntnisse und wissenschaftlicher Methoden oder die Fähigkeit zu künstlerischer Gestaltung erfordern.

(2) Die Hochschulen fördern entsprechend ihrer Aufgabenstellung den wissenschaftlichen und künstlerischen Nachwuchs.

(3) Die Hochschulen fördern die Weiterbildung ihres Personals.

(4) [1]Die Hochschulen wirken an der sozialen Förderung der Studierenden mit; sie berücksichtigen die besonderen Bedürfnisse von Studierenden mit Kindern und von behinderten Studierenden. [2]Sie fördern in ihrem Bereich den Sport.

(5) Die Hochschulen fördern die internationale, insbesondere die europäische Zusammenarbeit im Hochschulbereich und den Austausch zwischen deutschen und ausländischen Hochschulen; sie berücksichtigen die besonderen Bedürfnisse ausländischer Studenten.

(6) [1]Die Hochschulen wirken bei der Wahrnehmung ihrer Aufgaben untereinander und mit anderen staatlichen und staatlich geförderten Forschungs- und Bildungseinrichtungen zusammen. [2]Dies gilt insbesondere für die nach der Herstellung der Einheit Deutschlands erforderliche Zusammenarbeit im Hochschulwesen.

(7) Die Hochschulen fördern den Wissens- und Technologietransfer.

(8) Die Hochschulen unterrichten die Öffentlichkeit über die Erfüllung ihrer Aufgaben.

(9) [1]Die unterschiedliche Aufgabenstellung der Hochschularten nach § 1 Satz 1 und die Aufgaben der einzelnen Hochschulen werden durch das Land bestimmt. [2]Andere als die in diesem Gesetz genannten Aufgaben dürfen den Hochschulen nur übertragen werden, wenn sie mit den in Absatz 1 genannten Aufgaben zusammenhängen.

Tafel 9: § 2 Hochschulrahmengesetz – Aufgaben der Hochschulen

[297] In der Fassung vom 13.02.1976, zuletzt geändert durch Artikel 1 des Vierten Gesetzes zur Änderung des HRG vom 24.08.1998.

§ 44 Freiheit des Studiums

(1) Die Studenten haben das Recht,

1. die Lehrveranstaltungen der Hochschule zu besuchen,
2. im Rahmen der dafür erlassenen Ordnungen die Einrichtungen der Hochschule zu benutzen,
3. innerhalb ihres Studienganges Studienrichtungen und Studienschwerpunkte nach eigener Wahl zu bestimmen,
4. wissenschaftliche und künstlerische Meinungen frei zu erarbeiten und zu äußern.

(2) Die Freiheit des Studiums entbindet nicht von der Pflicht, die Studien- und Prüfungsordnungen sowie die Beschlüsse der zuständigen Organe für Organisation und Durchführung von Lehre und Studium zu beachten.

(3) Die Fachbereiche können den Besuch einzelner Lehrveranstaltungen beschränken, wenn dies zu deren ordnungsgemäßer Durchführung geboten ist. Die zuständige Behörde kann die Aufhebung oder Änderung solcher Bestimmungen verlangen. Sie sind im Vorlesungsverzeichnis oder durch Aushang bekanntzugeben.

Tafel 10: § 44 Hamburgisches Hochschulgesetz – Freiheit des Studiums

Das Bekenntnis des Ingenieurs

Der Ingenieur übe seinen Beruf aus in Ehrfurcht vor den Werten jenseits von Wissen und Erkennen und in Demut vor der Allmacht, die über seinem Erdendasein waltet.

Der Ingenieur stelle seine Berufsarbeit in den Dienst der Menschheit und wahre im Beruf die gleichen Grundsätze der Ehrenhaftigkeit, Gerechtigkeit und Unparteilichkeit, die für alle Menschen Gesetz sind.

Der Ingenieur arbeite in der Achtung vor der Würde des menschlichen Lebens und in der Erfüllung des Dienstes an seinen Nächsten, ohne Unterschied von Herkunft, sozialer Stellung und Weltanschauung.

Der Ingenieur beuge sich nicht vor denen, die das Recht eines Menschen gering achten und das Wesen der Technik mißbrauchen; er sei ein treuer Mitarbeiter an der menschlichen Gesittung und Kultur.

Der Ingenieur sei immer bestrebt, an sinnvoller Entwicklung der Technik mit seinen Berufskollegen zusammenzuarbeiten; er achte deren Tätigkeit so, wie er für sein eigenes Schaffen gerechte Wertung erwartet.

Der Ingenieur setze die Ehre seines Berufsstandes über wirtschaftlichen Vorteil; er trachte danach, daß sein Beruf in allen Kreisen des Volkes die Achtung und Anerkennung finde, die ihm zukommt.

(Resolution „Die Verantwortung des Ingenieurs", VDI 1950)

Tafel 11: Das Bekenntnis des Ingenieurs

13 Literaturverzeichnis

Adl-Amini, Bijan: Ebenen didaktischer Theoriebildung. In: Haller, Hans-Dieter/Hilbert L. Meyer (Hrsg.): Ziele und Inhalte der Erziehung und des Unterrichts. Enzyklopädie Erziehungswissenschaft. Band 3. Klett Verlag für Wissen und Bildung. Stuttgart 1995.

Arbeitsgruppe am Max-Planck-Institut für Bildungsforschung: Das Bildungswesen in der Bundesrepublik Deutschland. Ein Überblick für Eltern, Lehrer, Schüler. Rowohlt Taschenbuch Verlag GmbH. Reinbeck bei Hamburg 1979.

Arbeitsgruppe am Max-Planck-Institut für Bildungsforschung: Das Bildungswesen in der Bundesrepublik Deutschland. Ein Überblick für Eltern, Lehrer, Schüler. Rowohlt Taschenbuch Verlag GmbH. Reinbeck bei Hamburg 1984.

Arbeitskreis der Assistentenschaft „Zur Didaktik des Ingenieurstudiums“: Mängel in Lehre und Ausbildung. TU Berlin. Berlin 1968. Reprint. In: Morsch, Rainer/Wolfgang Neef; Carl-Hellmut Wagemann: Das Elend des Grundstudiums. Ergebnisse einer Verlaufsuntersuchung im Grundstudium des Maschinenbaus und des Bauingenieurwesens an der TU Berlin. In: Arbeitsgemeinschaft für Hochschuldidaktik e.V. (Hrsg.): Hochschuldidaktische Materialien. Band 7. Leuchtturm-Verlag. Alsbach 1986.

Asal, Klaus: Warenverkehr in der EU mit CE. Die CE-Konformität. In: Technische Dokumentation optimieren. Professionelle Arbeitshilfen und Musterlösungen. Loseblattsammlung. Raabe Verlag. Berlin, Bonn, Budapest, Heidelberg, Stuttgart 1995.

Aumund, Heinrich: Die Hochschule für Technik und Wirtschaft. Maßnahmen zur Reform der Technischen Hochschulen. Verlag des Vereins Deutscher Ingenieure 1921.

Baethge, Martin/Ulrich Teichler: Bildungssystem und Beschäftigungssystem. In: Lenzen, Dieter (Hrsg.): Organisation, Recht und Ökonomie des Bildungswesens. Enzyklopädie Erziehungswissenschaft. Band 5. Klett Verlag für Wissen und Bildung. Stuttgart 1995.

BAGUV. Bundesarbeitsgemeinschaft der Unfallversicherungsträger der öffentlichen Hand (Hrsg.): Unfallverhütungsvorschriften und EG-Binnenmarkt Ausgabe Januar München 1993.

Bahlke, Uwe: Wirkungspotentiale von Technik und technischer Bildung. In: Blandow, Dietrich/Walter E. Theuerkauf: Strategien und Paradigmenwechsel zur Technischen Bildung. Report der Tagung „Technische Bildung“ Braunschweig 18. bis 20. Oktober 1996. Verlag Franzbecker. Hildesheim 1996.

Bargel, Tino/Michael Ramm; Simeaner, Hans/Karl-Ernst Wuttke: Studiensituation und Studierende in der 90er Jahren. Datenalmanach. Studierendensurvey 1993-1998. Arbeitsgruppe Hochschulforschung. Universität Konstanz 1998.

Bargel, Tino/Michael Ramm: Berufs- und Arbeitsmarktorientierungen der Studierenden. Entwicklungen in der ersten Hälfte der 90er Jahre. In: Institut für Arbeitsmarkt- und Berufsforschung der Bundesanstalt für Arbeit (IAB): Beiträge zur Arbeitsmarkt- und Berufsforschung. BeitrAB 212. Bundesanstalt für Arbeit. Nürnberg 1997.

Bargel, Tino/Michael Ramm: Attraktivität des Ingenieurstudiums. Zur Diagnose einer Nachfragekrise und Folgerungen. In: Hefte zur Bildungs- und Hochschulforschung (23). Arbeitsgruppe Hochschulforschung. Universität Konstanz 1998a.

Bargel, Tino/Michael Ramm: Ingenieurstudium und Berufsperspektiven Sichtweisen, Reaktionen und Wünsche der Studierenden Bundesministerium für Bildung, Wissenschaft, Forschung und Technologie (Hrsg.). Bonn 1998b.

Bargel, Tino: Ausbildungswahl und Verwirklichungschancen. In: Peisert, Hansgert (Hrsg.): Abiturienten und Ausbildungswahl. Beltz Verlag. Weinheim 1981a.

Bargel, Tino: Schulleistung und Ausbildungswahl. In: Peisert, Hansgert (Hrsg.): Abiturienten und Ausbildungswahl. Beltz Verlag. Weinheim 1981b.

Beck, Herbert: Schlüsselqualifikationen. In: Wirtschaftsspiegel. Wissen und Didaktik für Bildung und Beruf. 8/93. Deutscher Sparkassen-Verlag. Stuttgart 1993.

Beckmann, Hans-Karl: Aspekte der geisteswissenschaftlichen Didaktik: Voraussetzungen, Positionen, Bleibendes. In: Ruprecht, Horst/Hans-Karl Beckmann; Cube, Felix von/Wolfgang Schulz: Modelle grundlegender didaktischer Theorien. Schrödel. Hannover 1972.

Beitz, Wolfgang/Dirk Helbig: Neue Wege zur Produktentwicklung. Berufsfähigkeit und Weiterbildung. Schriftenreihe Konstruktionstechnik Nr. 37. TU Berlin. Berlin 1997.

BfA. Bundesanstalt für Arbeit (Hrsg.): Blätter zur Berufskunde 3-I P/01. Stand Dezember 1995. S. 4-11, 29-58.

BfA. Bundesanstalt für Arbeit (Hrsg.): Ingenieure. Ihre berufliche Zukunft (IBZ). Heft 25. Bundesanstalt für Arbeit. Nürnberg 1996.

Biedenkopf, Gerhard: Weiterbildung für Ingenieure. In: VDI: Hochschulbildung und Ingenieurberuf. VDI-Report 20. VDI. Düsseldorf 1993.

Bienhaus, Wolf: Ziel und Inhalte technischer Bildung. In: Kongress Technische Bildung. Geschichte – Probleme – Perspektiven. Informationsschrift zur Lehrerbildung, Lehrerfortbildung und pädagogischen Weiterbildung. Heft 51. Pädagogische Hochschule Heidelberg 1996. S. 44-60.

Binnewies, Günther: „Lean“ zu sein genügt nicht. Neue Trends in der Technischen Dokumentation. In: Technische Dokumentation optimieren. Professionelle Arbeitshilfen und Musterlösungen. Loseblattsammlung. Raabe Verlag. Berlin, Bonn, Budapest, Heidelberg, Stuttgart 1995.

Binstadt, Peter: Didaktische Strukturen und Begriffssysteme. In: Michelsen, Uwe: Darmstädter Beiträge zur Berufspädagogik. Band 13. Leuchtturm-Verlag. Alsbach 1990.

Birkhölzer, Karl: Die Entwicklung der Didaktik der Ingenieurschulen in der Bundesrepublik Deutschland I. Dissertation. TU Berlin. Berlin 1976.

Blandow, Dietrich: Paradigmenwechsel und Trends. In: Blandow, Dietrich/Walter E. Theuerkauf: Strategien und Paradigmenwechsel zur Technischen Bildung. Report der Tagung „Technische Bildung“ Braunschweig 18. bis 20. Oktober 1996. Verlag Franzbecker. Hildesheim 1996.

BLK. Bund-Länder-Kommission für Bildungsplanung und Forschungsförderung: Informationen über die Bund-Länder-Kommission für Bildungsplanung und Forschungsförderung. Bund-Länder-Kommission. Bonn 1998.

Blömeke, Markus L.: Die Maschine, das Studium und der Mensch dazwischen. In Frankfurter Rundschau. Aus Schule und Hochschule. Frankfurt 15.08.1996. S. 6.

Blümer, Heike: Der akademische Nachwuchs: Bummelanten oder Opfer der Umstände? In: VDI: Hochschulbildung und Ingenieurberuf. VDI-Report 20. VDI. Düsseldorf 1993.

BMBF. Bundesminister für Bildung, Wissenschaft, Forschung und Technologie. Rüttgers, Jürgen: Maßnahmen des Bundes zur Umsetzung der Hochschulreform Bundesministerium für Bildung, Wissenschaft, Forschung und Technologie. Bonn 08.11.1996

BMBF. Bundesminister für Bildung, Wissenschaft, Forschung und Technologie: Die Novellierung des Hochschulrahmengesetzes. Das neue HRG im Überblick. Bundesministerium für Bildung, Wissenschaft, Forschung und Technologie. Bonn 1998a. http://www.BMBF.de/deutsch/veroeff/magazin/mag97/kw38/n_hrg.htm.

BMBF. Bundesminister für Bildung, Wissenschaft, Forschung und Technologie. Rüttgers, Jürgen: Schwerpunktthema HRG. Das neue HRG im Überblick. Bundesministerium für Bildung, Wissenschaft, Forschung und Technologie. Bonn 1998b.

BMBF. Bundesminister für Bildung, Wissenschaft, Forschung und Technologie. Rüttgers, Jürgen: Zum Ingenieurwesen in Zeiten der Globalisierung. Ergebnisse des Ingenieurdialogs des BMBF. Bundesministerium für Bildung, Wissenschaft, Forschung und Technologie. Bonn 28.08.1998c.

BMBF. Bundesminister für Bildung, Wissenschaft, Forschung und Technologie. Rüttgers, Jürgen: Hochschulen für das 21. Jahrhundert. Bundesministerium für Bildung, Wissenschaft, Forschung und Technologie. Bonn 1998d.

BMBF. Bundesministerium für Bildung und Forschung. Buhlmann, Edelgard (Hrsg.): Neue Ansätze für Ausbildung und Qualifikation von Ingenieuren. Herausforderungen und Lösungen aus transatlantischer Perspektive. Bericht und Dokumentation. BMBF. Bonn 1999.

Bock, Gabriele: Ansätze zur Verbesserung von Technikdokumentation. Eine Analyse von Hilfsmitteln für Technikautoren in der Bundesrepublik Deutschland. In: Knilli, Friedrich/Gabriele Bock; Noack, Claus (Hrsg.): Technical Writing. Beiträge zur Technikdokumentation in Forschung, Ausbildung und Industrie. Band 1. Peter Lang GmbH. Frankfurt 1993.

Bock, Gabriele: Weiterbildung zum Technikautor. 1. Internationales Symposium zur Technikdokumentation. Berlin und Gotha 1992. In: Knilli, Friedrich/Gabriele Bock; Noack, Claus (Hrsg.): Technical Writing. Beiträge zur Technikdokumentation in Forschung, Ausbildung und Industrie. Band 1. Peter Lang GmbH. Frankfurt 1994.

Böhler, Klaus: Information Mapping – die Methode zur Erstellung strukturierter Dokumente. Optimiertes Informations-Management. In: tekom nachrichten 5/97. Fachzeitschrift für technische Kommunikation. Verlag Schmidt Römhild. Lübeck 1997. S. 4-6.

Böhme, Helmut: Eröffnungsansprache. In: Präsident der Technischen Hochschule (Hrsg.): Ingenieure für die Zukunft. Referate, Diskussionsbeiträge, Ergebnisse und Forderungen des 2. Internationalen Kongresses für Ingenieurausbildung in Darmstadt (IKIA 2). THD-Schriftenreihe Wissenschaft und Technik. Band 15. TH Darmstadt. Darmstadt 1980. S. 15-22.

Böhme, Helmut: Probleme des Lehrens und Lernens an der TH Darmstadt. In: Präsident der Technischen Hochschule (Hrsg.): THD-Werkstattgespräche zur Verbesserung der Lehre. Dokumentation der Veranstaltung in der Technischen Hochschule Darmstadt. THD-Schriftenreihe Wissenschaft und Technik. Band 62. TH Darmstadt. Darmstadt 1993.

Böhme, Helmut: Vorwort. In: Präsident der Technischen Hochschule (Hrsg.): Ingenieure für die Zukunft. Referate, Diskussionsbeiträge, Ergebnisse und Forderungen des 2. Internationalen Kongresses für Ingenieurausbildung in Darmstadt (IKIA 2). THD-Schriftenreihe Wissenschaft und Technik. Band 15. TH Darmstadt. Darmstadt 1980b. S. 9-12.

Bönkost, Klaus Jürgen/Rolf Oberliesen: Arbeit, Wirtschaft, Technik in Schulbüchern der Sekundarstufe I. Bundesministerium für Bildung, Wissenschaft, Forschung und Technologie (Hrsg.). Bonn 1997.

Bönsch, W.: Gebrauchsanleitungen. Kein anderes Medium ist im entscheidenden Moment so dicht am Konsumenten. In: Marketing Journal. 4/86. S. 346.

Brackmann, Hans-Jürgen/Rainer Brehler; Schlaffke, Winfried: Auf dem Prüfstand – Ingenieurstudium an Fachhochschulen. In: Institut der deutschen Wirtschaft (Hrsg.): Kölner Texte und Thesen. Band 13. Deutscher Instituts Verlag. Köln 1993.

Brackmann, Hans-Jürgen: Kurzstudium nein danke, aber ... Eine Hochschulreform aus der Sicht der Arbeitgeber. In: Forschung & Lehre. 11/96. S. 578-579.

Bullinger, Hans-Jörg: Technische Dokumentation Ein Verfahren zur Ermittlung von Kennzahlen für den Einsatz und Nutzwert der technischen Dokumentation. Gesellschaft für technische Kommunikation e.V. Stuttgart 1998.

Buttler, Friedrich/Manfred Tessaring: Humankapital als Standortfaktor. In: Mitteilungen aus der Arbeitsmarkt- und Berufsforschung, Heft 4. Institut für Arbeitsmarkt- und Berufsforschung der Bundesanstalt für Arbeit (IAB). Nürnberg 1993.

Chattaway, Carol: Facilitating the participation of adults in higher education: some problems and resolutions. In: Klingler, Josef/Peter Posch: Studierende mit Berufserfahrung – Eine Herausforderung für die Universitäten. Bildungswissenschaftliche Fortbildungstagung an der Universität Klagenfurt. Band 3. Böhlau. Wien 1986.

Christmann, Bernhard: Weiterbildung als Lückenbüßer der Erstausbildung von Ingenieuren? In: Neef, Wolfgang/Thomas Pelz (Hrsg.): Ingenieurinnen und Ingenieure für die Zukunft. Aktuelle Entwicklungen von Ingenieurarbeit und Ingenieurausbildung. Zentraleinrichtung Kooperation der Technischen Universität Berlin. Berlin 1997.

DAAD. Deutscher Akademischer Austauschdienst (Hrsg.): Bachelor und Master in den Ingenieurwissenschaften. DAAD und HRK. Bonn 1998.

Dahlgaard, Jens J.: Erfahrungen mit der Implementierung von TQM an Hochschulen. In: HRK (Hrsg.): Qualität an Hochschulen. Beiträge zur Hochschulpolitik 1/1999. Projekt Qualitätssicherung. Bonn 01.1999.

Dahrendorf, Ralf: Bildung ist Bürgerrecht. Nannen. Hamburg 1965.

Dallinger, Peter: Hochschulrahmengesetz. Kommentar. Mohr. Tübingen 1978.

Daniel, Hans-Dieter: Beiträge der empirischen Hochschulforschung zur Evaluation von Forschung und Lehre: Hochschul-Ranking – Studentische Beurteilung von Lehrveranstaltungen – Selbststeuerung der Wissenschaft durch Peer-Review. In: Teichler, Ulrich/Hans-Dieter Daniel; Enders, Jürgen (Hrsg.): Brennpunkt Hochschule. Neuere Analysen zu Hochschule, Beruf und Gesellschaft. Campus: Forschung Band 775. Schwerpunktreihe Hochschule und Beruf. Campus Verlag. Frankfurt/New York 1998.

Dauenhauer, Erich: Berufspolitik. Aufklärung und Gestaltung in der nachmodernen Berufswelt. In: Dauenhauer, Erich (Hrsg.): Schriftenreihe Beruf, Wirtschaft, Humankapital. Band 14. Walthari. Münchweiler 1997.

Denninger, Erhard (Hrsg.): Hochschulrahmengesetz. Kommentar. Beck. München 1984.

Der Spiegel: Welche Hochschule ist die beste? In: Spiegel Heft 16. 19.04.1993

Detzer, Kurt: Wer verantwortet den industriellen Fortschritt? Auf der Suche nach Orientierung im Geflecht von Unternehmen, Gesellschaft und Umwelt. Springer. Berlin, Heidelberg u.a. 1995

DGB. Deutscher Gewerkschaftsbund/Hans-Böckler-Stiftung/IGM (Hrsg.): Gewerkschaften zur Studienreform. Modellstudiengang Maschinenbau und Elektrotechnik Fuldaer Verlagsanstalt GmbH. Düsseldorf/Frankfurt 1984.

Director, Stephen W.: National and Global Imperatives in Engineering Education. In: Australasian Journal of Engineering Education. Vol 7, No. 1. 1996. http://elecpress. monash.edu.au./ajee/vol7no1/director.htm

Dollase, Rainer: Der respektlose Umgang mit der Wirklichkeit. Eine aktuelle Pathologie der Überbewertung von Sprache oder: Das Einstein Syndrom. In: Lauffer, Jürgen/Ingrid Vollmer: Kommunikative Kompetenz in einer sich ändernden Medienwelt. GMK-Schriftenreihe. Leske und Budrich. Opladen 1995.

Duggan, Terance V.: Engineering Education in the Context of Lifelong Learning. In: Australasian Journal of Engineering Education. Vol 6, No. 1. 1995. http://elecpress. monash.edu.au./ajee/duggan.htm

Duismann, Gerhard H./Dirk Plickat; Sellin, Hartmut: Expertenforum '93 – Berichte und Materialien. Unterrichtsinhalte und -methoden müssen neu überdacht werden In: Duismann, Gerhard H./Rolf Oberliesen: Arbeitsorientierte Bildung 2010. Szenarien zur Entwicklung technischer, ökonomischer und haushaltsbezogener Allgemeinbildung in den Schulen der Bundesrepublik Deutschland; Kontinuität und Wandel. Beiträge zur Arbeitslehre. Band 14. Schneider Verlag Hohengehren. Baltmannsweiler 1995.

Edding, Friedrich: Bildungsökonomie. In: Lenzen, Dieter (Hrsg.): Organisation, Recht und Ökonomie des Bildungswesens. Enzyklopädie Erziehungswissenschaft. Band 5. Klett Verlag für Wissen und Bildung. Stuttgart 1995.

Ederleh, Jürgen: Hochschulstudium unter den Bedingungen der Globalisierung und des Technikwandels. In: Bundesministerium für Bildung und Forschung (BMBF): Neue Ansätze für Ausbildung und Qualifikation von Ingenieuren. Herausforderungen und Lösungen aus transatlantischer Perspektive. Bericht und Dokumentation. BMBF. Bonn 1999.

Einsporn, Thomas: Strategische Nutzung des Wirtschaftsfaktors Information. Am Beispiel von 2500 mittelständigen Unternehmen. Deutscher Institus-Verlag GmbH Wirtschaft. Köln 1995

elta: Bedienungsanleitung. UKW/MW Cassetten-Autoradio. 7173. O.O.. o.J.

EMC. Medienservice Mittelholzer: Neue Grönigerstraße 7. 20457 Hamburg. 1998.

Enders, Jürgen/Ulrich, Teichler: Der Hochschullehrerberuf im internationalen Vergleich. Ergebnisse einer Befragung über die wissenschaftliche Profession in 13 Ländern. Bundesministerium für Bildung, Wissenschaft, Forschung und Technologie (Hrsg.). Bonn 1995.

Engelke Markus/Hans-Christian Pfohl: QM-Systeme sind extern motiviert – Ergebnisse einer empirischen Studie zu den Gründen der Zertifizierung nach DIN ISO 9000ff. In: QZ. Qualität und Zuverlässigkeit. 8/94, 860-863. Verlag Carl Hanser. München; Wien 1994.

Esser, H: Ganzheitliche Ingenieurausbildung – keine Utopie. In: Melezinek, Adolf (Hrsg.): Technik lehren * Technik lernen. Referate des 17. internationalen Symposiums „Ingenieurpädagogik '88". Leuchtturm-Schriftenreihe Ingenieurpädagogik. Band 24. Leuchtturm-Verlag. Alsbach 1988.

Fahse, Hermann: Hochschulgesetz Rheinland-Pfalz. Kommentar. Mit Erläuterungen zum Nebentätigkeitsrecht. Universität Kaiserslautern. Kaiserslautern 1976.

Fast, Ludger: Lernerfolgskontrolle, Leistungsmessung und Notengebung im Technikunterricht. In: Fast, Ludger/Helmut Klein: Notengebung – Beispiel Technikunterricht. Klinkhardt. Neuwied 1998.

Fast, Ludger: Leistungsbewertung im allgemeinbildenden Technikunterricht. Eine praxisanalytische Untersuchung zur Leistungsbewertung in den Fächern Technik/Natur und Technik der Realschule in Baden-Württemberg im Hinblick auf Möglichkeiten zur Steigerung der Leistungsbereitschaft. Verlag Dr. Kovac. Hamburg 1999.

FAZ. Frankfurter Allgemeine Zeitung: Hochschul-Anzeiger. Zeitung für Studium und Berufseinstieg. Vorsprung durch Technik. Die Wirtschaft sucht Techniker und Ingenieure. Ausgabe 39. Wintersemester 98/99. Frankfurt 1998.

Fischer, Heinrich: Wegweiser für die gewerbliche Jugend durch Beruf und Leben. Druck und Verlag von Heinrich Fischer. Worms 1894.

Fleischmann, Patrick/Bärbel Lorbeer; Tröster, Fritz: Integrierte Förderung von Schlüsselqualifikationen. Methoden und Erfahrungen aus einem hochschuldidaktischen Projekt. Leuchtturm-Verlag. Alsbach 2000.

Focus: Gebrauchsanweisungen. Nagen Sie die Leiste an. In: Focus 49/96. S. 104-106.

Focus: Brückenschlag in die Zukunft. Das Ingenieurstudium ist eine Ochsentour. Künftig sind zusätzlich „Soft Skills" wie Teamgeist, Fremdsprachen und Marketing gefragt. In: Focus 20/97. S. 140-150.

Frank, Andrea: Gesprächig, doch nicht geschwätzig. Findet die Wissenschaft einen Weg aus ihrer Selbstversponnenheit? In: Lauffer, Jürgen/Ingrid Vollmer: Kommunikative Kompetenz in einer sich ändernden Medienwelt. GMK-Schriftenreihe. Leske und Budrich. Opladen 1995.

Freund, Gerd: Weiterbildung für Ingenieure und Ingenieuerinnen in KMU. In: Neef, Wolfgang/Thomas Pelz (Hrsg.): Ingenieurinnen und Ingenieure für die Zukunft. Aktuelle Entwicklungen von Ingenieurarbeit und Ingenieurausbildung. Zentraleinrichtung Kooperation der Technischen Universität Berlin. Berlin 1997.

Freyer, Bernhard: Programme TUTOR und LEAD an der TU München. In: Bundesministerium für Bildung und Forschung (BMBF): Neue Ansätze für Ausbildung und Qualifikation von Ingenieuren. Herausforderungen und Lösungen aus transatlantischer Perspektive. Bericht und Dokumentation. BMBF. Bonn 1999. S. 404-407

Freytag, E.: Die Laufbahn des Ingenieurs. Dr. Max Jänecke, Verlagsbuchhandlung. Hannover 1907.

Frischkorn, Thomas: Reform der Reform der Reform. Ein Bericht über die Studienreformbemühungen an der FH Dieburg. In: Speed. 9/93 Studentenzeitung der FH Dieburg FH Dieburg. Dieburg 1993.

Fuchs, Michael: Qualifizierung und Bildung: Bedingungen für unternehmerisches Handeln. Vortrag. Tagung zum „Standortfaktor Bildung." 21. September 1999. Zitiert in: Qualifizierung für die Globalisierung. Bericht über die Tagung. Wuppertaler Kreis e.V. und Bundeswirtschaftsministerium. http://www.wkr-ev.de/Standortfaktor_Bildung/bericht.html

Ganzow, Burkhard: Potentiale nutzen – Engpässe beseitigen. In: Technische Dokumentation optimieren. Professionelle Arbeitshilfen und Musterlösungen. Loseblattsammlung. Raabe Verlag. Berlin, Bonn, Budapest, Heidelberg, Stuttgart 1995.

Giesen, H.: Vom Schüler zum Studenten. Reinhardt 1981.

Globus-Einzelhandelsunternehmen: Werbebeilage vom 12.September 1999. Koblenz 1999.

Glöckel, Hans/Rainer Rabenstein; Drescher, Reinhold/Heinz Kreiselmeyer (Hrsg.): Vorbereitung des Unterrichts. Neuausgabe. 2., erweiterte Ausgabe. Verlag Julius Klinkhardt. Bad Heilbrunn/Obb. 1992.

Gloger, Svenja: Vom Tüftler zum Servicepartner. In: UNI-Berufswahlmagazin 3/99. Bundesanstalt für Arbeit. Nürnberg 1999.

Grashof, Franz: Prinzipien der Organisation polytechnischer Schulen. Vortrag gehalten in der Hauptversammlung des Vereins deutscher Ingenieure zu Heidelberg am 5. September 1864. Selbstverlag des Vereins. Commissions-Verlag von Rudolph Gaertner. Amelang'sche Sortiments-Buchhandlung. Berlin 1865.

Graupner, Elke: Der Ingenieur – nur naturwissenschaftlich-technisch oder auch sozial? In: DGB (Hrsg.): Suche nach der Zukunft. Naturwissenschaft und Technik: Verantwortung für Wohlstand, Apokalypse ... oder? Beiträge zur Diskussion. Deutscher Gewerkschaftsbund. Düsseldorf o.J..

Gries, Thomas: Wachstum, Humankapital und die Dynamik der komparativen Vorteile. J.C.B. Mohr. Tübingen 1995.

Griesbach, Heinz/Franz Durrer; Kath, Gerd/Christoph Oehler: Studenten, Studiensituation und Studienverhalten In: Huber, Ludwig (Hrsg.): Ausbildung und Sozialisation in der Hochschule. Enzyklopädie Erziehungswissenschaft. Band 10. Klett Verlag für Wissen und Bildung. Stuttgart 1995.

Grüner, Gustav: Die didaktische Reduktion als Kernstück der Didaktik. In: Kahlke, Jochen/Fritz M. Kath: Didaktische Reduktionen und methodische Transformation. Quellenband. Leuchtturm-Verlag. Alsbach 1984. S. 63-80.

Guenther, Konrad: Heimatlehre als Wissenschaft und Lehrfach In: Kosmos, Gesellschaft der Naturfreunde. Kosmos, Handweiser für Naturfreunde. Zentralblatt für das naturwissenschaftliche Bildungs- und Sammelwesen. Heft 10. Franck'sche Verlagsbuchhandlung. Stuttgart 1921.

Hahn, Hans Peter: CE-Kennzeichnung leichtgemacht. Ein praktischer Leitfaden. Verlag Carl Hanser. München; Wien 1995.

Hahn, Hans Peter: Technische Dokumentation leichtgemacht. Verlag Carl Hanser. München; Wien 1996.

Hahn, Jürgen H.: Vorsihtigkeit vor der Beginnung. Ärger mit Anleitungen für Selbstbaumöbel. In: Rhein-Zeitung vom 18.03.1996. S. 4.

Hahn, Jürgen H.: Jetzt zieh den Zipfel durch die Masche. Das Buch der Gebrauchsanweisungen. Deutscher Taschenbuch Verlag GmbH & Co. Kg.. München 1997

Hailbronner, Kay (Hrsg.): Kommentar zum Hochschulrahmengesetz. (HRG). Loseblattsammlung. Heitmann. Hamburg 1995.

Heger, Michael/Robert Sell: Studieren lernen im Ingenieurstudium. Eine Begleituntersuchung zu 'Seminaren zur Verbesserung des Lern- und Arbeitsverhaltens" an der RWTH Aachen. In: Arbeitsberichte aus dem HDZ der RWTH Aachen. Nr. 22. HDZ der RWTH Aachen. Aachen 1986.

Heger, Michael: Über das Ingenieur-Grundstudium. Unveröffentlichtes Manuskript, S. 1-3; deutsche Kurzfassung von: Wagemann Carl-Hellmut: In: Journal of Applied Engineering. Vol. 2. No. 4. pp 257-272. 1986. Printed in Great Britain.

Heinecke, Volkhard H.: Technische Dokumentation und die Akzeptanz des Managements. Der Maschinen- und Anlagenbau auf dem Prüfstand. In: Technische Dokumentation optimieren. Professionelle Arbeitshilfen und Musterlösungen. Loseblattsammlung. Raabe Verlag. Berlin, Bonn, Budapest, Heidelberg, Stuttgart 1995.

Heldmann, Werner (Hrsg.): Studieren heute. Erwartungen der einzelnen Studienfächer an ihre Studienanfänger. Eine Hilfe für Schüler, Eltern und Berater. Deutscher Hochschulverband, Bad Honnef. K.H. Bock. Bad Honnef 1998.

Heldmann, Werner/Thomas Finkenstaedt: Voraussetzungen und Bedingungen des Hochschulstudiums. Deutscher Hochschulverband, Bad Honnef. K.H. Bock. Bad Honnef 1998.

Hellige, Hans - Dieter: Die gesellschaftlichen und historischen Grundlagen der Technikgestaltung als Gegenstand der Ingenieurausbildung. In: Technikgeschichte, Bd 51 (1984). Nr. 4. S. 276-292.

Henniger, Wolfgang/ZAV (Zentralstelle für Arbeitsvermittlung, Frankfurt): Maschinenbauingenieure. In: Bundesanstalt für Arbeit (Hrsg.): IBZ, Ihre Berufliche Zukunft. Heft 25 Bundesanstalt für Arbeit. Nürnberg 1996

Henning, Klaus/Joerg E. Staufenbiel: Berufsplanung für Ingenieure. Mit Stellenangeboten für Jungingenieure und Informatiker von über 130 Unternehmen. Staufenbiel Institut für Studien- und Berufsplanung. Köln 1999.

Hering, Dietrich: Didaktische Vereinfachung. Habilitationsschrift. Technische Hochschule Dresden. Dresden 1958.

Hermann, Roland: Gestaltung der Lernumgebung beim Arbeiten im Labor. In: International Conference of Scholars on Technology Education at the University. Tagungsband. WOCATE. Braunschweig 2000. CD-ROM.

Hernaut, Kruno A./Josef A. Nossek: Ingenieurqualifikation für den Strukturwandel. Fachübergreifende Inhalte im Studium der Elektrotechnik. Sonderdruck aus etz 117 (1996) S. 3-5.

Hernaut, Kruno A.: Die Anforderungen der Wirtschaft an die Ingenieurausbildung. In: DAAD (Hrsg.): Bachelor und Master in den Ingenieurwissenschaften. DAAD und HRK. Bonn 1998.

Hesse, Jürgen/Hans-Christian Schrader: Ingenieurwissenschaften. Berufsorientiert studieren. Eichborn. Frankfurt 1998.

Hill, Bernd: Entwicklungsmöglichkeiten technikdidaktischer Ansätze: In: Strategien und Paradigmenwechsel zur Technischen Bildung. Report der Tagung „Technische Bildung“ Braunschweig 18. bis 20. Oktober 1996. Verlag Franzbecker. Hildesheim 1996.

Himmelrath, Armin: Ei ohne Dotter. Hochschulrankings haben einen geringen Nutzwert. In: Beilage der Süddeutschen Zeitung. Sommersemester 1997. S. IX.

HIS-Absolventenreport 1993 siehe Minks, Karl-Heinz.

HIS. Hochschul-Informations-System GmbH: Leitlinien zukunftsorientierter Ingenieurausbildung. Erarbeitet im Plenum der Konferenz Innovative Ingenieurausbildung. In: Bundesministerium für Bildung und Forschung (BMBF): Neue Ansätze für Ausbildung und Qualifikation von Ingenieuren. Herausforderungen und Lösungen aus transatlantischer Perspektive. Bericht und Dokumentation. BMBF. Bonn 1999.

HmbHG. Hamburgisches Hochschulgesetz: In der Fassung vom 2. Juli 1991. Universität Hamburg. Hamburg 1991.

Hoch, Angelika: Der „Rohstoff Geist" steht auf der Straße. Schulische Defizite bei der Vermittlung fachübergreifender Qualifikationen. In: Süddeutsche Zeitung, Bildung und Beruf vom 7./8.9.1996. S. V1/1.

Holt, J.E. (Tim): Engineering Education – The Way Ahead. In: Australasian Journal of Engineering Education. Vol 7, No. 1. 1996. http://elecpress.monash.edu.au./ajee/vol7no1/holt.htm

Hoppmann, Hans-Dieter: Neues Produkthaftungsgesetz und herkömmliche Produzentenhaftung. Forkel Verlag. Wiesbaden 1990.

Horstkotte, Hermann: Lockruf des Erfolges. In Verbundmodellen wird das Hochschulstudium der Zukunft erprobt. In: Prospect – Zeitschrift des BMBF. 3/1998. Bonn 1998.

HRK. Konferenz der Rektoren und Präsidenten der Hochschulen in der BRD: Zur Studienstruktur – Leistungsnachweise im Grundstudium. Entschließung des 174. Plenums. Bonn 7.11.1994.

HRK. Konferenz der Rektoren und Präsidenten der Hochschulen in der BRD: Zu Kredit-Point-Systemen. Empfehlung des 182. Plenums. Bonn 7.7.1997.

HRK. Konferenz der Rektoren und Präsidenten der Hochschulen in der BRD: Qualitätsmanagement in der Lehre TQL 98. In: Beiträge zur Hochschulpolitik 5/1998. Projekt Qualitätssicherung. Bonn 06.1998.

HRK. Konferenz der Rektoren und Präsidenten der Hochschulen in der BRD: Evaluation und Qualitätssicherung an Hochschulen in Deutschland. Stand und Perspektiven. In: Beiträge zur Hochschulpolitik 6/1998. Projekt Qualitätssicherung. Bonn 07.1998.

HRK. Konferenz der Rektoren und Präsidenten der Hochschulen in der BRD: Evaluation. Sachstandsbericht zur Qualitätsbewertung und Qualitätsentwicklung in deutschen Hochschulen. In: Dokumente & Informationen 11/1998. Projekt Qualitätssicherung. Bonn 11.1998.

HRK. Konferenz der Rektoren und Präsidenten der Hochschulen in der BRD: Qualität an Hochschulen. In: Beiträge zur Hochschulpolitik 1/1999. Projekt Qualitätssicherung. Bonn 01.1999.

HRK. Konferenz der Rektoren und Präsidenten der Hochschulen in der BRD: „Viel Lärm um nichts?“ Evaluation von Studium und Lehre und ihre Folgen. In: Beiträge zur Hochschulpolitik 4/1999. Projekt Qualitätssicherung. Bonn 06.1999.

Huber, Ludwig: Hochschuldidaktik als Theorie der Bildung und Ausbildung. In: Huber, Ludwig (Hrsg.): Ausbildung und Sozialisation in der Hochschule. Enzyklopädie Erziehungswissenschaft. Band 10. Klett Verlag für Wissen und Bildung. Stuttgart 1995.

Huber, Ludwig: Berufsorientierung in der gymnasialen Oberstufe. In: Die deutsche Schule 89. (1997); S. 306-322.

Huber, Ludwig: Forschendes Lehren und Lernen – eine aktuelle Notwendigkeit. In: Das Hochschulwesen 46.(1998); 1, S. 3-10.

Huber, Ludwig: An- und Aussichten der Hochschulpädagogik. In: Zeitschrift für Pädagogik 45. (1999); 1, S. 25-44.

Hucho, Robert: Eine dringende Aufgabe: Zertifizierte Qualitätssicherung. Qualitätssicherung nach DIN ISO EN 9000-9004. In: Technische Dokumentation optimieren. Professionelle Arbeitshilfen und Musterlösungen. Loseblattsammlung. Raabe Verlag. Berlin, Bonn, Budapest, Heidelberg, Stuttgart 1995.

IAB. Institut für Arbeitsmarkt und Berufsforschung der Bundesanstalt für Arbeit: Viele Studierende sorgen sich um ihre Zukunft. Ergebnisse einer Befragung im Wintersemester 1994/95. In: Institut für Arbeitsmarkt- und Berufsforschung der Bundesanstalt für Arbeit (IAB): IABkurzbericht. Nr. 3 / 24.6.1997. Bundesanstalt für Arbeit. Nürnberg 1997.

Ingenkamp, Karlheinz: Zur Diskussion über die Leistungen unserer Berufs- und Studienanfänger. Eine kritische Bestandsaufnahme der Untersuchungen und Stellungnahmen. In: Zeitschrift für Pädagogik, Heft 1/86. S. 1-29.

Institut für Demoskopie Allensbach: Kritik an der Technik und die Zukunft einer Industrienation. Demoskopische Nachwuchsanalyse für Ingenieurberufe. In: Ministerium für Wissenschaft und Kunst Baden -Württemberg, (Hrsg.): Bildung in neuer Sicht, Nr. 47 Ministerium für Wissenschaft und Kunst Baden -Würtemberg. Villingen-Schwenningen 1982.

Jeiter, Wolfram: Das Gerätesicherheitsgesetz. -GSG-. (Gesetz über technische Arbeitsmittel). 2. Auflage. Verlag C.H. Beck. München 1993.

Jesberg, Paulgerd: Die Geschichte der Ingenieurbaukunst aus dem Geist des Humanismus. Eingeleitet und kommentiert von Knut Gabriel, mit einem Nachwort versehen von Günther Böhme. Deutsche Verlags-Anstalt. Stuttgart 1996.

Jouhy, Ernest: Der Student als Subjekt des Studiums. In: Schweim, Lothar: Der andere Studienführer. Beltz Verlag. Weinheim und Basel 1973.

Kahlke, Jochen/Fritz, M. Kath: Didaktische Reduktion und methodische Transformation. Leuchtturm-Verlag, Alsbach 1984.

Kalkowski, Peter: Innovationsstrategien des deutschen Maschinenbaus. Traditionelle Stärken, neue Herausforderungen, Ansätze zur Bewältigung. In: Braczyk, Hans-Joachim (Hrsg.): Innovationsstrategien im deutschen Maschinenbau – Bestandsaufnahme und neue Herausforderungen. Arbeitsbericht Nr. 83. Akademie für Technikfolgenabschätzung in Baden-Württemberg. Stuttgart 1997. S. 86-106.

Karmeli, Ariel/Gabriele Seidel: Die Ressource Mensch im Qualitätsmanagement. Grundlage für ein gelebtes Qualitätsmagementsystem ist konzeptionelle Personalentwicklung – Schulung allein reicht nicht aus. In: QZ. Qualität und Zuverlässigkeit. 10/94. Verlag Carl Hanser. München; Wien 1994. S. 1093-1098.

Kath, Fritz, M.: Beim Unterrichten bahnt sich ein Paradigmenwechsel an. In: International Conference of Scholars on Technology Education at the University. Tagungsband. WOCATE. Braunschweig 2000. CD-ROM.

Kazemzadeh, Foad/Hildegard Schaeper: Fachspezifische Studentenprofile – Bedingungen der Integration in das Studium. Zwischenergebnisse einer empirischen Untersuchung. In: Hochschul-Informations-System (HIS) (Hrsg.): Hochschulplanung. Band 44 HIS GmbH. Hannover 1983.

Keller, Andreas/Peter Römer: Vorgaben des Hessischen Hochschulgesetzes für Inhalt und Verfahren einer Hochschulstrukturreform. Gutachten erstattet für die Studentenschaft der Technischen Hochschule Darmstadt, vertreten durch den Allgemeinen Studentenausschuß, im Auftrage der hessischen Landes-Asten-Konferenz. Institut für Politikwissenschaft, Phillips-Universität-Marburg. Marburg 1996. http://www.th-darmstadt.de/fsmathe/hopo/HSK-Gutachten.html.

Kellermann, Paul. Vorbemerkungen. In: Kellermann, Paul (Hrsg.). Universität und Hochschulpolitik. Bildungswissenschaftliche Fortbildungstagung an der Universität Klagenfurt. Band 4. Verlag Böhlau. Wien, Köln, Graz 1986.

Kerst, Christian: Produktbezogene Dienstleistung in der Hersteller-Anwender-Beziehung. Das Beispiel der Technischen Dokumentation. Arbeitsbericht Nr. 24. Akademie für Technikfolgenabschätzung in Baden-Württemberg. Stuttgart 1994.

Kerst, Christian: Technische Dokumentation als Produktbezogene Dienstleistung. Beiträge zum Workshop „Technische Dokumentation in Industrie und Handwerk nutzen“. Akademie für Technikfolgenabschätzung in Baden-Württemberg. Stuttgart 1996a.

Kerst, Christian: Technische Dokumentation: Technikvermittlung zwischen Hersteller und Anwender. Arbeitsbericht Nr. 60. Akademie für Technikfolgenabschätzung in Baden-Württemberg. Stuttgart 1996b.

Klafki, Wolfgang: Neue Studien zur Bildungstheorie und Didaktik. Zeitgemäße Allgemeinbildung und kritisch-konstruktive Didaktik. Reihe Pädagogik. 5. Auflage. Beltz Verlag. Weinheim 1996

Klingler, Josef: Studierende mit Berufserfahrung – Eine Herausforderung für die Universitäten. In: Klingler, Josef/Peter Posch: Studierende mit Berufserfahrung – Eine Herausforderung für die Universitäten. Bildungswissenschaftliche Fortbildungstagung an der Universität Klagenfurt. Band 3. Böhlau. Wien 1986.

Klüver, Jürgen: Hochschule und Wissenschaftssystem. Campus-Verlag. Frankfurt 1983.

Klüver, Jürgen: Hochschule und Wissenschaftssystem. In: Huber, Ludwig (Hrsg.): Enzyklopädie Erziehungswissenschaften. Band 10. Ausbildung und Sozialisation in der Hochschule. Stuttgart 1995.

KMK/HRK. Konferenz der Kultusminister der Länder in der Bundesrepublik Deutschland/Konferenz der Rektoren und Präsidenten der Hochschulen in der BRD: Rahmenordnung für die Diplomprüfung im Studiengang Maschinenbau. An Universitäten und gleichgestellten Hochschulen. Sekretariat der Ständigen Konferenz der Kultusminister der Länder in der Bundesrepublik Deutschland. Bonn 1991.

KMK/HRK. Konferenz der Kultusminister der Länder in der Bundesrepublik Deutschland/Konferenz der Rektoren und Präsidenten der Hochschulen in der BRD: Umsetzung der Studienreform. Bonn 1993.

KMK/HRK. Konferenz der Kultusminister der Länder in der Bundesrepublik Deutschland/Konferenz der Rektoren und Präsidenten der Hochschulen in der BRD: Allgemeine Bestimmungen für Diplomprüfungsordnungen. Universitäten und gleichgestellte Hochschulen. Sekretariat der Ständigen Konferenz der Kultusminister der Länder in der Bundesrepublik Deutschland. Bonn 1994.

KMK. Konferenz der Kultusminister der Länder in der Bundesrepublik Deutschland: Empfehlungen der Studienreformkommission Maschinenbau und Verfahrenstechnik. Sekretariat der Ständigen Konferenz der Kultusminister der Länder in der Bundesrepublik Deutschland. Bonn 1986.

KMK. Konferenz der Kultusminister der Länder in der Bundesrepublik Deutschland: Geschäftsordnung. Gemäß Beschluss vom 19.11.1955 i.d.F. vom 2.12.1993 (Neufassung der Geschäftsordnung vom 2.12.1949). Kultusministerkonferenz. Bonn 1993.

KMK. Konferenz der Kultusminister der Länder in der Bundesrepublik Deutschland: http://www.bkmk.org/aufg-org/faltbl.htm Kultusministerkonferenz. Bonn 1999.

Kogon, Eugen: Stunde der Ingenieure. VDI-Verlag. Düsseldorf 1976.

Kohlstock, Peter: Integrative Ingenieurausbildung. Curriculumrevision im Ingenieurstudium am Beispiel des Vermessungswesens. Vermessungswesen bei Konrad Wittwer Band 31. Verlag Konrad Wittwer. Stuttgart 1997.

Kollmann, Franz G.: Maschinenelemente I+II. Vorlesungsskript. TH Darmstadt 1986.

Konegen-Grenier, Christiane/Reinhold Weiss.: Ingenieurbedarf und Technologietransfer. In: Institut der deutschen Wirtschaft (Hrsg.). Hauptabteilung Bildung und Gesellschaftswissenschaften: Kölner Texte und Thesen. Band 26. Deutscher Instituts Verlag. Köln 1996.

König, Wolfgang: Wissenschaft und Praxis. Schlüsselkategorien für die Entwicklung des deutschen Technischen Ausbildungssystems. In: Mitteilungen der TU Carola-Wilhelmina zu Braunschweig. Heft 2. Braunschweig 1985.

König, Wolfgang: Massenproduktion und Technikkonsum. Entwicklungslinien und Triebkräfte der Technik zwischen 1880 und 1914. In: Propyläen Technikgeschichte Netzwerke. Stahl und Strom. 1840-1914. Propyläen. Berlin 1997. Unveränderte Ausgabe von 1990.

Kotler, Philip/Friedhelm Bliemel: Marketing-Management. 7. Auflage. Verlag Poeschel. Stuttgart 1992.

Kraatz, Herbert: Technische Bildung als Allgemeinbildung. Die Situation in der Bundesrepublik Deutschland. In: tu. Zeitschrift für Technik im Unterricht. Heft 53. Neckar-Verlag. Villingen-Schwenningen 1989.

Krawitz, Rudi/Gerhard Kurz: Unterricht zwischen Planung und Prozess. In: Krawitz, Rudi (Hrsg.): Bildung im Haus des Lernens. Klinkhardt. Bad Heilbrunn 1997.

Krawitz, Rudi: Pädagogik. In: Bundschuh, Konrad/Ulrich Heimlich; Krawitz, Rudi (Hrsg.): Wörterbuch Heilpädagogik. Klinkhard. Neuwied 1999. S. 219-222.

Kuark, Julia: Wir verändern die Tradition des Ingenieurwesens. In: Fachkonferenz Frauen – Technik – Evaluation. Frauenförderung als Qualitätskriterium in technisch-naturwissenschaftlichen Studiengängen. Dokumentation der Referate aus den Workshops. Ada-Lovelace Schriftenreihen, Heft 7. Ada-Lovelace-Projekt und Hochschulrektorenkonferenz. Universität Koblenz-Landau. Abteilung Koblenz Koblenz Juli 2000. S. 30-33.

Kuhlmann, Eberhard: Dokumentation als Bestandteil der Unternehmenskommunikation. In: Technische Dokumentation. WEKA-Fachverlag. 1996.

Kunert, Hubertus: Bildung. In: Ipfling, Heinz-Jürgen: Grundbegriffe der pädagogischen Fachsprache. Ehrenwirt. München 1974. S. 50-55.

Küpper, Hans-Ulrich/Elmar J. Sinz (Hrsg.): Gestaltungskonzepte für Hochschulen. Effizienz, Effektivität, Evolution. Schäffer-Poeschel Verlag. Stuttgart 1998.

Lambrecht, James, L.: ISO 9000. Vorbereitungen zur Zertifizierung. Behr's Verlag. Hamburg 1993.

Lange, Elmar: Berufswahl. Eine empirische Untersuchung der Berufswahlsituation von Hauptschülern, Realschülern und Abiturienten. Wilhelm Fink Verlag. München 1978.

Lange, Josef: Übersicht über die Diskussion und bereits laufende neue Studiengänge. In: DAAD (Hrsg.): Bachelor und Master in den Ingenieurwissenschaften. DAAD und HRK. Bonn 1998.

Leffers, Jochen,: Freiburger Frischzellenkur. Die Forstwirtschaftler haben ihre Lehre umgekrempelt, Vorlesungen abgeschafft – und sich auf neue Berufsbilder eingestellt. In: Hochschule & Beruf. Das Magazin der SZ für Studierende und Starter. Sommersemester 2000. S. 11.

Leffers, Jochen: Denken, nicht tüfteln. Wie ein Mäzen mit einer 100 Millionen Mark-Spende eine ganz andere Softwaretechnik-Ausbildung schuf. In: Hochschule & Beruf. Das Magazin der SZ für Studierende und Starter. Sommersemester 2000. S. 13.

Lenk, Hans/Günter Ropohl (Hrsg.): Technik und Ethik. Stuttgart 1987.

Leuze, Dieter : Gesetz über die wissenschaftlichen Hochschulen des Landes Nordrhein-Westfalen unter Berücksichtigung des Hochschulrahmengesetzes des Bundes und der Hochschulgesetze der einzelnen Länder. Kommentar. Loseblattsammlung. Gieseking. Bielefeld 1981.

Lewin, Karl u.a.: Studienabbruch: Gründe und anschließende Tätigkeiten. Ergebnisse einer bundesweiten Befragung im Studienjahr 1993/94. HIS Kurzinformation A 1/95.

Lind, Georg: Die Rolle von Fachinteresse bei der Entscheidung für Ausbildung und Beruf In: Peisert, Hansgert (Hrsg.): Abiturienten und Ausbildungswahl. Beltz Verlag. Weinheim 1981.

Lipsmeier, Antonius: Didaktik gewerblich-technischer Berufsausbildung. In: Arnold, Rolf/Antonius Lipsmeier (Hrsg.): Handbuch der Berufsbildung. Leske und Budrich. Opladen 1995.

Longmuß, Jörg: Projektarbeit in der Konstruktionsausbildung – Organisation und Bewertung. In: VDI (Hrsg.): Fortschrittsberichte. VDI Reihe 1 Nr. 302. VDI Verlag. Düsseldorf 1998.

Ludwig, Hans-Rainer: Diskussionsbeitrag. In: Poy, Andrea: Bericht zum Workshop „Ingenieure und Ingenieurinnen für die Zukunft“ Frankfurt 1997. http://www.fh-frankfurt.de/wwwfb40/FB40-VER1.HTM

Mahler, Ralf: Studienführer Elektrotechnik – Maschinenbau – Verfahrenstechnik. Lexika Verlag. Würzburg 1999.

Maier, Harry: Bildungsökonomie. Die Interdependenz von Bildungs- und Beschäftigungssystem Schäffer-Poeschel Verlag. Stuttgart 1994.

Mandl, Heinz/Gabi Reinmann-Rothmeier: Unterrichten und Lernumgebungen gestalten. Forschungsbericht. Selbstverlag Ludwig-Maximilians-Universität. Institut für Pädagogische Psychologie und Empirische Pädagogik. München 1999.

Manegold, Karl-Heinz: Universität, Technische Hochschule und Industrie. Ein Beitrag zur Emanzipation der Technik im 19. Jahrhundert unter besonderer Berücksichtigung der Bestrebungen Felix Kleins. In: Fischer, Wolfram (Hrsg.): Schriften zur Wirtschafts- und Sozialgeschichte. Duncker & Humblot. Berlin 1970.

Mark, Gerhard: Sicherheit hat höchste Priorität. Die EG-Richtlinie Maschinen 89/392/EWG. In: Technische Dokumentation optimieren. Professionelle Arbeitshilfen und Musterlösungen. Loseblattsammlung. Raabe Verlag. Berlin, Bonn, Budapest, Heidelberg, Stuttgart 1995.

Marx, Karl: Grundrisse der Kritik der Politischen Ökonomie. Dietz-Verlag. Berlin 1953.

Masak, Stefan.: Uns wird ein Teil der Verantwortung für unser Studium abgenommen, den wir gar nicht hergeben wollen. In: Präsident der Technischen Hochschule (Hrsg.): THD-Werkstattgespräch – zur Verbesserung der Lehre. November 1992. THD-Schriftenreihe Wissenschaft und Technik. Band 62. TH Darmstadt. Darmstadt 1993.

Masing, Walter (Hrsg.): Handbuch Qualitätsmanagement. 3. Auflage. Verlag Carl Hanser. München; Wien 1994.

Mauel, Kurt: Franz Grashof. In: Sodan Günter (Hrsg.): Die Technische Fachhochschule Berlin im Spektrum Berliner Bildungsgeschichte. Der Präsident der Technischen Fachhochschule Berlin. Berlin 1988.

Meier, Bernd: Die Informationsgesellschaft. In: Institut der Deutschen Wirtschaft. Bundesarbeitsgemeinschaft Schule Wirtschaft, Köln: Thema Wirtschaft. 3/95. Deutscher Instituts-Verlag GmbH. Köln 1995.

Melezinek, Adolf (Hrsg.). Die Technik und ihre Lehre. Referate des zweiten internationalen Klagenfurter Symposiums „Ingenieurpädagogik '73" Schriftenreihe Ingenieurpädagogik. Band 2. Hochschule für Bildungswissenschaften in Klagenfurt. Verlag Johannes Heyn. Klagenfurt 1974.

Melezinek, Adolf (Hrsg.). Technik und Didaktik. Reflexion über das Wesen der Technik und Konsequenzen für die moderne Didaktik. Leuchtturm-Schriftenreihe Ingenieurpädagogik. Band 11. Leuchtturm-Verlag. Alsbach 1979a.

Melezinek, Adolf (Hrsg.). Technikvermittlung im Universitäts- und Hochschulbereich Leuchtturm-Schriftenreihe Ingenieurpädagogik. Band 12. Leuchtturm-Verlag. Alsbach 1979b.

Melezinek, Adolf: Ein Beitrag zur didaktischen Qualität des Unterrichts: Das IGIP-Qualifikationsprofil „The European Engeneering Educator – Der Europäische Ingenieurpädagoge 'ING-PAED IGIP' In: Melezinek, Adolf/Karl Bruns (Hrsg.). Ingenieurausbildung und Strukturveränderungen am Arbeitsplatz des ausgehenden 20. Jahrhunderts. Leuchtturm-Schriftenreihe Ingenieurpädagogik. Band 35. Leuchtturm-Verlag. Alsbach 1995.

Melezinek, Adolf (Hrsg.): Ingenieur 2000. Overinformed – Undereducated? Referate des 27. internationalen Symposiums „Ingenieurpädagogik '97". Leuchtturm-Schriftenreihe Ingenieurpädagogik. Band 37. Leuchtturm-Verlag. Alsbach 1997.

Memmert, Wolfgang: Didaktik in Grafiken und Tabellen. 4. Auflage. Verlag Julius Klinkhardt. Bad Heilbrunn/Obb. 1991.

Mertens, Ludwig: Die Technische Dokumentation als Marketinginstrument. In: tekom-Nachrichten.6/97. Stuttgart 1997.

Metall NRW. Verband der Metall- und Elektro-Industrie Nordrhein-Westfalen e.V.: Ingenieur. Ein Beruf mit Zukunft. Ruhrforschungszentrum Düsseldorf 1998.

Meyer, Hans Joachim: Die politische Verantwortung für das Bildungswesen. In: HRK (Hrsg.): Ein Schritt in die Zukunft. Qualitätssicherung im Hochschulbereich. Berliner Bildungsdialoge. Hochschulrektorenkonferenz und Veranstaltungsforum der Verlagsgruppe Georg von Holtzbrinck. Beiträge zur Hochschulpolitik 3/1999. Projekt Qualitätssicherung. HRK. Bonn 05.1999.

Meyer, Hilbert L.: Das ungelöste Deduktionsproblem in der Curriculumforschung. In: Achtenhagen, Frank/Hilbert L. Meyer (Hrsg.): Curriculumrevision. Möglichkeiten und Grenzen. Kösel-Verlag. München 1971. S. 106-133.

Meyer, Hilbert L.: Unterrichtsmethoden Praxisband. Cornelsen Scriptor. Frankfurt 1987a.

Meyer, Hilbert L.: Unterrichtsmethoden Theorieband. Cornelsen Scriptor. Frankfurt 1987b.

Meyer, Hilbert L./Werner Jank: Didaktische Modelle. Cornelsen Verlag Scriptor. Frankfurt 1991.

Meyer, Hilbert L.: Leitfaden zur Unterrichtsvorbereitung. 12. Auflage. Scriptor Ratgeber Schule. Band 6 Cornelsen Verlag Scriptor. Frankfurt am Main 1993.

Michelsen, Uwe: Zur Praxis und Theorie des Exemplarischen Lehrens. In: Zeitschrift für Berufs- und Wirtschaftspädagogik, 83. Band, Heft 6. Franz Steiner Verlag Wiesbaden. Stuttgart 1987.

Ministerium für Bildung und Kultur Rheinland-Pfalz (Hrsg.): Lehrplanentwurf Arbeitslehre. Hauptschule Klassen 7-9. Sommer, Verlag für das Schulwesen. Grünstadt 1992.

Minks, Karl-Heinz/ Hochschul-Informations-System (HIS): Absolventenreport Ingenieure. Ergebnisse einer Untersuchung zum Berufsübergang von Absolventen ingenieurwissenschaftlicher Diplom-Studiengänge. Bundesministerium für Bildung, Wissenschaft, Forschung und Technologie (Hrsg.). Bonn 1996.

Minks, Karl-Heinz/Christoph Heine; Lewin, Karl: Ingenieurstudium. Daten, Fakten, Meinungen. Vorgelegt zur Konferenz Innovative Ingenieurausbildung. Hochschulstudium unter den Bedingungen der Globalisierung und des Technikwandels. HIS Hochschul-Informations-System GmbH. Hannover 1997.

Morsch, Rainer/Wolfgang Neef; Wagemann, Carl-Hellmut: Das Elend des Grundstudiums. Ergebnisse einer Verlaufsuntersuchung im Grundstudium des Maschinenbaus und des Bauingenieurwesens an der TU Berlin. In: Arbeitsgemeinschaft für Hochschuldidaktik e.V. (Hrsg.): Hochschuldidaktische Materialien. Band 7. Leuchtturm-Verlag. Alsbach 1986.

Morsch, Rainer Hohe „Flüchtlingsquoten“ in den ingenieurwissenschaftlichen Studiengängen: Ein Indiz für Rückständigkeit und mangelnde Attraktivität. In: Wagemann, Carl-Hellmut: Der 28-Stunden-Tag. Ist das Studium überhaupt studierbar. Blickpunkt Hochschuldidaktik. Band 69. Arbeitsgemeinschaft für Hochschuldidaktik e.V. Hamburg 1982.

Morsch, Rainer/Wolfgang Neef; Schoembs, Harald/Carl-Hellmut Wagemann: Ingenieure. Studium und Berufssituation. Akademische Verlagsgesellschaft. Frankfurt am Main 1974.

Müller Wilfried: Berufliche Qualifikation als Ziel der wissenschaftlichen Ausbildung. Hochschuldidaktische Stichworte. Nr. 16. IZHD Hamburg. 1979.

Müller, Rainer A.: Geschichte der Universität. Von der mittelalterlichen universitas zur deutschen Hochschule. Verlag Georg D.W. Callwey. München 1990.

Museum für Verkehr und Technik Berlin: Ich diente nur der Technik. Sieben Karrieren zwischen 1940 und 1950. Nicolaische Verlagsbuchhandlung Beuermann. Berlin 1995.

Naumann, R./B. Steinberger: Zur prognostischen und perspektivischen Arbeitskräfte- und Bildungsplanung. In: Knauer, Arnold/Harry Maier; Wolter, Werner: Bildungsökonomie 1968.

Neef, Wolfgang/Thomas Pelz (Hrsg.): Ingenieurinnen und Ingenieure für die Zukunft. Aktuelle Entwicklungen von Ingenieurarbeit und Ingenieurausbildung. Zentraleinrichtung Kooperation der Technischen Universität Berlin. Berlin 1997a.

Neef, Wolfgang/Thomas Pelz: Innovative Studienmodelle in der Ingenieurausbildung. Abschlußbericht eines Projektes der Zentraleinrichtung Kooperation an der TU Berlin. Hans Böckler Stiftung. Berlin, Düsseldorf 1997b.

Neef, Wolfgang: Ingenieure. Entwicklung und Funktion einer Berufsgruppe. Bund-Verlag. Köln 1982.

Neef, Wolfgang: Im Umbruch zu neuen Konzepten: Leitbilder zu Qualifikation und Ausbildung für den zukunftsfähigen Ingenieurberuf. In: Neef, Wolfgang/Thomas Pelz (Hrsg.): Ingenieurinnen und Ingenieure für die Zukunft. Zentraleinrichtung Kooperation. Berlin 1997a.

Neef, Wolfgang: Vorwort. In: Neef, Wolfgang/Thomas Pelz (Hrsg.): Ingenieurinnen und Ingenieure für die Zukunft. Zentraleinrichtung Kooperation. Berlin 1997b.

Neef, Wolfgang: Ingenieurwissenschaften. In: Wissenschaftsforum der Sozialdemokratie. Angestelltensekretariat beim DGB-Bundesvorstand. NaturwissenschaftlerInnen Initiative >Verantwortung für den Frieden< e.V. (Hrsg.): Qualifikationen auf dem Abstellgleis? Ingenieure und Akademiker in der Krise. Deutscher Gewerkschaftsbund DGB. Berlin, Düsseldorf, Dortmund 1998.

Neef, Wolfgang: Ausblick: Innovative Ingenieurausbildung – die Mühen der Ebene In: Bundesministerium für Bildung und Forschung (BMBF). Buhlmann, Edelgard (Hrsg.): Neue Ansätze für Ausbildung und Qualifikation von Ingenieuren. Herausforderungen und Lösungen aus transatlantischer Perspektive. Bericht und Dokumentation. BMBF. Bonn 1999.

Neuhäuser-Metternich, Sylvia: Das Ada-Lovelace-Projekt – Empowerment of Women in Naturwissenschaft und Technik Universität Koblenz. Koblenz 1998.

Neuweiler, Gerhard: Die Einheit von Forschung und Lehre heute: eine Ideologie. In: Das Hochschulwesen. Forum für Hochschulforschung, -praxis und -politik. Luchterhand Verlag. Neuwied 1997.

NHG. Niedersächsisches Hochschulgesetz.: Ausgabe vom 12.07.1994.

Niebling, Jürgen: Die CE-Kennzeichnung. Schriftenreihe: Das Recht der Wirtschaft. Stuttgart. Boorberg 1995.

Nölker, Helmut: Technik und Bildung Überlegungen zur Problematik und Begründung einer allgemeinen Didaktik der Technologie. In: Bonz, Bernhard/Antonius Lipsmeier; Schanz, Heinrich: Allgemeine Technikdidaktik – Bedingungen und Ansätze des Technikunterrichts Beiträge zur Pädagogik für Schule und Betrieb. Holland und Josenhans Verlag. Stuttgart 1980.

Nuissl, Ekkehard/Rolf Rendtorff; Webler, Wolff-Dietrich: Scheitert die Hochschulreform? Heidelberg zum Exempel. RORORO aktuell. Rowohlt. Reinbeck bei Hamburg 1973.

Ott, Bernd (Hrsg.): Erster Zwischenbericht: Ergebnisse der wissenschaftlichen Begleitforschung/Evaluation. Pädagogik zeitgemäß. Schriftenreihe Heft 27. Pädagogisches Zentrum des Landes Rheinland-Pfalz. Bad Kreuznach 1997.

Otto, Gunter/Michael Sauer: Bildung – eine Praxis mit Programm. In: Bildung. Die Menschen stärken, die Sachen klären. Friedrich Jahresheft VI. Friedrich Verlag. Seelze 1988.

Paape, Björn: Wachstumsbedeutung von Bildung. Bildungsökonomische Überlegungen. In: DIE. Zeitschrift für Erwachsenenbildung. 1/2000. (Printausgabe) http://www.die-frankfurt.de/zeitschrift/12000/positionen1.htm (onlineausgabe).

Parmentier, Klaus/Hans-Joachim Schade; Schreyer, Franziska: Ingenieurwissenschaften. Akademiker/innen – Studium und Arbeitsmarkt. In: Institut für Arbeitsmarkt- und Berufsforschung der Bundesanstalt für Arbeit (IAB): Materialien aus der Arbeitsmarkt und Berufsforschung. MatAB 1.1/1998. Bundesanstalt für Arbeit. Nürnberg 1998.

Peisert, Hansgert (Hrsg.): Abiturienten und Ausbildungswahl. Beltz Verlag. Weinheim 1981.

Peisert, Hansgert/Gerhild Framhein: Das Hochschulsystem in Deutschland. Bundesministerum für Bildung, Wissenschaft, Forschung und Technologie. Bonn 1997.

Peisert, Hansgert/Tino Bargel: Anlage und Bilanz der Konstanzer Abiturientenuntersuchung. In: Peisert, Hansgert (Hrsg.): Abiturienten und Ausbildungswahl. Beltz Verlag. Weinheim 1981.

Pelz, Thomas: Innovative Studienmodelle in den Ingenieurwissenschaften Das Studienszenario. In: Neef, Wolfgang/Thomas Pelz (Hrsg.): Ingenieurinnen und Ingenieure für die Zukunft. Zentraleinrichtung Kooperation. Berlin 1997a.

Pelz, Thomas/Netzwerk Innovative Ingenieurausbildung: Protokoll des Workshops „Innovative Studiengänge in der Ingenieurausbildung“ 17. und 18.9.1997 in Bochum. Zentraleinrichtung Kooperation (ZEK) TU Berlin. 1997b. http://www.ikb.uni-essen.de/nisia/index.html

Petrick, Klaus: Entwicklung der ISO 9000-Normreihe. In: Zertifizierung. Sonderteil in Carl Hanser Fachzeitschriften. 4/94, 43-55. Verlag Carl Hanser. München; Wien 1994.

Pfeiffer, Friedhelm/Martin Falk: Der Faktor Humankapital in der Volkswirtschaft. Berufliche Spezialisierung und technologische Leistungsfähigkeit. Nomos Verlagsgesellschaft. Baden-Baden 1999.

Podratz, Harald: Produkthaftung. Haftung bei Sachmängeln. VDE-Verlag. Berlin 1992.

Pogarell, Reiner: Übergabedokumente – ein modernes Marketinginstrument. Anwenderfreundliche technische Dokumentation. In: tekom nachrichten. Fachzeitschrift für technische Kommunikation. 4/97. Verlag Schmidt Römhild. Lübeck 1997. S. 6-9.

Popp, Klaus: Qualitätssicherungsvereinbarungen. In: Masing, Walter (Hrsg.): Handbuch Qualitätsmanagement.3. Auflage. Verlag Carl Hanser. München; Wien 1994.

Portele, Gerhard/Ludwig Huber: Hochschule und Persönlichkeitsentwicklung In: Huber, Ludwig (Hrsg.): Ausbildung und Sozialisation in der Hochschule. Enzyklopädie Erziehungswissenschaft. Band 10. Klett Verlag für Wissen und Bildung. Stuttgart 1995.

Pott, Werner/Günter Frieling: ProdHaftG. Produkthaftungsgesetz. Kommentar. Verlag für Wirtschaft und Verwaltung Hubert Wingen. Essen 1992.

Poy, Andrea: Frankfurt für zwei Tage im Zentrum der Reformdiskussion um die Ingenieurausbildung. Ein Bericht zum Workshop Ingenieure und Ingenieurinnen für die Zukunft. FH-Frankfurt. Frankfurt 1997. http://www.fh-frankfurt.de/wwwfb40/FB40-VER1.HTM

Prahl, Hans-Werner: Prüfungen. In: Huber, Ludwig (Hrsg.): Enzyklopädie Erziehungswissenschaften. Band 10. Ausbildung und Sozialisation in der Hochschule. Stuttgart 1995.

Rall, Klaus: Konzept der TU Hamburg-Harburg zur Organisation ingenieurwissenschaftlicher Studiengänge. In: Bundesministerium für Bildung und Forschung (BMBF): Neue Ansätze für Ausbildung und Qualifikation von Ingenieuren. Herausforderungen und Lösungen aus transatlantischer Perspektive. Bericht und Dokumentation. BMBF. Bonn 1999.

Raufuß, Dietmar: Technik und Bildung. Franzbecker. Bad Salzdetfurth 1991.

RCDS. Ring Christlich-Demokratischer Studenten: Prüf' den Prof! Die Ergebnisse der RCDS-Studentenbefragung. In: Campus Spezial. Das RCDS-Studentenmagazin. RCDS. Bonn 1993.

Reich, Andreas: Bayrisches Hochschulgesetz. Kommentar. Bock. Bad Honnef 1989.

Reich, Andreas: Hochschulrahmengesetz. Kommentar. Bock. Bad Honnef 1996.

Reichert, Günther W.: Kompendium für technische Anleitungen. Girardet Verlag. Essen 1989.

Reinisch, Holger: Die Ökonomie des Hochschulwesens. In: Lenzen, Dieter (Hrsg.): Organisation, Recht und Ökonomie des Bildungswesens. Enzyklopädie Erziehungswissenschaft. Band 5. Klett Verlag für Wissen und Bildung. Stuttgart 1995.

Riedler, Alois: Unsere Hochschulen und die Anforderungen des zwanzigsten Jahrhunderts. A. Seydel. Berlin 1898.

Riedler, Alois: Die Entwicklung des maschinentechnischen Studiums. In: Zeitschrift des VDI. 52.Jg. Berlin 1908.

Riedler, Alois: Der Zerfall der Technischen Hochschule. O.O. 1918.

Riedler, Alois: Hochschuldämmerung. Verlag von R. Oldenbourg. München und Berlin 1921.

Riedler, Alois: Wirklichkeitsblinde in Wissenschaft und Technik. Verlag von Julius Springer. Berlin 1919.

Riesenhuber, K.-H. (Bundesforschungsminister a.D.): Gastvortrag an der IHK Koblenz zur Innovationsoffensive. Koblenz 15.07.1994.

Rimbach, Gerhard: Zur Qualifikation von Ingenieuren. Entwicklung, Analysen und Konzeption des ausserfachlichen Begleitstudiums an Gesamt- und Fachhochschulen im Lande Nordrhein-Westfalen. In: Becker, Egon/Ludwig Huber; Ritter, Ulrich/Carl-Hellmut Wagemann: Hochschuldidaktische Forschungsberichte. Arbeitsgemeinschaft für Hochschuldidaktik. Hamburg 1977.

Rinneberg, Christoph: Wohlstand neu begreifen. Eine Herausforderung an das Selbstverständnis der Ingenieurausbildung. In: Melezinek, Adolf/Karl Bruns (Hrsg.): Ingenieurausbildung und Strukturveränderungen am Arbeitsplatz des ausgehenden 20. Jahrhunderts. Referate des 24. Internationalen Symposiums „Ingenieurpäpdagogik '95". Leuchtturm-Schriftenreihe Ingenieurpädagogik; Band 35. Leuchtturm-Verlag. Alsbach 1995.

Rissiek, Jörg: Investition in Humankapital. Deutscher Universitäts-Verlag. Wiesbaden 1998.

Ritterbach, Udo: Fragen und Forderungen an einen schriftlichen Entwurf im Haushaltslehreunterricht. In: Hauswirtschaftliche Bildung. Schneider Verlag Hohengehren GmbH. Baltmannsweiler 1996.

Robbers, Thomas: Investitionen in berufliches Humankapital und die Absicherung erwarteter Erträge. Eine Analyse aus der Sicht neuerer Ökonomischer Ansätze. Josef Eul Verlag. Bergisch Gladbach 1992.

Robinsohn, Saul/J. Caspar Kuhlmann: Two Decades of Non-Reform in West German Education. In: Comparative Education Review 11 (1967) S. 311-330.

Ropohl, Günter: Technik als Bildungsaufgabe allgemeinbildender Schulen. In: Traebert, Wolf (Hrsg.): Technik als Schulfach. Band 1. VDI-Verlag. Düsseldorf 1976. S. 7-25.

Ropohl, Günter: Ein generalistisches Programm zur Integration technik- und sozialwissenschaftlicher Ausbildung. In: Böhme, Helmut (Hrsg.): Ingenieure für die Zukunft. THDarmstadt. Darmstadt 1980

Ropohl, Günter: Die unvollkommene Technik. Frankfurt 1985.

Ropohl, Günter: Das neue Paradigma in den Technikwissenschaften. In: Neef, Wolfgang/Thomas Pelz (Hrsg.): Ingenieurinnen und Ingenieure für die Zukunft. Zentraleinrichtung Kooperation. Berlin 1997.

Rothery, Brian: Der Leitfaden zur ISO 9000. Verlag Carl Hanser. München; Wien 1994.

Sachverständigenrat Bildung bei der Hans-Böckler-Stiftung. Ein neues Leitbild für das Bildungssystem. Elemente einer künftigen Berufsausbildung. Hans-Böckler-Stiftung. Düsseldorf 1998.

Schaffrina, Jörg: Handhabungsgestaltung der Mensch-Maschine-Schnittstelle bzw. der Mensch-Prozeß-Kommunikation Vortragsmanuskript. Vortrag bei der tekom (Gesellschaft für technische Kommunikation e.V.) in Rödermark, am 14.01.1999.

Schaumann, Fritz: Die Deutsche Ingenieurausbildung vor neuen Herausforderungen. In: Neef, Wolfgang/Thomas Pelz (Hrsg.): Ingenieurinnen und Ingenieure für die Zukunft. Zentraleinrichtung Kooperation. Berlin 1997.

Schaumann, Fritz: Die Internationalisierung des deutschen Hochschulsystems. In: DAAD (Hrsg.): Bachelor und Master in den Ingenieurwissenschaften. DAAD und HRK. Bonn 1998.

Schelsky, Helmut: Abschied von der Hochschulpolitik oder Die Universität im Fadenkreuz des Versagens. Bertelsmann-Universitäts-Verlag. Bielefeld 1969.

Schenk, Julius: Die Begriffe „Wirtschaft" und „Technik" und ihre Bedeutung für die Ingenieurausbildung. Ein Mahnwort an die Reformer der technischen Hochschulen. Breslau 1912.

Schenk, Julius: Der Ingenieur, das Wesen seiner Tätigkeit, seine Ausbildung: wie sie sein sollte und wie sie ist. Als Denkschrift den Unterrichtsministerien der deutschen Staaten. Breslau 1919.

Schenk, Julius: Zur Reform des Unterrichtes des Maschinenbauwesens an den Technischen Hochschulen. Verlag von Carl Dülfer. Breslau 1920.

Schenk, Julius: Die Technischen Hochschulen am Scheideweg. Verlag von R. Oldenbourg. München und Berlin 1921.

Scheuerl, Hans: Das Problem der Stofffülle. In: Probleme einer Schulreform. Verlag Kröner. Stuttgart 1959. S. 71-85.

Schilling, Ernst-Günter: Didaktisch-curriculare Strukturierung eines Schwerpunktes Maschinenbautechnik. In: Kath, Fritz M. (Hrsg.): Schriftenreihe: Erziehung – Beruf – Wissenschaft. Leuchtturm-Verlag. Alsbach 1981.

Schimank, Uwe: Hochschulforschung im Schatten der Lehre. Campus Verlag. Frankfurt/Main, New York 1995.

Schlömer, Tobias: Produktnutzen und Kundenzufriedenheit. In: Technische Dokumentation. Loseblattsammlung. WEKA-Fachverlag. 1996.

Schmayl, Winfried/Fritz Wilkening: Technikunterricht. Verlag Klinkhardt. Bad Heilbrunn 1995.

Schmayl, Winfried: Bildungsziele des Technikunterrichts. In: tu. Zeitschrift für Technik im Unterricht. Heft 62. Neckar-Verlag. Villingen-Schwenningen 1991.

Schmidt, Manfred. Schlüsselqualifikationen in der betrieblichen Ausbildung. In: Fast, Ludger/Harald Seifert (Hrsg.): Technische Bildung. Geschichte, Probleme, Perspektiven. Didaktische Materialien zur technischen Bildung. Schriften

Schmiel, Martin: Einführung in fachdidaktisches Denken. Verlag Kösel. München 1978.

Schnabel, Franz: Deutsche Geschichte im neunzehnten Jahrhundert. Band 3. Erfahrungswissenschaften und Technik. Unveränderter Nachdruck der Ausgabe Freiburg 1934. Deutscher Taschenbuch Verlag. München 1987.

Schnetzler, Eberhard: Der junge Maschinenbauer. Eine Einführung in die Elemente des Maschinenbaus und Anleitung zur Herstellung kleiner Modelle. Union Deutsche Verlagsgesellschaft. Stuttgart, Berlin, Leipzig 1909.

Scholz, Günther Exemplarisches Lehren und Lernen. Ipfling, Heinz-Jürgen: Grundbegriffe der pädagogischen Fachsprache. Ehrenwirt. München 1974. S. 99-102

Schulmeister, Rolf: Pädagogisch-psychologische Kriterien für den Hochschulunterricht In: Huber, Ludwig (Hrsg.): Enzyklopädie Erziehungswissenschaften. Band 10. Ausbildung und Sozialisation in der Hochschule. Stuttgart 1995.

Schulz, Lothar: Der zweite technische Bildungsweg im Berlin der Weimarer Republik. In: Sodan Günter (Hrsg.): Die Technische Fachhochschule Berlin im Spektrum Berliner Bildungsgeschichte. Der Präsident der Technischen Fachhochschule Berlin. Berlin 1988.

Schulz, Rüdiger: Mangel an Ingenieurnachwuchs. Folge von Technikskepsis, rückläufiger mathematisch-naturwissenschaftlicher Begabungen und Interessen oder Reflex falscher Bedarfsprognosen? In: RWE: 19. Hochschultage Energie. Tagungsbericht. RWE. Essen 1999.

Schulz, Wolfgang: Die Perspektive heißt Bildung. In: Bildung. Die Menschen stärken, die Sachen klären. Friedrich Jahresheft VI. Friedrich Verlag. Seelze 1988b.

Schwarze, Barbara/Wolff-Dietrich Webler (Hrsg.): Lernen in Europa. Neue Anforderungen an die Ausbildung von Ingenieurinnen und Ingenieuren. Blickpunkt Hochschuldidaktik. Band 104. Beltz Verlag. Deutscher Studien Verlag. Weinheim 1998.

Schweitzerhof, Karl: Ingenieurstudium an den Universitäten in der Kritik. Nur Organisationsschwächen, aber keine Krise. Eine Bestandsaufnahme und Vorschläge zur Lösung. In: Bundesministerium für Bildung und Forschung (BMBF). Buhlmann, Edelgard (Hrsg.): Neue Ansätze für Ausbildung und Qualifikation von Ingenieuren. Herausforderungen und Lösungen aus transatlantischer Perspektive. Bericht und Dokumentation. BMBF. Bonn 1999.

Schwender, Clemens: Früher haben wir die Anleitung nebenbei gemacht. Ansätze zu einer Oral History der Technischen Dokumentation. In: Knilli, Friedrich/Gabriele Bock; Noack, Claus (Hrsg.): Technical Writing. Beiträge zur Technikdokumentation in Forschung, Ausbildung und Industrie. Band 2. Peter Lang GmbH. Frankfurt 1993.

Seeger, Hartmut: Entwicklungen im Technischen Design. Erkundungen der Gebrauchsqualitäten technischer Produkte unter der besonderen Berücksichtigung Baden-Württembergs. Landesmuseum für Technik und Arbeit. Mannheim 1986.

Sinn, Hansjörg: Offenlegung von Studien- und Prüfungsinhalten; Voraussetzung zur Reform. In: VDI: Hochschulbildung und Ingenieurberuf. VDI-Report 20. VDI. Düsseldorf 1993a.

Sinn, Hansjörg: Konzepte zur Studienreform. In: VDI: Hochschulbildung und Ingenieurberuf. VDI-Report 20. VDI. Düsseldorf 1993b.

Smith, Adam: Der Wohlstand der Nationen. Beck-Verlag. München 1974.

Snow, Charles Percy: Die zwei Kulturen. Literarische und naturwissenschaftliche Intelligenz. Ernst Klett Verlag. Stuttgart 1967.

Sommerkorn, Ingrid N.: Studium und Beruf – Kontinuität oder Diskontinuität? In: Grohs, Gerhard: Kulturelle Identität im Wandel: Beiträge zum Verhältnis von Bildung, Entwicklung und Religion. Verlagsgemeinschaft Ernst Klett-J.G. Cotta'sche Buchhandlung Nachfolger GmbH. Stuttgart 1980. S. 150-163.

Speier, Achim: Handbuch zu Problemen des Lehrens. Arbeitsbericht Nr. 4 aus dem HDZ/KDI der RWTH Aachen. 4. erweiterte Auflage. Hochschuldidaktisches Zentrum der RWTH Aachen. Aachen 1991.

Staehle, Wolfgang: Weiterbidung von Ingenieuren auf dem Gebiet des Managements. In: Buzdugan, Gheorghe: Moderne Methoden und Hilfsmittel der Ingenieurausbildung. Technische Hochschule Darmstadt 1978.

Statistisches Bundesamt: Studenten an Hochschulen WS 1992/93. Metzler Poeschel. Stuttgart 1993.

Stegmann, Heinz: Abiturienten und Studium: Bestimmungsfaktoren für die Studienaufnahme und die Wahl des Studienganges. In: Mitteilungen aus der Arbeitsmarkt- und Berufsforschung. Heft 4. Institut für Arbeitsmarkt- und Berufsforschung der Bundesanstalt für Arbeit (IAB). Nürnberg 1980.

Steindorf, Gerhard: Grundbegriffe des Lehrens und Lernens. 4. Auflage. Verlag Julius Klinkhardt. Bad Heilbrunn/Obb. 1995.

Stern: Abitur was dann? Deutschlands beste Universitäten. In: Stern Heft 16. 19.04.1993.

Stifterverband für die Deutsche Wissenschaft. Die Gemeinschaftsaktion der Wirtschaft: Qualifikationsanforderungen an Hochschulabsolventen. Empfehlungen aus der Sicht der Wirtschaft. Stifterverband. Essen 1993.

Stifterverband für die Deutsche Wissenschaft: Studienreform – Profilbildung – Wettbewerb. Memorandum und Aktionsprogramm. Hauptverwaltung. Essen 1994a.

Stifterverband für die Deutsche Wissenschaft: Hochschulreform durch Leistungswettbewerb und Privatisierung? Thesen, Empfehlungen und offene Fragen. Hauptverwaltung. Essen 1994b.

Stifterverband für die Deutsche Wissenschaft: Ausschreibung Aktionsprogramm: „Studienreform – Profilbildung – Wettbewerb". Hauptverwaltung. Essen 1996.

Stiftung Warentest: Test. Gebrauchsanleitungen für Videorecorder. Mehr Verwirrung als Hilfe. In: test 8/95. S. 31-33.

Strübe, Dirk: Entwicklung von Schlüsselqualifikationen im Laborbetrieb. In: International Conference of Scholars on Technology Education at the University. Tagungsband. WOCATE. Braunschweig 2000. CD-ROM.

Tagung Qualitätsmanagement in der Lehre. Veranstaltet vom Arbeitskreis „Qualitätsmanagement in der Lehre" und der Hochschulrektorenkonferenz (HRK). Wiesbaden 4.2.1998.

Tansley, Geoff D.: Super-Curricular Content – The Dissemination of Professional Cultur. In: Australasian Journal of Engineering Education. Vol 7, No. 1. 1996. http://elecpress. monash.edu.au./ajee/vol7no1/tansley.htm

Teichler, Ulrich/Hans-Dieter Daniel; Enders, Jürgen: „Hochschule und Gesellschaft" als Gegenstand der Forschung. In: Teichler, Ulrich/Hans-Dieter Daniel; Enders, Jürgen (Hrsg.): Brennpunkt Hochschule. Neuere Analysen zu Hochschule, Beruf und Gesellschaft. Campus: Forschung Band 775. Schwerpunktreihe Hochschule und Beruf. Campus Verlag. Frankfurt/New York 1998.

Teichler, Ulrich/Harald Schomburg: Studium, Studienbedingungen und Berufserfolg. In: Teichler, Ulrich/Hans-Dieter Daniel; Enders, Jürgen (Hrsg.): Brennpunkt Hochschule. Neuere Analysen zu Hochschule, Beruf und Gesellschaft. Campus: Forschung Band 775. Schwerpunktreihe Hochschule und Beruf. Campus Verlag. Frankfurt/New York 1998.

Teichler, Ulrich: Hochschule und Beschäftigungssystem. In: Huber, Ludwig (Hrsg.): Enzyklopädie Erziehungswissenschaften. Band 10. Ausbildung und Sozialisation in der Hochschule. Stuttgart 1995.

Tessaring, Manfred: Tendenzen des Qualifikationsbedarfs in der Bundesrepublik Deutschland bis zum Jahre 2010. Implikationen der IAB/Prognos-Projektion 1989 für die Qualifikationsstruktur der Arbeitsplätze in Westdeutschland In: Mitteilungen aus der Arbeitsmarkt- und Berufsforschung, Heft 1. Institut für Arbeitsmarkt- und Berufsforschung der Bundesanstalt für Arbeit (IAB). Nürnberg 1991.

Tessaring, Manfred: Langfristige Tendenzen des Arbeitskräftebedarfs nach Tätigkeiten und Qualifikationen in den alten Bundesländern bis zum Jahre 2010. Eine erste Aktualisierung der IAB/Prognos-Projektion 1989/91. In: Mitteilungen aus der Arbeitsmarkt- und Berufsforschung, Heft 1. Institut für Arbeitsmarkt- und Berufsforschung der Bundesanstalt für Arbeit (IAB). Nürnberg 1994.

THD. Präsident der Technischen Hochschule (Hrsg.): THD-Werkstattgespräch – zur Verbesserung der Lehre. November 1992. THD-Schriftenreihe Wissenschaft und Technik. Band 62. TH Darmstadt. Darmstadt 1993.

Thieme, Werner: Deutsches Hochschulrecht: Das Recht der wissenschaftlichen, künstlerischen, Gesamt- und Fachhochschulen in der Bundesrepublik Deutschland. Heymanns. Köln 1986.

Thoma, Manfred: Notwendigkeiten und Voraussetzungen für ein wissenschaftliches Ingenieurstudium. In: Präsident der Technischen Hochschule (Hrsg.): Ingenieure für die Zukunft. Referate, Diskussionsbeiträge, Ergebnisse und Forderungen des 2. Internationalen Kongresses für Ingenieurausbildung in Darmstadt (IKIA 2). THD-Schriftenreihe Wissenschaft und Technik. Band 15. TH Darmstadt. Darmstadt 1980.

Traebert, Wolf E.: Technik und Allgemeinbildung: Stand und Entwicklungstendenzen des allgemeinbildenden Unterrichts über Technik an den Schulen der (alten) Bundesländer. In: Henseler, Kurt/Gerd Höpken; Reich, Gerd: Technische Allgemeinbildung. Berichtsband der 5. Hochschultage Technikunterricht. Neckar Verlag. Villingen-Schwenningen 1998.

TU Berlin: Änderung der ersten Neufassung der Prüfungsordnung für das Grund- und Hauptstudium des Studienganges Maschinenbau. In: Amtliches Mitteilungsblatt der TU Berlin. Nr. 5/1994. TU Berlin. Berlin 29.7.1994.

TU Hamburg-Harburg Werbebroschüre für das Studium der Ingenieurwissenschaften. TU Hamburg-Harburg 1994.

Udris, Ivars/Martin Rimann: Ingenieure – alter Beruf, neue Werte? Untersuchungen zur Berufssituation, zu Werteorientierungen und Arbeitszufriedenheit von Ingenieuren. In: Rosenstiel, Lutz von/Thomas Lang; Sigl, Eduard (Hrsg.): Fach- und Führungsnachwuchs finden und fördern. Schäffer-Poeschel Verlag. Stuttgart 1994a.

Udris, Ivars/Martin Rimann: Zu Selbstbildern und beruflichen Wertorientierungen junger Ingenieure. Eine vergleichende Studie unterschiedlicher Fachrichtungen. In: Rosenstiel, Lutz von/Thomas Lang; Sigl, Eduard (Hrsg.): Fach- und Führungsnachwuchs finden und fördern. Schäffer-Poeschel Verlag. Stuttgart 1994b.

UGBw. Universitätsgesetz Baden-Württemberg: Ausgabe vom 10. Januar 1995.

Ulbricht, Kurt: siehe Melezinek 1979a.

UNI (-Berufswahlmagazin): Konkurrenz um Spitzenkräfte. In: UNI-Berufswahlmagazin 2/99. Bundesanstalt für Arbeit. Nürnberg 1999.

VDE. Verband Deutscher Elektrotechniker. Ausschuß Ingenieurausbildung: Auswirkungen des Strukturwandels in der Elektroindustrie auf die Ingenieurausbildung. Frankfurt am Main 1994.

VDMA. Verband Deutscher Maschinen- und Anlagenbauer: Thesen des VDMA zur Studienreform der Maschinenbau-Ingenieure. VDMA. Frankfurt 1979.

VDMA. Verband Deutscher Maschinen- und Anlagenbauer: Gestaltung der Studienpläne für Maschinenbau-Ingenieure. VDMA. Frankfurt 1980.

VDMA. Verband Deutscher Maschinen- und Anlagenbauer: Anforderungsprofile für Ingenieure im Maschinenbau. 1980. In: VDI: Hochschulbildung und Ingenieurberuf. VDI-Report 20. VDI. Düsseldorf 1993.

VDMA. Verband Deutscher Maschinen- und Anlagenbauer. Bildungsreferat: Qualifikation entscheidet. In: VDMA (Hrsg.): Maschinenbau Nachrichten. 12/94. VDMA. Frankfurt 1994.

VDMA. Verband Deutscher Maschinen- und Anlagenbauer. Bildungsreferat: Ingenieur-Erhebung im Maschinen- und Anlagenbau 1995. Ergebnisse der VDMA-Studie. VDMA. Frankfurt 1996a.

VDMA. Verband Deutscher Maschinen- und Anlagenbauer. Bildungsreferat: Qualifikation entscheidet. In: VDMA (Hrsg.): Maschinenbau konkret. 12/94. VDMA. Frankfurt 1996b.

VDMA. Verband Deutscher Maschinen- und Anlagenbauer. Bildungsreferat: Think-Ing. Anzeige. In: Hochschul-Anzeiger der FAZ. Frankfurt. Mai 2000

VDI. Verein Deutscher Ingenieure: Die Ausbildungsempfehlung des VDI. VDI. Düsseldorf 1983

VDI. Verein Deutscher Ingenieure: Empfehlungen des VDI zur Integration fachübergreifender Studieninhalte in das Ingenieurstudium. VDI. Düsseldorf 1990.

VDI. Verein Deutscher Ingenieure: Hochschulbildung und Ingenieurberuf. VDI-Report 20. VDI. Düsseldorf 1993.

VDI. Verein Deutscher Ingenieure: Ingenieure für die Zukunft. Ingenieurausbildung im Umbruch. Empfehlungen des VDI für eine zukunftsorientierte Ingenieurqualifikation. VDI. Düsseldorf 1995. http://www.wi-inf.uni-essen.de/~vdi/ing-qual.html.

VDI. Verein Deutscher Ingenieure: VDI-Studie Ingenieurbedarf. VDI. Düsseldorf 1996.

VDI. Verein Deutscher Ingenieure: Ingenieur – Berufsbild im Wandel. In: VDI-Nachrichten fazit. VDI. Düsseldorf 1997.

VDI. Verein Deutscher Ingenieure: VDI-Hauptgruppe. Der Ingenieur in Beruf und Gesellschaft. VDI. Düsseldorf 1998a.

VDI. Verein Deutscher Ingenieure: Thesen zur Weiterentwicklung der Ingenieurausbildung in Deutschland. VDI. Düsseldorf 1998b.

VDI. Verein Deutscher Ingenieure: Kontaktmessen für Studenten. In: VDI-Nachrichten vom 16.4.1999

Vogel, Bernd/Tim Frerichs: Maschinenbau an Universitäten und Fachhochschulen. Struktur- und Organisationsplanung, Bedarfsplanung, Programmplanung. In: Hochschul-Informations-System (HIS) (Hrsg.): Hochschulplanung. Band 137. HIS GmbH. Hannover 1999.

Vogel, Bernd: Interdisziplinarität in der Ingenieurausbildung. Eine vergleichende Studie zur Situation geistes- und sozialwissenschaftlicher Lehrangebote für Studierende der Ingenieurwissenschaften. Gesellschaft zur Förderung arbeitsorientierter Bildung. Frankfurt 1993.

Vogel, Ulrike/Christiana Hinz: Zur Steigerung der Attraktivität des Ingenieurstudiums. Erfahrungen aus einem Projekt. Kleine Verlag. Bielefeld 2000.

Wagemann, Carl-Hellmut/Christoph Rinneberg: Die Berücksichtigung des studentischen Zeithaushaltes in der Studienplanung - ein Ansatz zur Verbesserung der Studierbarkeit. In: Wagemann, Carl-Hellmut: Der 28-Stunden-Tag. Ist das Studium überhaupt studierbar. Blickpunkt Hochschuldidaktik. Band 69. Arbeitsgemeinschaft für Hochschuldidaktik e.V. Hamburg 1982.

Wagemann, Carl-Hellmut: Universität oder Schule? In: Grohs, G.: Kulturelle Identität im Wandel: Beiträge zum Verhältnis von Bildung, Entwicklung und Religion. Verlagsgemeinschaft Ernst Klett-J.G. Cotta'sche Buchhandlung Nachfolger GmbH. Stuttgart 1980a. S. 211-219.

Wagemann, Carl-Hellmut: Prüfungssysteme und Prüfungsreformen in den ingenieurwissenschaftlichen Fächern der Hochschulen in der Bundesrepublik Deutschland und Berlin (West), Schwerpunkt Elektrotechnik. In: Prahl, Hans-Werner (Hrsg.): Prüfungsysteme und Prüfungsreformen an den Hochschulen der BRD. Hamburg 1980b.

Wagemann, Carl-Hellmut: Humboldt oder Leussink. Das Ingenieurstudium: Paradigma oder Studienreform. In: Arbeitsgemeinschaft für Hochschuldidaktik e.V. (Hrsg.): Hochschuldidaktische Materialien. Band 10. Leuchtturm-Verlag. Alsbach 1987.

Wagemann, Carl-Hellmut: Ingenieurwissenschaften (Studium). In: Huber, Ludwig (Hrsg.): Enzyklopädie Erziehungswissenschaften. Band 10. Ausbildung und Sozialisation in der Hochschule. Stuttgart 1995.

Wagemann, Carl-Hellmut. Die Botschaft überbringen. Gedanken über Fachunterricht an Hochschulen. Blickpunkt Hochschuldidaktik. Band 102 Beltz Verlag. Deutscher Studien Verlag. Weinheim 1998.

Wankum, Johannes: Vom Studium zu den ersten Berufsjahren. Eine Untersuchung des Studien- und Berufshandelns in den Ingenieurwissenschaften. Arbeitsbericht Nr. 32 aus dem HDZ/KDI der RWTH Aachen. Dissertation. RWTH Aachen 1989. Verlag der Augustinus Buchhandlung Aachen. Aachen 1989.

Weber, Wolfhard: Verkürzung von Zeit und Raum. Techniken ohne Balance zwischen 1840 und 1880. In: Propyläen Technikgeschichte Netzwerke. Stahl und Strom. 1840-1914. Propyläen. Berlin 1997. Unveränderte Ausgabe von 1990.

Webler, Wolff-Dietrich: Geschichte der Hochschulen seit 1945. In: Huber, Ludwig (Hrsg.): Ausbildung und Sozialisation in der Hochschule. Enzyklopädie Erziehungswissenschaft. Band 10. Klett Verlag für Wissen und Bildung. Stuttgart 1995.

Weiss, A. von: Forderungen an eine Technikvermittlung im Hochschulbereich. In: Melezinek, Adolf (Hrsg.): Technikvermittlung im Universitäts- und Hochschulbereich Referate des 8. internationalen Symposiums „Ingenieurpädagogik '79". Leuchtturm-Schriftenreihe Ingenieurpädagogik. Band 12. Leuchtturm-Verlag. Alsbach 1979.

Westendorp, Piet: Visuelle Anweisungen. In: Gebrauchsanweisung. Schriftenreihe 16. Museum für Gestaltung Zürich. Zürich 1993.

Westerbusch Ralf/Oliver Lücke: Erfahrungen auf dem Weg zum Zertifikat – Umfrage bei Zertifizierungsgesellschaften und zertifizierten Unternehmen. In: Zertifizierung. Sonderteil in Carl Hanser Fachzeitschriften. 4/94, 22-43. Verlag Carl Hanser. München; Wien 1994.

Westkämper, Engelbert (Band-Hrsg.): Integrationspfad Qualität. Bey, Ingward (Hrsg.): CIM-Fachmann. Springer Verlag. Berlin, Heidelberg, New York, London, Paris, Tokyo, Hong Kong, Barcelona, Budapest 1991.

Wiedeking, Wendelin: In einem Interview über den 911, teamarbeit und „Nieten in Nadelstreifen“ In: Semestertip. 13. Jg. 3-4/98. Deutsches Studentenwerk. Bonn 1998. S. 8-10.

Wildt, Johannes: Studiengangsentwicklung und Studiengangsmodelle. In: Huber, Ludwig (Hrsg.): Enzyklopädie Erziehungswissenschaften. Band 10. Ausbildung und Sozialisation in der Hochschule. Stuttgart 1995.

Wilkening, Fritz: Unterrichtsverfahren. Lernbereich Arbeit und Technik. Neckar-Verlag GmbH. Villingen-Schwenningen 1982.

Winkler, Helmut: Ingenieurausbildung und Ingenieurberuf. In: Teichler, Ulrich/Hans-Dieter Daniel; Enders, Jürgen (Hrsg.): Brennpunkt Hochschule. Neuere Analysen zu Hochschule, Beruf und Gesellschaft. Campus: Forschung Band 775. Schwerpunktreihe Hochschule und Beruf. Campus Verlag. Frankfurt/New York 1998.

Withauer, Klaus F.: Qualität der Lehre und Studienreform. Ziele, Perspektiven und Hemmnisse aus der Sicht von Hochschule und Praxis. In: hlb. Die neue Hochschule. 2/97. S. 22-25.

Wittig, Sigmar: Ausländische Bachelor- und Master-Studienprogramme im Fach Maschinenbau. Typisches Studienprogramm an einer TU/TH (Dipl.-Ing.) In: DAAD (Hrsg.): Bachelor und Master in den Ingenieurwissenschaften. DAAD und HRK. Bonn 1998.

Zillober, Konrad: Einführung in Hochschuldidaktik. Die Erziehungswissenschaft. Einführung in Gegenstand, Methoden und Ergebnisse ihrer Teildisziplinen und Hilfswissenschaften. Wissenschaftliche Buchgesellschaft. Darmstadt 1984.

Zimmer, Stefan: Studienbetrieb nach DIN? In: Der Deutsche Hochschulverband (Hrsg.) Forschung & Lehre. 1/98. Bonn 1998.

Zoche, Peter/Rainer König; Harmsen, Dirk-Michael/Peter Georgieff: Nachfrageorientierte Technikgestaltung. Plädoyer für einen Perspektivenwechsel bei der Entwicklung und Gestaltung von Informations- und Kommunikationstechniken. In: Fricke, W.: Jahrbuch Arbeit und Technik. 1994. Verlag J.H.W. Dietz Nachfolger GmbH. Bonn 1994.

ZVEI. Zentralverband Elektrotechnik- und Elektroindustrie e.V.: EG-Binnenmarkt. CE-Kennzeichnung. Frankfurt o.J.

ZVEI. Zentralverband Elektrotechnik- und Elektroindustrie e.V. Ausschuß Berufsbildung: Auswirkungen des Strukturwandels in der Elektroindustrie auf die Ingenieurausbildung. Frankfurt am Main 1994.

Zwick, Michael M./Ortwin Renn: Die Attraktivität von technischen und ingenieurwissenschaftlichen Fächern bei der Studien- und Berufswahl junger Frauen und Männer. Akademie für Technikfolgenabschätzung in Baden-Württemberg. Stuttgart 2000.

Ingelore Mammes

Förderung des Interesses an Technik

Eine Untersuchung zum Einfluss technischen Sachunterrichts auf die Verringerung von Geschlechterdifferenzen im technischen Interesse

Frankfurt/M., Berlin, Bern, Bruxelles, New York, Oxford, Wien, 2001. 185 S., zahlr. Abb. und Tab.
Europäische Hochschulschriften: Reihe 11, Pädagogik. Bd. 835
ISBN 3-631-38911-6 · br. DM 69.– / € 35.30*

Anlass der empirischen Studie war der geringe Frauenanteil in technischen Berufen, technischen Studiengängen und technischen Wahlpflichtkursen. Diese geschlechtsspezifische Berufs- und Studienwahl führt zu einer Chancenungleichheit, die den Postulaten einer egalitären Demokratie widerspricht. Daher ist es notwendig, nach den Ursachen zu suchen und Maßnahmen zu ergreifen, die eine Auseinandersetzung mit Technik bewirken. Neben weiteren Faktoren bestimmt vor allem das Interesse die Berufs- und Studienwahl mit. Eine Vielzahl von Untersuchungen ermittelte, dass Jungen bereits mit dem Übergang zu weiterführenden Schulen ein größeres Interesse an Naturwissenschaften und Technik haben als Mädchen. Ziel dieser Untersuchung ist es daher, mögliche Differenzen im technischen Interesse bei Grundschülern einer dritten Jahrgangsstufe zu ermitteln und durch technischen Sachunterricht Interesse an Technik zu fördern.

Aus dem Inhalt: Technik · Sachunterricht · Geschlechterdifferenzen · Fragebogenentwicklung · Werkfertigkeitstest · Technisches Interesse

FSC
www.fsc.org
MIX
Papier | Fördert
gute Waldnutzung
FSC® C083411

Kolibri 360 GmbH
Ferdinand-Jühlke-Straße 7
99095 Erfurt, Deutschland
produktsicherheit@kolibri360.de

Druck:
CPI Druckdienstleistungen GmbH
im Auftrag der
Kolibri 360 GmbH
Ferdinand-Jühlke-Str. 7
99095 Erfurt